液压传动与控制的 FluidSIM
建模与仿真

宋志安　王成龙　曹连民　于　晓
宋玉凤　周　荃　李　佳　王　亮　编著

机械工业出版社

本书主要内容包括：绪论、液压流体力学基础、液压动力源元件、液压执行元件、液压辅助元件、方向阀及应用回路、压力阀与压力应用回路、节流阀及节流调速回路、容积调速回路和容积节流调速回路、其他基本回路、液压系统设计及实例分析、液压系统的使用等。"动图"是本书的显著特点，液压元件结构图、液压控制系统职能符号图的 FluidSIM 建模运行仿真过程动图，可通过扫描二维码查看。本书面向初学者，讲清基本内容、基本理论和基本方法，使读者受到启发，并了解进一步解决问题的途径，熟练掌握利用 FluidSIM 绘制液压控制系统的职能符号图、电控图和动态仿真图的技术，为液压技术的创新打下坚实的理论基础。

本书可供液压传动与控制领域的工程技术人员参考，也可作为高等院校液压传动与控制课程的教材。

图书在版编目（CIP）数据

液压传动与控制的 FluidSIM 建模与仿真/宋志安等编著 . —北京：机械工业出版社，2020.4（2023.7 重印）
ISBN 978-7-111-64926-7

Ⅰ. ①液… Ⅱ. ①宋… Ⅲ. ①液压传动 – 系统建模②液压控制 – 系统建模③液压传动 – 系统仿真④液压控制 – 系统仿真 Ⅳ. ①TH137

中国版本图书馆 CIP 数据核字（2020）第 035428 号

机械工业出版社（北京市百万庄大街 22 号 邮政编码 100037）
策划编辑：陈保华 责任编辑：陈保华 高依楠
责任校对：肖 琳 封面设计：马精明
责任印制：常天培
固安县铭成印刷有限公司印刷
2023 年 7 月第 1 版第 4 次印刷
184mm×260mm · 20 印张 · 544 千字
标准书号：ISBN 978 - 7 - 111 - 64926 - 7
定价：69.00 元

电话服务 网络服务
客服电话：010-88361066 机 工 官 网：www.cmpbook.com
010-88379833 机 工 官 博：weibo.com/cmp1952
010-68326294 金 书 网：www.golden-book.com
封底无防伪标均为盗版 机工教育服务网：www.cmpedu.com

前　　言

人们学习过液压传动课程时都有一种感受，就是难以理解液压元件中的"动作"，如滑阀的位和通、先导式溢流阀和调速阀等的通断机理等。目前，液压类课程中液压控制系统的职能符号图等无法"动起来"。本书的特色在于：

(1) 用手机扫描书中所附的二维码，即可出现动图，简单直观；在超星学习通，通过"一平三端"，根据学习进度情况，有的放矢地进行演示，打造智慧教学系统。

(2) "动图"使读者直观而详细地理解液压控制系统的开式与闭式、开环与闭环的区别和工作原理。

(3) 帮助读者利用 FluidSIM 识图解决了初学者识读液压控制系统职能符号图这一难点。

1) 很好地掌握液压传动的基础知识，了解液压系统的基本组成部分、液压传动的基本参数等。

2) 熟悉各种液压元件（特别是各种阀和变量机构）的工作原理和特性。

3) 熟悉油路的一些基本性质及液压系统中的一些基本回路。

4) 熟悉液压系统中的各种控制方式及符合国家标准要求的液压图形符号的含义。

读者经过多读多练，特别是多读各种典型设备的液压传动系统图，并了解其特点，对液压控制系统识图的学习将达到触类旁通、举一反三和熟能生巧的效果。

(4) 利用 FluidSIM 计算机辅助完成液压控制系统职能符号图、电控图和动态仿真曲线的自动生成，能观察到控制机构位和执行机构位的位置变化以及液体的流向变化。

(5) 利用 MATLAB 的计算功能和图形可视化实现液压控制系统设计，与利用 FluidSIM 计算机辅助完成液压控制系统职能符号图相结合，自动完成设计的全过程。

(6) 利用 MATLAB 编程实现限压式单作用变量叶片泵的流量和压力特性曲线的自动生成及特征参数的计算机辅助求取。

(7) 利用超星学习通登录在线课程，进行讨论、考试、抢答等，调动学习兴趣，提高学习的主动性；同时利用通知功能，随时回答学习中遇到的问题。网址：https：//mooc1 - 1. chaoxing. com/course/202900690. html。

(8) 本书资料中提供了许多与液压传动相关的参考书和国家标准等，供学习者开阔眼界，扩大知识面。

(9) 对电子作业提出了以下要求：

1) 包含原图的原题，解或答。

2) 数字及符号要使用公式编辑器完成。

3) 一般图形使用 AutoCAD 绘制、液压系统图使用 FluidSIM 绘制。

为什么学？本书把液压元件与 FluidSIM 等软件应用相结合，实现机电液一体化设计，把抽象难懂的结构图和复杂的液压系统图动态展示，直观易懂，易于理解掌握，全书内容紧跟现代液压技术的发展，与时俱进。

学什么？本书共12章，内容包括：绪论、液压流体力学基础、液压动力源元件、液压执行元件、液压辅助元件、方向阀及应用回路、压力阀与压力应用回路、节流阀及节流调速回路、容积调速回路和容积节流调速回路、其他基本回路、液压系统设计及实例分析、液压系统的使用等。"动图"是本书的显著特点，液压元件结构图、液压控制系统职能符号图的FluidSIM建模运行仿真过程动图，可通过扫描二维码查看。本书按照 GB/T 786.1—2009《流体传动系统及元件图形符号和回路图　第1部分：用于常规用途和数据处理的图形符号》，利用 FluidSIM 实现计算机辅助液压控制系统职能符号图和电控图同步绘制，实现了机电液一体化；利用 FluidSIM 状态图能实时仿真液压系统职能符号图里的所有元件；可利用FluidSIM 状态图形成结果文件，用 MATLAB 等软件进行数据处理，输出标准二维图形。

怎么学？根据专业面适当放宽的原则，本书着重于基本内容的掌握和应用，而不局限于对某个专业典型设备的了解。

本书以 FluidSIM 的应用为主线，根据液压系统由基本回路组成，回路由基本元件组成的从属关系，将元件和基本回路紧密结合。对于标准元件，利用"动图"，侧重于基本原理及选用原则介绍，不过多地讲述具体结构，读者可根据原理自行分析具体结构。对于辅助元件，按其在系统中的功能分述，使之与内容密切联系，学以致用。本书面向初学者，讲清基本内容、基本理论和基本方法，使读者受到启发，并了解进一步解决问题的途径，熟练掌握利用 FluidSIM 绘制液压控制系统的职能符号图、电控图和动态仿真图的技术，为液压技术科技创新打下坚实的理论基础。

本书的第1章、第7章～第11章由山东科技大学宋志安教授编写，第2章由山东科技大学机电学院的王成龙博士编写，第3章由山东科技大学宋玉凤老师编写，第4章由黄海学院于晓博士编写，第5章由山东科技大学机电学院曹连民博士编写，第6章由潍坊职业学院机电工程学院周荃编写，第12章由山东管理学院机电学院李佳和山东科技大学机电学院王亮博士编写，全书由宋志安教授统稿。

在本书编写过程中参考了大量同仁的论著，均列入参考文献之中，在此谨向各位作者表示衷心的感谢。在本书的编写过程中，得到了山东万通液压有限公司王万法董事长和山东龙鑫集团刘兆涛总经理等的大力协助，同时，机设订单2013、机设订单2014和机设2016-3班的同学们在"液压传动与控制"课程计算机辅助教学中给予了大力的支持和帮助，在此一并致谢！同时感谢烟台南山学院工学院对于本书写作的支持和帮助。

由于作者水平有限，加之液压技术日新月异，书中难免有些缺点和错误，敬请读者批评指正。

本书备有教学课件，有需要的读者请凭学校的授课和用书证明与宋志安联系，邮箱：15269200978@139.com。

作　者

目　　录

第1章 绪 论

在密闭系统里，以液压油为工作介质，以压力和流量为特征参数，实现能量的转换、传递、控制和分配的技术称为液压技术，它相对于机械传动来说是一门新技术，但如从 1650 年帕斯卡提出静压传递原理、1850 年英国开始将帕斯卡原理先后应用于液压起重机、压力机等算起，也已有二三百年历史了。在第二次世界大战期间，由于战争需要，出现了响应迅速、精度高的液压控制机构，装备了各种军事武器。第二次世界大战结束后，液压技术迅速转向民用工业，不断应用于各种自动化生产线。

20 世纪 60 年代以后，液压技术随着核能、空间技术、计算机技术的发展而迅速发展，因此液压技术真正的发展也只是近四五十年的事。当前液压技术正向迅速、高压、大功率、高效、低噪声、经久耐用、高度集成化的方向发展。同时新型液压元件和液压系统的计算机辅助设计（CAD）、计算机辅助测试（CAT）、计算机直接控制（CDC）、机电一体化技术、可靠性技术等方面也是当前液压传动及控制技术发展和研究的方向。机电一体化技术由传动技术、控制技术、电子技术、机械技术、计算机技术和传感与检测技术等组成。

本章主要介绍液压传动的概念、组成部分，FluidSIM 绘制液压系统职能符号图及如何识图，用 FluidSIM 绘制液压系统图介绍闭式与开式、闭环与开环的异同，以及液压传动与控制的优缺点和应用等。

1.1 传动技术的比较

按照所采用的机件或工作介质的不同，目前广泛应用的四大传动类型为机械传动、电气传动、气压传动和液压传动。

1. 机械传动

机械传动是通过齿轮、齿条、蜗轮、蜗杆、带、链条等机械零件传递动力和进行控制，其发展最早且应用最为普遍。机械传动的优点是传动准确可靠、操作方便，机构直观，制造容易，维修简单，负载变化对传动比影响小等；但靠机械传动进行自动控制时也存在结构复杂笨重，一般不能无级调速，远距离操作困难、操作力大，安装位置变化的柔性小等缺点。因此在许多场合或逐步被其他传动方式所代替，或需与其他传动方式融合才能满足主机的动作要求。

2. 电气传动

电气传动是利用电动机等电力设备，通过调节电参数来传递动力和进行控制的一种传动方式。电气传动的优点是能量传递方便，信号传递迅速，标准化程度高，便于远距离操作，容易实现自动化；缺点是运动平稳性差，易受外界负载的影响，惯性大，起动及换向慢，受温度、湿度、振动、腐蚀等环境因素影响较大。为了改善其传动性能，在许多场合，往往与机械、气压或液压传动结合使用，作为各种传动的组成部分。

3. 气压传动

气压传动是以压缩空气为工作介质来传递动力和进行控制的一种传动方式。气压传动的优点是结构简单，元件和管线布置柔性较大；空气取之不尽，气源价格低廉，易于通过调节气流量实现无级调速；传动及变换信号方便，反应快；泄漏可直接排向大气，不会引起污染；气体黏性小，故阻力损失小，流速高，可获得高速运动（例如气动内圆磨头的转速高达十万转每分）；环境适应性好，能在易燃、易爆和高温环境下工作。气压传动的缺点是空气容易压缩，无法获得均匀稳定的运动，定位性差，气动系统排气噪声较大；为了减少泄漏，提高效率，气动系统工作压力一般小于 0.7 ~ 0.8MPa，只适用于小功率传动。

4. 液压传动

液压传动则是以液体为工作介质，利用封闭系统中的静压能实现动力和信息的传递及工程控制的传动方式。与其他传动方式相比，液压传动具有独特的技术优势。各种传动方式的综合比较见表 1-1。

表 1-1　各种传动方式的综合比较

性能	液压传动	气压传动	机械传动	电气传动
输出力或转矩	大	稍大	较大	不太大
速度	较高	高	低	高
质量功率比	小	中等	较小	中等
响应性	高	低	中等	高
定位性	稍好	不良	良好	良好
无级调速	良好	较好	困难	良好
远程操作	良好	良好	困难	特别好
信号变换	困难	较困难	困难	容易
直线运动	容易	容易	较困难	困难
调整	容易	稍困难	稍困难	容易
结构	稍复杂	简单	一般	稍微复杂
管线配置	复杂	稍复杂	较简单	简单
环境适应性	较好，但易燃	好	一般	不太好
危险性	注意防火	几乎无	无特别问题	注意漏电
动力源失效时	可通过蓄能器完成若干动作	有余量	不能工作	不能工作
工作寿命	一般	长	一般	较短
维护要求	高	一般	简单	较高
价格	稍高	低	一般	稍高

1.2　液压传动的工作原理

液压传动是利用液体静压传动原理来实现的，现以图 1-1 所示的液压千斤顶为例来说明液压传动的工作原理。

1. 顶起重物

液压千斤顶在顶起重物时，先关闭截止阀 8。

（1）容积扩大吸油　向上抬起杠杆 1 的手柄，泵缸 2 的活塞向上运动，泵缸 2 的容积扩大 s_1A_1 而形成局部真空，排油单向阀 3 关闭，油箱 5 内的油液在大气压作用下顶开吸油单向阀 4 进入泵缸的下腔。

设杠杆末端到支点的长为 L_1，杠杆上与泵缸活塞相连处与支点的距离为 L_2，杠杆末端施加的载荷为 F_1，按杠杆原理，得

$$F = F_1 \frac{L_1}{L_2} \tag{1-1}$$

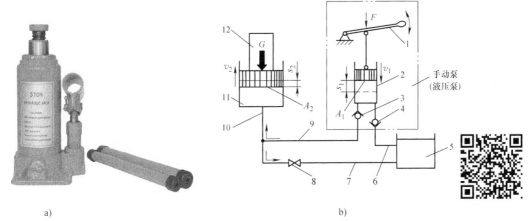

图1-1　液压千斤顶和工作原理

a）液压千斤顶　b）工作原理图

1—杠杆　2—泵缸　3—排油单向阀　4—吸油单向阀　5—油箱　6，7，9，10—管路
8—截止阀　11—液压缸　12—重物 G

由于 $L_1 > L_2$，得出 $F > F_1$，长度比值引起的力的放大。

（2）容积缩小排油　向下压下杠杆 1 的手柄，泵缸 2 的活塞向下运动，泵缸 2 的容积缩小，油液受挤压，压力升高，吸油单向阀 4 关闭，顶开排油单向阀 3，油液经管路 9、10 进入液压缸 11 的下腔，推动活塞带动重物向上运动一个距离 s_2，顶起重物 G 做功。这里的泵缸 2 腔，管路 9、10 和液压缸 11 活塞腔共同组成了一个密闭系统，按帕斯卡定律，密闭系统里的液体压力（强）等值传递。设泵缸活塞面积为 A_1，液压缸活塞的面积为 A_2，则密闭系统的压力为

$$p = \frac{F}{A_1} = \frac{G}{A_2} \tag{1-2}$$

由式（1-2）得出

$$p = \frac{G}{A_2} \tag{1-3}$$

由 $G = 0$，则 $p = 0$，压力随负载变化而变化，得出了液压传动的一个重要概念：**压力取决于负载**。

$$G = \frac{A_2}{A_1}F \tag{1-4}$$

由于 $A_2 > A_1$，容易得到 $G > F$，面积比值引起的力放大。

按照变化的容积变化相等，得

$$A_1 s_1 = A_2 s_2$$

两边同除以 Δt

$$A_1 \frac{s_1}{\Delta t} = A_2 \frac{s_2}{\Delta t} \Rightarrow A_1 v_1 = A_2 v_2 = q \tag{1-5}$$

由式（1-5）得出一个**流量连续性定理**。

（3）液压功率　泵缸输入功率 P_1 为

$$P_1 = F \frac{s_1}{t} = F v_1 = p A_1 v_1 = pq \tag{1-6}$$

液压缸 11 的输出功率 P_2 为

$$P_2 = G\frac{s_2}{t} = Gv = pA_2v_2 = pq \tag{1-7}$$

由此可以看出：在不计损失的情况下，液压缸的输入液压功率等于液压泵的泵缸的液压输出功率。

（4）配油装置 图 1-1 所示的液压千斤顶采用两个单向阀的阀式配油装置，循环可变的容积实现单向阀吸排油的转换。此外还有轴向柱塞泵的盘式配油、径向柱塞泵的轴式配油等。

（5）顶起重物 按照（1）、（2）不断地上下扳动杠杆 1，则不断有油液进入液压缸 11 下腔，使重物 G 不断上升。如果杠杆停止动作，液压缸 11 中的液体压力压紧单向阀 3，大活塞连同重物一起被锁住不动，停止在举升位置。

2. 下放重物

液压千斤顶在下放重物时，开启截止阀 8，液压缸的活塞腔与油箱接通，大活塞将在重物的重力作用下向下移动，回到原始位置。

由上述液压千斤顶的工作原理可知：泵缸 2 与吸油单向阀 4、排油单向阀 3 一起完成吸排油动作，将杠杆的机械能转换为油液的压力能输出，称为（手动）液压泵；液压缸 11 将液压能转换为机械能输出，抬起重物，称为（举升）液压缸。图 1-1 中的泵缸 2、液压缸 11 等组成了最简单的液压传动系统，但满足了液压泵工作的三个条件：循环可变的容积、配油装置和油箱液面与大气系统相通，并实现了力与运动的传递。

1.3 液压系统的组成与表示

1.3.1 液压系统的组成部分及其功用

液压控制系统由液压元件（包括能源元件、控制元件、执行元件和辅助元件）和工作介质两大部分组成。各部分的功用见表 1-2。液压元件多数已经实现了通用化、系列化和标准化，从而为液压系统的设计制造和使用维修，以及缩短液压设备的研发生产周期、降低生产成本提供了有利条件。

表 1-2 液压系统的组成部分及其功用

组成部分			功用
液压元件	能源元件	液压泵及其驱动原动机（电动机或内燃机）	将原动机产生的机械能转换成液体的压力能，输出具有一定压力的油液
	执行元件	液压缸、液压马达和摆动液压马达	将液体的压力能转换为机械能，用以驱动工作机构的负载做功，实现往复的直线运动、连续回转运动或摆动
	控制元件	压力、流量和方向控制阀及其他控制元件	控制调节液压系统中从液压泵到执行元件的油液压力、流量和方向，从而控制执行元件输出的力或力矩、速度或转速和方向，以保证执行元件驱动的主机工作机构，完成预定的运动规律
	辅助元件	油箱、管件、过滤器、热交换器、蓄能器及指示仪表	用来存放、提供和回收液压介质，实现液压元件之间的连接及传输载能液压介质，滤除液压介质中的杂质，保持系统正常工作所需的介质清洁度，系统油液的加热或散热，存储、释放液压能或吸收液压脉动和冲击，显示系统压力、流量和温度等
工作介质		液压油或其他合成液体	作为系统的载能介质，在传递能量的同时起润滑、冷却、除锈等作用

1.3.2 液压系统图的表示——图形符号

液压传动系统的图示法有三种：装配结构图、结构原理图和职能符号图。

1. 装配结构图

装配结构图能表达系统和元件的结构形状、几何尺寸和装配关系，但绘制复杂，不能简明、直观地表达各个元件的功能。它主要用于设计制造、装配和维修等场合，而在系统性能分析和设计方案论证时不宜采用。

2. 结构原理图

如图1-2所示的结构原理图近似于实物的剖面图，可以直观地表达各种元件的工作原理及其在系统中的功能，并比较接近元件的实际结构，故易于理解，当液压系统出现故障时，根据此原理图进行检查、分析也比较方便。但是，原理图绘制复杂，难于标准化，并且它对元件的结构形状、几何尺寸和装配关系的表达也很不准确。这种图形不能用于设计、制造、装配和维修，它对系统分析又过于复杂，常用于液压元件的原理性解释和说明，在液压元件的理论分析和研究中也常用到。

3. 职能符号图

在如图1-3所示的液压系统中，凡是功能相同的元件，尽管结构和原理不同，均用同一种符号表示。这种仅仅表示功能的符号称为液压元件的职能符号。职能符号图是一种工程计算语言，其图形简洁标准、绘制方便、功能清晰、阅读容易，便于液压系统的性能分析和设计方案的论证，这些符号只表示元件的职能和连接系统的通路，并不表示元件的具体结构。这对专利元件更具有保密性。用职能符号绘制液压系统图时，它们只表示系统和各个元件的功能，并不表示具体结构和参数以及具体安装位置。我国目前执行的液压元件和气动元件符号标准为GB/T 786.1—2009，其中规定，符号都以元件的静止位置或零位置表示。现在用液压传动的设备很多，型号也复杂。但是每一台设备上都有一本说明书，每一本说明书中都有一份该设备的液压系统图。通过说明书不但要了解该设备的结构、性能、技术规范、使用和操作要点，而且通过阅读液压系统职能符号图，还应该了解该设备液压动作原理，了解使用、操作和调整的方法。因此学会看懂液压系统职能符号图，对于学习、操作和维修液压设备的学生、工人和技术人员来说，是非常重要的。下面介绍阅读液压系统职能符号图的要求、方法和步骤。

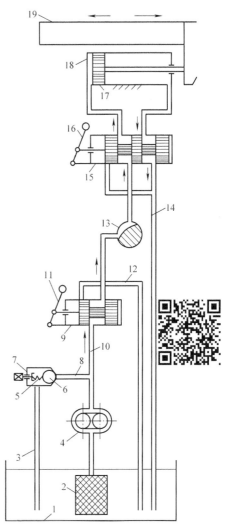

图 1-2 半结构式机床工作台液压系统的
结构原理

1—油箱 2—过滤器 3、12、14—回油管
4—液压泵 5—弹簧 6—钢球 7—溢流阀
8—压力支管 9—起停阀 10—压力管
11—起停手柄 13—节流阀 15—换向阀
16—换向阀手柄 17—液压缸活塞 18—液压缸
19—工作台

（1）要求

1）应很好地掌握液压传动的基础知识，了解液压系统的基本组成部分、液压传动的基本参数等。

2）熟悉各种液压元件（特别是各种阀和变量机构）的工作原理和特性。

3）熟悉油路的一些基本性质及液压系统中的一些基本回路。

4）熟悉液压系统中的各种控制方式及符合国标要求的液压图形符号的含义。

除以上所述的基本要求外，还要多读多练，特别是多读各种典型设备的液压传动系统图，了解各自的特点，这样就可以收到**触类旁通**、**举一反三**和**熟能生巧**的效果。

（2）方法和步骤

1）尽可能地了解或估计该液压系统所要完成的任务，需要完成的工作循环，及为完成工作所需要具备的特性。

根据系统图的标题名称，或液压系统图上所附的循环图或电磁铁工作表，可以估计该系统实现的运动循环、所具有的特性和满足的要求，当然这些估计不会是全部正确的，但它会为进一步的分析理出一些头绪，做一些思想准备，为下面进一步读图打下一定的基础。

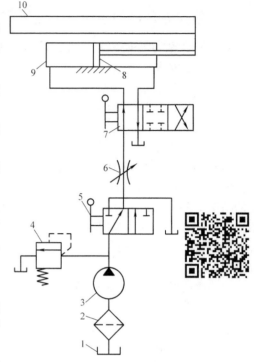

图 1-3　机床工作台液压系统的职能符号图
1—油箱　2—过滤器　3—液压泵　4—溢流阀
5—起停阀　6—节流阀　7—换向阀　8—液压缸活塞
9—液压缸　10—工作台

2）查阅系统图中所有的液压元件及它们的连接关系，并搞清各个液压元件的类型、性能和规格，估计它们的作用。

查阅和分析元件，就是要了解系统中用的是一些什么元件，要特别搞清它们的工作原理和性能。

查阅元件时，首先要找出液压泵，然后找出执行元件（液压缸或液压马达），其次是操作装置和变量机构，再其次是辅助装置。

在查阅和分析元件时，要特别注意各种操纵装置（尤其是换向阀、顺序阀等元件）和变量机构的工作原理、控制方式及各种发信元件（如挡铁、行程开关、压力继电器等）的内在关系。

3）仔细分析实现执行机构各种动作的油路，并写出进出油和回油路线。

对于复杂的系统图，最好从液压泵开始直到执行机构，将各元件及各条油路分别编码表示，以便于用简要的方法写出油路路线。

在分析油路走向时，首先从液压泵开始，并要求将每一个液压泵的各条输油路的"来龙去脉"搞清楚，其中要着重分析清楚驱动执行机构的油路——主油路及控制油路。写油路时，要按每一个执行机构来写，从液压泵开始到执行机构，再回到油箱，成一个循环。

液压系统有各种工作状态，在分析油路路线时，可先按图面所示的状态进行分析，然后再看它的工作状态。在分析每一工作状态时，首先要分析换向阀和其他一些操纵元件（如起停阀、顺序阀、先导阀等）的通路状态和控制的通路情况，然后再分别分析各个主油路，要特别注意系统从一个工作状态转换到另一个工作状态,是由哪些发信元件发出信号,使换向阀或其他操纵控制元件动作,改变通路状态而实现的。对一个工作循环,应在一个动作的油路分析完以后,接着做下一步油路动作的分析,直至全部动作的油路分析依次做完为止。

以上所介绍的阅读液压系统职能符号图的要求、方法和步骤,只是一些原则性的提法,在遇到具体问题时还要仔细地推敲和具体分析。

1.4 FluidSIM 建模与仿真

1.4.1 FluidSIM 软件的特点

FluidSIM 软件是 Festo 公司开发的液压与电气系统仿真软件,它的用户界面如图 1-4 所示,它的主要特点归纳为如下:

1)方便快捷的绘图建模功能。一般绘制液压系统职能符号图大多采用 Auto-CAD 等计算机辅助绘图软件,按照 GB/T 786.1—2009 的规定,把单个职能符合做成图块,建立液压系统职能元件库,采用插入的方式将图块拉进绘图区,连线后构成液压系统职能符号图,工作量相当大。而 FluidSIM 的 CAD 功能是专门针对液压控制系统而特殊设计的,用户界面直观,易于学习。它的图库中有 100 多种标准液压和电气等元件,如图 1-4 所示,绘图时可把相应的元件拖到绘图

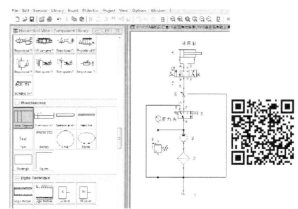

图 1-4　机床液压系统建模

区,各种元件油口间油路的连接,只需在两个连接点之间按住鼠标左键移动,即可自动生成所需的油路。并且可根据需要自由调节已生成油路的位置,避免了油路间的相互交叉,可以大幅度地提高液压系统职能符号图的绘制效率。

2)先进的回路仿真功能。FluidSIM 可以对绘制好的回路进行仿真,通过强大的仿真功能可以实时显示和控制回路的动作,因此可以发现设计中存在的错误,帮助设计者设计出结构简单、工作可靠、效率高的最优回路。在仿真中还可以观察到各个元件的物理量值,如液压缸的位移、运动速度、输出力、节流阀的开度、油口的压力等,这样就能够预先连接回路的动态特性,从而准确地估计回路实际运行时的工作状态;另外,在仿真时还可显示回路中的关键元件的状态量,如液压缸活塞杆的位置、压力表的压力、流量计的流量。FluidSIM 的 CAD 功能和仿真功能紧密联系在一起。

3)可设计和液压回路相配套的电气控制回路。弥补了以前液压教学中,学生只见液压回路不见电气回路,从而不明白各种开关和阀动作过程的弊病。电气–液压回路同时设计与仿真,可以提高学生对它们的认识和实际应用能力。

1.4.2 FluidSIM 建模与仿真实例

实例一:开环液压控制系统

(1)开式系统　如图 1-3 所示的机床工作台液压系统是一个开式进口节流调速系统,油液

的液流方向是油箱→液压泵→起停阀→节流阀→换向阀→液压缸→油箱，完成了一个机械能与液压能相互转换、冷油变成热油的过程。由于系统工作完后的油液回油箱，因此可以发挥油箱的散热和杂质沉淀的作用。但因油液经常与空气接触，使空气易于渗入系统，导致油路上需设置背压阀，这将引起附加的能量损失，使油温升高。开式系统一般采用大容量的油箱。

在开式系统中，采用的液压泵为定量泵或单向变量泵，考虑到泵的自吸能力和要避免产生空穴现象，对自吸能力差的液压泵，通常将其工作转速限制在额定转速的75%以内。工作装置的换向则借助于换向阀，换向阀换向时，除了产生液压冲击外，运动部件的惯性能将变为热能，而使液压油的温度升高。由于开式系统结构简单，仍被大多数机床、起重机等设备所采用。

（2）建模　按图1-3所需要的液压元件从FluidSIM符号库拉到FluidSIM绘图区，连线后构成如图1-4所示的绘图区的液压系统职能符号图，为了统一性，图1-4与图1-3中各个元件的标号一致。

（3）仿真　对图1-4中各个元件进行配置后，运行图1-4的FluidSIM系统，按起停阀5的两位、换向阀7的三位对液压缸9进行操作，形成如图1-5所示的仿真曲线图。

1）卸荷：如图1-5a所示，此时换向阀5处于弹簧位，电动机空载起动或卸荷。

2）液压缸活塞杆伸出：此时换向阀5处于手动位，换向阀7左位工作，油液从A端进入液压缸9的活塞腔，推动活塞杆外伸。

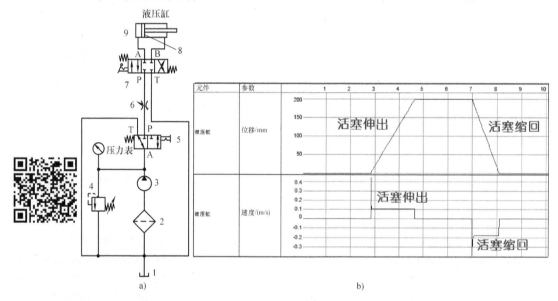

图1-5　液压缸动作仿真曲线

a）回路建模　b）仿真曲线

1—油箱　2—过滤器　3—液压泵　4—溢流阀　5—手动二位三通换向阀　6—节流阀　7—手动三位四通换向阀

8—液压缸活塞　9—液压缸

3）液压缸活塞杆伸出：此时换向阀5处于手动位，换向阀7中位工作，油液不动活塞杆全行程外伸进行夹紧保持。

4）液压缸活塞杆缩回：此时换向阀5处于手动位，换向阀7右位工作，油液从B端进入液压缸9的活塞杆腔，推动活塞杆的环形面积，活塞杆缩回。

上述的仿真过程可以记录下来状态，如图1-5b所示，液压缸位移特性仿真曲线真实地把上述过程直观描述出来了。

实例二：闭式液压控制系统

（1）闭式系统　在闭式系统中，油箱较开式系统容积小，液压泵的进油管直接与执行元件的回油管相连，工作液体在系统的管路中进行封闭循环。闭式系统结构紧凑，与空气接触机会少，空气不易渗入系统，故传动的平稳性好；执行装置的变速和换向靠调节泵和马达的变量机构来实现，避免了开式系统换向过程中所出现的液压冲击和能量损失。但是，闭式系统与开式系统比较，由于工作完的油液不回油箱，油液的散热和过滤的条件较开式系统差。为了补偿系统中的泄漏，通常需要一个小容量的补油泵进行补油和一个液控换向阀进行热交换，因此闭式系统其实是一个半闭式系统。

一般情况下，闭式系统中的执行元件采用双作用单活塞杆液压缸时，由于液压缸的大小容腔流量不相等，在工作过程中会使功率利用率下降，所以闭式系统中的执行元件一般为液压马达。行走机械的闭式液压系统如图 1-6 所示。

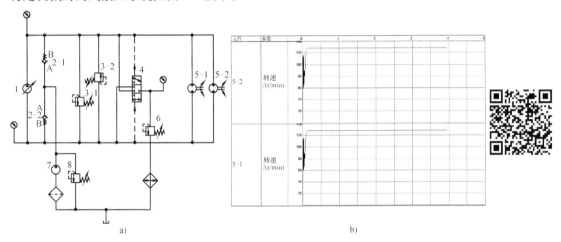

图 1-6　行走机械的闭式液压系统建模与仿真

a）回路建模　b）仿真曲线

1—变量泵　2—低压单向阀　3—安全阀　4—热交换阀　5—液压行走马达
6—低压溢流阀　7—补油泵　8—补油溢流阀

（2）闭式系统建模与仿真　按行走机械的闭式液压系统所使用的液压元件，在 FluidSIM 中进行建模，如图 1-6a 所示，进行必要的设置后，运行仿真，仿真结果如图 1-6b 所示。从图示可以直观地看出：

1）闭式系统液流是由变量泵出口进入马达的入口，由马达出口到变量泵的入口。

2）补油单向阀的作用，补油只能补入变量泵的低压侧。

3）高压位推动热交换阀，使低压侧的热油流入低压溢流阀、冷却器再回到油箱。

4）两侧的高压安全阀起到过载保护作用。

1.5　液压传动的控制方式

所谓液压传动的**"控制方式"**有两种不同的含义：一种是指对传动部分的操纵调节方式；另一种是指控制部分本身的结构组成形式。

液压传动的操作调节方式可以概括成手动式、半自动或全自动式三种。凡需由人拨动或按下按钮才能使系统实现其动作或状态的，便是手动式的控制，图 1-2 所示的系统就属于手动式控制；凡是人力起动后系统的各种动作或状态都能在机械的、电气的、电子的或其他机构操纵下顺序地实现的，并在全部工作完成后完成自动停车的，便是半自动式控制；如果连起动操作也不需要人来参与，便是全自动式的控制。

液压系统中控制部分的结构组成形式有开环式和闭环式两种，它们的概念和定义与"**控制理论**"中的描述完全相同。图1-2所示的液压系统就是开环式的，输出与输入没有联系。

工业机械手闭环控制系统如图1-7所示，输出与伺服比例阀的输入相连，给定信号与输出的偏差信号控制伺服比例阀动作，油源通过比例开口量推动执行机构液压缸动作，活塞杆齿轮齿条把执行运动转变为转动带动步进电动机产生电压信号，作用到输入端与给定信号比较，经放大器放大后推动伺服比例阀阀芯运动，形成了一个闭环控制系统，当偏差信号为负时，反向运动；当偏差信号为零时，停止运动。

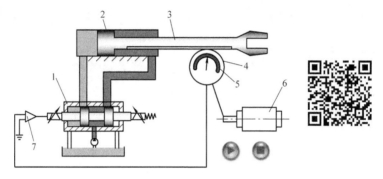

图1-7 闭环控制系统
1—电液伺服阀 2—液压缸 3—机械手手臂 4—齿轮齿条机构 5—电位器 6—步进电动机 7—放大器

1.6 电气控制装置

除了电动机外，液压装置中通常还采用电磁阀、电液伺服阀、比例阀、数字阀以及压力继电器、电加热器和电接点压力表、温度计等用电元件。因此，电气控制线路成为保证液压系统乃至主机正常工作的重要组成部分。尽管电气控制的设计与使用超出了液压专业的范围，但却是液压系统设计和应用中不可缺少的重要环节。目前，液压系统的电气控制基本上有电接触式和微机式两种类型。常规继电器接触式控制方法简单直接、工作稳定可靠、成本低廉，FluidSIM的电气控制采用这种控制方式。但其断续控制方式不能准确反映信号，很难达到精度要求，因此主要用于动作简单或成本受限的场合。微机式是伴随现代微电子技术和计算机技术发展而发展起来的，特别是其中以硬接线的继电接触控制为基础的可编程序控制器（PLC），功能完备、工作可靠，在动作复杂、自动化程度要求高的场合具有极强的优势，已经逐渐成为机械设备中开关式液压传动系统的主要电气控制装置，但其价格和使用维护的要求较高。

1.6.1 电气控制线路原理图的组成及绘制原则

液压系统的继电器接触式控制线路是由按钮、行程开关、继电器及接触器等常用的电气元件和电动机、电磁铁和指示灯等用电设备组成的电气控制线路，此类电路包括主电路（也称动力电路，即电动机驱动电路）和控制电路（主液压回路的控制电路，如电磁铁的通断电路、顺序动作电路、计时电路；辅助液压回路的控制回路的控制电路，如过滤器阻塞发信电路、异常油温或压力的报警电路等）。

为了设计、分析和安装维修时阅读方便，必须使用国家标准规定的图形符号（见 GB/T 4728）来绘制电气控制线路图。电气原理图表示控制线路的工作原理及各电气元件的作用和相互关系，不考虑各电路元件实际安装的位置和实际连线情况。绘制电气原理图一般应遵循以下三个原则：

1）主电路和控制电路分别画在图的左侧和右侧。

2）同一电器的各导电部件如线圈和触点常常不画在一起，但要用同一文字标明。

3）电路中的全部触点都按"平常"状态（未通电或未受到外力时的状态）画出。

1.6.2 设计要点及注意事项

液压传动系统电气控制线路的主电路包括液压泵驱动电动机的起动、正反转等电路，一般不太复杂，应与主机起动电动机的电路一并考虑，可参照相关手册进行设计。因此，电气控制线路的重点是设计继电器、接触器控制线路及选择电气元件。设计的主要依据是系统的工作循环各节拍或不同工作状态下的电磁铁动作顺序表。参照基本控制线路逐一分别设计局部线路，然后再根据各部分相互联系综合而成完整的控制线路。在满足具体要求的前提下，力求工作可靠，安装、操作和维护简便。设计中应特别注意液压系统中电磁阀的电磁铁类型是交流还是直流，是干式还是湿式，以及电源频率和过滤要求等。其设计要点如下：

1. 电器控制线路的电源

当线路较为简单、电器元件不多时，应尽可能采用主电路电源作为控制电路电源（交流用 380V 或 220V），以简化供电设备和成本；当线路复杂时，应采用控制电源变压器，将控制电压由交流 380V 或 220V 降至 110V 或 48V 或 24V。直流控制线路的电源，应根据直流电磁阀等元件对电源的要求选定，有 110V、24V 等。

2. 设计规律和注意事项

继电器控制线路绝大部分是由动合与动断触点组合而成，并通过这些触点的通和断控制用电设备完成动作的。设计规律和注意事项见表 1-3。

表 1-3 设计规律和注意事项

项 目	设计规律	注意事项
动合触点串联	对于要求几个条件同时满足时，才使电器线圈通电动作的场合，可用几个动合触点与线圈串联实现	应尽量避免许多电器依次动作才能接通另一电器的现象
动合触点并联	对于几个条件中，只要求满足其中任一条件，所控制的继电器线圈就通电动作的场合，可用几个动合触点并联实现	应正确连接电器的线路
动断触点串联	对于几个条件仅满足其中一个时，电器线圈就断电的场合，可用几个动断触点与控制的电器线圈串联实现	尽量减少电器触点数目
动断触点并联	对于要求几个条件同时满足时，电器线圈才断电的场合，可用几个动断触点并联，再与控制的继电器线圈串联的方法来实现	尽量减少连接导线的数量与长度
电器保护	一般应既能保证控制线路长期正常运行，又能起到保护用电设备的作用，一旦线路出现故障，其触点就应从通转为断	应考虑有关操纵、故障检查、检测仪表、信号指示、报警及照明要求

3. 借助计算机软件提高设计效率

可利用 FluidSIM 软件设计与液压回路相配套的电控回路，如图 1-8 所示，二者同时设计与仿真，以提高设计效率。

1.6.3 电控机床工作台液压系统

图 1-3 是手动控制的机床工作台液压系统，将手动换向阀换为电磁换向阀，手动卸荷阀换为先导式溢流阀 + 二位二通电磁换向阀（成为电磁溢流阀），把液压缸的工作循环设计为：快进 →工进→快退→原位停止，为此添加一个二位二通行程阀 7，起点 SQ0、终点 SQ1 和快进与工进转换挡铁 KJ 设置三个行程限位开关：得到机床工作台液压系统和电气控制线路图如图 1-8a、b 图所示。其工作原理如下：

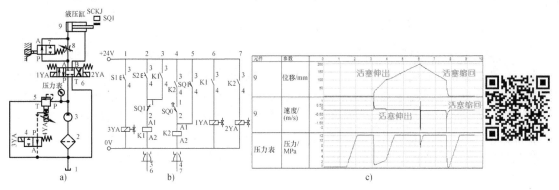

图 1-8 电控机床工作台液压系统建模与仿真
a）回路建模 b）电控图 c）仿真曲线
1—油箱 2—过滤器 3—液压泵 4—电磁二位二通换向阀 5—先导式溢流阀 6—电磁三位四通换向阀
7—行程阀 8—节流阀 9—液压缸

1. 机床工作台快进

按动按钮 S1，使电磁铁 3YA 得电，液压泵出口压力由溢流阀 5 控制。按动按钮 S2，电磁铁 1YA 得电，行程阀 7 处于通位，无液阻，油液进入液压缸的活塞腔推动活塞向外伸出，机床工作台向前快速运动。

2. 机床工作台工进

在机床工作台快进过程中，当挡铁 KJ 压下行程阀 7 时，行程阀 7 变为封闭位，液体通过节流阀 8 进入液压缸活塞腔，进口节流调速，自动转换为工进状态。

3. 机床工作台快退

当机床工作台工进到终点时，挡铁压动开关 SQ1，其动合触点闭合，使 K2 通电动作，并自锁。K2 动作完毕，1YA 和 2YA 都断电，机床工作台停止。

4. 机床工作台原位停止

当 1YA 和 2YA 断电，而 3YA 得电时，换向阀 6 中位工作，先导式溢流阀 5 的遥控口接油箱，液压泵 3 卸荷运转。此时，限位开关 SQ0 和 SQ1 由挡铁压动，其动合触点闭合，动断触点断开。

配合电控图操作，通过 FluidSIM 仿真，可以得到仿真曲线如图 1-8c 所示。速度特性仿真曲线可真实地反应快进和工进速度的变化。

1.7 液压传动的特点及应用

1.7.1 液压传动的优点

与其他传动相比，液压传动有以下主要优点：

1）能获得较大的力或力矩。

2）同其他传动方式比较，传动功率相同，液压传动装置的重量轻，体积紧凑。

3）可实现无级调速，调速范围大。

4）易于布置，组合灵活性大。

5）传动工作平稳，系统容易实现缓冲吸振，并能自动防止过载。

可以简便地与电控部分结合，组成电液一体的传动和控制器件，实现各种自动控制。这种电液控制既具有液压传动输出功率适应范围大的特点，又具有电子控制方便灵活的特点。

6）自润滑，不需要专门的润滑系统。

7）元件已基本上系列化、通用化和标准化，利用 CAD 技术提高功效，降低成本。

1.7.2　液压传动的缺点

1）易泄漏（内泄漏、外泄漏），故效率降低，液动机位移精度降低，锁紧精度降低，此外外泄漏浪费油并且污染环境。

2）对元件的加工质量要求高，对油液的过滤要求严格。

3）受环境影响较大，液压传动性能对温度比较敏感。

4）由于能量转换次数多等原因造成系统的总效率低，目前一般效率为 $75\% \sim 85\%$。

5）液压元件的制造和维护要求较高，价格也较高。

6）故障诊断与排除的技术要求较高。

1.7.3　液压传动应用

由于液压传动有其突出的优点，所以在国内外各种机械设备上得到了广泛的应用见表1-4。

表1-4　液压传动在各类机械行业中的应用举例

行业名称	应用举例
起重机械	汽车吊、龙门吊、叉车等
矿山机械	凿岩机、破碎机、提升机、采煤机等
建筑机械	打桩机、平地机、装载机、推土机、摊铺机等
农业机械	联合收割机（康拜因）、拖拉机等
林业机械	木材采运机、人造板机等
纺织机械	整经机、浆纱机等
石油机械	抽油机、石油钻机等
建材机械	水泥回转窑、石料切割机、玻璃加工机等
锻造机械	高压造型机、压铸机等
机床机械	液压车床、磨床、液压机等
冶金机械	电炉炉顶电极提升器、轧钢机等
轻工机械	机械手、自卸汽车、高空作业架等
船舶机械	起锚机等
航空机械	飞机起落架等
兵器机械	坦克、火炮稳定器等
智能机械	机器人等

习　　题

习题1-1　液压传动系统由哪些部分组成？各部分的功用分别是什么？

习题1-2　液压传动与其他形式的传动相比，具有哪些优缺点？

习题1-3　为什么说压力取决于负载？

习题1-4　在液压系统中，要经过两次能量的转换，一次是电动机的机械能转换成液压能，另一次是液压能转换为机械能，而能量转换是要损失的，那为什么还需要使用液压系统呢？

习题1-5　闭式系统与闭环系统的区别是什么？

习题1-6　开式系统与开环系统的区别是什么？

习题1-7　结合本章机床工作台液压系统图，试采用软件FluidSIM建模与仿真，分析手动和电控两种情况下的液压系统的位移特性仿真曲线。

习题1-8　液压千斤顶杠杆增力比为200，小活塞直径为10mm，行程为20mm，大活塞直径为40mm，重物负载为50000N，试完成如下问题：

（1）杠杆端施加多大的作用力才能举起重物？

（2）此时密封容积中的液体压力等于多少？

（3）杠杆上下动作一次，重物上升幅度为多少？

习题1-9　如图1-9所示，两个液压缸的结构尺寸相同，无杆腔与有杆腔的面积为A_1和A_2，$A_1 = 2A_2$，两个液压缸承受的负载是F_1和F_2，且$F_1 = 2F_2$，液压泵流量为q，试利用FluidSIM建模与仿真分析并联和串联时，活塞移动的位移速度。

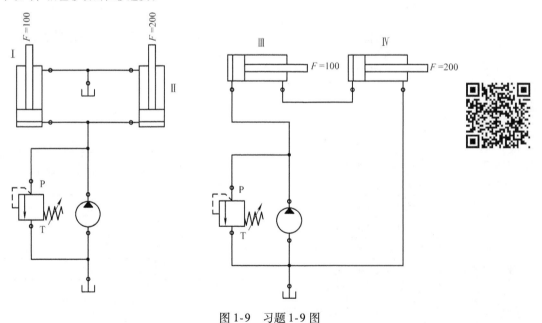

图1-9　习题1-9图

第2章　液压流体力学基础

本章主要介绍液压油的特性和液压流体力学的基础知识，便于正确理解液压传动的基本原理和规律，学会根据液压系统的要求正确选用液压油，并掌握流体力学中的一些基本规律。

2.1　液压油

在液压系统中，液压油是传递动力和信号的工作介质，还起到润滑、冷却和防锈的作用。液压系统能否可靠而有效地工作，在很大程度上取决于系统中所用的液压油。因此，在掌握液压系统之前，必须先对液压油有一清晰的了解。

2.1.1　液压油的特性

液压油（Hydraulic oil）是指在液压系统中所采用的由纯矿物油加上各种添加剂制成的工作介质。液压油具有一般液体所共有的各种力学性质，例如，液体的易流动性、惯性、压缩性、黏性等。此外，还有一些物理、化学性质直接影响着液压系统的性能和使用。这些性质包括流动点、凝固点、闪点、燃点、空气含有量、空气分离压、饱和蒸气压、比热容、热导率、热膨胀系数等。不同品种的液压油这些性质指标也不同。

1. 流动点、凝固点

流动点是油液在静止状态下冷却而仍能保持良好流动性的最低温度。油液完全失去流动的最高温度称为油液的凝固点。流动点一般比凝固点高 2.5℃。

液压油的流动点是液压装置使用的最低温度界限，而实际上温度接近流动点时，黏度已显著增加。因此必须对使用环境和低温黏度综合起来考虑。

2. 闪点、燃点

将油液在大气中加温，当小火焰靠近液面时，油蒸发气和空气的混合气短暂断续性燃烧的最低温度称为油液的闪点。油液达到闪点后若继续加温，火焰远离液面也能使油液连续燃烧 5s 以上的最低温度称为燃点。

液压油的闪点和燃点不是直接影响液压装置品质的性质，但可据此判断发生火灾的危险性及油液中是否混进轻质油（例如汽油或煤油）。

3. 空气含有量、空气分离压

油液中所含空气的体积百分比称为空气含有量。空气含有量随着油液成分、温度、压力而变化。油液中的空气以溶解和混合两种形式存在，前者空气以分子状态均匀地溶解在油中，在常温和一个大气压下，液压油中空气的溶解量为 5% ~ 10%，溶解于油中的空气几乎对油液的体积模量和黏性没有影响。混合于油液中的空气则是以细小气泡状态悬浮于油液中，空气混入量与液压油的性质及搅拌有关，一旦油液中混入空气，油液的体积模量就会显著下降。

在一定温度下，油液的压力低于某个值时，油中所溶解的过饱和空气将会突然迅速地从油中分离出来，产生大量的气泡，这个压力称为油液在该温度下的空气分离压。一般液压油的空气分离压为 6 ~ 13.3kPa。

4. 饱和蒸气压

在一定温度下，油液的压力低于某个值时，油液将迅速汽化，称为饱和蒸气压。油的饱和蒸气压低于空气分离压。

5. 比热容、热导率、热膨胀系数

比热容 c 的定义为：单位质量的液体温度变化 1 个单位所吸收或放出的热量。根据加热过程，比热容分为比定压热容和比定容热容，对于液压油来说，由于压缩性影响很小，所以两种比热容通常不加区别。液压油在常温下的比热容为 $1700 \sim 2100 \mathrm{J/(kg \cdot K)}$。

热导率 λ 度量物质传导热量的能力，其定义为：单位时间内通过与传导方向垂直的法向面积，使单位传递距离间降低单位温差所导出的热量。

在常温下，液压油的热导率一般为 $\lambda = 0.12 \sim 0.15 \mathrm{W/(m \cdot K)}$。

热膨胀系数 β_t 表示液体由于温度而引起的体积变化，其定义为：单位温度变化引起的体积相对变化量。

液压油的热膨胀系数 $\beta_t = 8.9 \times 10^{-4} \mathrm{K}^{-1}$。

2.1.2 液压油的物理性质

1. 液体的密度和重度

液压油的密度随压力的增大而增大，随温度的升高而减小。由于液压系统中的工作压力变化不算太大，油液的温度又是在控制范围内，所以油温和压力引起的密度变化甚微，可视为常数。除特殊说明外，液压油都是均质的，液压油的密度 $\rho = 880 \sim 920 \mathrm{kg/m^3}$。对于机床、船舶液压系统中常用的液压油（矿物油），在 15℃ 时其密度可取 $\rho = 900 \mathrm{kg/m^3}$，重度可取 $\gamma = 8.83 \times 10^3 \mathrm{N/m^3}$。

2. 黏度

（1）黏性 从力学观点来看，液体是由极其微小的在空间仅占有点的位置却又具有确定质量的质点组成，而且质点与质点之间没有空隙，质点是连续均质地分布在液体之中的。

实际上液体是由分子组成的，分子之间是不连续的，分子本身进行着无休止的不规则运动。流体力学研究的是由外部原因引起的液体宏观机械运动，而不涉及液体内部微观结构和分子的运动规律。

液体分子之间存在着互相吸引的内聚力，因而在液体流动时会呈现出内摩擦力。液体分子与其相接触的固体分子之间作用着附着力，一般液体都会被固体壁面所吸附，吸附在壁面上的液体层可以认为具有与壁面相同的速度。

液体在外力作用下流动时，由于液体分子间的内聚力而产生一种阻碍液体分子间相对运动的内摩擦力，这种性质称为液体的黏性。黏性是液体阻抗剪切变形的固有特性，但它只在液体流动时，即液体在外力作用下发生变形时才显示出来。液体静止时，由于不存在变形，因此液体对于变形的阻抗也就随之消失。

（2）黏度 液体黏性的大小用黏度来衡量。黏度是选择液压油的主要指标，是影响液体流动的重要物理性质。

1）定义。液体流动时，液体与固体壁面间的附着力及液体本身的黏性使液体内各处的速度大小不等。以图 2-1 所示的被两平行平板所夹的液体流动情况为例，设上平板以速度 u_0 向右运动，下平板固定不动。紧贴于上平板的极薄一层液体在附着力的作用下，以 u_0 的速度随上平板向右运动，紧贴于下平板的极薄一层液体则黏附于下平板而保持静止，而中间各层液体则从上到下按递减的速度向右运动。这是因为相邻两薄层液体间分子内聚力对上层液体起阻滞作用，而对下层液体则起拖曳作用的缘故。当平板间的距离较小时，各液层的速度按线性规律分布。平板间距离较大时则各液层的速度按曲线规律分布。

实验测定指出：液体流动时邻液层间的内摩擦力 F_f 与液层接触面积 A、液层间相对速度 $\mathrm{d}u$ 成正比，而与两液层间的距离 $\mathrm{d}y$ 成反比，即

$$F_{\mathrm{f}} = \mu A \frac{\mathrm{d}u}{\mathrm{d}y} \qquad (2\text{-}1)$$

式中，μ 是比例常数，称为动力黏度；$\dfrac{\mathrm{d}u}{\mathrm{d}y}$ 是速度梯度，即液层相对速度对液层间距离的变化率。

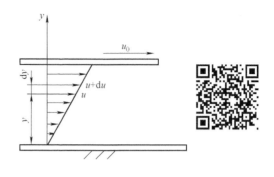

图 2-1 平行平板所夹的液体流动

如以 τ 表示作用于液层表面的切应力，即单位面积上的内摩擦力，则有

$$\tau = \frac{F_{\mathrm{f}}}{A} = \mu \frac{\mathrm{d}u}{\mathrm{d}y} \qquad (2\text{-}2)$$

上式称为牛顿的液体内摩擦定律，它对于牛顿流体和非牛顿流体都适用。速度梯度变化时 μ 值不变的液体称牛顿流体；而 μ 值随速度梯度变化的液体称非牛顿流体。除高黏度或含大量特种添加剂的油液外，一般液压油均可看作牛顿流体。

由此可见，液体的黏度是指在单位速度梯度下流动时单位面积上产生的内摩擦力。黏度是衡量液体黏性大小的指标。

2）表示方法 液压油的黏度的常用表示方法有动力黏度、相对黏度和运动黏度三种。

① 动力黏度 μ 又称绝对黏度。根据公式（2-2），得

$$\mu = \tau / \frac{\mathrm{d}u}{\mathrm{d}y} \qquad (2\text{-}3)$$

动力黏度 μ 的物理意义是：当速度梯度 $\dfrac{\mathrm{d}u}{\mathrm{d}y} = 1$ 时，则 $\mu = \tau$。即动力黏度等于接触液层间单位面积上的内摩擦力。

动力黏度 μ 的量纲为

$$\mu = \tau / \frac{\mathrm{d}u}{\mathrm{d}y} = \frac{\mathrm{F}/\mathrm{L}^2}{\dfrac{\mathrm{L}/\mathrm{T}}{\mathrm{L}}} = \frac{\mathrm{F} \cdot \mathrm{T}}{\mathrm{L}^2} \qquad (2\text{-}4)$$

在国际单位制中，动力黏度 μ 的单位是：帕·秒（$\mathrm{Pa \cdot s}$），$1\mathrm{Pa \cdot s} = 1\mathrm{N \cdot s/m^2}$。在高斯单位制中，$\mu$ 的单位是 P（泊）或 cP［厘泊］，$1\mathrm{P} = 1\mathrm{dyn \cdot s/cm^2}$。

② 运动黏度 ν 是指动力黏度 μ 与液体密度 ρ 的比值，即

$$\nu = \frac{\mu}{\rho} \qquad (2\text{-}5)$$

运动黏度 ν 没有明确的物理意义。因在理论分析和计算中常遇到 μ 与 ρ 的比值，为方便起见而采用 ν 表示，其单位中有长度和时间的量纲，故称为运动黏度。

在国际单位制中，运动黏度 ν 的单位是 $\mathrm{m^2/s}$。

在高斯单位制中，ν 的单位是 $\mathrm{cm^2/s}$，又称为 St（斯）。$1\mathrm{m^2/s} = 10^4\mathrm{St} = 10^6\mathrm{cSt}$（厘斯）。

工程中常用运动黏度 ν 作为液体黏度的标志。我国生产的机械油和液压油的标准采用 40℃时的运动黏度为其牌号（如 N32 号液压油，是指这种油在 40℃时的运动黏度平均值为 $32\mathrm{mm^2/s}$）。

动力黏度和运动黏度都难以直接测量。因此，在工程上常采用一种比较简便的方法去测定液

体的"相对黏度"。然后再根据关系式换算出运动黏度或动力黏度来。

③ 相对黏度又称条件黏度,它是采用特定的黏度计在规定的条件下测量出来的黏度。由于测量条件的差异,各国采用的条件黏度也不同。我国、前苏联、德国采用的是恩氏黏度($°E$),美国采用赛氏黏度(SSU),英国采用雷氏黏度(R)。恩氏黏度用符号$°E_t$表示,即

$$°E_t = \frac{\tau_t}{\tau_{c20}} \tag{2-6}$$

式中,τ_t是体积为$200cm^3$的被测液体在温度t℃时流过直径为2.8mm的小孔恩氏黏度计所用时间(s);τ_{c20}是体积为$200cm^3$的蒸馏水在20℃时流过恩氏黏度计所需的时间(s),τ_{c20}通常为50~52s,故常取平均值51s。

工业上常以20℃和50℃作为测定液体恩氏黏度的标准温度,并且分别用符号$°E_{20}$、$°E_{50}$表示。

恩氏黏度和运动黏度之间的换算关系可根据下面的经验公式求出,即

$$\nu = \left(7.31°E - \frac{6.31}{°E}\right) \times 10^{-6} (m^2/s) \tag{2-7}$$

3)黏度与温度的关系。油液对温度的变化极为敏感,温度升高会使液体内聚力减小,油液的黏度会显著降低。油的黏度随温度变化的性质称黏温特性。不同种类的液压油有不同的黏温特性。液压介质黏度的变化会直接影响液压系统和液压元件的性能,所以对液压用油要求其黏度随温度的变化尽量小些。温度对黏度影响的数学表达式很多,但都有一定的局限性。当运动黏度小于$11 \times 10^{-5} (m^2/s)$,温度变化在30~150℃范围内,可以采用下列经验公式:

$$\nu_t = \nu_{50} \left[\frac{50}{t}\right]^n \tag{2-8}$$

式中,ν_t是油温在t℃时的运动黏度(m^2/s);ν_{50}是油温在50℃时的运动黏度;n是随油液黏度ν_{50}变化的特性指数,其值见表2-1。

表2-1 运动黏度与特性指数的关系

$°E_{50}$	1.2	1.5	1.8	2.0	3.0	4.0	5.0	6.0	7.0	8.0	9.0	10.0	15.0
$\nu_t/(10^{-6}m^2/s)$	2.5	6.5	9.5	12	21	30	33	45	52	60	68	78	113
n	1.39	1.59	1.72	1.79	1.99	2.13	2.24	2.32	2.42	2.49	2.52	2.56	2.75

液压油黏度与温度的关系可用图2-2所示的黏温曲线表示。

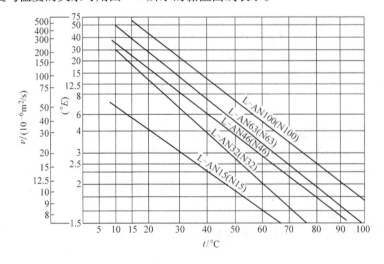

图2-2 几种国产油液的黏温曲线

液压油黏度随温度的变化可直接在图 2-2 中查找。黏温特性好的油液，黏度随温度的变化较小。使用这种油液的系统，其性能受温度的影响也较小。

液压油的黏温特性除了用黏温曲线表示外，还可以用黏度指数 VI 值来衡量。VI 值是以被测油液的黏度随温度变化的程度与标准油液黏度随温度变化程度比较的相对值。黏度指数 VI 值越大，则表示黏温曲线越平缓，油液黏温特性越好，而使用的温度范围就越广泛。

一般要求液压传动用油的 VI 值 > 90，精密液压传动用油的 VI 值 > 100。

4）黏度与压力的关系。一般来说，当液体所受压力加大时，分子之间的距离减小，内聚增大，其黏度也会发生变化。当压力低于 5MPa 时，黏度值的变化很小，可以不予考虑。当压力很高时，黏度将急剧增大，黏度值的变化就不容忽视。液压用矿物油，压力在 5 ~ 50MPa 范围内变化时，可用下式计算黏度

$$\nu_p = \nu_0(1 + ap) \tag{2-9}$$

式中，ν_p 是压力为 $p(\mathrm{Pa})$ 时的运动黏度；ν_0 是绝对压力为 1 个大气压时的运动黏度；a 是决定于油的黏度及油温的系数，一般取 $a = (0.002 ~ 0.004) \times 10^{-5}(1/\mathrm{Pa})$；$p$ 是压力值（Pa）。

5）液压油的调和。把两种不同黏度的液压油混合起来使用称为调和。当选购不到合适黏度的油液时，采用这种方法可以获得所需黏度的油液。调和油黏度可用下列经验公式计算：

$$°E = \frac{a°E_1 + b°E_2 - c(°E_1 - °E_2)}{100} \tag{2-10}$$

式中，$°E$ 是混合后的调和油黏度；a、b 是用以调和的两种油液各占的百分数（$a + b = 100$）；$°E_1$、$°E_2$ 是混合前两种油液的黏度（$°E_1 > °E_2$）；c 是实验系数，见表 2-2。

表 2-2 系数 c 的值

a	10	20	30	40	50	60	70	80	90
b	90	80	70	60	50	40	30	20	10
c	6.7	13.1	17.9	22.1	25.5	27.9	28.2	25	17

3. 可压缩性

液体分子间有一定间隙，液体受压后体积会减小。液体受压力作用而发生体积减小的性质称为液体的可压缩性。

（1）压缩系数 表征液体可压缩性的是压缩系数 k。压缩系数的数学表达式为

$$k = -\frac{\dfrac{\Delta V}{V}}{\Delta p} = -\frac{1}{V}\frac{\Delta V}{\Delta p} \tag{2-11}$$

式中，ΔV 是液体在压力增加 Δp 后体积减小量；V 是液体的初始体积；Δp 是液体压力的变化值。

k 的物理意义是，变化一个单位压力，液体体积的相对变化值。由于 Δp 和 ΔV 的变化方向相反，即 Δp 为正时（压力增大），ΔV 为负（体积减小）；为使 k 为正值，故在式（2-11）的右边冠以负号。

（2）体积弹性模数 液体的体积弹性模数或体积模量为压缩系数的倒数，用 K 表示，即

$$K = \frac{1}{k} = -V\frac{\Delta p}{\Delta V} \tag{2-12}$$

K 的物理意义是单位体积相对变化量所需压力的增量。进行工程计算时经常要用到 K 值。

对式（2-12）变换得到流量：

$$q = \frac{\Delta V}{\Delta t} = \frac{V}{K}\frac{\Delta p}{\Delta t}$$

这是液体考虑压缩时的流量表达式。

在正常的温度、压力条件下，液体的压缩性很小，纯液压用油的平均体积模量值 $K = (1.4 \sim 2.0) \times 10^9 \text{Pa}$，这意味着压力变化 $(7 \sim 10) \times 10^7 \text{Pa}$ 才能使液体体积缩小5%。由此可知：如果压力变化不大，则液体体积的变化很小。因此通常允许把液体看成是不可压缩的"柔软刚体"。但在研究液压装置的动态特性（包括计算液压冲击、振动等）时，液体的压缩性将成为影响系统刚性的重要因素，必须予以考虑。

当液体中混入空气时，空气的压缩性和液压装置中封闭液体的管道和容器膨胀等因素与液体压缩性一样都会影响系统的刚性。因此，采用一个等效体积弹性系数（或称等效体积模量）来综合反映液体和混入的空气以及容器的变形对系统刚性的影响。等效体积模量用 K' 表示，其表达式为

$$\frac{1}{K'} = \frac{1}{K_0} + \frac{1}{K} + \frac{V_g}{V_\Sigma}\frac{1}{K_g} \tag{2-13}$$

式中，K_0 为容器体积模量；V_g 为空气所占体积；V_Σ 为容器中纯液体体积和空气所占体积之和；K_g 为空气体积模量。

由上可知，考虑了液体及混入液体的空气压缩性和容器变形时的等效体积模量，比纯液体的体积模量要小得多。例如，液压油中混入1%的空气，在压力为 $3.5 \times 10^6 \text{Pa}$ 时（温度不变），其等效体积模量只有纯油液体积模量的25%，因此，在实际计算中常用 $K = 7 \times 10^5 \text{Pa}$ 作为油的体积模量。

4. 其他性质

液压油还有其他一些物理化学性质，如抗燃性、抗凝性、抗氧化性、抗泡沫性、抗乳化性、防锈性、导热性、相容性（主要是指对密封材料不侵蚀、不溶胀的性质）以及纯净性等。对于不同品种的液压油，其各种性质的指标也不相同，具体可参考相关的油类产品手册。

5. 对液压油的要求

对于作为液压传动传递动力的介质，并有润滑作用的液压油来说，一般应满足如下要求：

1）对液压元件相对运动部分具有良好的润滑性。

2）油液应具有适当的黏度，而且温度和压力变化时，黏度的变化要小。

3）高温下不易蒸发，低温下不易凝固。

4）对金属材料具有防锈性和防腐性，对于填料和涂料的材质无有害影响。

5）比热容、热导率大，热膨胀系数小。

6）对氧化作用具有较高的稳定性，使用寿命长。

7）混入水后不易乳化，不易产生泡沫。

8）油液纯净，杂质少。质量应纯净，不含各种杂质，有良好的抗泡沫性。若含有酸、碱，会腐蚀机件和密封装置；若含有机械杂质，易造成油路堵塞；若含有易挥发物质，会使油液产生气泡，将影响运动的平稳性。

9）燃点高，凝点低。

10）对人体无害，成本低。

6. 液压油种类的选择

（1）液压油的种类　液压用油主要分为三大类：石油型、合成型和乳化型。石油基矿物油型属于可燃型，是目前普遍采用的油型。乳化型与合成型这两类属于抗燃型，是目前普遍采用的高水基类型。乳化型成本较低，应用逐渐增多；合成型成本高，多应用于特殊要求的场合。液压油的主要品种及其主要性质见表2-3。

表 2-3　液压油的主要品种及其性质

液压油品种			性质
液压油	石油型	机械油	机械油是一种工业用润滑油，价格较低廉，但抗氧化性差，易产生黏稠胶质阻塞小孔，故只用于低压系统且要求很低的情况
		汽轮机油	汽轮机油经深度精制后，加有抗氧化、抗泡沫等添加剂，性能优于机械油，但抗磨性和防锈性不如通用液压油（普通液压油）
		通用液压油	通用液压油是以汽轮机油为基础加多种添加剂制成，抗氧化、抗磨、抗泡沫、黏温性能均好，用于在 0~40℃ 工作的中低压系统，如一般机床
		专业液压油	用液压油用于特殊要求的场合，如高压、中高压等
	高水基	合成型	不含油，只有 5% 左右的化学添加剂
		微乳化性	5%~10% 油和添加剂，实际为油乳化液
		可溶性型	含 5% 左右添加剂和精细扩散的油

（2）液压油的选择　液压油的选择首先要考虑的是油液的黏度问题，即根据泵的种类、工作温度、系统速度和工作压力首先确定适用黏度范围，然后再选择合适的液压油品种。

黏度选择的总原则是：在高压、高温、低速情况下应选用黏度较高的液压油，因为在这类情况下泄漏对系统的影响较大，黏度高可适当减少这些影响；在低压、低温和运动速度高或配合间隙小时宜采用黏度较低的液压油以减小摩擦损失，因为此时泄漏对系统的影响相对减小，而液体的内摩擦阻力影响较大。

在实际使用中，以液压泵对液压油的性能最为敏感，因为泵内零件的运动速度最高，承受的压力最大，且承压时间长、温升大，因而常根据液压泵的类型来选择液压油的黏度。常用泵的液压油黏度推荐值见表 2-4。

表 2-4　常用泵的液压用油适用的黏度

液压泵类型		运动黏度/(10^{-6} m²/s)		液压泵类型	运动黏度/(10^{-6} m²/s)	
		5~40℃	40~80℃		5~40℃	40~80℃
叶片泵	$p<7$MPa	30~50	40~75	齿轮泵	30~70	95~165
	$p\geq7$MPa	50~70	50~90	径向柱塞泵	30~50	65~240
螺杆泵		30~50	40~80	轴向柱塞泵	50~70	70~150

在选择液压油的品种时，要根据具体情况或系统要求选用黏度合适的液压油。具体选用原则如下：

1）一般液压系统的油液黏度为 $\nu_{50}=10~60$cSt，很少采用更高黏度的油液。

2）在一般环境温度 $t<38$℃ 的情况下，油液黏度可根据不同压力级别来选择。即

低　压　$0<p<25$（10^5Pa）　　　　　　　　$\nu_{50}=10~30$cSt；

中　压　$25<p<80$（10^5Pa）　　　　　　　$\nu_{50}=20~40$cSt；

中高压　$80<p<160$（10^5Pa）　　　　　　$\nu_{50}=30~50$cSt；

高　压　$160<p<320$（10^5Pa）　　　　　　$\nu_{50}=40~60$cSt；

3）冬季应当选用黏度较低的油液；夏季应当提高油液黏度。

4）周围环境温度很高、达 40℃ 以上时，应适当提高油液黏度。

5）对采用高速液压马达和快速液压缸的液压系统，应选用黏度较低的液压油。

6）对液压随动系统，宜用低黏度油液，通常 $\nu_{50} \leqslant 10\text{cSt}$。

7）对一些精度高、有特殊要求的液压系统，应采用专用液压油，如稠化油、精密机床液压油、舵机液压油、航空液压油等；对一般液压系统，可采用机械油、汽轮机油、柴油机油、变压器油等。

7. 液压油的正确使用及维护

在使用中，为防止油质恶化，应注意以下事项：

1）注意液压系统密封的良好和保持液压系统清洁。液压系统必须保持严格的密封，防止泄漏和外界各种尘土、杂物、水和其他机械杂质侵入油中。

2）油箱内的油面应保持一定高度。正常工作时油箱的温升不应超过液压油所允许的范围，一般不得超过 70℃，否则需冷却调节。

3）定期检查更换液压油。换油前必须将液压系统的管路彻底清洗，新油要过滤后再注入油箱。液压系统首次使用液压油前，必须彻底清洗干净，在更换同一品种液压油时，也要用新换的液压油冲洗 1~2 次。液压油不能随意混用。一种牌号的液压油，未经设备生产厂家同意且没有科学依据时，不得随意与不同牌号的液压油混用，更不得与其他品种的液压油混用。

控制油温，对于矿物油的工作油温，要控制在 15~65℃ 范围内，油温过高时，要改善散热条件，必要时在油箱中设冷却器，油温过低时，应在油箱中设置加热器。

防止空气进入系统，避免油液加速氧化变质，影响传动性能，因此液压泵吸油口与吸油管的连接处的密封要可靠，吸油管口在油面下要有足够的深度。

防止污染，要有防尘装置，滤油器的规格要合适，并且要定期清洗维护。

1）要尽可能避免使用对油液的氧化能起催化作用的铅、锌、铜等材料的元件，油箱内要涂耐油的防锈漆。

2）力求减少外来污染。液压装置组装前后必须严格清洗，油箱通大气处要加空气过滤器，向油箱灌油应通过过滤器，维修拆卸元件应在无尘区进行。

3）滤除系统产生的杂质。应在系统的有关部位设置适当精度的过滤器，并且要定期检查、清洗或更换滤芯。

2.2 液体静力学

液体静力学主要讨论液体静止时的平衡规律以及这些规律的应用。这里所说的静止液体是指液体内部质点间没有相对运动的液体，至于液体作为一个整体，则可以是静止的，也可以是随同包容它的容器做整体运动的。

2.2.1 液体静力学及其特性

1. 液体的压力

作用在液体上的力，有两种类型：一种是作用于液体的所有质点上的质量力，如重力、惯性力等；一种是作用于液体表面的表面力，如切向力、法向力等。表面力可以是其他物体作用于液体上的力，也可以是液体内部一部分液体作用于另一部分液体上的力。对于整体液体来说，前一种情况下的表面力是一个外力，后一种情况下的表面力是一个内力。液体的压力则属于表面力。

在液体中取一分离体，如图 2-3 所示，通过分离体中 M 点的剖切面把分离体分为 I、II 两部分。过 M 点取一微小面积 ΔA，ΔF 是 II 部分液体作用在 I 部分 ΔA 面上的表面力。ΔF 可分解为垂直于 ΔA 的法向力 ΔF_N 和位于 ΔA 平面内的切向力 ΔF_t。法向力 ΔF_N 与 ΔA 的商在 $\Delta A \to 0$ 时的极

限称为压力。这一定义在物理学中称为压强，但在液压传动中习惯称为压力。压力通常以 p 表示。即

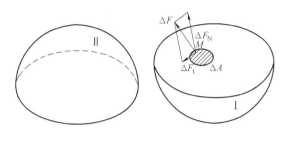

$$p = \lim_{\Delta A \to 0} \frac{\Delta F_N}{\Delta A} \qquad (2\text{-}14)$$

若 I 部分在剖切面上各点压力相等，则

$$p = \frac{F_N}{A} \qquad (2\text{-}15)$$

图 2-3 分离体

式中，F_N 是作用在 A 面上法向力的合力；A 是液体受压面积。

液体压力分静压力和动压力，液体处于静止状态时的压力称为静压力。液体流动时具有的动能所相当的压力称为动压力。

2. 压力的表示方法和单位

在压力测试中，根据度量基准的不同，液体压力分为绝对压力和相对压力两种。

绝对压力是指以零压为基准测得的压力。相对压力是指以大气压（p_{atm}）为基准测得的高于大气压的那部分压力。由测压仪表所直接测得的压力就相对压力，所以相对压力也称为表压力。在液压技术中，如不特别指明，压力均指相对压力。

当绝对压力低于大气压时，绝对压力不足大气压的那部分压力数值叫作真空度。真空度实际上也是以大气压为基准度量而得到的压力数值。与相对压力不同的是相对压力是正表压力，而真空度则是负表压力。例如，液体内某点的真空度为 $0.25p_{atm}$（大气压），则该点的绝对压力为 $0.75p_{atm}$，相对压力为 $-0.25p_{atm}$。这就是说，在进行数值计算时，真空度可以用负表压力来表示。真空度最大值不超过一个大气压。

绝对压力、相对压力和真空度间的关系如图 2-4 所示。在图中，以大气压为基准计算压力时，基准以上的正值是表压力，基准以下的负值就是真空度。

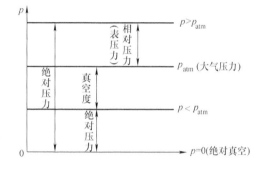

图 2-4 绝对压力、相对压力和真空度

用来衡量压力大小的法定计量单位为帕（Pa），非法定计量单位有巴（bar）、标准大气压（atm）、工程大气压（at）与帕的换算关系见表 2-5。

表 2-5 各种压力单位间的换算关系

帕（Pa）	巴（bar）	千克力/厘米^2（kgf/cm^2）	工程大气压（at）	标准大气压（atm）	毫米汞柱（mmHg）	毫米水柱（mmH$_2$O）
1Pa	1×10^5Pa	98066.5Pa	98066.5Pa	101325Pa	133.322Pa	9.80665Pa

3. 液体静压力的特性

1）静止液体内任一点所受到的各个方向的压力都相等。这是因为如果液体在某一点受到各方向的压力不等时，该点液体将要产生运动，这就破坏了液体静止的条件。

2）液体的压力垂直于承受压力的表面，且其方向永远指向作用面的内法线方向。这是因为液体质点间的凝聚力很小，不可能使液体在受到拉力或剪切力时不发生流动；对于静止液体来

说，因其质点间没有相对运动，所以也就不存在拉力或剪切力，而只能存在压力，并且压力的方向必定是指向其作用面的内法线方向。否则，液体将发生运动，与静止液体条件不符。

3）在密封容器里，静止液体中任意一点的压力如有变化，则这个压力变化值将传给液体中的所有点，而且其值不变。

2.2.2 重力作用下静力学的基本规律

1. 重力作用下静止液体内的压力分布规律

设有一容器盛有某种液体，液体表面压力为 p_0，如图2-5所示，设 m 为容器内液体中任意一点，其到液体表面距离为 h，现求点 m 处的压力。设想从液体中取出一高为 h、底面积为 ΔA 并通过点 m 的小液柱，小液柱自"母体"取出后，原来液体间的内力就变成了外力作用于小液柱上；小液柱底面的压力为 p，圆柱上表面的压力为 p_0。小液柱在所有外力作用下处于平衡状态，如图2-5右侧所示。小液柱在垂直方向的受力平衡方程式为

$$p = p_0 + \rho g h \tag{2-16}$$

式中 p 为延深 h，即点 m 处的液体压力；

g 为重力加速度，在SI中，$g = 9.81 \mathrm{m/s}^2$。

因点 m 是任意取的，所以式（2-16）对液体内任意一点都适用。即式（2-16）描述了重力作用下静止液体内的压力分布规律。

根据式（2-16）可知：

1）静止液体内某点处的压力由两部分组成：一是液面上的压力 p_0，二是液体的自重所引起的压力 $\rho g h$。当液面上只受大气压作用时，点 m 处的静压力为：

$$p = p_0 + \rho g h \tag{2-17}$$

2）静止液体内的压力延深呈线性分布，如图2-6所示。

3）延深相同处的各点压力都相等，由压力相同的所有点组成的面称为等压面，在重力作用下静止液体的等压面是一个水平面：油液与空气相接触的自由表面为等压面，所有的等压面均与重力相垂直。

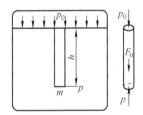

图2-5 重力作用下的静止液体

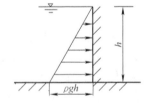

图2-6 静止液体产生的压力分布

2. 帕斯卡原理

如图2-7所示密闭容器内的液体，当外力 F 变化引起外加压力 p_0 发生变化时，只要液体仍保持原来的静止状态不变，则液体内任一点的压力将发生同样大小的变化。这就是说，在密闭容器内，施加于静止液体的压力可以等值地传递到液体各点，这就是著名的帕斯卡原理，或称静压传递原理。它已被广泛地应用在机械装备上，如液压千斤顶、液压机等。帕斯卡原理也是液压传动系统工作的基础。

在图2-7中，活塞上的作用力 F 是外加负载，A 为活塞横截面面积，根据帕斯卡原理，容器

内液体的压力 p 与负载 F 之间总是保持着正比关系，液体内的压力是由外界负载作用所形成的，即压力决定于负载，这是液压传动中的一个重要的基本概念。

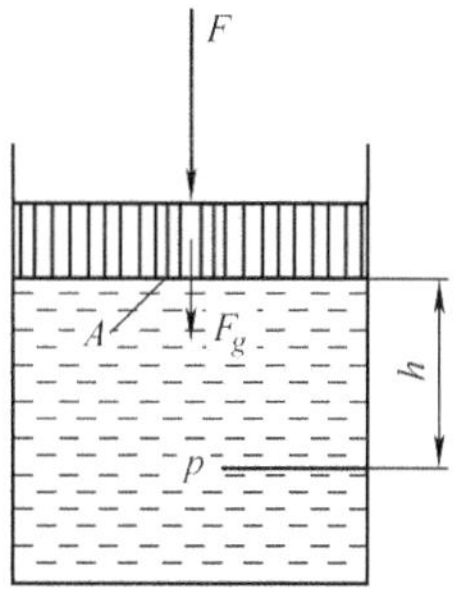

2.2.3 静压力对固体壁面的总作用力

在液压传动中，如忽略液体自重所产生的压力，则静止液体中各处的压力大小均相等，且垂直作用于承压表面上。液体压力作用于固体表面上的总压力分为液体压力作用于平面上的总作用力及液体压力作用于曲面上的总作用力。

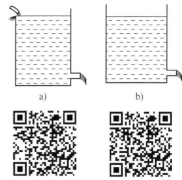

图 2-7 受外力 F 下静止液体内的压力

1. 液体压力作用于平面上的总作用力

当承受压力作用的面是平面时，作用在该面上压力方向是平行的，且大小相等。所以总作用力 F 的大小等于液体压力 p 与承压面积 A 的乘积，即

$$F = p \cdot A \tag{2-18}$$

2. 液体压力作用于曲面上的总作用力

当承受压力作用的面是曲面时，作用在该面上的压力方向均垂直于曲面，大小相等，曲面上各点处的压力互不平行，要计算曲面上的总作用力就必须明确要计算哪一方向上的力。

2.3 液体动力学

本节主要讨论流动液体的状态、运动规律、能量转换以及流动液体与固体壁面的相互作用力等问题，重点介绍三个基本定律：质量守恒定律（连续性原理）、能量守恒定律（伯努利方程式）、动量定律（动量方程式）。

2.3.1 基本概念

由于液体具有黏性，所以当液体流动时其分子间就要产生摩擦力、而液体分子间的摩擦问题较为复杂。再加上重力、惯性力等因素的影响，使得液体内部各处质点的运动状态是各不相同的，这就给研究流动液体的性质带来了不便。在工程上关心的是整个液体在空间的某个特定点或特定区域内的平均运动情况，因此，为了简化研究，便于分析，对液体及其流动做了一些假设。但是，这样做的结果必然与实际有较大的差距，应根据实际情况对所研究的结果再加以适当修正，使其与实际情况相接近。

1. 理想流体与恒定流动

既没有黏性又没有压缩性的假想液体称为理想流体（Ideal liquid）。把实际上既有黏性又有压缩性的液体叫作实际流体（Real liquid）。很明显，理想流体没有黏性，在流动时不存在内摩擦，没有摩擦损失，这给研究问题带来很大方便。

液体流动时，若液体中任一点处的压力、速度和密度都不随时间而变化，则这种流动称为恒定流动（亦称稳定流动或定常流动）。反之，只要压力、速度或密度随时间变化，就称非恒定流动。如图 2-8 所示，图 2-8a 的水平管内液体的流动为恒定流动，图 2-8b 的为非恒定流动。

图 2-8 恒定流动和非恒定流动
a）恒定流动　b）非恒定流动

2. 过流断面、平均流速、流量

（1）过流断面　液体流动时，与液体质点的流速方向相垂直的截面叫过流断面。图 2-9 中的截面 *A—A*、截面 *B—B* 即为过流断面。

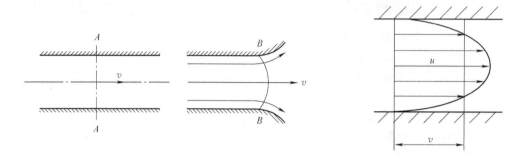

图 2-9　流动液体的过流断面　　　　　　图 2-10　液体的平均流速

（2）平均流速 *v*　平均流速 *v* 是个假想速度，即当管道中任一过流断面处的所有液体质点都以速度 *v* 流动时，在单位时间内流过该断面液体的体积与这些液体质点都以其真实速度 *u* 在单位时间内流过同一断面液体的体积相等，如图 2-10 所示，在研究液压系统的静特性时，所用的速度都是平均速度 *v*。

在工程实际中，平均流速 *v* 才具有应用价值。液压缸工作时，活塞运动的速度就等于缸内液体的平均流速，当液压缸有效面积一定时，活塞运动速度决定于输入液压缸的流量。

（3）流量　单位时间内流过某一过流断面的液体体积称为体积流量（Flow of volume）。该流量以 q_v 表示，单位为 m³/s 或 L/min。

假设理想流体在一直管内做恒定流动，如图 2-11 所示。液流的过流断面面积即为管道截面积 *A*。液流在过流断面上各点的流速皆相等，以 *u* 表示。流过截面 Ⅰ—Ⅰ 的液体经时间 *t* 后到达截面 Ⅱ—Ⅱ 处，所流过的距离为 *l*，则流过的液体体积为 *V = Al*，因此流量为

$$q_v = \frac{V}{t} = \frac{Al}{t} = Av \qquad (2\text{-}19)$$

式（2-19）表明，液体的流量可以用过流断面面积与流速的乘积来计算。

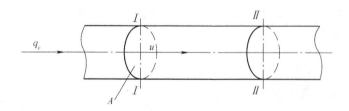

图 2-11　理想流体在直管中的流动

对于实际流体来说，当液流通过微小的过流断面 d*A* 时（见图 2-12），液体在该断面各点的流速 *u* 被认为是相等的，所以流过该微小断面的流量为

$$dq_v = u\,dA$$

则流过整个过流断面 *A* 的流量为

$$q_v = \int_A u\,dA \qquad (2\text{-}20)$$

（4）液体流动时的压力　液体流动时要呈现出黏性力和惯性力，由于二者的影响使流动液体的压力与静止液体的压力（即静压力）不同，但是，由于假定液体是理想流体，因而其黏性的影响就不存在了；又由于惯性力一般都很小，在液压传动中一般都可忽略不计，这样，理想流体流动时的压力（动压力）与静压力就无大差别，因此在今后的讨论中将不再就液体流动时的压力与静压力加以区别。

图 2-12　液体流量

2.3.2　流量连续性方程

连续性方程是质量守恒定律在流体力学中的一种表达形式，其前提是液体做定常流动且不可压缩。如图 2-13 所示，任取一流管，两端通流截面面积为 A_1、A_2，在流管中取一微小流束，流束两端的截面积分别为 dA_1 和 dA_2，在微小截面上各点的速度可以认为是相等的，且分别为 u_1 和 u_2。根据质量守恒定律，在 dt 时间内流入此微小流束的质量应等于从此微小流束流出的质量，故有

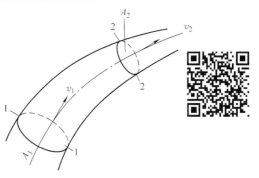

图 2-13　连续性方程推导简图

$$\rho u_1 dA_1 dt = \rho u_2 dA_2 dt$$

即

$$u_1 dA_1 = u_2 dA_2$$

对整个流管，显然是微小流束的集合，由上式积分得

$$\int_{A_1} u_1 dA_1 = \int_{A_2} u_2 dA_2$$

即

$$q_1 = q_2$$

如用平均流速表示，得

$$v_1 A_1 = v_2 A_2 \tag{2-21}$$

由于两通流截面是任意取的，故有

$$q = vA = 常数 \tag{2-22}$$

式（2-22）称为不可压缩液体做定常流动时的连续性方程。它说明通过流管任一通流截面的流量相等；其流速与通流截面面积成反比，流量一定，面积越小，速度越大。

2.3.3　伯努利方程

伯努利方程就是能量守恒定律在流动液体中的表现形式。要说明流动液体的能量问题，必须先讲述液流的受力平衡方程，亦即它的运动微分方程。由于问题比较复杂，在讨论时先从理想流体在微元流束中的流动情况着手，然后再扩展到实际流体在流束中的能量问题。

1. 理想流体的运动微分方程

如图 2-14 所示，在微小流束上，取截面面积为 dA，长为 ds 的微元体，现研究理想流体定常流动条件下在重力场中沿流线运动时其力的平衡关系。这一微元体的受力情况如图 2-14 所示，其中重力为 $-\rho g dA ds$；压力作用在两端面上的力为

$$p dA - \left(p + \frac{\partial p}{\partial s} ds \right) dA$$

式中，$\partial p/\partial s$ 是沿流线方向的压力梯度。

设该微元体在定常流动下的加速度为 a，由于定常流动时液体的流速 u 只是流线段长 s 的函数，即 $u=f(s)$，故

$$a = \frac{\mathrm{d}u}{\mathrm{d}t} = \frac{\partial u}{\partial s}\frac{\mathrm{d}s}{\mathrm{d}t} = u\frac{\partial u}{\partial s}$$

由牛顿运动定律可得 $\sum F = ma$，可得

$$p\mathrm{d}A - \left(p + \frac{\partial p}{\partial s}\mathrm{d}s\right)\mathrm{d}A - \rho g\mathrm{d}A\mathrm{d}s\cos\theta = \rho\mathrm{d}A\mathrm{d}s u\frac{\partial u}{\partial s}$$

因为 $\partial z/\partial s = \cos\theta$，代入上式化简后得

$$\frac{1}{\rho}\frac{\partial p}{\partial s} + g\frac{\partial z}{\partial s} + u\frac{\partial u}{\partial s} = 0$$

在定常流动时 p、z、u 均只是流线段长 s 的函数，可进一步简化得

$$\frac{1}{\rho}\mathrm{d}p + g\mathrm{d}z + u\mathrm{d}u = 0 \qquad (2\text{-}23)$$

这就是重力场中，理想流体沿流线做定常流动时的运动微分方程，即欧拉运动方程。它表示了单位质量液体的力平衡方程。

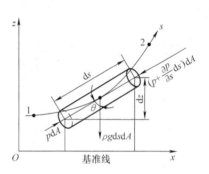

图 2-14　流动液体上的作用力

2. 理想流体的伯努利方程

将式（2-23）沿流线积分，便可得到理想流体微小流束的伯努利方程

$$\frac{p}{\rho} + gz + \frac{u^2}{2} = 常数$$

对流线上任意两点且两边同除以 g 可得

$$\frac{p_1}{\rho g} + z_1 + \frac{u_1^2}{2g} = \frac{p_2}{\rho g} + z_2 + \frac{u_2^2}{2g} \qquad (2\text{-}24)$$

式（2-24）就是理想流体做定常流动的能量方程或伯努利方程。在理想流体做定常流动时，沿同一条流线对运动微分方程的积分为常数，沿不同流线积分时则为另一常数。

式（2-24）说明，理想流体做定常流动时液流中任意截面处液体的总比能（即单位质量液体的总能量）由比压能 $p/(\rho g)$、比位能 z 与比动能 $u^2/(2g)$ 组成（且均为长度量纲，因此可分别称为压力水头、位置水头和速度水头），三者之间可互相转化，但总和为一定值。这就是能量守恒规律在流体力学中的体现。

如果流动是在同一水平面内，或者流场中坐标 z 的变化与其他流动参数相比可以忽略不计，则式（2-24）变成

$$\frac{p_1}{\rho g} + \frac{u_1^2}{2g} = \frac{p_2}{\rho g} + \frac{u_2^2}{2g} \qquad (2\text{-}25)$$

上式表明，沿流线的压力越低，其速度越高。

3. 实际流体的伯努利方程

实际流体在流动时，由于液体存在黏性，会产生内摩擦力，消耗能量；同时，管道局部形状

和尺寸的骤然变化，使液体产生扰动，也消耗能量。因此，实际流体流动有能量损失，这里可设图 2-14 中微元体从截面 1 流到截面 2 损耗的能量为 h'_w，则实际流体微小流束做恒定流动时的伯努利方程为

$$\frac{p_1}{\rho g} + z_1 + \frac{u_1^2}{2g} = \frac{p_2}{\rho g} + z_2 + \frac{u_2^2}{2g} + h'_w \tag{2-26}$$

为了得出实际流体的伯努利方程，图 2-15 给出了一段流管中的液流。在流管中，两端的通流截面积分别为 A_1、A_2。在此液流中取出一微小流束，两端的通流截面积各为 $\mathrm{d}A_1$ 和 $\mathrm{d}A_2$。其相应的压力、流速和高度分别为 p_1、u_1、z_1 和 p_2、u_2、z_2。这一微小流束的伯努利方程是式 (2-26)。将式 (2-26) 的两端乘以相应的微小流量 $\mathrm{d}q$($\mathrm{d}q = u_1\mathrm{d}A_1 = u_2\mathrm{d}A_2$)，然后各自对液流的通流截面积 A_1 和 A_2 进行积分，得

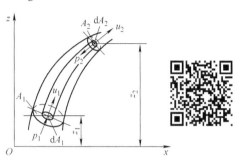

图 2-15　实际流体的伯努利方程推导

$$\int_{A_1}\left(\frac{p_1}{\rho g} + z_1\right)u_1\mathrm{d}A_1 + \int_{A_1}\frac{u_1^2}{2g}u_1\mathrm{d}A_1 = \int_{A_2}\left(\frac{p_2}{\rho g} + z_2\right)u_2\mathrm{d}A_2 + \int_{A_2}\frac{u_2^2}{2g}u_2\mathrm{d}A_2 + \int_q h'_w\mathrm{d}q \tag{2-27}$$

上式左端及右端的前两项积分分别表示单位时间内流过 A_1 和 A_2 的流量所具有的总能量，而右端最后一项表示流管内的液体从 A_1 流到 A_2 损耗的能量。

为使式 (2-27) 便于实用，首先将图 2-15 中截面 A_1 和 A_2 处的流动限于平行流动（或缓变流动），这样，通流截面 A_1、A_2 可看作平面，在通流截面上除重力外无其他质量力，因而通流截面上各点处的压力具有与液体静压力相同的分布规律。

其次，用平均流速 v 代替液流截面 A_1 和 A_2 上各点处不等的流速 u，且令单位时间内截面 A 处液流的实际动能和按平均流速计算出的动能之比为动能修正系数 a，即

$$a = \frac{\displaystyle\int_A \rho\frac{u^2}{2}u\mathrm{d}A}{\frac{1}{2}\rho Avv^2} = \frac{\displaystyle\int_A u^3\mathrm{d}A}{v^3 A} \tag{2-28}$$

此外，对液体在流管中流动时产生的能量损耗，也用平均能量损耗的概念来处理，即令

$$h_w = \frac{\displaystyle\int_q h'_w\mathrm{d}q}{q}$$

将上述关系式代入式 (2-26)，整理后可得

$$\frac{p_1}{\rho g} + z_1 + \frac{a_1 v_1^2}{2g} = \frac{p_2}{\rho g} + z_2 + \frac{a_2 v_2^2}{2g} + h_w \tag{2-29}$$

式中，a_1、a_2 分别是截面 A_1、A_2 上的动能修正系数。

式 (2-29) 就是仅受重力作用的实际流体在流管中做平行（或缓变）流动时的伯努利方程。它的物理意义是单位重力液体的能量守恒。其中 h_w 为单位重力液体从截面 A_1 流到截面 A_2 过程中的能量损耗。

在应用式 (2-29) 时，必须注意 p 和 z 应为通流截面的同一点上的两个参数，特别是压力参数 p 的度量基准应该一样，如用绝对压力都用绝对压力，用相对压力都用相对压力，为方便起

见，通常把这两个参数都取在通流截面的轴心处。

在液压系统的计算中，通常将式（2-29）写成另外一种形式，即

$$p_1 + \rho g h_1 + \frac{1}{2}\rho a_1 v_1^2 = p_2 + \rho g h_2 + \frac{1}{2}\rho a_2 v_2^2 + \Delta p_w \tag{2-30}$$

式中，h_1 和 h_2 分别是液体在流动时的不同高度；Δp_w 是液体流动时的压力损失。

伯努利方程揭示了液体流动过程中的能量变化规律。它指出，对于流动的液体来说，如果没有能量的输入和输出，液体内的总能量是不变的。它是流体力学中一个重要的基本方程。它不仅是进行液压传动系统分析的基础，而且还可以对多种液压问题进行研究和计算。

使用伯努利方程解决实际问题时要注意以下几点：

1）选取适当的水平基准面。

2）选取两个计算截面：其中一截面的参数已知，另一个为所求参数所在的截面。

3）在上述两个截面上各选定高度为已知的一个点。

4）对所取两点按流动方向列伯努利方程。

5）伯努利方程一般要与连续性方程联合求解。

2.3.4 动量方程

液体流动时的动量方程是液体力学基本方程之一，它是研究液体运动时动量变化与作用在液体上的外力之间关系的。在液压传动中，在计算流动液体作用于限制其流动的固体壁面上的总作用力时，应用动量方程解决非常方便。根据刚体力学动量定理：作用在物体上全部外力的矢量和应等于物体在力作用方向上的动量的变化率，即

$$\sum F = \frac{m\Delta v}{\Delta t} = \frac{\rho V}{\Delta t}\Delta v = \rho q \Delta v \tag{2-31}$$

为推导液体做稳定流动时的动量方程，在图 2-16 所示的管流中，任意取出被通流截面 1、2 所限制的液体体积，称之为控制体积，截面 1、2 为控制表面。截面 1、2 上的通流面积分别为 A_1、A_2，流速分别为 v_1、v_2。设该段液体在 t 时刻的动量为 $(mv)_{1-2}$。经 Δt 时间后，该段液体移动到 $1'—2'$ 位置，在新位置上液体的动量为 $(mv)_{1'-2'}$。在 Δt 时间内动量的变化为

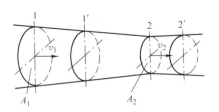

图 2-16 动量方程推导用图

$$\Delta(mv) = (mv)_{1'-2'} - (mv)_{1-2}$$

$$(mv)_{1-2} = (mv)_{1-1'} + (mv)_{1'-2}$$

$$(mv)_{1'-2'} = (mv)_{1'-2} + (mv)_{2-2'}$$

如果液体做稳定流动，则 $1'—2$ 之间液体的各点流速经 Δt 以后没有变化，$1'—2$ 之间液体的动量也没有变化，故

$$\Delta(mv) = (mv)_{1'-2'} - (mv)_{1'-2}$$

$$= (mv)_{2-2'} - (mv)_{1-1'}$$

$$= \rho q \Delta t v_2 - \rho q \Delta t v_1$$

于是

$$\sum F = \frac{\Delta(mv)}{\Delta t} = \rho q (v_2 - v_1) \tag{2-32}$$

式（2-32）为液体做稳定流动时的动量方程，方程表明：作用在液体控制体积上的外力总

和 $\sum F$ 等于单位时间内流出控制表面与流入控制表面的液体的动量之差。该式为矢量表达式。在应用时可根据具体要求，向指定方向投影，求得该方向的分量。显然，根据作用力与反作用力相等原理，液体也以同样大小的力作用在使其流速发生变化的物体上。由此，可按动量方程求得流动液体作用在固体壁面上的总作用力。

2.4 孔口的压力流量特性

液压传动中常利用液体流经阀的小孔或间隙来控制其流量和压力，达到调速和调压的目的，液压元件的泄漏也属于缝隙流动。因而讨论小孔和间隙的流量计算，对于正确分析液压元件和系统的工作性能是很有必要的。

2.4.1 液体流经孔口的力学特性

孔口可分为薄壁孔口、细长孔和短孔。当管路长度 l 和圆管内径 d 之比（长径比）$l/d \leqslant 0.5$ 时，称为薄壁孔口；当 $l/d > 4$ 称为细长孔；当 $0.5 < l/d \leqslant 4$ 时，则称为短孔。

1. 薄壁孔口

图 2-17 所示为液体流过薄壁孔口的情况，当液体从薄壁小孔流出时，左边大直径处的液体均向小孔汇集，在惯性力的作用下，在小孔出口处的液流由于流线不能突然改变方向，通过孔口后会发生收缩现象，而后再开始扩散。通过收缩和扩散过程，会造成很大的能量损失。

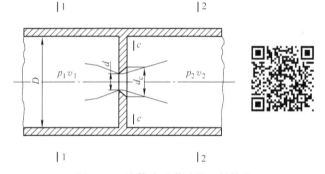

图 2-17 液体流过薄壁孔口的情况

液体流经薄壁小孔的流量公式为

$$q = C_d A \sqrt{\frac{2}{\rho} \Delta p} \tag{2-33}$$

式中，C_d 是流量系数；A 是过流小孔截面积；Δp 是小孔前后压力差，$\Delta p = p_1 - p_2$。

流量系数 C_d 的大小一般由实验确定，在液流完全收缩（$D/d > 7$）的情况下，$Re \leqslant 10^5$ 时，C_d 可由式（2-34）计算，当 $Re > 10^5$ 时，C_d 为 $0.60 \sim 0.61$。

$$C_d = 0.964 Re^{-0.5} \tag{2-34}$$

当液流不完全收缩时（$D/d < 7$），C_d 可由表 2-6 查得，这时由于管壁对液流进入小孔起导向作用，C_d 可增至 $0.7 \sim 0.8$。

表 2-6 不完全收缩时流量系数 C_d 的值

A_0/A	0.1	0.2	0.3	0.4	0.5	0.6	0.7
C_d	0.602	0.615	0.634	0.661	0.696	0.742	0.804

注：A 为管道面积

由式（2-33）可知，流经薄壁小孔的流量与压力差 Δp 的平方根成正比，因孔短而摩擦阻力的作用小，流量受温度和黏度变化的影响小，流量比较稳定，故薄壁小孔常作为节流孔用。

液体流经滑阀阀口、锥阀阀口及喷嘴挡板阀阀口时，也可用薄壁孔流量公式来计算流量，而流量系数 C_d 及孔口过流截面积随着孔口不同而有所区别。

图 2-18 所示是圆柱滑阀阀口，图中 A 为阀套，B 为阀芯，设阀芯直径为 d，阀芯与阀套间半径间隙为 C_r，当阀芯相对于阀套向左移动一个距离 x_v 时，阀口的有效宽度为 $\sqrt{x_v^2 + C_r^2}$，令 ω 为阀口的周向长度，$\omega = \pi d$，则阀口的通流截面面积 $A = \omega \sqrt{x_v^2 + C_r^2}$，由式（2-33）可求出通过阀口的流量为

$$q = C_d \omega \sqrt{x_v^2 + C_r^2} \sqrt{\frac{2\Delta p}{\rho}} \tag{2-35}$$

当 $x_v \gg C_r$ 时，略去 C_r 不计，有

$$q = C_d \omega x_v \sqrt{\frac{2\Delta p}{\rho}} \tag{2-36}$$

以上两式中的流量系数由图 2-19 查出，图中雷诺数按式（2-37）计算：

$$Re = \frac{A}{x} = \frac{\sqrt{x_v^2 + C_r^2}}{2} \tag{2-37}$$

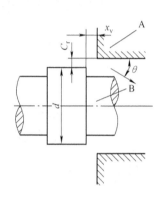

图 2-18　圆柱滑阀阀口示意

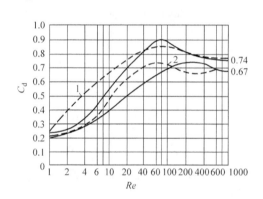

图 2-19　滑阀阀口的流量系数

在图 2-19 中，虚线 1 表示 $x_v = C_r$ 时的理论曲线，虚线 2 表示 $x_v > C_r$ 时的理论曲线，实线则表示实验测定的结果。当 $Re \geqslant 10^3$ 时，C_d 一般为常数，其值在 0.67 ~ 0.74 范围内。阀口棱边圆滑或有很小的倒角时 C_d 比锐边时大，一般在 0.8 ~ 0.9 范围内。

液流流经阀口时，不论是流入还是流出，其流束与滑阀轴线间总保持着一个角度 θ，称为速度方向角，一般 $\theta = 69°$。

2. 细长孔

流经细长小孔的液流，由于黏性而流动不畅，一般都是层流状态，可以直接利用圆管层流的流量公式，得出具有一定长度的细长小孔流量公式

$$q = \frac{\pi d^4}{128\mu l}\Delta p \tag{2-38}$$

由式（2-38）可以看出：

1）流经细长小孔的流量与小孔前后的压差 Δp 成正比，并受油液的黏度影响，当温度升高时，液体的黏度下降，因而在相同的压差作用下，流经小孔的流量增加，所以流经细长小孔的流量受温度的影响比较大。

2）将公式（2-38）改写为

$$\Delta p = \frac{128\mu l}{\pi d^4}q \tag{2-39}$$

公式（2-39）表明，通过细长孔的压差 Δp 与孔径 d 的四次方成反比。在液压系统中，细长孔通常用作建立一定压差的阻尼孔。

3. 短孔

流经短孔的流量公式与薄壁孔口的流量公式相同，但流量系数 C_d 有所不同。当 $Re > 10^5$ 时，$C_d = 0.8 \sim 0.82$。

各种孔口的流量特性，可归纳为通用公式：

$$q = KA\Delta p^m \tag{2-40}$$

式中，K 是由液体的形状、尺寸和液体性质决定的系数，对薄壁孔 $K = C_d \sqrt{2/\rho}$；对细长孔 $K = d^2/32\mu l$；m 为由孔的长径比决定的指数，对薄壁孔 $m = 0.5$，对细长孔 $m = 1$，对短孔 $m = 0.5 \sim 1$。

小孔流量通用公式常作为分析液压阀孔口的流量 – 压力特性之用。

2.4.2 液体流经缝隙的力学特性

在液压技术中，常见的间隙有平行平面缝隙及环形缝隙两种。液体的缝隙流动具有以下两个特点：缝隙（间隙）相对其长度和宽度（或直径）而言要小得多；液体在缝隙中的流动常属于层流。

1. 平行平板缝隙中的平行流动

当两平行平板缝隙间充满液体时，如果液体受到压差 $\Delta p = p_1 - p_2$ 的作用，液体会产生流动，这种流动称为压差流动。如果没有压差 Δp 的作用，而两平行平板之间有相对运动，即一平板固定，另一平板以速度 v_0 运动时，由于液体存在黏性，液体亦会被带着移动，这就是剪切作用所引起的流动，这种流动称为剪切流动。液体通过平行平板缝隙时的最一般的流动情况，是既受压差 Δp 的作用，又受平行平板相对运动的作用，液体在压差 Δp 及平板带动下在缝隙中的二维流动，称为联合运动。其流量计算图如图 2-20 所示。

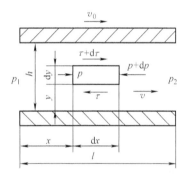

图 2-20　平行平板缝隙中的液流

图中 h 为缝隙高度，b 和 l 为缝隙宽度和长度，一般 $b \gg h$，$l \gg h$。在液流中取一个微元体 $dxdy$（宽度方向取单位长）。其左右两端面所受的压力为 p 和 $p + dp$，上下两面所受的切应力为 $\tau + d\tau$ 和 τ，则微元体的受力平衡方程为

$$pdy + (\tau + d\tau)dx = (p + dp)dy + \tau dx$$

整理后得

$$\frac{d\tau}{dy} = \frac{dp}{dx} \tag{2-41}$$

由于 $\tau = \mu \dfrac{dv}{dy}$，式（2-41）可变为

$$\frac{d^2 v}{dy^2} = \frac{1}{\mu}\frac{dp}{dx} \tag{2-42}$$

将式（2-42）对 y 积分两次得

$$v = \frac{1}{2\mu}\frac{dp}{dx}y^2 + c_1 y + c_2 \tag{2-43}$$

式中，c_1、c_2为积分常数。当平行平板间的相对运动速度为v_0时，则在$y = 0$处，$v = 0$；$y = h$处，$v = v_0$。此外，液流做层流运动时p只是x的线性函数，即

$$\frac{\mathrm{d}p}{\mathrm{d}x} = \frac{p_1 - p_2}{l} = -\frac{\Delta p}{l}$$

将这些关系式代入式（2-43）并整理后得

$$v = \frac{y(h - y)}{2\mu l}\Delta p + \frac{v_0}{h}y \qquad (2\text{-}44)$$

由此得，通过平行平板缝隙的流量为

$$q = \int_0^h vb\mathrm{d}y = \int_0^h \left[\frac{y(h - y)}{2\mu l}\Delta p + \frac{v_0}{h}y\right]b\mathrm{d}y$$

$$= \frac{bh^3\Delta p}{12\mu l} + \frac{v_0}{2}bh \qquad (2\text{-}45)$$

当平行平板间没有相对运动，$v_0 = 0$时，通过的液流仅由压差引起，即为压差流动，其流量为

$$q = \frac{bh^3\Delta p}{12\mu l} \qquad (2\text{-}46)$$

当平行平板两端不存在压差时，通过的液流仅由平板运动引起，称为剪切流动，其流量为

$$q = \frac{v_0}{2}bh \qquad (2\text{-}47)$$

从式（2-46）、式（2-47）可以看出，在压差作用下，流过固定平行平板缝隙的流量与缝隙值的三次方成正比，这说明液压元件内缝隙的大小对其泄漏量的影响是非常大的。

2. 环形缝隙中的平行流动

环形缝隙流动分为圆柱环形缝隙流动、圆锥环形缝隙流动及平面环形缝隙流动。

（1）圆柱环形缝隙中的平行流动　在液压元件中，某些相对运动零件，如柱塞与柱塞孔，圆柱滑阀阀芯与阀体孔之间的间隙为圆柱环形间隙。根据二者是否同心又分为同心圆柱环形缝隙和偏心环形缝隙。

1）同心圆柱环形缝隙中的平行流动。在液压技术中，液体在缸筒与活塞（或柱塞）的配合间隙及圆柱滑阀阀芯与阀套的配合间隙中的流动均属于这种流动。

图 2-21 所示为同心环形缝隙的流动。设圆柱体直径为d，缝隙值为h，缝隙长度为l。如果将环形缝隙沿圆周方向展开，就相当于一个平行平板缝隙。因此只要使$b = \pi d$代入式（2-45），就可得同心环形缝隙的流量公式

$$q = \frac{\pi dh^3}{12\mu l}\Delta p \pm \frac{\pi dhv_0}{2} \qquad (2\text{-}48)$$

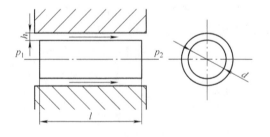

图 2-21　同心环形圆柱缝隙流动

当圆柱体移动方向和压差方向相同时取正号，方向相反时取负号。若无相对运动，$v_0 = 0$，则同心环形缝隙流量公式为

$$q = \frac{\pi dh^3}{12\mu l}\Delta p \qquad (2\text{-}49)$$

2）偏心圆柱环形缝隙中的平行流动。在工程中完全同心的圆柱环形缝隙极少，通常内外圆存在偏心量。图 2-22 所示为偏心圆柱环形缝隙。

设内外圆的偏心量为 e，在任意角度 θ 处的缝隙为 h，因缝隙很小，$r_1 \approx r_2 = r$，可把微小圆弧 $\mathrm{d}\theta$ 所对应的环形缝隙间的流动近似地看成是平行平板缝隙的流动。将 $b = r\mathrm{d}\theta$ 代入式（2-49）得

$$\mathrm{d}q = \frac{r\mathrm{d}\theta h^3}{12\mu l}\Delta p \pm \frac{r\mathrm{d}\theta}{2}hv_0$$

由图中几何关系可知

$$h \approx h_0 - e\cos\theta \approx h_0(1 - \varepsilon\cos\theta) \tag{2-50}$$

式中，h_0 是内外圆同心时半径方向的缝隙值；ε 是相对偏心率，$\varepsilon = e/h_0$，$\varepsilon_{\max} = 1$。

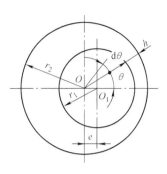

图 2-22　偏心圆柱环形缝隙流动

将 h 值代入式（2-50）并积分，可得偏心圆柱环形缝隙中流动的流量公式为

$$q = \frac{\pi\mathrm{d}h_0^3\Delta p}{12\mu l}(1 + 1.5\varepsilon^2) \pm \frac{\pi\mathrm{d}h_0 v_0}{2} \tag{2-51}$$

式（2-51）中的正负号意义同式（2-48）。

当内外圆之间没有轴向相对移动时，即 $v_0 = 0$ 时，其流量为

$$q = \frac{\pi\mathrm{d}h_0^3\Delta p}{12\mu l}(1 + 1.5\varepsilon^2) \tag{2-52}$$

由式（2-52）可以看出，当偏心量 $e = h_0$，即 $\varepsilon = 1$ 时（最大偏心状态），其通过的流量是同心环形缝隙流量的 2.5 倍。因此在液压元件中，有配合的零件应尽量使其同心，以减小缝隙泄漏量。

（2）圆锥环形缝隙中的平行流动　在圆柱配合副中，当柱塞或柱塞孔、阀芯或阀体孔因加工误差带有一定锥度时，两相对运动零件之间的间隙为圆锥环形间隙，其间隙大小沿轴线方向变化。如图 2-23 所示，阀芯与内孔轴线同心。当阀芯锥部大端朝向高压腔时，液流由大端流向小端，称为倒锥，如图 2-23a 所示；当阀芯锥部小端朝向高压腔时，液流由小端流向大端，称为顺锥，如图 2-23b 所示。阀芯存在锥度不仅影响流经间隙的流量，而且影响缝隙中的压力分布。

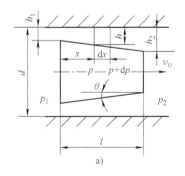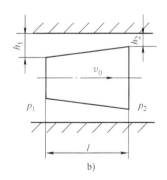

图 2-23　圆锥环形缝隙中的液流
a）倒锥　b）顺锥

设圆锥半角为 θ，阀芯以速度 v_0 向右移动，进出口处的缝隙和压力分别为 h_1、p_1 和 h_2、p_2，并设距离左端面 x 处的缝隙为 h，压力为 p，在微小单元 $\mathrm{d}x$ 处的流动由于 $\mathrm{d}x$ 值很小而认为 $\mathrm{d}x$ 段内缝隙宽度不变。

对于图 2-23a 所示的流动情况，由于 $-\dfrac{\Delta p}{l} = \dfrac{\mathrm{d}p}{\mathrm{d}x}$，将其代入同心环形缝隙流量公式（2-52）得

$$q = -\frac{\pi d h^3}{12\mu}\frac{\mathrm{d}p}{\mathrm{d}x} + \frac{\pi d v_0 h}{2} \tag{2-53}$$

由于 $h = h_1 + x\tan\theta$，$\mathrm{d}x = \mathrm{d}h/\tan\theta$，代入式（2-53）并整理后得

$$\mathrm{d}p = -\frac{12\mu q \mathrm{d}h}{\pi d \tan\theta h^3} + \frac{6\mu v_0}{\tan\theta}\frac{\mathrm{d}h}{h^2} \tag{2-54}$$

对式（2-54）进行积分，并将 $\tan\theta = (p_1 - p_2)/l$ 代入得

$$\Delta p = p_1 - p_2 = \frac{6\mu l(h_1 + h_2)}{\pi d (h_1 h_2)^2}q - \frac{6\mu l}{h_1 h_2}v_0 \tag{2-55}$$

将式（2-55）移项可求出环形圆锥缝隙的流量公式

$$q = \frac{\pi d (h_1 h_2)^2}{6\mu l(h_1 + h_2)}\Delta p + \frac{\pi d h_1 h_2}{(h_1 + h_2)}v_0 \tag{2-56}$$

当阀芯没有运动时，$v_0 = 0$，流量公式为

$$q = \frac{\pi d (h_1 h_2)^2}{6\mu l(h_1 + h_2)}\Delta p \tag{2-57}$$

环形圆锥缝隙中压力的分布可通过对式（2-54）积分，并将边界条件 $h = h_1$、$p = p_1$ 代入得

$$p = p_1 - \frac{6\mu q}{\pi d \tan\theta}\left(\frac{1}{h_1^2} - \frac{1}{h^2}\right) - \frac{6\mu v_0}{\tan\theta}\left(\frac{1}{h_1} - \frac{1}{h}\right) \tag{2-58}$$

将式（2-57）代入式（2-58），并将 $\tan\theta = (h - h_1)/x$ 代入得

$$p = p_1 - \frac{1 - \left(\dfrac{h_1}{h}\right)^2}{1 - \left(\dfrac{h_1}{h_2}\right)^2}\Delta p - \frac{6\mu v_0(h_2 - h)}{h^2(h_1 + h_2)}x \tag{2-59}$$

当 $v_0 = 0$ 时，则有

$$p = p_1 - \frac{1 - \left(\dfrac{h_1}{h}\right)^2}{1 - \left(\dfrac{h_1}{h_2}\right)^2}\Delta p \tag{2-60}$$

其压力分布如图 2-24a 所示。如果阀芯不带锥度，在缝隙中的压力为线性分布，现因阀芯有倒锥，高压端的缝隙小，压力下降较快，故压力分布曲线成凹形。扩大越甚，则曲线下凹越多。

对图 2-23b 所示的顺锥情况。其流量计算公式和倒锥安装时流量计算公式相同，但其压力分布在 $v_0 = 0$ 时，则为

$$p = p_1 - \frac{\left(\dfrac{h_1}{h}\right)^2 - 1}{\left(\dfrac{h_1}{h_2}\right)^2 - 1}\Delta p \tag{2-61}$$

其压力分布如图 2-24b 所示。对于顺锥，在渐缩缝隙中的压力分布曲线上凸。收缩越深，则曲线上凸越多。

在液压元件圆柱配合副中，由于配合几何形状误差及同心度的变化，致使在配合间隙中因压力不平衡而产生径向力（称之为侧向力），作用在柱塞的径向力使其卡住，这种现象称为液压卡

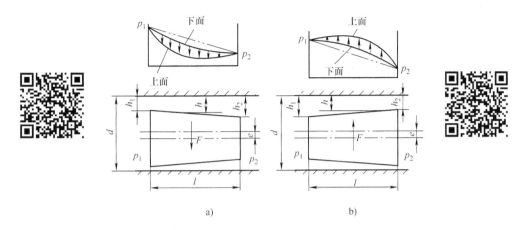

图 2-24 流体在圆锥环形缝隙中稳定流动时压力分布

a) 下压力高　b) 上压力高

紧现象。油液中的污垢颗粒嵌入较小的间隙也会产生卡紧现象，称为污物卡紧现象。引起阀芯移动时的轴向摩擦阻力称之为卡紧力。

如果阀芯在阀体孔内出现偏小，如图 2-24 所示，由式（2-60）和式（2-61）可知，作用在阀芯一侧的压力将大于另一侧的压力，使阀芯受到一个液压侧向力的作用。图 2-24a 所示的倒锥的液压侧向力使偏心距加大，当液压侧向力足够大时，阀芯将紧贴在孔的壁面上，产生所谓的液压卡紧现象。图 2-24b 所示的顺锥的液压侧向力则力图使偏心距减小，阀芯自动定心，不会出现液压卡紧现象，即出现顺锥是有利的。

出现液压卡紧现象所产生的危害是增加滑动副的磨损，降低元件的使用寿命。在液压系统中，阀芯的位移常用弹簧或电磁铁驱动，由于其驱动力有限，液压卡紧现象使阀芯动作不灵，甚至不能动作，从而破坏系统的正常工作。液压卡紧现象在高压时尤其严重。

为减少液压卡紧力，通常采取如下措施：在阀芯或柱塞的圆柱面开径向均压槽，使槽内液体压力在圆周方向处处相等。均压槽的深度和宽度一般为 $0.3 \sim 1.0 \mathrm{mm}$，实验表明，当均压槽数达到 7 个时，液压侧向力可减少到原来的 2.7%。

（3）平面环形缝隙流动　图 2-25 所示为液体在圆环平面缝隙间的流动。这里，圆环与平面缝隙之间无相对运动。液体自圆环中心向外辐射流出。设圆环的大、小半径分别为 r_1 和 r_2，它与平面间的缝隙值为 h。则由式（2-44），并令 $v_0 = 0$，可得在半径为 r、距离下平面 z 处的径向速度为

$$v_r = -\frac{1}{2u}(h-z)z\frac{\mathrm{d}p}{\mathrm{d}r}$$

通过的流量为

$$q = \int_0^h v_r 2\pi r \mathrm{d}z = -\frac{\pi r h^3}{6\mu}\frac{\mathrm{d}p}{\mathrm{d}r}$$

即

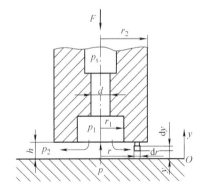

图 2-25　圆环平面缝隙间液流

$$\frac{\mathrm{d}p}{\mathrm{d}r} = -\frac{6\mu q}{\pi r h^3} \tag{2-62}$$

对式 (2-62) 积分, 得

$$p = -\frac{6\mu q}{\pi h^3}\ln r + c \tag{2-63}$$

当 $r = r_2$ 时, $p = p_2$ 时, 求出 c, 代入式 (2-63), 得

$$p = -\frac{6\mu q}{\pi h^3}\ln\frac{r_2}{r} + p_2$$

又当 $r = r_1$ 时, $p = p_1$, 所以圆环平面缝隙的流量公式为

$$q = \frac{\pi h^3}{6\mu\ln\dfrac{r_2}{r}}\Delta p \tag{2-64}$$

图 2-26 所示为锥阀圆锥环形间隙的流动。若将这一间隙展开成平面, 则是一个扇形, 相当于平行圆盘间隙的一部分, 所以只要将公式 (2-64) 稍做改变, 就可计算流体流经锥阀的流量。

从几何关系可以得到当圆锥的半锐角为 α 时展开的扇形中心角为

$$\theta = \frac{2\pi r}{\dfrac{r_1}{\sin\alpha}} = 2\pi\sin\alpha$$

把通过此扇形块的流量看作是平行圆盘间隙流量的一部分, 即在平行圆盘中, 中心角为 2π, 而现在扇形中心角为 $2\pi\sin\alpha$, 将式 (2-64) 中的 π 代以 $\pi\sin\alpha$, 即可得其流量公式为

$$q = \frac{\pi\sin\alpha h^3}{6\mu\ln\dfrac{r_2}{r}}\Delta p \tag{2-65}$$

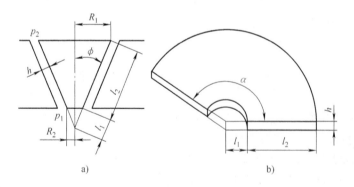

图 2-26 锥阀圆锥环形间隙
a) 环形间隙 b) 展开

2.5 液压冲击及气穴现象

液压传动中, 液压冲击和气穴现象会给系统的正常工作带来不利影响, 了解这些现象产生的原因, 可以采取相应的措施以改善这些现象对系统的不利影响。

2.5.1 液压冲击

在液压系统工作过程中, 在运动部件急速换向或关闭压力油路时, 管路内形成一个很高的瞬时压力峰值, 这种现象称为液压冲击。

1. 液压冲击产生的原因和危害

在阀门突然关闭或液压缸制动等情况下，液体在系统中的流动会突然受阻，这时由于液流惯性的作用，液体就从受阻端开始，迅速将动能逐层转换为压力能，因而产生了压力冲击波；此后，又从另一端开始，将压力能逐层转化为动能，液体又反向流动，然后，又再次将动能转化为压力能。如此反复地进行能量转换，便在系统内形成压力振荡。实际上，由于液体受到摩擦以及液体和管壁的弹性作用，不断消耗能量，使振荡过程逐渐衰减而趋于稳定。

系统中出现液压冲击时，液体瞬时压力峰值可以比正常工作压力大好几倍。常伴随巨大的振动和噪声，使液压系统产生温升，有时会使密封装置、管路和元件损坏．并使某些元件（如压力继电器、顺序阀）产生误动作，影响系统的正常工作。因此在设计和使用液压系统时必须考虑防止和减少液压冲击现象。

2. 冲击压力

若系统的正常工作压力为 p，产生液压冲击时的最大压力为：

$$p_{\max} = p + \Delta p \tag{2-66}$$

式中，Δp 是冲击压力的最大升高值。

由于液压冲击是一种非定常流动，动态过程非常复杂，影响因素很多，故精确计算 Δp 值很难。在实际系统中，常遇到的液压冲击一般是由管道阀门突然关闭和运动部件制动引起的。

（1）管道阀门突然关闭时的液压冲击　若管道内流动的液体密度为 ρ，液流速度为 v，产生冲击的管长为 l，冲击波在管道内的传播速度为 c，液体的体积模量为 K，管道材料的弹性模量为 E，管道内径为 d，管壁厚为 δ，阀门关闭时液流速度降为 v_1，当阀门关闭时间 $t < t_c = 2l/c$ 时，则冲击压力升高值为

$$\Delta p = \rho c (v - v_1) \tag{2-67}$$

当阀门关闭时间 $t > t_c$ 时，冲击压力升高值为

$$\Delta p = \rho c (v - v_1) \frac{t_c}{t} \tag{2-68}$$

其中：

$$c = \sqrt{\frac{K}{\rho}} \bigg/ \sqrt{1 + \frac{Kd}{E\delta}}$$

（2）运动部件制动时的液压冲击　在液压系统中，当用换向阀减小或关闭液压缸或液压马达的回油路以使运动机构制动时，由于机构的惯性运动，也会产生液压冲击。

设计液压系统时，如果已拟定了运动部件制动（或使运动速度减慢 Δv）所需的时间 Δt，可根据动量方程近似求得系统中产生的液压冲击压力 Δp：

$$\Delta p A \Delta t = \sum m \Delta v$$

即

$$\Delta p = \frac{\sum m \Delta v}{A \Delta t} \tag{2-69}$$

式中，A 是液压缸的有效工作面积；Δt 是运动部件制动或速度减慢 Δv 所需的时间；$\sum m$ 是被制动的运动部件的总质量；Δv 是运动部件速度的减小值。

从式（2-69）可以看出，要减小由于运动部件制动时所产生的冲击压力 Δp，应使运动部件速度的变化比较小或延长换向时间 Δt 来达到，此外还可以在液压缸的回路上设置缓冲阀，以减小系统中压力的增大值。

3. 减小液压冲击的措施

分析以上各式可知：

1）延长阀门关闭和运动部件制动换向的时间可以大大减轻液压冲击。

2）限制管道流速及运动部件速度也可使液压冲击减小。

3）适当加大管径，尽量缩短管路长度，可以降低管内液流速度及压力冲击波传播速度 c，减少压力冲击波的传播时间 t_c，从而减小液压冲击。

4）采用软管，以增加系统的弹性，吸收冲击压力，减小液压冲击。

2.5.2 气穴现象及气蚀

在液压系统中，如某处的压力低于空气分离压时，原溶于液体中的空气就会分离出来，从而导致液体中出现大量气泡，这种现象称气穴现象（Air pocket phenomenon）。如果液体压力进一步降低到相应温度的饱和蒸气压，液体将迅速气化，产生大量蒸气泡，这时的气穴现象将会更加严重。发生气穴后，将使管道或元件中的油液变为混杂大量气泡的不连续状态。

当液压系统中出现气穴现象时，大量气泡破坏了液流的连续性，引起压力和流量的脉动，气泡随着油液流入高压区域时，便突然凝缩，又重新溶解于油液中，在凝缩的瞬间液体质点以高速冲向气泡的空间，使局部产生高温高压，发出噪声，并引起振动，接触到的元件表面，在高温高压的冲击下就会发生氧化腐蚀，严重时呈现麻点小坑或蜂窝状，这种由气穴造成的腐蚀作用称为气蚀（Gas corrode）。从而导致液压元件工作性能变坏，大大缩短液压元件的使用寿命。

气穴现象多发生在阀口和液压泵的进口处。由于阀口的通道狭窄，液流的速度增大，压力大幅下降，从而产生气穴现象。当泵的安装高度过高、吸油管直径太小、吸油阻力大大或泵的转速过高时，进口处真空度过大，亦会产生气穴现象。

为减小气穴现象和气蚀现象的危害，通常采取的措施为：

1）减小小孔或缝隙前后的压力差，一般希望小孔或缝隙前后的压力比为 $p_1/p_2 \leqslant 3.5$。

2）降低泵的吸油高度，适当加大吸油管直径，尽量减小吸油管路中的压力损失；对流速要加以限制，并尽量避免吸油通道的急弯或局部窄缝。对于高压泵可采用辅助泵供油。

3）系统要有良好的密封，防止空气进入。

例　　题

例题 2-1 如图 2-7 所示，容器内盛有油液。已知油的密度 $\rho = 900 \mathrm{kg/m^3}$，活塞上的作用力 $F = 1000\mathrm{N}$，活塞的面积 $A = 1 \times 10^{-3}\mathrm{m^2}$，假设活塞的重量忽略不计。问活塞下方深度为 $h = 0.5\mathrm{m}$ 处的压力等于多少？

解：活塞与液体接触面上的压力为

$$p_a = \frac{F}{A} = \frac{1000}{1 \times 10^{-3}}\mathrm{N/m^2} = 10^6 \mathrm{N/m^2}$$

根据式（2-20），深度为 h 处的液体压力为

$$p = p_a + \rho g h = 10^6 \mathrm{N/m^2} + (900 \times 9.8 \times 1)\mathrm{N/m^2}$$

$$= 1.0088 \times 10^6 \mathrm{N/m^2}$$

$$\approx 10^6 \mathrm{N/m^2} = 10^6 \mathrm{Pa}$$

从本例可以看出，液体在受外界压力作用的情况下，由液体自重所形成的那部分压力 $\rho g h$ 相对很小。在液压系统中常可忽略不计，因而可近似认为整个液体内部的压力是相等的。以后我们

在分析液压系统的压力时，一般都采用这种结论。

例题 2-2　图 2-27 所示为相互连通的两个液压缸，已知大缸内径 $D = 100\text{mm}$，小缸内径 $d = 20\text{mm}$，大活塞上放置物体的质量为 5000kg。问在小活塞上所加的力 F 有多大才能使大活塞顶起重物？

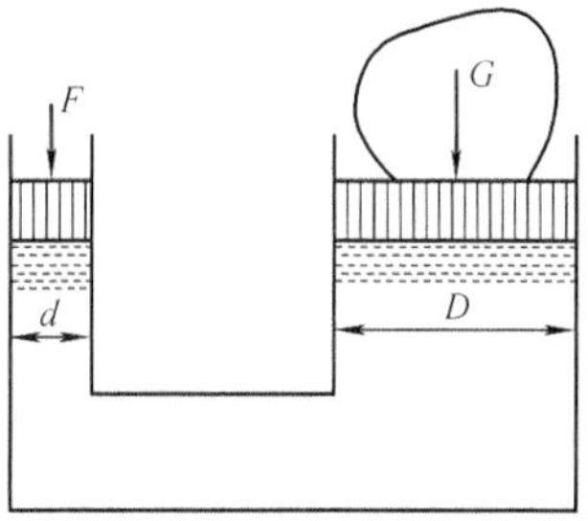

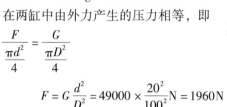

图 2-27　静压传递原理应用实例

解：物体的重力为

$$G = mg = 5000\text{kg} \times 9.8\text{m/s}^2 = 49000\text{kg} \cdot \text{m/s}^2 = 49000\text{N}$$

根据静压传递原理，在两缸中由外力产生的压力相等，即

$$\frac{F}{\dfrac{\pi d^2}{4}} = \frac{G}{\dfrac{\pi D^2}{4}}$$

$$F = G\frac{d^2}{D^2} = 49000 \times \frac{20^2}{100^2}\text{N} = 1960\text{N}$$

为了顶起重物应在小活塞上加力为 1960N。

本例说明了液压千斤顶等液压起重机械的工作原理，体现了液压装置具有放大力的作用。

例题 2-3　如图 2-28 为液压缸的受力情况，现计算静压力作用在液压缸筒右半壁上 x 方向的力。

解：设 r 为液压缸内半径，l 为液压缸有效长度，在液压缸上取一微小窄条面积 $\text{d}A$，$\text{d}A = l\text{d}s = lr\text{d}\theta$。静压力作用在这一微小面积上的力 $\text{d}F$ 在 x 方向的分力为

$$\text{d}FX = \text{d}F\cos\theta = p\text{d}A\cos\theta = plr\cos\theta\text{d}\theta$$

液压缸右半壁上 x 方向的总作用力为

$$F_x = \int_{-\frac{\pi}{2}}^{\frac{\pi}{2}} \text{d}F_x = \int_{-\frac{\pi}{2}}^{\frac{\pi}{2}} plr\cos\theta\text{d}\theta = 2lrp \quad (2\text{-}70)$$

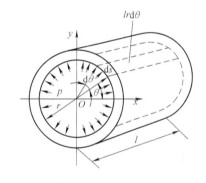

由式（2-70）可以看出。液体压力在 x 方向上的作用力等于 F_x 等于压力 p 与 $2lr$ 的乘积，而 $2rl$ 刚好是缸筒右半径在 x 方向投影（即在与 x 方向垂直的那个面上的投影）的面积。这关系对其他曲面也是适应的。

图 2-28　液体压力作用在缸筒内壁上的力

结论：液体静压力作用在曲面上的总作用力在某一方向上的分力等于油液压力与曲面在该方向上投影面积的乘积。该结论在使用时可直接引用。

例题 2-4　如图 2-29 所示，已知流量 $q_1 = 25\text{L/min}$，小活塞杆直径 $d_1 = 20\text{mm}$，小活塞直径 $D_1 = 75\text{mm}$，大活塞杆直径 $d_2 = 40\text{mm}$，大活塞直径 $D_2 = 125\text{mm}$，假设没有泄漏流量，求大小活塞的运动速度 v_1 和 v_2。

解：根据液流连续性方程 $q = vA = $ 常数，大小活塞的运动速度 v_1 和 v_2 分别为

$$v_1 = \frac{q_1}{A_1} = \frac{q_1}{\dfrac{\pi}{4}D_1^2 - \dfrac{\pi}{4}d_1^2} = \frac{25 \times 10^{-3}}{60 \times \left[\dfrac{\pi}{4}(0.075^2 - 0.020^2)\right]}\text{m/s} = 0.102\text{m/s}$$

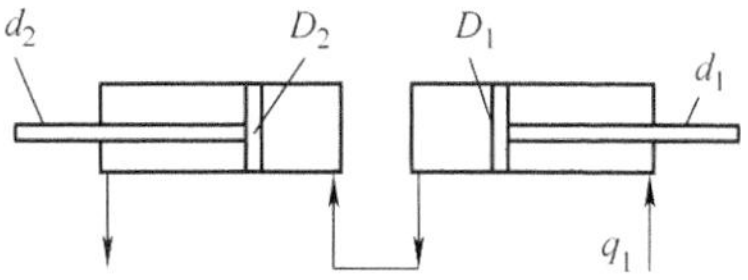

图 2-29　例题 2-4 示意图

$$v_2 = \frac{q}{A_2} = \frac{\frac{\pi}{4}D_1^2 v_1}{\frac{\pi}{4}D_2^2} = \frac{0.075^2 \times 0.102}{0.125^2}\,\mathrm{m/s} = 0.037\,\mathrm{m/s}$$

例题 2-5　如图 2-30 所示的水箱侧壁开有一小孔，水箱自由液面 1—1 与小孔 2—2 处的压力分别为 p_1 和 p_2，小孔中心到水箱自由液面的距离为 h，且 h 基本不变，若不计损失，求水从小孔流出的速度。

解：以小孔中心线为基准，根据伯努利方程应用的条件选取截面 1—1 和 2—2 列伯努利方程：

在截面 1 – 1：$Z_1 = h$ 　　 $p_1 = p_1$ 　 $v_1 \approx 0$（设 $a_1 \approx 1$）

在截面 2 – 2：$Z_2 = 0$ 　　 $p_2 = p_{atm}$ 　 $v_2 = ?$（设 $a_2 \approx 1$）

根据式（2-30）

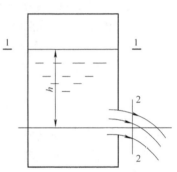

$$\frac{p_1}{\rho g} + Z_1 + \frac{a_1 v_1^2}{2g} = \frac{p_2}{\rho g} + Z_2 + \frac{a_2 v_2^2}{2g} + h_w$$

代入各参数得

$$\frac{p_1}{\rho g} + h = \frac{p_{atm}}{\rho g} + \frac{v_2^2}{2g}$$

图 2-30　侧壁孔液体流出示意

解得

$$v_2 = \sqrt{2gh + \frac{2(p_1 - p_{atm})}{\rho}}$$

当 $p_1 = p_{atm}$ 时 　　　　　　　　　　　$v_2 = \sqrt{2gh}$ 　　　　　　　　　　　　（2-71）

式（2-71）即为物理学中的托里切利公式。液体从开口容器的小孔流出的速度与自由落体速度公式相同。

当 $(p_1 - p_{atm})/(\rho g) \gg h$ 时 $2gh$ 项可以略去，此时

$$v_2 = \sqrt{\frac{2(p_1 - p_{atm})}{\rho}} = \sqrt{\frac{2}{\rho}\Delta p}$$ 　　　　　　　（2-72）

例题 2-6　计算液压泵的吸油腔的真空度或液压泵允许的最大吸油高度。

解：如图 2-31 所示，设液压泵的吸油口比油箱液面高 h，取油箱液面 1—1 和液压泵进口处截面 2—2 列伯努利方程，并取截面 1—1 为基准平面，则有

$$\frac{p_1}{\rho g} + \frac{a_1 v_1^2}{2g} = \frac{p_2}{\rho g} + h + \frac{a_2 v_2^2}{2g} + h_w$$ 　　（2-73）

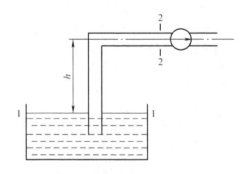

式中，p_1 是油箱液面压力，由于一般油箱液面与大气接触，故 $p_1 = p_{atm}$；v_2 为液压泵的吸油口速度，一般取吸油管流速；v_1 为油箱液面流速，由于 $v_1 \ll v_2$，故可以将 v_1 忽略不计；p_2 为吸油口的绝对压力；h_w 为能量损失。

图 2-31　泵从油箱吸油示意

式（2-73）可简化为

$$\frac{p_{atm}}{\rho g} = \frac{p_2}{\rho g} + h + \frac{a_2 v_2^2}{2g} + h_w$$

液压泵吸油口的真空度为

$$p_{atm} - p_2 = \rho g h + \rho \frac{a_2 v_2^2}{2} + \rho g h_w b = \rho g h + \rho \frac{a_2 v_2^2}{2} + \Delta p \qquad (2\text{-}74)$$

由式（2-74）可知：液压泵吸油口的真空度由都是正值的三部分组成，这样泵的进口处的压力必然小于大气压。

① 把油液提升到一定高度所需的压力；

② 产生一定的流速所需的压力；

③ 吸油管内压力损失。

实际上液体是靠液面的大气压压进泵去的。液压泵吸油口真空度不能太大，即泵吸油口处的绝对压力不能太低，否则就会产生气穴现象，导致液压泵噪声过大，因而在实际使用中 h 一般应小于 500mm，有时为使吸油条件得以改善，采用浸入式或倒灌式安装，即使液压泵的吸油高度小于零。

例题 2-7 图 2-32 所示为一锥阀，锥阀的锥角为 2α。液体在压力 p 的作用下以流量 q 流经锥阀，当液流方向是外流式（图 2-32a）和内流式（图 2-32b）时，求作用在阀芯上的液动力的大小和方向。

解：设阀芯对控制体的作用力为 F、流入速度为 v_1，出流速度为 v_2。

对图 2-32a 的情况，控制体取在阀口下方（图中阴影部分），沿液流方向列出动量方程

$$p \frac{\pi}{4} d^2 - F = \rho g (v^2 \cos\theta_2 - v_1 \cos\theta_1) \qquad (2\text{-}75)$$

因 $v_1 << v_2$，忽略 v_1，$\theta_2 = \alpha$，$\theta_1 = 0°$。则代入式（2-75）整理后得

$$F = \frac{\pi}{4} d^2 p - \rho g v_2 \cos\alpha$$

作用在阀芯上的力大小等于 F，方向向上。

从上述结果可知，作用在锥阀上的液动力 $\rho q \cos\alpha$ 为负值，该力使阀芯趋于关闭。

对图 2-32b 的情况，将控制体取在上方。同理，列出动量方程为

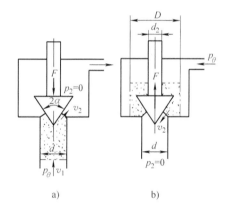

图 2-32　锥阀外流式和内流式

a）外流式　b）内流式

$$p \frac{\pi}{4} (D^2 - d_2^2) - p \frac{\pi}{4} (D^2 - d^2) - F = \rho g (v^2 \cos\theta_2 - v_1 \cos\theta_1)$$

因为 $\theta_2 = \alpha$，$\theta_1 = 90°$ 则

$$F = \frac{\pi}{4} p (d^2 - d_2^2) - \rho g v_2 \cos\alpha$$

同样，液流作用在阀芯上的力大小与 F 相等，方向向下。且液动力 $\rho q v_2 \cos\alpha$ 为负值，力图使阀芯开启。

从前面分析可知，分析液动力对阀芯的作用方向时，应根据具体情况来分析，不能一概而论地认为液动力都是促使阀口关闭的。

习　　题

习题 2-1　用恩氏黏度计测得某液压油（$\rho = 850\text{kg/m}^3$）200mL 在 40℃时流过的时间为 $t_1 = 153\text{s}$，20℃

时 200mL 的蒸馏水流过的时间为 $t_2 = 51s$。求该液压油在 40℃时的恩氏黏度 °E_t、运动黏度 ν 和动力黏度 μ 各为多少?

习题 2-2 如图 2-33 所示，一具有一定真空度的容器用一根管子倒置于一液面与大气相通的水槽中，液体在管中上升的高度 $h = 1m$。设液体的密度为 $p = 10^4 kg/m^3$，试求容器内的真空度。

习题 2-3 如图 2-34 所示，有一直径为 d、质量为 m 的活塞浸在液体中，并在力 F 的作用下处于静止状态。若液体的密度为 ρ，活塞浸入深度为 h，试确定液体在测压管内的上升高度 x。

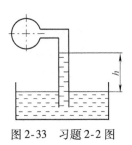

图 2-33 习题 2-2 图

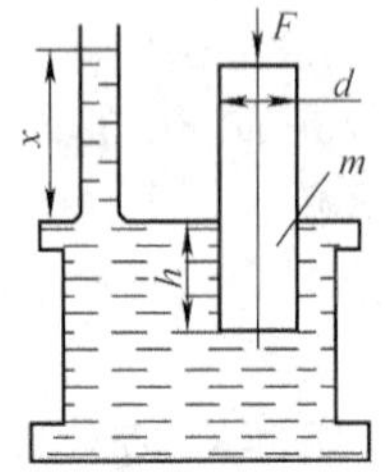

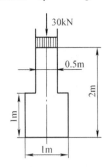

图 2-34 习题 2-3 图

习题 2-4 如图 2-35 所示容器 A 中的液体密度 $\rho_A = 900kg/m^3$，B 中的液体密度 $\rho_B = 900kg/m^3$，$Z_A = 200mm$，$Z_B = 180mm$，$h = 200mm$，U 形管中的测压介质为汞 ($\rho = 13.6 \times 10^3 kg/m^3$)。试求 A、B 之间的压力差。

习题 2-5 如图 2-36 所示，水平截面是圆形的容器，上端开口，求作用在容器底面的力。若在开口端加一活塞，作用力为 30kN (含活塞质量在内)。问容器底面的总作用力为多少 ($\rho = 850kg/m^3$)。

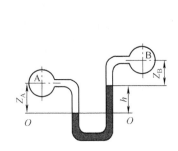

图 2-35 习题 2-4 图

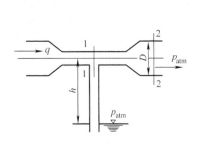

图 2-36 习题 2-5 图

习题 2-6 如图 2-37 所示，一抽吸设备水平放置，其出口与大气相通，细管处截面积 $A_1 = 3 \times 10^4 m^2$，出口处管路截面积 $A_2 = 4A_1$，$h = 1m$。求开始抽吸时，水平管中必须通过的流量 q (取 $\alpha = 1$，b 不计损失)。

习题 2-7 如图 2-38 所示，液压泵的流量 $q = 30L/min$，液压泵吸油口距离液面高度 $h = 400mm$，吸油管直径 $d = 25mm$，过滤器的压力阵为 $0.01MPa$，油液的密度 $\rho = 900kg/m^3$，油液的运动黏度为 $v = 20 \times 10^6 m^2/s$。求液压泵吸油口处的真空度。

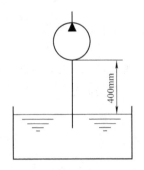

图 2-37 习题 2-6 图

图 2-38 习题 2-7 图

习题 2-8　有一薄壁节流小孔，通过的流量 $q = 20\text{L/min}$ 时，压力损失为 0.3MPa，油液的密度为 $\rho = 900\text{kg/m}^3$。设流量系数为 $C_d = 0.61$，试求节流孔的通流面积。

习题 2-9　如图 2-39 所示，柱塞受 $F = 40\text{N}$ 的固定力作用而下落，缸中油液从缝隙中挤出，缸套直径 $D = 20\text{mm}$，长度 $l = 80\text{mm}$，柱塞直径 $d = 19.9\text{mm}$，油液 $\rho = 850\text{kg/m}^3$。在 50℃ 时，试求当柱塞和缸孔同心时，下落 0.2m 所需时间是多少？当柱塞和缸孔为全偏心时，下落 0.2m 所需时间是多少？

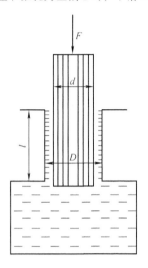

图 2-39　习题 2-9 图

第 3 章　液压动力源元件

液压泵是液压系统中的能量转换元件，它将原动机（电动机、柴油机等）的机械能转换成油液的液压能，再以压力、流量的形式输送到系统中去，按其职能属于动力源元件，又称为动力元件。本章介绍齿轮式、叶片式和柱塞式液压泵。通过本章的学习，要求掌握这几种泵的工作原理（如泵是如何吸油、压油和配油的）、液压泵的主要性能参数、各种液压泵的优缺点及其使用范围。

3.1　概述

3.1.1　液压泵的工作原理

液压泵的类型较多，但可按其每转排出油液的体积能否调节而分为定量和变量两大类，按其组成密封容积的结构型式的不同又可分为齿轮式、叶片式、柱塞式三大类。图 3-1 为单柱塞泵的工作原理图。

如图 3-1 所示，当偏心轮 1 被带动旋转时，柱塞 2 在偏心轮和弹簧 4 的作用下在泵体 3 的柱塞孔内做上、下往复运动，柱塞向下运动时，泵体的柱塞孔和柱塞上端构成的密闭工作油腔 A 的容积增大，形成真空，此时排油阀 5 封住出油口，油箱 7 中的液压油便在大气压的作用下通过进油阀 6 进入工作油腔，这一过程为柱塞泵进油过程；当柱塞向上运动时，密闭工作油腔的容积减小、压力增高，此时进油阀封住进油口，压力油便打开排油阀进入系统，这一过程为柱塞泵排油过程。若偏心轮连续不断地转动，柱塞泵即不断地进油和排油。

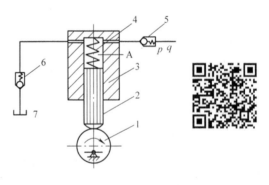

图 3-1　单柱塞泵的工作原理
1—偏心轮　2—柱塞　3—泵体　4—弹簧
5—排油阀　6—进油阀　7—油箱

由此可知，构成容积式液压泵所必须具备的条件如下：

1）有若干个密封良好的工作容腔。

2）有使工作容腔的容积不断地由小变大，再由大变小，完成进油和排油工作过程的动力源。

3）有合适的配油关系，即进油口和排油口不能同时开启。

4）油箱通大气。

3.1.2　液压泵的职能符号

FluidSIM 里的液压泵的职能符号见表 3-1。

表 3-1　FluidSIM 里的液压泵

名　称	职能符号	配置对话框	备　注
油　源	▲	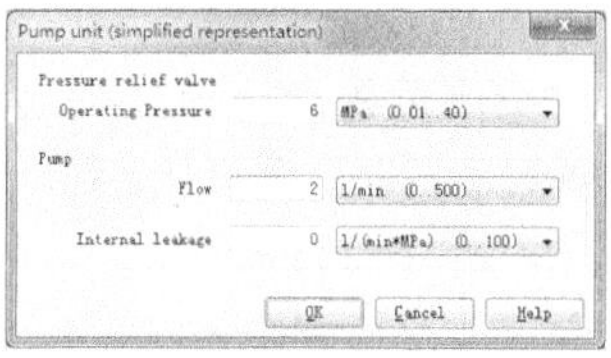	配置时，修改压力和流量
定量泵		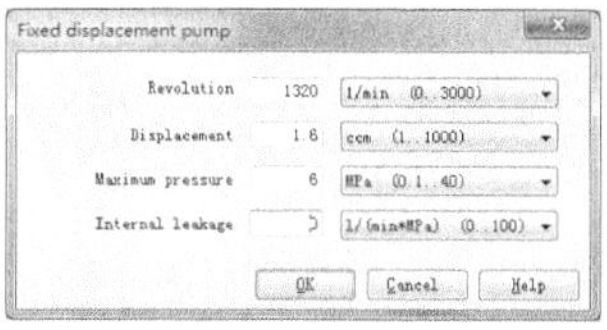	配置时，修改转速、排量、最高压力
变量泵		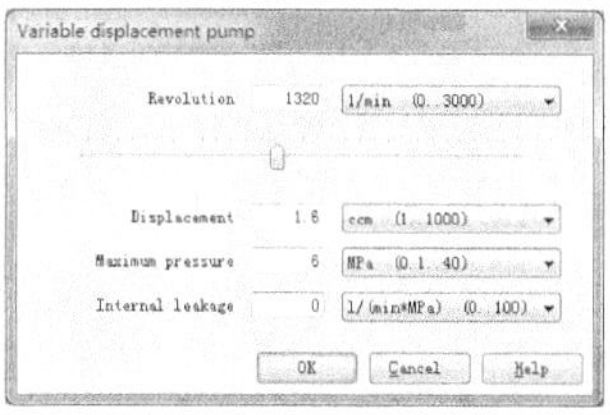	配置时，修改转速、排量、最高压力
比例调节泵		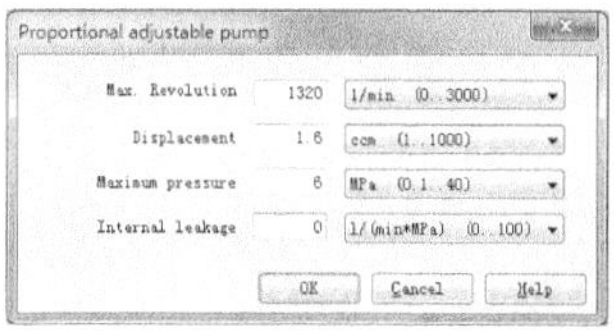	配置时，修改转速、排量、最高压力

3.1.3　液压泵的主要性能参数

液压泵的性能参数主要有压力（常用单位为 Pa 或 N/m^2）、转速（常用单位为 r/min）、排量（常用单位为 m^3/r）、流量（常用单位为 m^3/s 或 L/min）、功率（常用单位为 W）和效率。液压泵的主要性能参数如下：

1. 压力（p_p）

工作压力：泵实际工作时的压力，它是随负载的大小而变化的。

额定压力：是指泵在正常工作条件下，按试验标准规定能连续运转的最高压力。

2. 转速（n_p）

额定转速：指泵在额定压力下，能连续长时间正常运转的最高转速。

3. 排量和流量

排量（V_p）：液压泵每转一转，由其密封容积几何尺寸变化计算而得到的排出液体的体积，即在无泄漏的情况下，液压泵每转一转所能输出的液体体积。

理论流量（q_{pt}）：在不考虑泄漏的情况下，泵在单位时间内排出液体的体积，其值等于排量与转速的乘积，与工作压力无关。

实际流量（q_p）：泵在工作中实际排出的流量，它等于泵的理论流量与泄漏量之差。

额定流量：指在正常工作条件下，按试验标准规定必须保证的流量，亦即在额定转速和额定压力下泵输出的实际流量。

4. 功率

输入功率（P_{pi}）：液压泵的输入量是泵轴的转矩和转速（角速度），输入功率是指驱动泵轴的机械功率，即转矩与转速的乘积。

输出功率（P_{po}）：液压泵的输出量是输出液体的压力和流量，输出功率是泵输出的液压功率，即泵实际输出流量和压力的乘积。

5. 效率

容积效率（η_{pV}）：泵实际输出流量与理论流量的比值。

机械效率（η_{pm}）：理论上驱动泵轴所需的转矩与实际驱动泵轴的转矩之比。

总效率（η_p）：泵的输出液压功率与输入的功率之比，等于容积效率与机械效率之积。

3.2 齿轮泵

齿轮液压泵（简称齿轮泵）是液压系统中常用的一种定量泵，具有结构简单、工作可靠、体积小、重量轻、成本低、使用维修方便等特点。另外齿轮泵还具有自吸性能好、转速范围大、对滤油精度要求不高、对油液污染不敏感等优点。齿轮泵的主要缺点是流量和压力脉动大、排量不可调、噪声也较大。

齿轮泵按其啮合形式可分为外啮合齿轮泵和内啮合齿轮泵两种。内啮合齿轮泵结构紧凑，运转平稳，噪声小，有良好的高速性能，流量脉动小，但加工复杂，高压低速时容积效率低；外啮合齿轮泵工艺简单。目前应用较多的是外啮合渐开线直齿形的齿轮泵。

3.2.1 外啮合齿轮泵

外啮合齿轮泵工作原理如图 3-2 所示。其主要由装在泵体 1 内的一对外啮合齿轮 2、3，齿轮轴及两侧端盖组成。在泵体内，一对互相啮合的齿轮与齿轮两侧的端盖及泵体相配合，把泵体内部分为左右两个互不相通的容腔。当外啮合主动齿轮 2 按图示方向旋转时，在右腔由于一对齿轮轮齿脱开，使密封工作腔容积不断增大，形成局部真空，油箱内的油液在大气压的作用下进入右腔，填满轮齿脱开时形成的空间，这一过程为齿轮泵的进油过程。随着齿轮的旋转，油液被带往左腔，由于一对轮齿相继啮合，使密封工作容积不断减小，齿间的油液被挤压出来排往系统，这就是齿轮泵的排油过程，这样随着齿轮不停地旋转，进油腔和压油腔就不断地进油和排油。

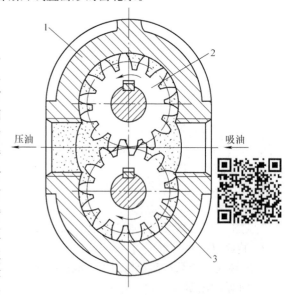

图 3-2　外啮合齿轮泵的工作原理
1—泵体　2—主动齿轮　3—从动齿轮

（1）排量和流量的计算　外啮合齿轮泵排量可以近似地看作是两个啮合齿轮齿间的工作容积之和，若假设齿轮齿间的工作容积等于齿轮轮齿的体积，则齿轮泵的排量就等于一个齿轮的齿间容积和其轮齿体积总和的环形体积。

$$V_p = \pi DhB = 2\pi z B m^2 \qquad (3-1)$$

式中，V_p 是齿轮泵的排量（m^3/r）；D 是齿轮的节圆直径（m），$D = mz$；h 是齿轮的有效工作高度（m），$h = 2m$；z 是齿轮的齿数；m 是齿轮的模数（m）；B 是齿轮的齿宽（m）。

实际上，齿间的容积比轮齿的体积稍大一些，且齿数越少差值越大，考虑这一因素，实际计算时取 6.66 代替式（3-1）中的 2π，则齿轮泵的排量为

$$V_p = 6.66 z B m^2 \qquad (3-2)$$

由此得齿轮泵的输出流量为

$$q_p = \frac{1}{60} V_p n_p \eta_{pV} \qquad (3-3)$$

式中，q_p 是齿轮泵的输出流量（m^3/s）；n_p 是齿轮泵的额定转速（r/min）；V_p 是齿轮泵的排量（m^3/r）；η_{pV} 是齿轮泵的容积效率。

（2）脉动率 式（3-3）计算所得的流量是齿轮泵的平均流量。实际上，齿轮泵在工作中，排量是转角的周期函数，存在排量脉动，所以瞬时流量也是脉动的，即当啮合点处于啮合节点时，瞬时流量最大；当啮合点开始进入啮合和开始退出啮合时，瞬时流量最小。流量的脉动直接影响液压系统工作的平稳性。流量脉动的大小，用流量脉动率 σ 来表示，即

$$\sigma = \frac{q_{max} - q_{min}}{q_{pt}} \qquad (3-4)$$

式中，σ 是液压泵的流量脉动率；q_{max} 是液压泵最大瞬时流量（m^3/s）；q_{min} 是液压泵最小瞬时流量（m^3/s）；q_{pt} 是液压泵的理论流量（m^3/s）。

流量脉动率是衡量容积式液压泵性能的一个重要指标。在液压泵中，齿轮泵的流量脉动最大，且流量脉动的大小与齿轮啮合长度有关。啮合长度大，流量脉动就大，当齿轮节圆直径相同时，齿数多，则啮合长度变小，流量脉动减小，但这样会使泵的流量减小，此时 z 增大而 m 减小，因此齿轮泵齿数 z 选择要恰当，低压齿轮泵的齿数 z 一般取 13 ~19，高压齿轮泵齿数 z 一般取 6 ~13。

（3）困油现象及消除措施 从理论上说，齿轮液压泵在整个啮合过程中有一对齿啮合就可以了，但实际上由于制造和装配都有误差，因而在啮合过程中有可能出现高低压腔串通使输油中断的现象。为了保证液压泵能够连续输油，以及传动的平稳性和进、排油腔的可靠密封（使进油腔与排油腔被齿与齿的啮合接触线隔开而不连通），就要求齿轮的重叠系数 ε 大于 1。这样在连续啮合的过程中就会出现当一对齿轮尚未脱开啮合而后一对齿轮便进入啮合的情况，在这一小段时间内，在它们之间的齿洼内形成一个封闭的空间——困油腔（闭死容积），使油液困于其中而形成困油现象（见图 3-3a）。

随着齿轮的回转，困油腔容积由大变小，直至两啮合点 A、B 处于节点两侧的对称位置时（见图 3-3b），困油腔容积降至最小。在这个过程中，被困的油受挤压，使压力急剧上升，使齿轮轴承受到巨大的附加径向力，同时，油液从一切可泄漏的缝隙中强行挤出，引起泄漏和噪声，造成功率损失并使油液发热。当齿轮继续旋转时，困油腔容积又逐渐增大，直至前一对齿轮在即将退出啮合时增至最大（见图 3-3c）。在困油腔容积由小变大的这个过程中，被困的油液由于体积增大而产生部分真空，使溶于油液中的空气迅速分离而产生气泡，同时，高压油又通过一切缝隙挤进来填充，以致引起气蚀现象，使排油量减少、容积效率下降，并使油液发热和产生噪声，影响齿轮的工作平稳性和寿命。

消除困油现象的方法，通常是在齿轮泵两侧的盖板上开卸荷槽。其原理是，当困油腔容积处于最小位置时，卸荷槽不能与困油腔相通，即困油腔不能与进、排油腔相通；当困油腔容积由最

大逐渐减小时，通过卸荷槽与排油腔相通；当困油腔容积由最小逐渐增大时，通过卸荷槽与进油腔相通。图3-3d是卸荷槽（图中虚线所示）沿两齿轮连心线对称分布的结构。

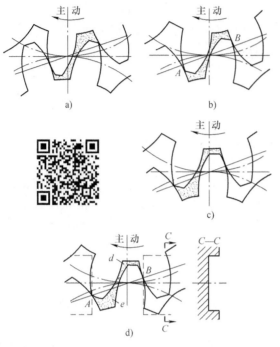

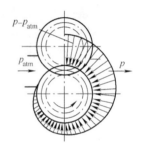

图3-3　齿轮泵的困油现象及消除措施　　　　图3-4　径向液压力的分布
a）大闭死容积1　b）小闭死容积
c）大闭死容积2　d）卸荷槽

（4）径向力　图3-4所示为齿轮泵工作时沿齿轮圆周上的压力分布情况。

由于旋转的齿顶和泵的壳体内壁间的径向泄漏，从排油腔到进油腔的过渡范围内，压力是逐渐下降的。由于径向压力不平衡而产生径向液压力，同时由于齿轮啮合传递扭矩而产生径向啮合力，这两个力的合力，分别作用在主动齿轮轴和从动齿轮轴上，而且大小和方向均不相同，因此，齿轮和轴受到径向不平衡力的作用，工作压力越高，径向不平衡力越大，造成泵壳体内壁产生偏磨，同时也加剧轴承的磨损，降低轴承的使用寿命。为了减小径向不平衡力的影响，常采用缩小排油口的方法，使排油腔的压力仅作用在一个齿到两个齿的范围内，同时，适当增大齿顶和泵的壳体内壁之间的间隙，使齿顶不与泵壳体内壁接触。

（5）间隙泄漏及轴向间隙自动补偿　齿轮泵工作时，液压油从高压区向低压区的泄漏是不可避免的，其泄漏有三条途径：一条是通过齿顶圆和泵体内孔间的径向间隙——齿顶间隙产生泄漏；另一条是通过齿轮啮合线处的间隙——齿侧间隙产生泄漏；还有一条是通过齿轮端面与泵端盖板之间的间隙——端面间隙产生泄漏，即轴向间隙泄漏。在这三种间隙中，齿侧间隙产生的泄漏量最少，一般不予考虑；端面间隙产生泄漏量最大，约占总泄漏量的75%~80%，是液压泵的主要泄漏途径，也是目前影响齿轮泵压力提高的主要原因，在齿轮泵的结构设计中必须采取措施予以解决。

在中高压齿轮泵中，为了减少端面间隙泄漏而采用端面轴向间隙自动补偿装置，如图3-5所示。

图3-5a是浮动轴套式的轴向间隙补偿装置示意，将泵的出口压力油，引到齿轮轴3上的浮动轴套1外侧的A腔，在油液压力的作用下，使轴套紧贴齿轮的侧面，因而可以消除间隙并可补

偿齿轮侧面和轴套间的磨损量。在泵起动时由弹簧4来产生预紧力，以保证轴向间隙的密封。

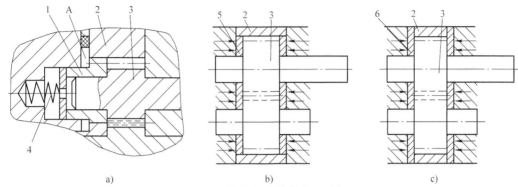

图 3-5　轴向间隙补偿装置示意

a）浮动轴套式　b）浮动侧板式　c）挠性侧板式

1—浮动轴套　2—泵体　3—齿轮轴　4—弹簧　5—浮动侧板　6—挠性侧板

图 3-5b 是浮动侧板式的间隙补偿原理图，将泵的出口压力油引到浮动侧板 5 的背面，使之紧贴于齿轮的端面来消除并补偿间隙。起动时，浮动侧板靠密封圈来产生预紧力。

图 3-5c 是挠性侧板式的间隙补偿原理图，同样将泵的出口压力油引到挠性侧板 6 的背面，靠挠性侧板自身的变形来补偿间隙。

3.2.2　内啮合齿轮泵

内啮合齿轮泵分渐开线齿轮泵和摆线齿轮泵两种，本节仅对渐开线齿轮泵做简要叙述。

内啮合渐开线齿轮泵主要由内齿轮、外齿轮、月牙板等组成，图 3-6 所示为内啮合齿轮泵的工作原理。

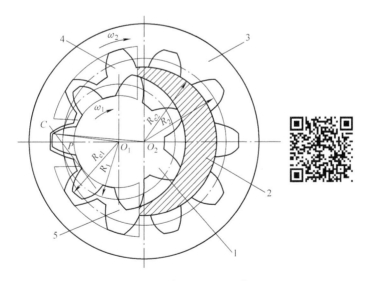

图 3-6　内啮合齿轮泵的工作原理

1—外齿轮（主动齿轮）　2—月牙板　3—内齿轮（从动齿轮）　4—吸油腔　5—排油腔

图 3-6 中内齿轮和外齿轮相啮合，月牙板将进油腔与排油腔隔开，当传动轴带动外齿轮旋转时，与此相啮合的内齿轮也随着旋转，进油腔由于齿轮脱开容积不断增大而连续进油，进入的油液经月牙隔板后进入压油腔，压油腔由于齿轮啮合容积不断减小而将油液连续排出。

内啮合齿轮泵相对外啮合齿轮泵可做到无困油现象，流量脉动小，因此相应地压力脉动及噪声也都小；结构紧凑、尺寸小、重量轻；由于齿轮相对速度小，可以高速旋转；又由于内外齿轮转向相同，齿轮相对滑动速度小，因此磨损小，寿命长。其主要缺点是，工艺性不如外啮合齿轮泵，造价高。

3.2.3 螺杆泵

螺杆泵实质上是一种外啮合摆线齿轮泵，按其螺杆根数分为单螺杆泵、双螺杆泵、三螺杆泵、四螺杆泵和五螺杆泵等；按螺杆截面分为摆线齿形、摆线－渐开线齿形和圆形齿型三种不同形式的螺杆泵。

图 3-7 所示为三螺杆泵的结构。在三螺杆泵壳体 2 内平行地安装着三根互为啮合的双头螺杆，主动螺杆为中间凸螺杆 3，上、下两根凹螺杆 4 和 5 为从动螺杆。

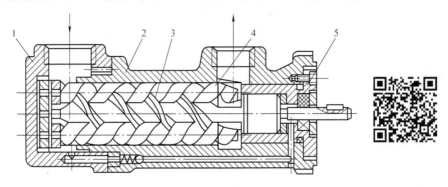

图 3-7　三螺杆泵的结构

1—后盖　2—壳体　3—主动螺杆（凸螺杆）　4、5—从动螺杆（凹螺杆）

图 3-7 中，三根螺杆的外圆与壳体对应弧面保持着良好的配合，螺杆的啮合线将主动螺杆和从动螺杆的螺旋槽分割成多个相互隔离、互不相通的密封工作腔。当传动轴（与凸螺杆为一整体）如图顺时针（从左向右视）方向旋转时，这些密封工作腔随着螺杆的转动一个接一个地在左端形成，并不断地从左向右移动，在右端消失。主动螺杆每转一周，每个密封工作腔便移动一个导程。密封工作腔在左端形成时逐渐增大将油液吸入来完成进油工作，在右面的工作腔逐渐减小直至消失而将油液压出完成排油工作。螺杆直径越大，螺旋槽越深，螺杆泵的排量越大；螺杆越长，进、排油口之间的密封层次越多，密封就越好，螺杆泵的额定压力就越高。

螺杆泵与其他容积式液压泵相比，具有结构紧凑、体积小、重量轻、自吸能力强、运转平稳、流量无脉动、噪声小、对油液污染不敏感、工作寿命长等优点。目前常用在精密机床上和用来输送黏度大或含有颗粒物质的液体。螺杆泵的缺点是其制造工艺复杂，加工精度要求高，因此应用受到限制。

3.3 叶片泵

叶片泵全称叶片液压泵，具有工作平稳、噪声小、流量均匀和容积效率高等优点。但其自吸能力较差，对液压油的污染比较敏感，结构较复杂，泵的转速较齿轮泵低，一般为 600 ~2000r/min。

叶片泵按转子每转吸排油的次数（即作用次数）可分为单作用叶片泵和双作用叶片泵两大类。单作用叶片泵可作变量泵使用，但工作压力较低，双作用叶片泵均为定量泵，工作压力可达6.5～14MPa。

3.3.1 单作用叶片泵

1. 工作原理

单作用叶片泵的工作原理如图 3-8 所示。叶片泵主要由配流盘1、传动轴2、转子3、定子4、叶片5组成。定子的内表面是圆柱面，转子和定子中心之间存在着偏心 e，叶片装在转子槽中，并可在槽内自由滑动。当传动轴带动转子回转时，在离心力以及叶片根部油压力作用下，叶片顶部紧贴在定子内表面上，于是两相邻叶片、配流盘、定子和转子便形成一个密闭的工作腔。当转子按图示的方向旋转时，图右

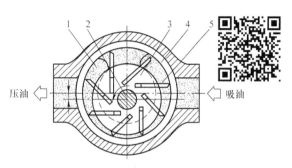

图 3-8 单作用叶片泵的工作原理
1—配流盘 2—传动轴 3—转子 4—定子 5—叶片

侧的叶片向外伸出，密闭工作腔的容积逐渐增大，产生真空，液压油通过配流盘上的进油窗口（配油盘上右边腰形窗口）进入密封工作腔；而在图的左侧，叶片往里缩进，密封腔的容积逐渐减小，密封腔中的液压油经配油盘上的排油窗口（配流盘上左边腰形窗口）被排入到系统中。由于两窗口之间的距离大于相邻两叶片之间的距离，因此形成封油区，将吸油腔和排油腔隔开，转子每转一周，每个工作容腔完成一次进油和排油，故称单作用叶片泵。若改变定子和转子间偏心矩 e 的大小，便可改变泵的排量，形成变量叶片泵。单作用叶片泵的主要缺点是转子受到来自排油腔的单向压力，由于径向力不平衡，使轴承上所受的载荷较大，称非平衡式叶片泵，故不宜用作高压泵。

单作用叶片泵的理论排量为

$$V_p = 2Be(2\pi R - \delta z) \tag{3-5}$$

式中，V_p 是单作用叶片泵的理论排量（m^3/r）；B 是叶片宽度（m）；e 是定子与转子的偏心矩（m）；R 是定子半径（m）；δ 是叶片厚度（m）；z 是叶片数。

单作用叶片泵的叶片底部小油室和工作油腔相通，即当叶片处于进油腔时，它和进油腔相通，也参加吸油；当叶片处于压油腔时，它和排油腔相通，也向外排油。叶片底部的进油和排油作用，可基本补偿工作油腔中叶片所占的体积，因此可不考虑叶片对容积的影响，则单作用叶片泵的理论排量为

$$V_p = 4\pi BeR$$

单作用叶片泵的实际流量为

$$q_p = \frac{1}{60} V_p n_p \eta_{pV} \tag{3-6}$$

式中，q_p 是单作用叶片泵的实际流量（m^3/s）；V_p 是单作用叶片泵的排量（m^3/r）；n_p 是单作用叶片泵的额定转速（r/min）；η_{pV} 是单作用叶片泵的容积效率。

2. 性能及结构特点

1）困油现象及消除措施。单作用叶片泵配油盘的吸、排油窗口间的密封角略大于两相邻叶片间的夹角，另因单作用叶片泵的定子不存在与转子同心的圆弧段，因此在进、排油过渡区，当

两叶片间的密封容腔发生变化时，会产生与齿轮泵相类似的困油现象。通常是通过在配油盘排油窗口的边缘开三角卸荷槽的方法来消除困油现象。

2）叶片安放角。由于叶片仅靠离心力紧贴在定子内表面上，实际上它还受到科氏力和摩擦力的作用，因此，为了使叶片所受的合力与叶片的滑动方向一致，保证叶片更容易从叶片槽滑出，通常都将叶片槽加工成沿旋转方向向后倾斜一个角度。

3）叶片根部的容积不影响泵的流量。由于叶片头部和底部同时处在排油区或吸油区，因此厚度对泵的流量没有影响。

4）因定子内环为偏心圆，转子在转动时，叶片的矢径是转角的函数，瞬时理论流量是脉动的，故叶片数取奇数，以减小流量的脉动。

3. 限压式变量叶片泵的变量原理

图 3-9 所示为限压式变量叶片泵的原理。

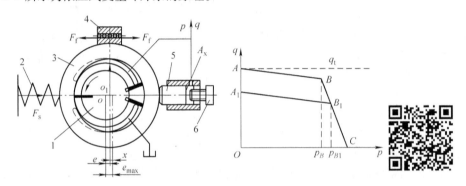

图 3-9　限压式变量叶片泵的原理

1—转子　2—弹簧　3—定子　4—滑块滚针支承　5—反馈柱塞　6—流量调节螺钉

外反馈式限压式变量叶片泵能根据外负载（泵出口压力）的大小自动调节泵的排量。图中转子 1 的中心 o 是固定不动的，定子 3（其中心为 o_1）可左右移动。当泵的转子逆时针方向旋转时，转子上部为压油腔，下部为吸油腔，压力油把定子向上压在滑块滚针支承 4 上。设反馈柱塞的受压面积为 A，则作用在定子上的反力 $F = pA$ 小于作用在定子左侧的弹簧力 F_s 时，弹簧 2 把定子推向最右边，柱塞和流量调节螺钉 6 相接触，此时偏心达到预调值 e_{max}，泵的输出流量最大。当泵的压力升高到 $pA > F_s$ 时，反馈力克服弹簧预紧力推定子左移 x 距离，偏心减小，泵输出流量随之减少。压力越高，偏心越小，输出流量也越小。当压力大到泵内偏心所产生的流量全部用于补偿泄漏时，泵的输出流量为零，不管外负载再怎么加大，泵的输出压力也不会再升高。

设泵转子和定子间的最大偏心距为 e_{max}，此时弹簧的预压缩量为 x_0，弹簧刚度为 k_s，压力逐渐增大，使定子开始移动时的压力为 p_B，则有

$$p_B A_x = k_s x_0$$

由此得

$$p_B = \frac{k_s}{A} x_0 \tag{3-7}$$

当泵压力为 p 时，定子移动了 x 距离（亦即弹簧压缩增加量），这时的偏心量为

$$e = e_{max} - x \tag{3-8}$$

如忽略泵在滑块滚针支承处的摩擦力，泵定子的受力方程为

$$pA = k_s(x_0 + x)$$

由此得

$$x = \frac{A}{k_x}p - x_0 \tag{3-9}$$

泵的实际输出流量为

$$q = k_q e - k_1 p \tag{3-10}$$

式中，k_q 是泵的流量常数；k_1 是泵的泄漏系数。

当 $pA_x < F_s$ 时，定子处于极右端的位置，这时 $e = e_{max}$

$$q = k_q e_{max} - k_1 p \tag{3-11}$$

当 $p = 0$ 时，$q_A = k_q e_{max}$ 即泵的理论流量；

当 $p = p_B$ 时，$q_B = k_q e_{max} - \frac{k_1 k_s}{A}x_0$

在坐标系内，以 $(0, q_A)$ 确定 A 点，以 (p_B, q_B) 确定 B 点，两点连线，得直线 AB 如图 3-9 右图所示。

当 $pA > F_s$ 时，定子左移，泵的流量减小，由式（3-8）~式（3-10），得

$$q = k_s(x_0 + e_{max}) - \frac{k_q}{k_s}\left(A + \frac{k_s k_1}{k_q}\right)p \tag{3-12}$$

当 $q = 0$ 时，得 C 点的横坐标为

$$p_{max} = p_C = \frac{k_s(x_0 + e_{max})}{A + \frac{k_s k_1}{k_q}} \tag{3-13}$$

以 $C(p_C, 0)$ 和 $B(p_B, q_B)$ 连线，便可完成外反馈限压式变量叶片泵的静态特性曲线，如图 3-9 右图所示。AB 段是泵的不变量段，它与式（3-11）相对应，压力增加时，由于泄漏的存在，实际输出流量减少；BC 段式泵是变量段，它与式（3-12）相对应，这一区域内泵的实际流量随着压力的增大迅速下降。图中 B 点叫作曲线的拐点；拐点处的压力 p_B 值主要由弹簧预紧力确定，并可由式（3-7）算出。

通过调节弹簧预紧力以改变 x_0，便可改变 p_B 和 p_{max} 的值，图 3-9 右图中 BC 段曲线左右平行移动。调节图 3-9 中的流量调节螺钉 6，便可改变 e_{max}，从而改变流量的大小，此时曲线 AB 段上下平行移动，但曲线 BC 段不会左右移动（因为 p_{max} 值不会改变），而 p_B 值（即是 AB 与 BC 的交点）则稍有变化，如 B_1 点对应的 p_{B1}。

如更换刚度不同的弹簧，则可改变 BC 段的斜率，弹簧越"软"（k_s 值越小），BC 段越陡，p_{max} 值越小；反之，弹簧越硬（k_s 值越大），BC 段越平坦，p_{max} 值越大。限压式变量泵的特性见表 3-2。

表 3-2 限压式变量泵的特性

p	偏心距	流量	曲线段	工作方式
$p = 0$	最大 e_{max}	最大	点 A	卸荷
$p < p_B$	最大 e_{max}	较大	AB 段	快进
$p = p_B$	最大 e_{max}	较大	点 B	快进
$p > p_B$	减小	较小	BC 段	工进
$p = p_C$	零	零	点 C	保压

3.3.2 双作用叶片泵

1. 工作原理

双作用叶片泵的工作原理如图 3-10 所示。它也是由配流盘 1、传动轴 2、转子 3、定子 4、叶片 5 等组成，不同之处在于定子和转子是同心的，且定子内表面近似椭圆形，由两段长半径为 R 和两段短半径为 r 的圆弧和四段过渡曲线组成。

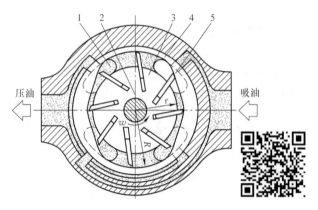

图 3-10　双作用叶片泵的工作原理
1—配流盘　2—传动轴　3—转子　4—定子　5—叶片

在图 3-10 中，当转子逆时针方向旋转时，密封工作腔的容积在右上角和左下角处逐渐增大，为进油区；在右下角和左上角处逐渐减小，为压油区。进油区和压油区之间有一段封油区将进、压油区分开。由于有两个进油区和压油区，所以这种泵的转子每转一周，每个密封工作腔完成两次进油和压油，所以称为双作用叶片泵，又由于两个进油区和两个压油区是径向对称的，作用在转子上的压力径向平衡，因此又称为平衡式叶片泵。

双作用叶片泵的理论排量为

$$V_{\mathrm{p}} = 2\pi B\left[R^2 - r^2 - \frac{(R-r)z\delta}{\pi\cos\theta} \right] \tag{3-14}$$

式中，V_{p} 是双作用叶片泵的理论排量（$\mathrm{m^3/r}$）；θ 是叶片倾斜角（°）。

2. 性能及结构特点

（1）定子过渡曲线　由于定子内表面的曲线由四段圆弧和四段过渡曲线组成，因而泵的动力学特性在很大程度上受过渡曲线的影响。理想的过渡曲线不仅应使叶片在槽中滑动时的径向速度变化均匀，还应使叶片转到过渡曲线和圆弧段交接点处的加速度突变不大，以减小冲击和噪声，同时还应使泵的瞬时流量的脉动最小。

（2）叶片安放角　为了保证叶片顺利从叶片槽滑出，减小叶片的压力角，根据过渡曲线的动力学特性，通常都将双作用叶片泵的叶片槽加工成沿旋转方向向前倾斜一个安放角 θ，当叶片有安放角时，叶片泵就不允许反转。

（3）端面间隙的自动补偿　为了提高压力，减少端面泄漏，采取的间隙自动补偿措施是将配流盘的外侧与排油腔连通，使配流盘在液压推力作用下压向转子。泵的工作压力越高，配流盘就会越贴紧转子，对转子端面间隙进行自动补偿。

3.4　柱塞泵

柱塞式液压泵简称柱塞泵，它是利用柱塞在缸筒柱塞孔内做往复运动时，使密封工作容积变化来实现进油和排油的。由于柱塞和柱塞孔配合表面为圆柱形表面，通过加工可得到很高的配合精度，所以柱塞泵的泄漏小，容积效率高，一般都作为高压泵。根据柱塞分布方向的不同，柱塞泵可分为轴向柱塞泵和径向柱塞泵，而轴向柱塞泵按其结构型式又可分为斜盘式和斜轴式两种。

3.4.1　斜盘式轴向柱塞泵

斜盘式轴向柱塞泵的工作原理如图 3-11 所示。

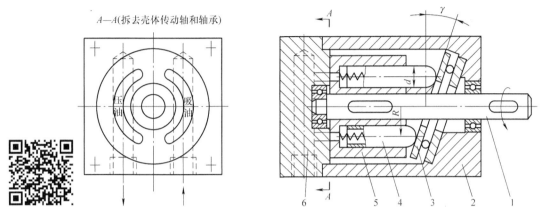

图 3-11　斜盘式轴向柱塞泵的工作原理
1—转动轴　2—壳体　3—斜盘　4—柱塞　5—缸筒　6—配流盘

图 3-11 中，柱塞 4 装在缸筒 5 中，在弹簧的作用下压向斜盘 3。柱塞和缸筒上的柱塞孔沿缸筒轴向圆周均匀分布。当缸筒在转动轴 1 的带动下转动时，柱塞 4 在缸筒内自下而上回转的半周内（0～π）逐渐向外伸出，使缸筒柱塞孔的密封工作腔容积不断增加，产生局部真空，油液经配流盘 6 上的腰形进油窗口进入；反之，当柱塞在其自上而下回转的半周内（π～2π）逐渐缩回缸内时，使密封工作腔的容积不断减小，即将油液从配油盘上的腰形排油窗口向外压出。缸筒每转一周，每个柱塞往复运动一次，完成一次进油和压油。缸筒在转动轴带动下连续回转，则柱塞不断地进油和压油，将压力油连续不断地提供给液压系统。根据图 3-11 中的几何关系，可得斜盘式轴向柱塞泵的理论排量计算公式为

$$V_{\mathrm{p}} = \frac{1}{2}\pi d^2 z R \tan\gamma \tag{3-15}$$

式中，V_{p} 是斜盘式轴向柱塞泵的排量（m^3/r）。

实际流量计算公式为

$$q_{\mathrm{p}} = \frac{1}{60} V_{\mathrm{p}} n_{\mathrm{p}} \eta_{\mathrm{pV}} = \frac{1}{120}\pi d^2 z n_{\mathrm{p}} R \eta_{\mathrm{pV}} \tan\gamma \tag{3-16}$$

式中，q_{p} 是斜盘式轴向柱塞泵的实际流量（m^3/s）；d 是柱塞直径（m）；z 是柱塞数；R 是缸筒柱塞孔中心的分布圆半径（m）；n_{p} 是液压泵的转速（$\mathrm{r/min}$）；η_{pV} 是液压泵容积效率；γ 是斜盘的倾斜角（°）。

从泵的排量公式（3-15）中可以看出：柱塞直径 d、分布圆半径 R、柱塞数 z 都是固定结构参数，并且泵的转数在原动机确定后也是不变的，所以要想改变泵输出流量的大小和方向，只可以通过改变斜盘倾角 γ 来实现。

实际上斜盘式轴向柱塞泵的排量具有脉动性，脉动率的大小既和柱塞数的奇偶性有关（奇数柱塞比偶数柱塞泵的脉动率小），又和柱塞数量有关（柱塞数越多，流量脉动率越小，但使泵本身结构及加工工艺变得复杂，使成本增加），所以综合考虑，泵的柱塞数通常取 7 或 9。

斜盘式轴向柱塞泵主要由主体部分和变量机构两大部分组成，根据变量机构的结构型式和工作原理，可分为手动变量、伺服变量、液控变量、电动变量、恒功率变量等多种形式。现介绍几

种典型的斜盘式轴向柱塞泵。

1. SCY – 1B 型斜盘式手动变量轴向柱塞泵

图 3-12 所示为 SCY – 1B 型斜盘式手动变量轴向柱塞泵的结构。其主体部分由斜盘 2、回程盘 3、轴承 4、滑靴 5、缸筒 6、柱塞 7、回程弹簧 8、传动轴 9、配流盘 10、壳体 11、变量活塞 12、拨叉 13 等组成。传动轴通过花键与缸筒连接并带动缸筒旋转，由于斜盘的法线方向与传动轴的轴线方向有一夹角，所以均匀分布在缸筒上的 7 个柱塞在绕传动轴做回转运动的同时，沿缸筒上的柱塞孔做相对往复运动，通过配油盘完成进、排油。

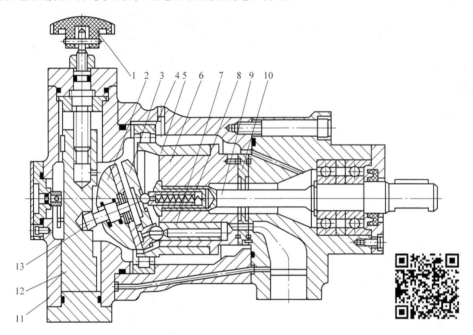

图 3-12　SCY – 1B 型斜盘式手动变量轴向柱塞泵的结构
1—变量手轮　2—斜盘　3—回程盘　4—轴承　5—滑靴　6—缸筒　7—柱塞　8—回程弹簧
9—传动轴　10—配流盘　11—壳体　12—变量活塞　13—拨叉

由图 3-12 可见，使缸筒紧压配流盘端面保持两者之间密封的作用力，除弹簧作为预密封推力外，还有柱塞孔底部台阶上所受的液压力，此液压力比弹簧力大得多，而且随泵的工作压力增大而增大。由于缸筒始终受液压力作用，从而紧贴着配流盘，就使缸筒和配流盘端面之间的间隙得到了自动补偿。

该泵由变量手轮 1、壳体 11、变量活塞 12、拨叉 13 组成变量机构。当转动变量手轮时，通过丝杠带动变量活塞沿壳体上下运动，活塞通过拨叉使斜盘绕其自身的回转中心摆动，这样就改变斜盘中心法线方向和传动轴轴线方向之间的夹角，从而改变泵排量的大小。

一般斜盘式轴向柱塞泵都在柱塞头部装一滑靴，每个柱塞的球头与滑靴铰接，回程弹簧通过内套、钢球、回程盘将滑靴紧紧压在斜盘上，起预密封作用。滑靴是按静压原理设计的，其结构如图 3-13 所示。

图 3-13 中，柱塞的球形头与滑靴的内球面接触，并能任意方向转动，而滑靴的平面与斜盘接触，这样就大大降低了接触应力，此外，压力油通过柱塞上的小孔 f 和滑靴上的小孔 g 进入油室，使滑靴和斜盘间形成一定厚度的油膜，即形成静压轴承。其工作原理为：当泵开始工作时，滑靴紧贴斜盘，油室中的油没有流动，所以处于相对静止状态，此时 p' 等于 p，在设计时，使处

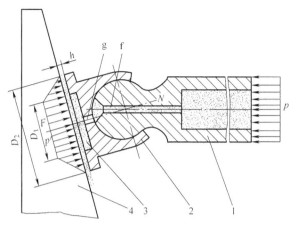

图 3-13 滑靴的静压支撑原理

1—柱塞 2—滑靴 3—油室 4—斜盘

于这种状态下其反推力 F 大于压紧力 N，使滑靴被逐渐推开，产生间隙 h，油室中的油通过间隙漏出并形成油膜，此时油腔中的油在流动状态中，所以压力油 p 经阻尼孔 f、g 到油室，由于阻尼孔造成的压力损失，使 p' 小于 p，直至使反推力 F 与压紧力 N 相等为止，使滑靴和斜盘保持一定的油膜厚度，并处于平衡状态。

2. 手动伺服变量轴向柱塞泵

图 3-14 所示为手动伺服变量轴向柱塞泵的结构。

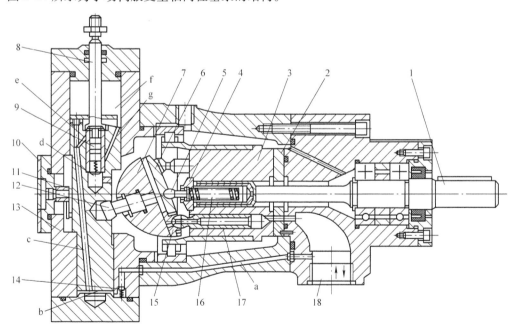

图 3-14 手动伺服变量轴向柱塞泵的结构

1—传动轴 2—配油盘 3—缸筒 4—内套 5—定心球头 6—回程盘 7—斜盘 8—拉杆 9—伺服活塞 10—刻度盘 11—变量活塞 12—销轴 13—变量壳体 14—单向阀 15—滑靴 16—弹簧 17—柱塞 18—进油口或出油口

其工作原理如下：

　　液压油从出油口流经孔道 a，打开单向阀 14 进入变量活塞的下腔 b 内，当压下拉杆 8 时，推动伺服活塞向下运动，则下腔 b 内的压力油经通道 c 进入上腔 f 内。由于变量活塞上端面面积大于下端面面积，作用在它上端的液压力比作用在下端的液压力大，变量活塞 11 就向下运动，带动销轴 12 使斜盘 7 绕自身耳轴的中心线摆动，斜盘倾斜角 γ 的变化使柱塞行程变化。加大 γ，行程增加，流量变大；减小 γ，流量减小。这一变量机构实质为一个随动机构，斜盘的倾角 γ（输出）完全跟随伺服滑阀的位置（输入）的变化而变化。

　　手动伺服变量机构与手动变量机构不同的是，手动变量是直接提拉变量活塞，由于斜盘的作用力较大，提拉很困难；而手动伺服变量机构是提拉伺服活塞，作用力很小，变量活塞随伺服活塞的移动而移动，有力的放大作用。因此，手动伺服变量机构比较简单、方便，可以在液压泵工作中变量。

3. 恒功率变量轴向柱塞泵

　　图 3-15 所示为恒功率变量轴向柱塞泵的变量机构。这种变量机构属于自供油式，即由泵本身排油口压力经液压伺服滑阀控制变量机构。

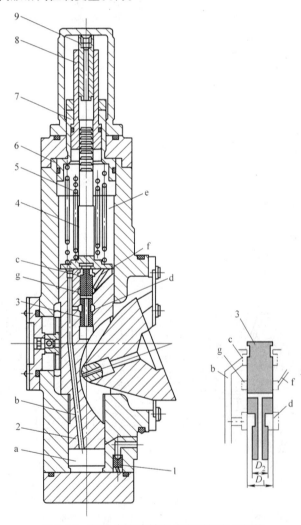

图 3-15　恒功率变量轴向柱塞泵的变量机构

1—单向阀　2—活塞　3—滑阀　4—芯轴　5—内弹簧　6—外弹簧　7—外弹簧套　8—内弹簧套　9—调节螺钉

变量机构的活塞 2 内装有伺服滑阀 3，滑阀 3 与芯轴 4 相连，芯轴上装有外弹簧 6 和内弹簧 5，弹簧的预压紧力使滑阀 3 处于最低位置（图示位置）。

工作时，泵排油腔的压力油经单向阀进入活塞 2 的下腔室 a，再经通道 b 进入腔室 d 和环槽 c，活塞 2 的上腔室 e 通过通道 f 与环槽 g 相连。因为滑阀 3 的直径 D_1 大于 D_2，所以在 d 腔室内，作用在滑阀上的液压力方向向上。当排油口的压力在某一定值压力以下时，作用在滑阀上向上的液压力小于外弹簧 6 的预压紧力时，滑阀 3 处于图示最低位置，此时环槽 c 打开，压力油经通道 b 与活塞 2 上腔室 e 接通，此时环槽 g 被堵死，活塞 2 上腔使 e 与回油不通，所以活塞下腔 a 与上腔 e 中的油压相等，由于活塞 2 为差动活塞，在压力油作用下，活塞处于最下位置，斜盘倾角最大，泵的流量最大。随着系统压力的升高，泵的排油腔的压力也逐渐升高，当压力超过外弹簧 6 的预压紧力时，滑阀 3 将克服外弹簧 6 的预压紧力而上升，环槽 c 又堵死，环槽 g 被打开，活塞上腔 e 中的油经 f、g 从滑阀中心孔流回油箱，则下腔室的压力油将活塞 2 向上推，使其跟随滑阀 3 向上运动，斜盘倾角减小，则流量减小。随着滑阀的上升，外弹簧 6 的预压紧力也逐渐增加，当使滑阀 3 处于新的平衡位置时，滑阀 3 停止运动，活塞 2 也随着停止运动，滑阀 3 和活塞 2 的相对位置又回到图示位置，斜盘停止转动，泵的流量保持不变。当系统压力降低时，泵的排油腔的压力也逐渐降低，则流量增大，工作过程相同。该泵的最小流量由调节螺钉 9 限定，弹簧套 7 用于调节外弹簧 6 的预压紧力，内弹簧 5 参与工作时，弹簧刚度将增大，内弹簧套 8 用于调节内弹簧 5 参与工作的时机。

恒功率变量轴向柱塞泵的变量机构的特性，是根据泵的出口压力调节输出流量，使泵的输出流量与压力的乘积近似保持不变，即泵的输出功率大致保持恒定。这种特性最适合工程机械的要求，因为工程机械（例如挖掘机）的外负荷变化比较大，而且变化频繁，所以使用恒功率变量系统可以实现自动调速：当外负荷大时，压力升高，速度降低；当外负荷小时，压力降低，速度升高。这样就可以使机械经常处于高效率工况下运转，从而提高机械的效率。

3.4.2　斜轴式轴向柱塞泵

传动轴轴线与圆盘轴线一致而与缸筒轴线倾斜一个角度 δ 的轴向柱塞泵，称斜轴式轴向柱塞泵。斜轴式轴向柱塞泵的工作原理与斜盘式轴向柱塞泵基本相同，如图 3-16 所示。

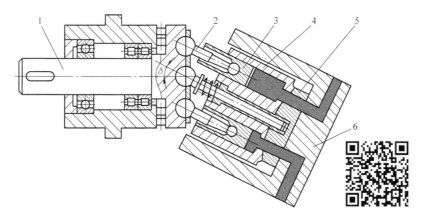

图 3-16　斜轴式轴向柱塞泵的工作原理
1—传动轴　2—连杆机构　3—柱塞　4—缸筒　5—配流盘　6—泵体

斜轴式轴向柱塞泵由传动轴 1、连杆机构 2、柱塞 3、缸筒 4、配流盘 5 和泵体 6 等零件组成。

传动轴为驱动轴，轴的右端部做成法兰盘状，盘上有 z 个球窝（z 为柱塞数），均布在半径为 r 的同一圆周上，用以支撑连杆机构 2 的球头，连杆机构 2 的另一端球头铰接于柱塞 3 上。当传动轴带动右端的法兰盘旋转时，通过连杆机构 2 带动缸筒 4 绕其倾斜的轴线旋转，使柱塞 3 在缸筒内做往复运动，通过配流盘 5 上的配流窗口完成进油和排油的过程。改变缸筒的倾角 δ 便可改变其流量，如果 δ 角做成可以调节的，即成为一种变量泵。由上图可以看出，法兰盘每转一周，柱塞的行程为 $L = 2r\sin\delta$，所以泵的排量公式计算为

$$V_{\mathrm{p}} = \frac{1}{4}\pi d^2 zL$$

$$= \frac{1}{2}\pi d^2 zr\sin\delta \tag{3-17}$$

式中，V_{p} 是斜轴式轴向柱塞泵的排量（$\mathrm{m^3/r}$）；其他符号意义同前。

实际流量计算公式为

$$q_{\mathrm{p}} = \frac{1}{60}V_{\mathrm{p}} n_{\mathrm{p}} \eta_{\mathrm{pV}} = \frac{1}{120}\pi d^2 zr n_{\mathrm{p}} \eta_{\mathrm{pV}} \sin\delta \tag{3-18}$$

式中，q_{p} 是斜轴式轴向柱塞泵的实际流量（$\mathrm{m^3/s}$）；n_{p} 是液压泵的转速（$\mathrm{r/min}$）；η_{pV} 是液压泵容积效率；d 是柱塞直径（m）；z 是柱塞数；r 是法兰盘球窝中心分布圆半径（m）；δ 是缸筒轴线的倾斜角（°）。

与斜盘式轴向柱塞泵相比，由于柱塞所受侧向力很小，泵能承受较高的压力与冲击，且总效率也略高于斜盘式轴向柱塞泵，另外斜轴式轴向柱塞泵，缸筒轴线与驱动轴的夹角 δ 较大，变量范围较大，目前斜轴式轴向柱塞泵使用相当广泛。但斜轴式轴向柱塞泵是靠缸筒摆动实现变量的，运动部分的惯量大，动态响应慢，缸筒摆动将占有较大的空间，所以外形尺寸较大，结构也较复杂。

3.4.3 径向柱塞泵

柱塞相对于传动轴轴线径向布置的柱塞泵称为径向柱塞泵。径向柱塞泵的工作原理是通过柱塞的径向位移，改变柱塞封闭容积的大小进行进油和排油的。按其配流方式（进油和排油）的不同，径向柱塞泵又可分为配流轴式和配流阀式两种结构型式。

1. 配流轴式径向柱塞泵

配流轴式径向柱塞泵的结构及工作原理如图 3-17 所示。在转子 3 上径向均匀分布着数个柱塞孔，孔中装有柱塞 1，通常是靠离心力的作用使柱塞 1 的头部顶在定子 2 的内壁上（此类泵中有的是靠弹簧或低压补油的作用实现的）；转子 3 的中心与定子 2 的中心之间有一个偏心量 e。在固定不动的配流轴 5 上，相对于柱塞孔的部位有上下两个相互隔开的配油腔，该配油腔又分别通过所在部位的两个轴向孔与泵的进、排油口连通。当传动轴带动转子 3 转动时，由于定子 2 和转子 3 间有偏心距 e，所以柱塞 1 在随转子 3 转动时，又在柱塞孔内做往复

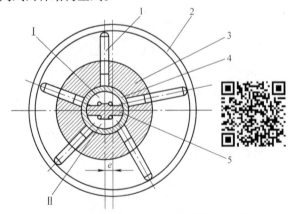

图 3-17 配流轴式径向柱塞泵的结构及工作原理
1—柱塞 2—定子 3—缸体（转子）
4—配流衬套 5—配流轴

运动。当转子 3 顺时针转动时，柱塞 1 绕经上半周时向外伸出，柱塞腔的容积逐渐增大，通过配流衬套 4 上的油口从轴向孔进油；当柱塞转到下半周时，定子内壁将柱塞向里推，柱塞底部的工作容积逐渐减小，通过配流轴 5 向外排油。

移动定子，改变偏心量 e 就可改变泵的排量。当移动定子使偏心量从正值变为负值时，泵的进、排油口就互相调换，因此径向柱塞泵可以是单向或双向变量泵，为了使流量脉动尽可能小，通常采用奇数柱塞数。为了增加流量，径向柱塞泵有时将缸体沿轴线方向加宽，将柱塞做成多排形式的，对排数为 i 的多排形式的径向柱塞泵，其排量和流量分别为单排径向柱塞泵排量和流量的 i 倍。

2. 配流阀式径向柱塞泵

配流阀式径向柱塞泵的工作原理如图 3-18 所示。柱塞在弹簧的作用下始终紧贴偏心轮（和主轴做成一体），偏心轮每转一周，柱塞就完成一个往复行程。当柱塞向下运动时，柱塞缸的容积增大，形成真空，将进油阀打开，从油箱吸油，此时压油阀因压力作用而关闭；当柱塞向上运动时，柱塞缸的容积减小，油压升高，油液冲开压油阀进入工作

图 3-18　配流阀式径向柱塞泵的工作原理

系统，此时进油阀因油压作用而关闭。这样偏心轮不停地旋转，泵也就不停地吸油和排油。

这种泵采用阀式配流，没有相对滑动的配合面，柱塞受侧向力也较小，因此对油的过滤要求低，工作压力比较高，一般可达 20 ~ 40MPa，而且耐冲击，使用可靠，不易出故障，维修方便。采用阀式配流密封可靠，因而容积效率可达 95% 以上。但泵的吸、排油对于柱塞的运动有一定的滞后，泵转速越高滞后现象越严重，导致泵的容积效率急剧降低，特别是进油阀为减小吸油阻力，弹簧往往比较软，滞后更为严重。因此这种泵的额定转速不高。另外，这种泵变量困难，外形尺寸和重量都较大。

径向柱塞泵的排量可参照轴向柱塞泵和单作用叶片泵的计算方法计算。

泵的排量为

$$V_{\mathrm{p}} = \frac{1}{2}\pi d^2 ezk \tag{3-19}$$

泵的实际流量公式为

$$q_{\mathrm{p}} = \frac{1}{120}\pi d^2 ezk n_{\mathrm{p}} \eta_{\mathrm{pV}} \tag{3-20}$$

式中，V_{p} 是配流阀式径向柱塞泵的排量（m^3/r）；d 是柱塞直径（m）；e 是偏心矩（m）；z 是单排柱塞数；k 是缸体内柱塞排数；q_{p} 是配流阀式径向柱塞泵的实际流量（m^3/s）。

3.5　液压泵的噪声与控制

噪声对人类的健康十分有害。随着工业生产的发展，工业噪声对人们的影响越来越严重，已引起人们的关注。目前液压技术正向高压、大流量和大功率的方向发展，产生的噪声也随之增加，而在液压系统中的噪声，液压泵的噪声占有很大的比重。因此，研究减少液压系统的噪声，特别是液压泵的噪声，已引起液压界广大工程技术人员、专家学者的重视。

液压泵的噪声大小和液压泵的种类、结构、大小、转速及工作压力等很多因素有关。

1. 产生噪声的原因

1）泵的流量脉动和压力脉动造成泵构件的振动，这种振动有时还会产生谐振。谐振频率可以是流量脉动频率的 2 倍、3 倍或更大，泵的基本频率及其谐振频率，若与机械的或液压的自然频率相一致，噪声便大大增加。研究结果表明，转速增加对噪声的影响一般比压力增加还要大。

2）泵的工作腔从吸油腔突然与压油腔相通，或从压油腔突然与吸油腔相通时，产生油液流量和压力突变，引起噪声。

3）空穴现象。当泵吸油腔中的压力小于油液所在温度下的空气分离压时，溶解在油液中的空气会析出而变成气泡，这种带有气泡的油液浸入高压腔时，气泡被击破，形成局部的高频压力冲击，从而引起噪声。

4）泵内流道具有截面突然扩大和收缩、急转弯，以及通道截面过小而导致液压湍流、漩涡等特性，使噪声加大。

5）由于机械原因，如转动部分不平衡、轴承不良、泵轴的弯曲等机械振动引起的机械噪声。

2. 降低噪声的措施

1）减少和消除液压泵内部油液压力的急剧变化。

2）可在液压泵的出口设置消声器，吸收液压泵流量和压力脉动。

3）当液压泵安装在油箱上时，使用橡胶垫减振。

4）压油管采用高压软管，对液压泵和管路的连接进行减振。

5）采用直径较大的吸油管，减小管路局部阻力，防止液压泵产生空穴现象；采用大容量的吸油过滤器，防止油液中混入空气；合理设计液压泵，提高零件刚度。

例　　题

例题 3-1　某齿轮泵额定流量 $q_p = 100 \text{L/min}$，额定压力 $p_p = 25 \times 10^5 \text{Pa}$，泵的转速 $n_p = 1450 \text{r/min}$，泵的机械效率 $\eta_{pm} = 0.9$，由实验测得，当泵的出口压力 $p_p = 0$ 时，其流量 $q_{pt} = 107 \text{L/min}$，试求：

（1）该泵的容积效率 η_{pV}。

（2）当泵的转速 $n'_p = 500 \text{r/min}$ 时，估算泵在额定压力下工作时的流量 q'_p 及该转速下泵的容积效率 η'_{pV}。

（3）两种不同转速下，泵所需的驱动功率。

解：（1）通常将零压下泵的输出流量视为理论流量。故该泵的容积效率为

$$\eta_{pV} = \frac{q_p}{q_{pt}} = \frac{100}{107} = 0.93$$

（2）泵的排量是不随转速变化的，可得

$$V_p = \frac{q_{pt}}{n_p} = \frac{107}{1450} \text{L/r} = 0.074 \text{L/r}$$

故 $n_p = 500 \text{r/min}$ 时，其理论流量为

$$q'_{pt} = V_p n'_p = 0.074 \times 500 \text{L/min} = 37 \text{L/min}$$

齿轮泵的泄漏渠道主要是端面泄漏，这种泄漏属于两平行圆盘间隙的压差流动（忽略齿轮端面与端盖间圆周运动所引起的端面间隙中的液体剪切流动），由于转速变化时，其压差 Δp、轴

间间隙 δ 等参数均未变，故其泄漏量与 $n_p = 1500\text{r/min}$ 时的相同，其值为 $\Delta q = q_{pt} - q_p = (107 - 100)\text{L/min} = 7\text{L/min}$。所以，当 $n_p' = 500\text{r/min}$ 时，泵在额定压力下工作时的流量 q_p' 为

$$q_p' = q_{pt}' - \Delta q = 30\text{L/min}$$

其容积效率

$$\eta_{pV}' = \frac{q_p'}{q_{pt}'} = 0.81$$

（3）所需的驱动功率：

$n_p = 1500\text{r/min}$ 时

$$P = \frac{p_p q_p}{\eta_{pm} \eta_{pV}} = \frac{25 \times 10^5 \times 100 \times 10^{-3}}{60 \times 0.9 \times 0.93}\text{W} = 4978\text{W} = 4.98\text{kW}$$

$n_p' = 500\text{r/min}$ 时，假设机械效率不变，$\eta_{pm} = 0.9$

$$P = \frac{p_p q_p'}{\eta_{pm} \eta_{pV}'} = \frac{25 \times 10^5 \times 30 \times 10^{-3}}{60 \times 0.9 \times 0.81}\text{W}$$
$$= 1715\text{W} = 1.72\text{kW}$$

例题 3-2 定量叶片泵转速为 $n = 1500\text{r/min}$，在输出压力为 6.3MPa 时，输出流量为 53L/min，这时实测泵的消耗功率为 7kW；当泵空载卸荷运转时，输出流量 56L/min，试求该泵的容积效率及其总效率。

解：由题意知道：工作流量 $q = 53\text{L/min}$，空载流量就是理论流量 $q_t = 56\text{L/min}$，故该泵的容积效率为

$$\eta_V = \frac{q}{q_t} = \frac{53}{56} = 0.946$$

泵的输出功率为

$$P_o = pq = \frac{6.3 \times 10^6 \times 53 \times 10^{-4}}{6}\text{W} = 5.56\text{kW}$$

输入功率 $P_i = 7\text{kW}$，则总效率为

$$\eta = \frac{P_o}{P_i} = \frac{5.56}{7} = 0.795$$

例题 3-3 某液压泵铭牌上标有转速 $n = 1450\text{r/min}$，其额定流量 $q_s = 60\text{L/min}$，额定压力 $p_H = 8\text{MPa}$，泵的总效率为 80%，试求：

（1）该泵应选配的电动机功率。

（2）若该泵使用在特定的液压系统中，该系统要求泵的工作压力 4MPa，该泵应选配的电动机功率。

解：驱动液压泵的电动机功率的确定，应按照液压泵的使用场合进行计算：当不明确液压泵在什么场合下使用时，可按铭牌上的额定压力、额定流量值进行功率计算；当泵的使用压力已经确定时，则按其实际使用压力进行功率计算。

（1）因为不知道泵的实际使用压力，故选取额定压力进行功率计算：

$$P = \frac{p_H q_s}{\eta} = \frac{8 \times 10^6 \times 60 \times 10^{-3}}{0.8 \times 60}\text{W} = 10\text{kW}$$

（2）因为泵的工作压力已经确定，故选取实际使用压力进行功率计算：

$$P = \frac{p q_s}{\eta} = \frac{4 \times 10^6 \times 60 \times 10^{-3}}{0.8 \times 60}\text{W} = 5\text{kW}$$

例题 3-4 双作用叶片泵的结构尺寸参数为：定子长圆弧半径 $R = 33.5\text{mm}$，短圆弧半径 $r =$

29mm，叶片厚度 $s=2.25$mm，叶片宽度 $b=21$mm，叶片在转子中的倾斜角 $\theta=13°$，叶片数 $z=12$，其转速 $n=950$r/min，工作压力 $p=6.3$MPa，容积效率 $\eta_V=0.85$，总效率 $\eta=0.75$。试求：

（1）泵的理论流量和实际流量。

（2）泵所需的驱动功率。

解：考虑叶片厚度时，双作用时叶片泵的排量计算公式为

$$V=2b\left[\pi(R^2-r^2)-\frac{R-r}{\cos\theta}sz\right]$$

$$=2\times2.1\times\left[3.14\times(3.35^2-2.9^2)-\frac{3.35-2.9}{\cos13°}\times0.225\times12\right]\text{cm}^3/\text{r}$$

$$=31.92\text{cm}^3/\text{r}$$

理论流量：$q_t=Vn=31.92\times10^{-3}\times950\text{L/min}=30.3\text{L/min}$

实际流量：$q=q_t\eta_V=30.3\times0.85\text{L/min}=25.81\text{L/min}$

泵所需的驱动功率为

$$P=\frac{pq}{\eta}=\frac{6.3\times10^6\times25.8\times10^{-3}}{60\times0.75}\text{W}=3.61\text{kW}$$

例题 3-5 某限压式变量泵液压系统，泵的流量-压力特性仿真曲线 ABC，其 B 点处泵的压力 $p_B=5$MPa，输出流量 $q_B=25$L/min，泵的容积效率 $\eta_V=0.83$，总效率 $\eta=0.75$，当系统的工作压力达到 $p=6$MPa 时，泵的输出流量为零。请绘出流量-压力特性仿真曲线 ABC。

快进运动时 $p_1=2$MPa，$q_1=20$L/min，工进时 $p_2=4.5$MPa，$q_2=5$L/min，其流量-压力特性仿真曲线应怎样调整？限压式变量泵所需要电动机的最大驱动功率是多少？

解：（1）几何分析：

由 B 点处泵的压力 $p_B=5$MPa，输出流量 $q_B=25$L/min，知道 B 点坐标为 $(5,25)$；根据泵的容积效率 η_V 可以求得系统的理论流量：

$$q_t=q_A=\frac{q_B}{\eta_V}$$

也即 A 点的坐标为 $(0,q_A)$。

连接 AB 直线，斜率为

$$k_{AB}=\frac{q_A-q_B}{p_A-p_B}$$

直线 AB 的方程为

$$q=k_{AB}p+b_{AB}\tag{3-21}$$

这是以斜率 k_{AB}，截距 b_{AB} 的平行于直线 AB 的直线族。

由于当系统的工作压力达到 $p=6$MPa 时，泵的输出流量为零，因此

$$p_C=6\text{MPa},\quad q_C=0$$

连接 BC 直线，其斜率为

$$k_{BC}=\frac{q_B-q_C}{p_B-p_C}$$

直线 BC 的方程为

$$q=k_{BC}p+b_{BC}\tag{3-22}$$

这是以斜率 k_{BC}，截距 b_{BC} 的平行于直线 BC 的直线族，折线 ABC 绘制完成。

快进时其工作压力 $p_1=2$MPa，是在最大偏向量下工作，因此其轨迹为过 $(2,20)$ 平行于 AB 的直线，其斜率为 k_{AB}，截距为

$$b_{AB} = q_1 - k_{AB}p_1$$

给定 p_1 的取值范围，利用 plot 命令绘制直线 A_1B_1。

工进时其工作压力 $p_2 = 4.5\mathrm{MPa}$，是在变化的偏向量下工作，因此其直线轨迹为过 $(4.5,5)$ 平行于 BC 的直线，其斜率为 k_{BC}，截距为

$$b_{BC} = q_2 - k_{BC}p_2$$

给定 p_2 的取值范围，利用 plot 命令绘制直线 B_1C_1

折线 $A_1B_1C_1$ 为调整后的流量 – 压力特性仿真曲线。

当 $p = 0$ 时的 q_{A1} 的值，根据式（3-21）得

$$q_{A1} = b_{AB}$$

当 $q = 0$ 时的 p_{C1} 的值，根据式（3-22）得

$$p_{C1} = -b_{BC}/k_{BC}$$

p_{B1} 与 q_{B1} 是折线 $A_1B_1C_1$ 的交点，利用 ginput 命令摘取。限压式变量泵所需要电动机的最大驱动功率为

$$P_d = \frac{p_{B1} \times 10^3 \times q_{B1} \times 10^{-4}}{6 \times \eta}(\mathrm{kW})$$

（2）MATLAB 编程。

根据上面的几何分析所确定图解法思路，编写 m 文件，其源代码如下：

```
clc
hold on
qB = 25;pB = 5;pC = 6.84;qC = 0;rxl = 0.83;zxl = 0.75;
qA = qB/rxl;pA = 0;
plot([pA pB],[qA qB],'k-')
kAB = (qA - qB)/(pA - pB);
plot([pB pC],[qB qC],'k-')
kBC = (qB - qC)/(pB - pC);
grid
gtext('A');gtext('B');gtext('C');
p1 = 2;q1 = 20;
bAB = q1 - kAB * p1;
p = 0:0.1:4;
plot(p,kAB * p + bAB,'k-')
p2 = 4.5;q2 = 2.5;
bBC = q2 - kBC * p2;
p = 3:0.1:5;
plot(p,kBC * p + bBC,'k-')
[pB1,qB1] = ginput(1);
pC1 = -bBC/kBC;
qA1 = bAB;
P = pB1 * 1e3 * qB1 * 1e - 4/(6 * zxl)
xlabel('p(MPa)')
ylabel('q(L/min)')
```

gtext('A1'); gtext('B1'); gtext('C1');

title(['B1 点的最大驱动电动机功率', num2str(P), 'kW']);

运行上述程序后，得到 $q-p$ 仿真曲线如图 3-19 所示。

由图 3-19 可知：需要电动机的最大驱动功率为 1.3731kW。此例题采用计算机辅助图解法，操作简单，精度大大超过手工图解法。

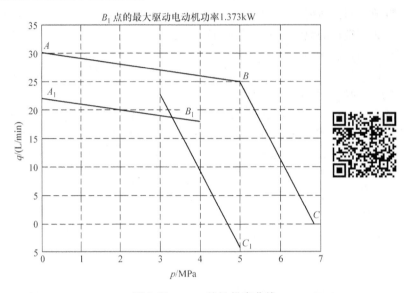

图 3-19 $q-p$ 特性仿真曲线

习　　题

习题 3-1　已知液压泵的额定压力和额定流量，若不计管道内压力损失，试说明图 3-20 所示的各种工况下液压泵出口处的工作压力值。

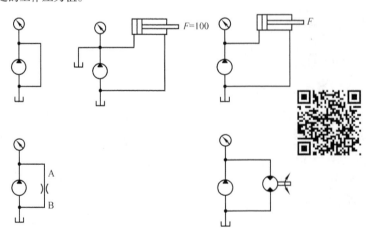

图 3-20 习题 3-1 图

习题 3-2　液压泵的额定流量为 100L/min，额定压力为 2.5MPa。当转速为 1450r/min 时，机械效率为 $\eta_m = 0.9$。由实验测得：当泵出口压力为零时，流量为 106L/min；压力为 2.5MPa 时，流量为 100.7L/min，试求：

（1）泵的容积效率；

（2）若泵的转速下降到500r/min，在额定压力下工作时泵的流量；

（3）上述两种转速下泵的驱动功率。

习题3-3 设液压泵转速为950r/min，排量 $V_p = 168cm^3/r$，在额定压力为29.5MPa和同样转速下，测得实际流量为150L/min，额定工况下的总效率为0.87，试求：

（1）泵的理论流量；

（2）泵的容积效率；

（3）泵的机械效率；

（4）泵在额定工况下，所需电动机的驱动功率；

（5）驱动泵的转矩。

习题3-4 容积式液压泵的工作原理是什么？其工作压力取决于什么？工作压力与铭牌上的额定压力和最大工作压力有什么关系？

习题3-5 叶片泵能否实现正、反转？请说出理由并进行分析。

习题3-6 齿轮泵为什么会产生困油现象？其危害是什么？应当怎样消除？

习题3-7 某液压泵的额定压力为 $200 \times 10^5 Pa$，液压泵转速为1450r/min，排量为 $100cm^3/r$，已知该泵容积效率为0.95，总效率为0.9，试求：

（1）该泵输出的液压功率；

（2）驱动该泵的电动机功率。

习题3-8 已知齿轮泵的齿轮模数 $m = 3$，齿数 $z = 15$，齿宽 $B = 25mm$，转速 $n_p = 1450r/min$，在额定压力下输出流量 $q_p = 251L/min$，求泵的容积效率。

习题3-9 如图3-21所示，某组合机床动力滑台采用双联叶片泵，快速进给时两泵同时供油，工作压力为1MPa，工作进给时大流量泵卸荷（卸荷压力为0.3MPa）（大流量泵输出的油提高左方的阀回油箱），由小流量泵供油，压力为4.5MPa，若泵的总效率为0.8，求该双联泵所需的电动机功率是多少。

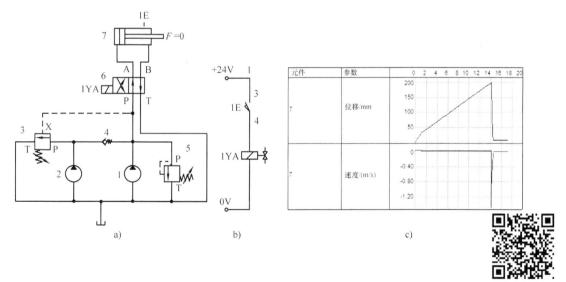

图3-21 习题3-9图

a）建模回路 b）电控图 c）仿真曲线

1、2—液压泵 3—顺序阀 4—单向阀 5—高压溢流阀 6—二位二通电磁换向阀 7—液压缸

第4章　液压执行元件

液压执行元件是液压系统的主要工作机构，它将液压泵输出的压力能转化成机械能，实现能量的转换。执行元件主要包括液压缸和液压马达，它们将输入液体的流量和压力转化为直线运动或旋转运动，并输出推力或转矩。

本章主要内容为：

1）液压缸的工作原理、类型和特点。

2）液压缸的结构及设计计算。

3）液压马达的工作原理、类型和特点。

本章主要介绍液压缸中的单级缸，多级伸缩缸结构较为复杂，在学习过程中可结合单级缸和实际工程应用触类旁通。对于液压马达，具体结构可参照液压泵理解。

4.1　液压缸的工作原理

液压缸可以将压力能转化为直线运动并输出一定的推力（或拉力），液压缸具有结构简单、工作可靠、输出力大等优点，广泛应用于工程机械、矿山机械、冶金机械等领域。

4.1.1　液压缸的分类

液压缸俗称"油缸"，由于所完成的工作不同，液压缸的种类多种多样，一般按以下几种方式进行分类。

1）按结构型式不同，液压缸可分为活塞缸、柱塞缸、摆动缸、伸缩缸等。其中活塞缸和柱塞缸能实现往复直线运动，输出推力和速度，摆动缸能实现旋转运动，输出转矩和角速度，伸缩缸又称多级液压缸，具有多级套筒形活塞杆，可以得到较长的工作行程。

2）按作用方式不同，可以分为单作用缸和双作用缸。单作用缸中，高压油只能进入活塞一侧，推动活塞单向运动，活塞回程要靠自重或其他外力；在双作用缸中，压力油交替进入液压缸两腔，活塞的正反向运动均靠液压力完成。

3）按液压缸工作压力的不同，可分为低压缸、中压缸、高压缸、超高压液压缸。对机床类机械，一般采用中低压液压缸，其额定压力为 2.5 ~ 6.3MPa；对建筑机械、工程机械和飞机等机械设备，多数采用中、高压液压缸，其额定压力为 10 ~ 16MPa；对油压机一类机械，大多数采用高压液压缸，其额定压力为 25 ~ 31.5MPa。

FluidSIM 元件库中提供了基本的液压缸模型，其图形符号及简介见表 4-1。

表 4-1　FluidSIM 液压缸元件库

	名称	符号	简介
单作用液压缸	柱塞缸	$F=0$	在工作油液作用下，液压缸活塞杆伸出，在外力作用下回缩
双作用液压缸	双作用活塞缸，非对称液压缸	$F=0$	双作用液压缸，单端活塞杆。液压缸活塞上安装有磁环，其用于驱动行程开关动作

（续）

名称		符号	简介
双作用液压缸	双作用液压缸，非对称液压缸，带终端缓冲	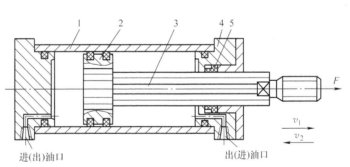	在工作油液作用下，液压缸活塞移动。终端缓冲可通过两个调节螺钉调节。液压缸活塞上安装有磁环，其用于驱动行程开关动作
	双作用液压缸，双端活塞杆，对称液压缸，带终端缓冲		左右两腔各有一活塞杆，在工作油液作用下，液压缸活塞移动。终端缓冲可通过两个调节螺钉调节。液压缸活塞上安装有磁环，其用于驱动行程开关动作
摆动式液压缸	摆动缸（摆动马达）		可以输出摆动运动。可以通过定义标签来确定终点位置

在 FluidSIM 软件中，双击元件，可在弹出的元件属性设置框中定义液压缸的各项参数，如图 4-1 所示。

4.1.2 液压缸的工作原理

以双作用单活塞杆液压缸为例说明液压缸的工作原理。如图 4-2 所示，液压缸由缸筒 1、活塞 2、活塞杆 3、端盖 4、活塞杆密封件 5 等主要部件组成。

图 4-1　液压缸参数定义

图 4-2　液压缸的工作原理
1—缸筒　2—活塞　3—活塞杆　4—端盖　5—密封件

液压缸一般有两个油腔，每个油腔中都通有液压油，液压缸工作依靠帕斯卡原理（静压传递原理：在密闭容器内，施加于静止液体上的压力将以等值同时传递到液体各点）进行。当液压缸两腔通有不同压力的液压油时，其活塞两个受压面承受的油液压力总和（矢量和）输出一个力，这个力克服负载力使液压缸活塞杆伸出或缩回。

以图 4-2 为例，当液压缸左腔通高压油时，活塞左侧受压力，回油腔油液通油箱时，活塞右侧不受压力，则此时活塞左侧所受压力与负载相等（油压由液体压缩提供，即负载力提供压力）。用公式表达如下：

$$p_1A_1 - p_2A_2 = F \tag{4-1}$$

式中，p_1 是液压缸左腔油压；A_1 是液压缸活塞左侧受压面积；p_2 是液压缸右侧油腔油压；A_2 是液压缸活塞右侧受压面积；F 是负载力。

因此，液压缸输入的压力 p、流量 q、输出作用力 F 及速度 v 是液压缸的主要性能参数。

4.2 液压缸基本参数的计算

4.2.1 活塞式液压缸

活塞式液压缸可分为双杆活塞缸和单杆活塞缸，其按工作需要可固定缸筒或固定活塞杆安装。

1. 双杆活塞缸

图 4-3 所示为双杆活塞缸的两种安装形式，由图可看出，两种安装方式均可实现往复运动，其中，缸筒固定式安装时工作台的移动范围约为活塞有效行程 l 的 3 倍，活塞杆固定安装时工作台的移动范围约为活塞有效行程 l 的 2 倍。

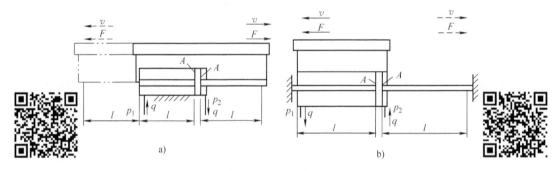

图 4-3　双杆活塞缸

a) 缸筒固定　b) 活塞杆固定

并且，由于活塞两侧的有效工作面积 A 相等，故当供油压力和流量不变时，活塞（或缸筒）在两个方向上的运动速度和推力都相等，即运动具有**对称性**。用公式表达如下：

$$v = \frac{q}{A}\eta_v = \frac{4q\eta_v}{\pi(D^2 - d^2)} \tag{4-2}$$

$$F = (p_1 - p_2)A\eta_m = \frac{\pi}{4}(D^2 - d^2)(p_1 - p_2)\eta_m \tag{4-3}$$

式中，v 是液压缸的运动速度（m/s）；F 是液压缸的推力（N）；q 是液压缸的流量（mL/s）；A 是液压缸的有效工作面积（m²）；η_v 是液压缸的容积效率；D 是活塞直径（m）；d 是活塞杆直径（m）；p_1 是进油压力（Pa）；p_2 是回油压力（Pa）；η_m 是液压缸的机械效率。

由式（4-2）和式（4-3）可知，此类液压缸在两个方向上的运动速度和输出力均相等，故这种液压缸常用于要求往返运动速度相同的场合，如磨床液压系统。

2. 单杆活塞缸

图 4-4 所示为双作用单活塞杆液压缸。由图可见，只有活塞一侧有活塞杆，当无杆腔进油时，活塞杆伸出，有杆腔进油时，活塞杆缩回。并且，由于活塞两侧的作用面积不相等，当进油压力和流量相等时，活塞伸出和缩回的速度和推力不相等，故单杆活塞缸具有不对称性。

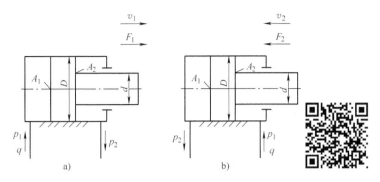

图 4-4 双作用单活塞杆液压缸

a）向右运动 b）向左运动

下面通过计算来说明单杆活塞缸的这种特性。

设无杆腔活塞的有效作用面积为 A_1，则

$$A_1 = \frac{\pi}{4}D^2$$

有杆腔的有效作用面积为 A_2，则

$$A_2 = \frac{\pi}{4}(D^2 - d^2)$$

1）如图 4-4a 所示，无杆腔进油时，活塞杆伸出，此时活塞的伸出速度 v_1 和推力 F_1 分别为

$$v_1 = \frac{q}{A_1}\eta_v = \frac{4q}{\pi D^2}\eta_v \tag{4-4}$$

$$F_1 = (p_1 A_1 - p_2 A_2)\eta_m = \frac{\pi}{4}\left[D^2 p_1 - (D^2 - d^2)p_2\right]\eta_m \tag{4-5}$$

2）如图 4-4b 所示，有杆腔进油时，活塞杆缩回，此时活塞的缩回速度 v_2 和推力 F_2 分别为

$$v_2 = \frac{q}{A_2}\eta_v = \frac{4q}{\pi(D^2 - d^2)}\eta_v \tag{4-6}$$

$$F_2 = (p_1 A_2 - p_2 A_1)\eta_m = \frac{\pi}{4}\left[(D^2 - d^2)p_1 - D^2 p_2\right]\eta_m \tag{4-7}$$

式中符号意义同式（4-2）、式（4-3）。

因为 $A_1 > A_2$，所以 $v_1 < v_2$，$F_1 > F_2$。

故可知，在无杆腔进油和有杆腔进油的流量均为 q、压力均为 p 的情况下，当无杆腔进油活塞伸出时，活塞的运动速度较小，而输出推力较大；相反，当有杆腔进油活塞缩回时，活塞的伸出速度较大，但输出力较小。常将伸出过程作为工作行程，缩回过程作为空行程。定义活塞缩回和伸出的速度之比为液压缸的速比，用 φ 表示：

$$\varphi = \frac{v_2}{v_1} = \frac{D^2}{D^2 - d^2} = \frac{1}{1 - \left(\dfrac{d}{D}\right)^2} \tag{4-8}$$

$$\varphi = \frac{v_2}{v_1} = \frac{A_1}{A_2} = \frac{F_1}{F_2} \tag{4-9}$$

式（4-8）、式（4-9）说明，活塞杆直径越小，其伸出和缩回的速度越相近，即速度比 φ 越接近于 1。工程上常通过改变活塞杆直径来得到满意的 φ 值。

3. 双作用单杆活塞缸的差动连接

如图 4-5 所示，液压缸左右两腔同时通入压力为 p_1，流量为 q 的压力油，则此时无杆腔和有杆腔的压力相等，但由于无杆腔的有效作用面积大于有杆腔的有效作用面积，则使得活塞左侧的力大于右侧的力，活塞杆伸出；同时，有杆腔流出的油液经过油管进入无杆腔，此时进入无杆腔的流量为输入流量 q 与有杆腔流出的流量 q' 之和，从而加快了活塞杆的伸出速度，单活塞杆液压缸的这种连接方式称为差动连接。下面推导差动连接时活塞杆的运动速度。

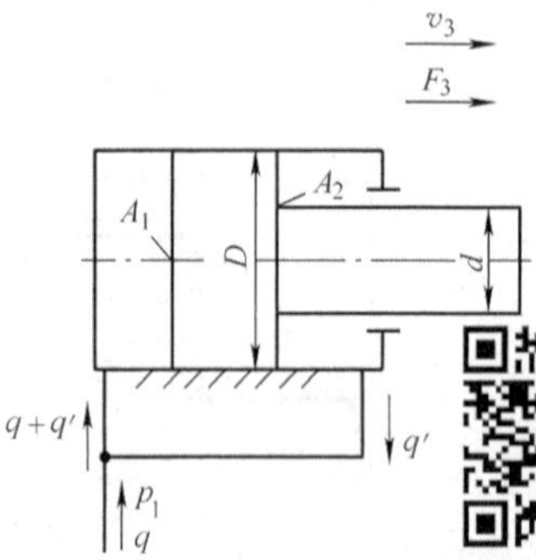

图 4-5 双作用单杆活塞缸的差动连接

设此时活塞杆的运动速度为 v_3，则有：

$$q' = v_3 A_2$$
$$q + q' = v_3 A_1$$

v 与 q' 为未知数，则可求出运动速度为

$$v_3 = \frac{q}{A_1 - A_2} = \frac{4q}{\pi d^2} \tag{4-10}$$

若不考虑压力损失，则差动连接时的液压缸推力 F_3 为

$$F_3 = (A_1 - A_2)p_1 = \frac{\pi}{4} d^2 p_1 \tag{4-11}$$

由式（4-10）和式（4-11）可知，差动连接时，液压缸的有效作用面积是活塞杆的横截面积，与普通连接相比，在输入流量和压力不变的情况下，差动连接时活塞杆伸出速度增加，但是输出力减小。实际应用中，可以通过差动连接实现工进和快进的转换，可在不增加输入流量的情况下增加运动速度，差动连接被广泛应用于组合机床液压动力滑台和各类专用机床中。

分别以活塞腔、活塞杆腔和差动连接三种方式对比以下速度的大小，如图 4-6 所示。可以看出：相同流量的情况下，活塞腔进油，由式（4-4）可以看出：活塞运动速度最慢；由式（4-10）可以看出：差动连接时，速度最快；当活塞杆腔进液时，由式（4-6）可以看出，其输出速度介于活塞杆腔进油和差动连接之间。

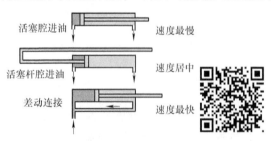

图 4-6 三种连接方式速度对比

4.2.2 柱塞式液压缸

活塞式液压缸由于活塞与缸筒内壁直接接触，所以对缸筒内壁的加工精度要求很高，当行程较长时，加工难度大，制造成本高。所以在某些不需要双向控制，并且要求性价比高的场合，常用柱塞式液压缸。

如图 4-7a 所示，柱塞缸由缸筒、柱塞、导套、密封圈和压盖等零件组成，柱塞和缸筒内壁只有很小一部分接触，因此缸筒内壁只需粗加工或不加工即可应用。所以此种液压缸工艺性好，成本低廉，常用于长行程机床，如龙门刨、导轨磨床、大型拉床等。柱塞缸只能实现一个方向的运动，反向要靠外力，为单作用缸，若要实现双向运动，可将两柱塞缸成对反向布置，如

图 4-7b所示。

为保证柱塞缸有足够的推力和稳定性，一般柱塞较粗，重量较大，水平安装时易产生单边磨损，故柱塞缸适于垂直安装使用。为减轻柱塞的重量，有时柱塞做成空心。

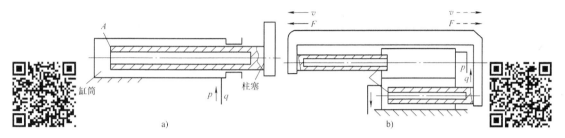

图 4-7　柱塞式液压缸

a）单柱塞缸　b）双柱塞缸

柱塞缸工作时的有效工作面积为柱塞的面积，参照活塞杆的速度推力公式，得到柱塞缸输出的推力和速度分别为

$$v = \frac{q\eta_v}{A} = \frac{4q}{\pi d^2}\eta_v \tag{4-12}$$

$$F = pA\eta_m = p\frac{\pi}{4}d^2\eta_m \tag{4-13}$$

式中，d 是柱塞直径。

4.2.3　摆动式液压缸

摆动式液压缸又称摆动式液压马达，它输出的是转矩，并能实现往复摆动，按结构分类有单叶片和双叶片两种形式，如图 4-8 所示。单叶片式摆动液压缸由定子块 1、缸筒 2、摆动轴 3、叶片 4、左右支承盘和左右盖板等主要零件组成。定子块固定在缸筒上，叶片和摆动轴固连在一起，当两油口相继通以压力油时，叶片即带动摆动轴做往复摆动。

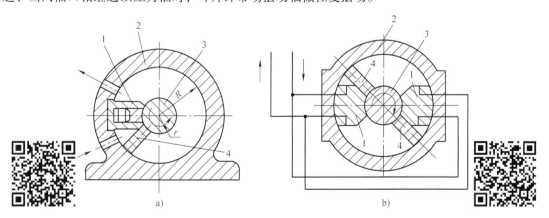

图 4-8　摆动式液压缸

a）单叶片式　b）双叶片式

1—定子块　2—缸筒　3—摆动轴　4—叶片

其输出的转矩和角速度分别为

$$T = \frac{b}{2}(R^2 - r^2)(p_1 - p_2)\eta_\mathrm{m} \qquad (4\text{-}14)$$

$$\omega = \frac{2q\eta_v}{b(R^2 - r^2)} \qquad (4\text{-}15)$$

式中，b 是叶片宽度（m）；R 是缸筒内孔半径（m）；r 是摆动轴半径（m）。

单叶片摆动液压缸的摆角一般不超过 280°，双叶片摆动液压缸的摆角一般不超过 150°。当输入压力和流量不变时，双叶片摆动液压缸摆动轴输出转矩是相同参数单叶片摆动缸的两倍，而摆动角速度则是单叶片的一半。摆动液压缸的主要特点是结构紧凑，输出转矩大，但密封困难，加工制造比较复杂，一般只用于中低压系统中往复摆动、转位或间歇运动的地方，如回转夹具、分度机构、送料、夹紧等机床辅助装置中。

4.2.4 组合式液压缸

1. 伸缩缸

伸缩缸又称多级缸，如图 4-9 所示。伸缩缸由两个或多个活塞缸套装而成，前一级活塞缸的活塞是后一级活塞缸的缸筒，伸出时可获得很长的行程，而缩回时可保持较小的结构尺寸。活塞伸出的顺序是由大到小，相应的推力也是由大到小，而伸出速度由慢变快。多级缸常用于工程机械和其他行走机械，如起重机伸缩臂、自卸车辆起升装置等。

每级伸出时的推力和速度分别为

$$F_i = p_1 \frac{\pi}{4} D_i^2 \eta_{mi} \qquad (4\text{-}16)$$

$$v_i = \frac{4q\eta_{vi}}{\pi D_i^2} \qquad (4\text{-}17)$$

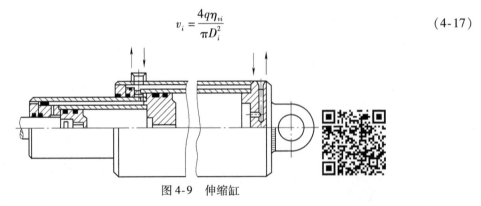

图 4-9 伸缩缸

2. 增压缸

增压缸也称增压器，它能将输入的低压油转变为高压油供液压系统中的高压支路使用。

增压缸如图 4-10 所示。它由有效面积为 A_1 的大液压缸和有效作用面积为 A_2 的小液压缸在机械上串联而成，大缸作为原动缸，输入压力为 p_1，小缸作为输出缸，输出压力为 p_2。若不计摩擦力，根据力平衡关系，可有

$$p_1 A_1 = p_2 A_2 \qquad (4\text{-}18)$$

则输出压力为

$$p_2 = p_1 \frac{A_1}{A_2} = p_1 K \qquad (4\text{-}19)$$

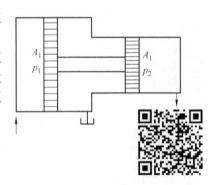

图 4-10 增压缸

式中，K 是压力放大倍数，$K = A_1/A_2$。

活塞的有效作用面积的差越大，K 值也越大，输出压力相比于输入压力越大。

反向通油时，活塞杆左移是空回行程，无高压油输出，即该液压缸只能在一次行程中输出高压油，为了克服这一缺点，可采用双作用液压缸，由两个高压端连续向系统供油。

3. 齿轮齿条缸

齿条活塞缸由带有齿条杆的双活塞缸和齿轮齿条机构组成，如图 4-11 所示。齿条活塞往复移动带动齿轮 9 并驱动传动轴 10 往复摆动，它多用于实现工作部件的往复摆动或间歇进给运动，广泛用于自动线、组合机床等转位或分度机构中。

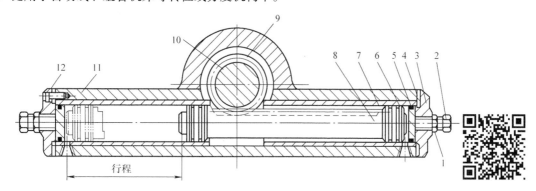

图 4-11　齿轮齿条缸的结构

1—紧固螺帽　2—调节螺钉　3—端盖　4—垫圈　5—O 形密封圈　6—挡圈　7—缸套

8—齿条活塞　9—齿轮　10—传动轴　11—缸筒　12—螺钉

4.3　液压缸的结构

4.3.1　双作用单杆活塞缸典型结构

图 4-12 所示为双作用单杆活塞缸的结构。

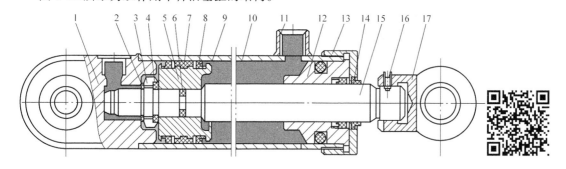

图 4-12　双作用单杆活塞液压缸的结构

1—缸底　2—弹簧挡圈　3—套环　4—卡环　5—活塞　6—O 形密封圈　7—支承环　8—挡圈　9—Y 形密封圈

10—缸筒　11—管接头　12—导向套　13—缸盖　14—防尘圈　15—活塞杆　16—定位螺钉　17—耳环

该液压缸主要由缸筒 10，活塞 5 和活塞杆 15 等零件组成。缸筒 10 一般采用无缝钢管，内部加工精度要求很高。活塞 5 与活塞杆 15 用卡环 4 连接。活塞杆 15 由导向套 12 导向，并用密封圈密封。缸底 1 和缸筒 10 上开有进油、出油口。当液压缸右腔进油、左腔回油时，活塞左移；反之，活塞右移。

以下将介绍液压缸主要零件的几种常见结构。

4.3.2 液压缸的组成部分

由液压缸典型结构可看出，液压缸的结构组成基本上可以分为缸体组件、活塞组件、密封装置、缓冲装置和排气装置五个部分。

1. 缸体组件

缸体组件主要包括缸体、缸底和缸盖等，常见的缸体组件的连接形式如图 4-13 所示。

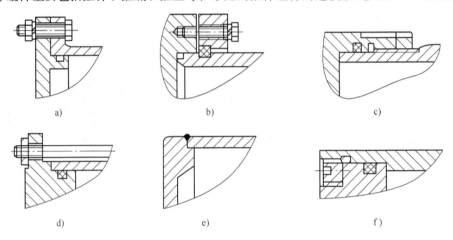

图 4-13 缸体组件的连接形式

a) 法兰式 b) 半环式 c) 外螺纹式 d) 拉杆式 e) 焊接式 f) 内螺纹式

（1）法兰式连接 这种连接形式结构简单，连接可靠，加工方便，但是要求缸筒端部有足够的壁厚，用以安装螺栓或旋入螺钉。缸筒端部一般用铸造、墩粗或焊接等方式制成粗大的外径，是常用的一种连接形式。

（2）半环式连接 可以分为外半环连接和内半环连接两种连接形式，半环式的特点是连接工艺性好，连接可靠，结构紧凑，但同时会削弱缸筒强度。半环式连接应用非常普遍，常用于无缝钢管缸筒与端盖的连接中。

（3）螺纹式连接 有外螺纹连接和内螺纹连接两种，其特点是体积小、重量小、结构紧凑，但缸筒端部结构较复杂，这种连接形式一般用于要求外形尺寸小、重量较小的场合。

（4）拉杆式连接 这种连接形式的特点是结构简单，工艺性好，通用性强，但端盖的体积和重量较大，拉杆受力后会拉伸变长，影响密封效果。只适用于长度不大的中低压液压缸。

（5）焊接式连接 这种连接的特点是强度高，制造简单，但焊接时易引起缸筒变形。

2. 活塞组件

活塞和活塞杆的结构型式很多，常见的除一体式、锥销式连接外，还有螺纹式和半环式连接等多种形式，如图 4-14 所示。

螺纹式连接结构简单、拆装方便，但在高压大负载下需有螺母防松装置。

半环式连接结构较复杂，装拆不便，但工作较可靠。

为保证缸筒与活塞的密封性，活塞上通常要装有密封圈和支承环。对于采用支承环的活塞来说，材料通常采用 20 钢、35 钢、45 钢。未采用支撑环时，多采用高强度铸铁、耐磨铸铁、球墨铸铁及其他耐磨合金。一些连续工作的高耐久性活塞，可在钢制活塞的外表面烧焊青铜合金或喷

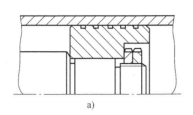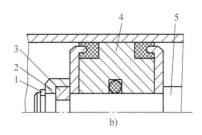

图 4-14　活塞组件结构
a）螺纹连接　b）半环连接

镀尼龙材料。

活塞杆一般采用实心结构，材料通常为 35 钢或 45 钢。活塞杆也可采用空心结构，材料通常为 35 钢或 45 钢无缝钢管。实心杆强度较高，加工方便，应用较多；空心杆多用于大型液压缸或特殊要求的场合；活塞杆直径 $d > 70mm$ 时宜采用空心结构。空心活塞杆有焊接要求，要采用 35 钢（或 35 钢无缝钢管）。有特殊要求的液压缸，活塞杆可采用锻件或铸铁。

为提高耐磨性和耐腐蚀性，活塞杆要进行热处理并镀铬，中碳钢调质硬度为 230～280HBW。高碳钢可调质或淬火（或高频淬火）处理，淬火硬度为 50～60HRC，最后镀铬并抛光，镀层厚度为 0.015～0.05mm。活塞杆表面粗糙度 Ra 为 0.16～0.63μm。

3. 密封装置

液压缸中常见的密封装置如图 4-15 所示。

图 4-15a 所示为间隙密封，它依靠运动间的微小间隙来防止泄漏。为了提高这种装置的密封能力，常在活塞的表面上制出几条细小的环形槽，以增大油液通过间隙时的阻力。它的结构简单，摩擦阻力小，可耐高温，但泄漏大，加工要求高，磨损后无法恢复原有能力，只有在尺寸较小、压力较低、相对运动速度较高的缸筒和活塞间使用。

图 4-15b 所示为摩擦环密封，它依靠套在活塞上的摩擦环（尼龙或其他高分子材料制成）在 O 形密封圈弹力作用下贴紧缸壁而防止泄漏。这种材料效果较好，摩擦阻力较小且

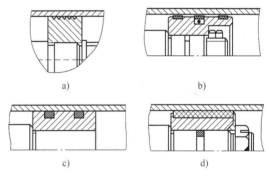

图 4-15　密封装置
a）间隙密封　b）摩擦环密封
c）O 形密封圈密封　d）V 形密封圈密封

稳定，可耐高温，磨损后有自动补偿能力，但加工要求高，装拆较不便，适用于缸筒和活塞之间的密封。

图 4-15c、d 所示为密封圈（O 形密封圈、V 形密封圈等）密封，它利用橡胶或塑料的弹性使各种截面的环形圈贴紧在静、动配合面之间来防止泄漏。它结构简单，制造方便，磨损后有自动补偿能力，性能可靠，在缸筒和活塞之间、缸盖和活塞杆之间、活塞和活塞杆之间、缸筒和缸盖之间都能使用。对于活塞杆外伸部分来说，由于它很容易把脏物带入液压缸，使油液受污染，使密封件磨损，因此常需在活塞杆密封处增添防尘圈，并放在向着活塞杆外伸的一端。

4. 缓冲装置

当液压缸拖动负载的质量较大、速度较高时，一般应在液压缸中设缓冲装置，必要时还需在液压传动系统中设缓冲回路，以免在行程终端发生过大的机械碰撞，导致液压缸损坏。缓冲的原

理是当活塞或缸筒接近行程终端时，在排油腔内增大回油阻力，从而降低液压缸的运动速度，避免活塞与缸盖相撞。液压缸中常用的缓冲装置如图4-16所示。

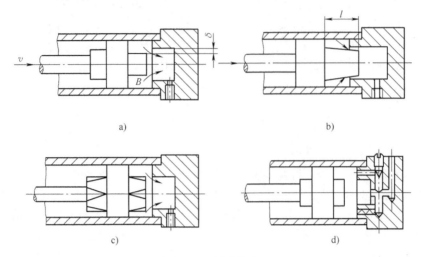

图 4-16　缓冲装置

a）圆柱形环隙式　b）圆锥形环隙式　c）可变节流沟式　d）可调节流式

（1）圆柱形环隙式缓冲装置（见图4-16a）　当缓冲柱塞进入缸盖上的内孔缸盖和缓冲活塞间时，形成缓冲油腔，被封闭油液能从环形间隙δ排出，产生缓冲压力，从而实现减速缓冲。这种缓冲装置在缓冲过程中，由于其节流面积不变，故缓冲开始时，产生的缓冲制动力很大，很快降低，其缓冲效果较差，但这种装置结单，制造成本低，所以在系列化的成品液压缸中多采用这种缓冲装置。

（2）圆锥形环隙式缓冲装置（见图4-16b）　由于缓冲柱塞为圆锥形，所以缓冲环形间隙δ随位移量而改变；即节流面积随缓冲行程的增大而缩小，使机械能的吸收较均匀，其缓冲效果较好。

（3）可变节流沟式缓冲装置（见图4-16c）　在缓冲柱塞上开有由浅渐深的三角节流槽，节流面积随着缓冲行程的增大而逐渐减小，缓冲压力变化平缓。

（4）可调节流式缓冲装置（见图4-16d）　在缓冲过程中，缓冲腔油液经小孔节流排出，调节节流孔的大小，可控制缓冲腔内缓冲压力的大小，以适应液压缸不同的负载和速度工况对缓冲的要求，同时当活塞反向运动时，高压油从单向阀进入液压缸内，活塞也不会因推力不足而产生起动缓慢或困难等现象。

5. 排气装置

液压传动系统中往往会混入空气，使系统工作不稳定，产生振动、爬行或前冲等现象；严重时会使系统不能正常工作。因此，设计液压缸时，必须考虑空气的排除，对于要求不高的液压缸，往往不设计专门的排气装置，而是将油口布置在缸筒两端的最高处，这样也能使空气随油液排往油箱，再从油箱溢出；对于速度稳定性要求较高的液压缸和大型液压缸，常在液压缸的最高处设置专门的排气装置，如排气塞、排气阀等（见图4-17）。需要注意的是，新液压缸初次使用时必须排气，否则会出现爬行现象。

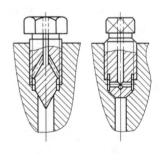

图 4-17　排气装置

4.4 液压缸的设计计算

液压缸的设计是整个液压系统设计中的一部分，它是在对整个系统进行了工况分析，编制了负载图，选定了工作压力之后进行的。

4.4.1 液压缸的设计步骤及要考虑的问题

1. 设计步骤

1）根据设计依据，初步确定设计档案，会同有关人员进行技术经济分析。

2）选择液压缸的类型和各部分结构型式，并对其进行受力分析。

3）确定液压缸的工作参数和结构尺寸。

4）结构强度、刚度的计算和校核。

5）根据运动速度、工作出力和活塞直径，确定液压泵的压力和流量。

6）审定全部设计计算资料，进行修改补充。

7）导向、密封、防尘、排气和缓冲等装置的设计。

8）绘制装配图、零件图，编写设计说明书。

2. 液压缸设计中应注意的问题

液压缸的设计和使用正确与否，直接影响到它的性能和是否易于发生故障。所以，在设计液压缸时，必须注意以下几点：

1）尽量使液压缸的活塞杆在受拉状态下承受最大负载，或在受压状态下具有良好的稳定性。

2）考虑液压缸行程终了处的制动问题和液压缸的排气问题。

3）正确确定液压缸的安装、固定方式。

4）液压缸各部分的结构需根据推荐的结构型式和设计标准进行设计，尽可能做到结构简单、紧凑、加工、装配和维修方便。

5）在保证能满足运动行程和负载力的条件下，应尽可能地缩小液压缸的轮廓尺寸。

6）要保证密封可靠，防尘良好。

4.4.2 计算液压缸的结构尺寸

1. 缸筒内径 D

根据负载的大小来选定工作压力或往返运动速度比，求得液压缸的有效工作面积，从而得到缸筒内径 D，再从 GB/T 2348—2018 中选取最近的标准值作为所设计的缸筒内径。

液压缸的有效工作面积为

$$A = \frac{F}{p} = \frac{\pi}{4}D^2 \tag{4-20}$$

以无杆腔作为工作腔时

$$D = \sqrt{\frac{4F}{\pi p}} \tag{4-21}$$

以有杆腔作为工作腔时

$$D = \sqrt{\frac{4F}{\pi p} + d^2} \tag{4-22}$$

式中，F 是液压缸最大牵引力（N）；p 是液压缸有效工作压力（Pa）；D 是液压缸内径（m）；d 是活塞杆直径（m）。

计算出缸筒内径后，应按表 4-2 圆整为标准值。

表 4-2　缸筒内径系列（GB/T 2348—2018）　（单位：mm）

8	25	63	125	220	400
10	32	80	140	250	(450)
12	40	90	160	280	500
16	50	100	(180)	320	
20	60	(110)	200	(360)	

注：1. 圆括号内为非优先选用值。

　　2. 未列出的数值可按照 GB/T 321 中优选数系列扩展（数值小于 100 按 R10 系列扩展，数值大于 100 按 R20 系列扩展）。

2. 活塞杆外径 d

通常先从满足速度或速度比的要求来选择，然后再校核其结构强度和稳定性。

若速度比为 λ_v，则

$$d = D \sqrt{\frac{\lambda_v - 1}{\lambda_v}} \qquad (4\text{-}23)$$

计算出活塞杆外径后，同样应按表 4-3 圆整为标准值。

表 4-3　活塞杆直径系列（GB/T 2348—2018）　（单位：mm）

4	16	32	63	125	280
5	18	36	70	140	320
6	20	40	80	160	360
8	22	45	90	180	400
10	25	50	100	200	450
12	28	56	110	220	
14	(30)	(60)	(120)	250	

注：1. 圆括号内为非优先选用值。

　　2. 未列出的数值可按照 GB/T 321 中 R20 优选数系列扩展。

也可根据活塞杆受力状况来确定：

受拉力作用时，$d = (0.3 \sim 0.5)D$。受压力作用时，则按表 4-4 选取。

表 4-4　液压缸活塞杆直径推荐值

液压缸工作压力 p/MPa	$p \leqslant 5$	$5 < p \leqslant 7$	$p > 7$
活塞杆直径 d	$(0.5 \sim 0.55)D$	$(0.6 \sim 0.7)D$	$0.7D$

3. 缸筒长度 L

缸筒长度 L 由最大工作行程长度加上各种结构需要来确定，即

$$L = l + B + A + M + C \qquad (4\text{-}24)$$

式中，l 是活塞的最大工作行程；B 是活塞宽度，一般为 $(0.6 \sim 1)D$；A 是活塞杆导向长度，取 $(0.6 \sim 1.5)D$；M 是活塞杆密封长度，由密封方式定；C 是其他长度。

注意：从制造工艺考虑，缸筒的长度最好不超过其内径的 20 倍。

4.4.3 强度校核

对液压缸的缸筒壁厚 δ、活塞杆直径 d 和缸盖固定螺栓的直径，在高压系统中必须进行强度校核。

1. 缸筒壁厚校核 δ

缸筒壁厚校核分薄壁和厚壁两种情况。

当 $D/\delta \geq 10$ 时为薄壁，壁厚按式（4-25）校核：

$$\delta \geq \frac{p_y D}{2[\sigma]} \tag{4-25}$$

当 $D/\delta < 10$ 时为厚壁，壁厚按式（4-26）校核：

$$\sigma \geq \frac{D}{2}\left(\sqrt{\frac{[\sigma] + 0.4p_y}{[\sigma] - 1.3p_y}} - 1\right) \tag{4-26}$$

式中，p_y 是缸筒试验压力，随缸的额定压力的不同取不同的值。当额定压力 $p_n \leq 16MPa$ 时取 $p_y = 1.5p_n$，而当 $p_n > 16MPa$ 时，取 $p_y = 1.25p_n$；D 是缸筒内径；$[\sigma]$ 是缸筒材料的许用应力，$[\sigma] = \sigma_b/n$，σ_b 为材料的抗拉强度；n 为安全系数，一般取 $n = 3.5 \sim 5$。

2. 活塞杆直径校核

活塞杆的直径 d 按式（4-27）进行校核：

$$d \geq \sqrt{\frac{4F}{\pi[\sigma]}} \tag{4-27}$$

式中，F 是液压缸负载；$[\sigma]$ 是活塞杆材料的许用应力。

3. 液压缸盖固定螺栓直径校核

液压缸盖固定螺栓直径按式（4-28）计算：

$$d \geq \sqrt{\frac{5.2kF}{\pi Z[\sigma]}} \tag{4-28}$$

式中，k 是螺纹拧紧系数（$1.12 \sim 1.5$）；F 是液压缸负载；Z 是固定螺栓个数；$[\sigma]$ 是螺栓材料许用应力。

4.4.4 稳定性校核

活塞杆轴向受压时，其直径 d 一般不小于长度 L 的 $1/15$。当 $L/d \geq 15$ 时，须进行稳定性校核，应使活塞杆承受的力 F 不能超过使它保持稳定工作所允许的临界负载 F_k，以免发生纵向弯曲，破坏液压缸的正常工作。

$$F \leq \frac{F_k}{n_k} \tag{4-29}$$

式中，n_k 是安全系数，一般取 $2 \sim 4$。

F_k 的值与活塞杆材料性质、截面形状、直径和长度以及缸的安装方式等因素有关，验算可按材料力学有关公式进行。

当活塞杆细长比 $l/r_k > \psi_1\sqrt{\psi_2}$ 时，有

$$F_k = \frac{\psi_2\pi^2 EJ}{l^2} \tag{4-30}$$

当活塞杆细长比 $l/r_k \leq \psi_1\sqrt{\psi_2}$ 且 $\psi_1\sqrt{\psi_2} = 20 \sim 120$ 时，有

$$F_k = \frac{fA}{1 + \dfrac{\alpha}{\psi_2}\left(\dfrac{l}{r_k}\right)^2} \qquad (4\text{-}31)$$

式中，ψ_1 是柔性系数，对钢取 $\psi_1 = 85$；ψ_2 是末端系数，由液压缸支承方式决定；E 是活塞杆材料的弹性模量，对钢取 $E = 2.06 \times 10^{11} \text{Pa}$；$J$ 是活塞杆横截面惯性矩；l 是安装长度，其值与安装方式有关；f 是由材料强度决定的实验数值，对钢取 $f = 4.9 \times 10^8 \text{N/m}^2$；$A$ 是活塞杆横截面面积；α 是系数，对钢取 $\alpha = 1/5000$；r_k 是活塞杆横截面的最小回转半径。

4.4.5　缓冲计算

液压缸的缓冲计算主要是估计缓冲时缸中出现的最大冲击压力，以便用来校核缸筒强度、制动距离是否符合要求。

液压缸在缓冲时，缓冲腔内产生的液压能 E_1 和工作部件产生的机械能 E_2 分别为

$$E_1 = p_c A_c l_c \qquad (4\text{-}32)$$

$$E_2 = p_p A_p l_c + \frac{1}{2}mv_0^2 - F_f l_c \qquad (4\text{-}33)$$

式中，p_c 是缓冲腔中的平均缓冲压力；A_c、A_p 是缓冲腔、高压腔的有效工作面积；l_c 是缓冲行程长度；p_p 是高压腔中的油液压力；m 是工作部件质量；v_0 是工作部件运动速度；F_f 是摩擦力。

当 $E_1 = E_2$ 时，工作部件的机械能全部被缓冲腔液体所吸收，则有

$$p_c = \frac{E_2}{A_c l_c} \qquad (4\text{-}34)$$

4.4.6　液压缸的试验

1）液压缸试验压力，低于 16MPa 时取 1.5 倍的工作压力，高于 16MPa 时取 1.25 倍的工作压力。

2）最低起动压力：是指液压缸在无负载状态下的最低工作压力，它是反映液压缸零件制造和装配精度以及密封摩擦力大小的综合指标。

3）最低稳定速度：是指液压缸在满负荷运动时，没有爬行现象的最低运动速度，它没有统一指标，承担不同工作的液压缸，对最低稳定速度的要求也不相同。

4）内部泄漏：液压缸内部泄漏会降低容积效率，加剧油液的温升，影响液压缸的定位精度，使液压缸不能准确地、稳定地停在缸的某一位置。

4.5　液压马达

4.5.1　液压马达的特点及分类

液压马达是把液体的压力能转换为机械能的装置，从原理上讲，液压泵可以作液压马达用，液压马达也可作液压泵用。事实上同类型的液压泵和液压马达虽然在结构上相似，但由于两者的工作情况不同，使得两者在结构上也有某些差异。例如：

1）液压马达一般需要正反转，所以在内部结构上应具有对称性，而液压泵一般是单方向旋转的，没有这一要求。

2）为了减小吸油阻力，减小径向力，一般液压泵的吸油口比出油口的尺寸大。而液压马达

低压腔的压力稍高于大气压，所以没有上述要求。

3）液压马达要求能在很宽的转速范围内正常工作，因此，应采用液动轴承或静压轴承。因为当马达速度很低时，若采用动压轴承，就不易形成润滑滑膜。

4）叶片泵依靠叶片跟转子一起高速旋转，而产生的离心力使叶片始终贴紧定子的内表面，起封油作用，形成工作容积。若将其当马达用，必须在液压马达的叶片根部装上弹簧，以保证叶片始终贴紧定子内表面，以便马达能正常起动。

5）液压泵在结构上需保证具有自吸能力，而液压马达就没有这一要求。

6）液压马达必须具有较大的起动转矩。所谓起动转矩，就是马达由静止状态起动时，马达轴上所能输出的转矩，该转矩通常大于在同一工作压差时处于运行状态下的转矩，所以，为了使起动转矩尽可能接近工作状态下的转矩，要求马达转矩的脉动小，内部摩擦小。

由于液压马达与液压泵有上述不同的特点，使得很多类型的液压马达和液压泵不能互逆使用。

液压马达按其额定转速分为高速和低速两大类，额定转速高于 500r/min 的属于高速液压马达，额定转速低于 500r/min 的属于低速液压马达。

高速液压马达的基本型式有齿轮式、螺杆式、叶片式和轴向柱塞式等。它们的主要特点是转速较高、转动惯量小，便于起动和制动，调速和换向的灵敏度高。通常高速液压马达的输出转矩不大（仅几十牛·米到几百牛·米），所以又称为高速小转矩液压马达。

高速液压马达的基本型式是径向柱塞式，例如单作用曲轴连杆式、液压平衡式和多作用内曲线式等。此外在轴向柱塞式、叶片式和齿轮式中也有低速的结构型式。低速液压马达的主要特点是排量大、体积大、转速低（有时可达每分钟几转甚至零点几转），因此可直接与工作机构连接，不需要减速装置，使传动机构大为简化，通常低速液压马达输出转矩较大（可达几千牛·米到几万牛·米），所以又称为低速大转矩液压马达。

液压马达也可按其结构类型来分，可以分为齿轮式、叶片式、柱塞式和其他型式。

4.5.2 液压马达的性能参数

液压马达的性能参数很多。下面是液压马达的主要性能参数：

1. 排量、流量和容积效率

习惯上将马达的轴每转一周，按几何尺寸计算所进入的液体容积，称为马达的排量 V_M，有时称之为几何排量、理论排量，即不考虑泄漏损失时的排量。

液压马达的排量表示出其工作容腔的大小，它是一个重要的参数。因为液压马达在工作中输出的转矩大小是由负载转矩决定的。但是，推动同样大小的负载，工作容腔大的马达的压力要低于工作容腔小的马达的压力，所以说工作容腔的大小是液压马达工作能力的主要标志，也就是说，排量的大小是液压马达工作能力的重要标志。

根据液压动力元件的工作原理可知，马达转速 n、理论流量 q_t 与排量 V_M 之间具有下列关系

$$q_t = nV_M \tag{4-35}$$

式中，q_t 是理论流量（m^3/s）；n 是转速（r/s）；V_M 是排量（m^3/r）。

为了满足转速要求，马达实际输入流量 q 大于理论输入流量，则有

$$q = q_t + \Delta q \tag{4-36}$$

式中，Δq 为泄漏流量。

液压马达的理论输入流量与实际输入流量之比称为容积效率，用 η_V 表示，则

$$\eta_V = \frac{q_t}{q} = \frac{q - \Delta q}{q} = 1 - \frac{\Delta q}{q} \tag{4-37}$$

所以得实际流量

$$q = q_t / \eta_V \tag{4-38}$$

2. 液压马达输出的理论转矩

根据排量的大小，可以计算在给定压力下液压马达所能输出的转矩的大小，也可以计算在给定的负载转矩下马达的工作压力的大小。当液压马达进、出油口之间的压力差为 Δp，输入液压马达的流量为 q，液压马达输出的理论转矩为 T_t，角速度为 ω 时，如果不计损失，液压马达输入的液压功率 P_r 应当全部转化为液压马达输出的机械功率 P_t，即

$$P_r = P_t \tag{4-39}$$

$$\Delta p q = T_t \omega \tag{4-40}$$

又因为 $\omega = 2\pi n$，所以液压马达的理论转矩为：

$$T_t = \Delta p V_M / 2\pi \tag{4-41}$$

式中，Δp 为马达进出口之间的压力差。

3. 液压马达的机械效率

由于液压马达内部不可避免地存在各种摩擦，实际输出的转矩 T 总要比理论转矩 T_t 小些，即

$$T = T_t \eta_m \tag{4-42}$$

式中，η_m 是液压马达的机械效率（%）。

4. 液压马达的起动机械效率 η_{m0}

液压马达的起动机械效率是指液压马达由静止状态起动时，马达起动转矩 T_0 与它在同一工作压差时的理论转矩 T_t 之比。即

$$\eta_{m0} = T_0 / T_t \tag{4-43}$$

液压马达的起动机械效率表示出其起动性能的指标。因为在同样的压力下，液压马达由静止到开始转动的起动状态的输出转矩要比运转中的转矩大，这给液压马达带载起动造成了困难，所以起动性能对液压马达是非常重要的，起动机械效率正好能反映其起动性能的高低。

起动转矩降低的原因，一方面是在静止状态下的摩擦因数最大，在摩擦表面出现相对滑动后摩擦因数明显减小，另一方面也是最主要的方面是因为液压马达静止状态润滑油膜被挤掉，基本上变成了干摩擦。一旦马达开始运动，随着润滑油膜的建立，摩擦阻力立即下降，并随滑动速度增大和油膜变厚而减小。

实际工作中都希望起动性能好一些，即希望起动转矩和起动机械效率大一些。现将不同结构型式的液压马达的起动机械效率 η_{m0} 的大致数值列入表 4-5 中。

表 4-5　液压缸活塞杆直径推荐值

液压马达的结构型式		起动机械效率 η_{m0}（%）
齿轮马达	老结构	0.60～0.80
	新结构	0.85～0.88
叶片马达	高速小转矩型	0.75～0.85
轴向柱塞马达	滑履式	0.80～0.90
	非滑履式	0.82～0.92
曲轴连杆马达	老结构	0.80～0.85
	新结构	0.83～0.90

（续）

液压马达的结构型式		起动机械效率 η_{m0}（％）
静压平衡马达	老结构	0.80～0.85
	新结构	0.83～0.90
多作用内曲线马达	由横梁的滑动摩擦副传递切向力	0.90～0.94
	传递切向力的部位具有滚动副	0.95～0.98

由表4-5可知，多作用内曲线马达的起动性能最好，轴向柱塞马达、曲轴连杆马达和静压平衡马达居中，叶片马达较差，而齿轮马达最差。

5. 液压马达的转速

液压马达的转速取决于供液的流量和液压马达本身的排量 V_M，可用式（4-44）计算：

$$n_t = q_t / V_M \tag{4-44}$$

式中，n_t 是理论转速（r/min）。

由于液压马达内部有泄漏，并不是所有进入马达的液体都推动液压马达做功，一小部分因泄漏损失掉了。所以液压马达的实际转速要比理论转速低一些。

$$n = n_t \eta_V \tag{4-45}$$

式中，n 是液压马达的实际转速（r/min）；η_V 是液压马达的容积效率（％）。

6. 最低稳定转速

最低稳定转速是指液压马达在额定负载下，不出现爬行现象的最低转速。所谓爬行现象，就是当液压马达工作转速过低时，往往无法保持均匀的速度，进入时动时停的不稳定状态。

液压马达在低速时产生爬行现象的原因是：

1）摩擦力的大小不稳定。通常的摩擦力是随速度增大而增加的，而对静止和低速区域工作的马达内部的摩擦阻力，当工作速度增大时非但不增加，反而减少，形成了所谓"负特性"的阻力。另一方面，液压马达和负载是由液压油被压缩后压力升高而被推动的，因此，可用图4-18a所示的物理模型表示低速区域液压马达的工作过程：以匀速 v_0 推弹簧的一端（相当于高压下不可压缩的工作介质），使质量为 m 的物体（相当于马达和负载质量、转动惯量）克服"负特性"的摩擦阻力而运动。当物体静止或速度很低时阻力大，弹簧不断压缩，增加推力。只有等到弹簧压缩到其推力大于静摩擦力时才开始运动。一旦物体开始运动，阻力突然减小，物体突然加速跃动，其结果又使弹簧的压缩量减少，推力减小，物体依靠惯性前移一段路程后停止下来，直到弹簧的移动又使弹簧压缩，推力增加，物体就再一次跃动为止，形成如图4-18b所示的时动时停的状态，对液压马达来说，这就是爬行现象。

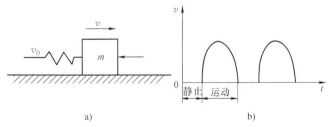

图4-18　液压马达爬行的物理模型
a）模型　b）速度曲线

2）泄漏量大小不稳定。液压马达的泄漏量不是每个瞬间都相同，它也随转子转动的相位角度变化做周期性波动。由于低速时进入马达的流量小，泄漏所占的比重就增大，泄漏量的不稳定就会明显地影响到参与马达工作的流量数值，从而造成转速的波动。当马达在低速运转时，其转动部分及所带的负载表现出的惯性较小，上述影响比较明显，因而出现爬行现象。

实际工作中，一般都期望最低稳定转速越小越好。

7. 最高使用转速

液压马达的最高使用转速主要受使用寿命和机械效率的限制，转速提高后，各运动副的磨损加剧，使用寿命降低，转速高则液压马达需要输入的流量就大，因此各过流部分的流速相应增大，压力损失也随之增加，从而使机械效率降低。

对某些液压马达，转速的提高还受到背压的限制。例如曲轴连杆式液压马达，转速提高时，回油背压必须显著增大才能保证连杆不会撞击曲轴表面，从而避免了撞击现象。随着转速的提高，回油腔所需的背压值也应随之提高。但过分地提高背压，会使液压马达的效率明显下降。为了使马达的效率不致过低，马达的转速不应太高。

8. 调速范围 i

液压马达的调速范围用最高使用转速和最低稳定转速之比表示，即

$$i = \frac{n_{max}}{n_{min}} \tag{4-46}$$

4.5.3 齿轮马达

齿轮液压马达简称齿轮马达，具有结构简单、体积小、重量轻、惯性小、耐冲击、维护方便，对油液过滤精度要求较低等特点。但其流量脉动较大，容积效率低，转矩小，低速性能不好。

齿轮马达的工作原理如图4-19所示。

当高压油进入齿轮马达的进油腔（由齿 1、2、3 和 1′、2′、3′、4′的表面及其泵体和端盖的有关内表面组成）之后，由于啮合点半径 x 和 y 永远小于齿顶圆

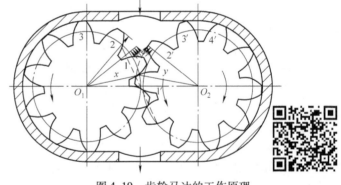

图 4-19　齿轮马达的工作原理

半径，因而在齿 1 和 2′的齿面上，便产生如箭头所示的不平衡的液压力。该液压力就相对于轴线 O_1 和 O_2 产生转矩。在该转矩的作用下，齿轮马达就按图示箭头方向旋转，拖动外负载做功。

随着齿轮的旋转，齿 1 和 1′所扫过的容积要比齿 3 和 4 所扫过的容积小，这样随着啮合齿的不断变化进油腔的容积不断增加，高压油便不断进入，同时又被不断地带入回油腔排出。这就是齿轮马达按容积变化进行工作的原理。

在齿轮马达的排量一定时，马达的输出转速只与输入流量有关，而输出转矩随外负载而变化。

随着齿轮的旋转，齿轮啮合点是在不断变化的（即 x 和 y 是变量），这就是即使输入的瞬时流量一定，也会造成齿轮马达输出转速和输出转矩产生脉动的原因。所以齿轮马达的低速性能不好。

齿轮马达和齿轮泵的结构基本一致，但由于齿轮马达需要带载起动，而且要求能够正、反方向旋转，所以齿轮马达在实际结构上和齿轮泵还是有差别的，主要在以下几个方面：

1）进、出通道对称，孔径相同，以便正、反转使用时性能一样。

2）采用外泄漏油孔。因为马达回油有背压，另一方面马达正、反转时，其进回油腔也相互变化。如果采用内部泄漏，容易将轴承内部冲坏，所以齿轮马达与齿轮泵不同，必须采用外泄漏油孔。

3）轴向间隙自动补偿的浮动侧板，必须适应正、反转时都能工作的结构。同时解决困油现象的卸荷槽必须是对称布置的结构。

4）应用滚动轴承较多，主要为了减少摩擦损失而改善起动性能。

4.5.4 叶片马达

叶片液压马达简称叶片马达，其特点是体积小，重量轻，惯性较小，换向频率也较高。但泄漏大，容积效率较低，低速域旋转不稳定。叶片马达是一种高速小转矩马达。

叶片马达的工作原理如图 4-20 所示，液压马达是将液压能转换为机械能的液压元件，因此其进油腔内必须是高压油，而出油腔内为低压油。当压力油进入进油腔时，位于进油腔中的叶片 2、6 两面均受压力油作用，所以不产生转矩，而位于封油区的叶片 1、3、5、7 一面受压力油作用，另一面所受的是压油腔中低压油作用，所以能产生转矩。同时叶片 3、7 和 1、5 受力方向相反，但因叶片 3、7 伸出长，压力作用面积大，产生的转矩大于叶片 1、5 产生的转矩，因此转子做顺时针方向旋转。所以叶片马达的输出转矩即为叶片 3、7 和叶片 1、5 所产生的转矩差。定子内表面的长、短半径 R 和 r 的差值越大，转子的直径越大，输入的油压越高，则马达的输出转矩也越大。当改变输油方向时，马达反转。叶片马达结构如图 4-21 所示。

图 4-20 叶片马达的
工作原理

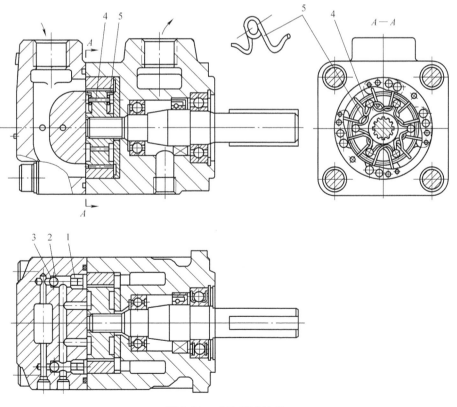

图 4-21 叶片马达结构
1、3—阀座 2—钢球 4—销子 5—弹簧

叶片马达的结构特点为：

1）转子两侧有环形槽，其间放置燕式弹簧 5（该弹簧套在销子 4 上），叶片除靠压力油作用外还靠弹簧的作用力，使叶片压紧在定子内表面上。这样可防止马达在起动时，由于叶片未贴紧定子内表面，进油腔和排油腔相通，不能建立油压，无法保证提供足够的起动力矩。

2）叶片马达必须能正反转，所以叶片在转子中是径向放置的。

3）为了使叶片的底部能始终都通压力油，不受液压马达回转方向的影响，在泵体上装有两个单向阀（单向阀由阀座 1、3 和钢球 2 组成）。

4.5.5 柱塞马达

根据柱塞分布方向的不同，柱塞式液压马达可分为轴向柱塞马达和径向柱塞马达。

1. 轴向柱塞马达

轴向柱塞马达的工作原理如图 4-22 所示，轴向柱塞马达在结构上与轴向柱塞泵相似，但考虑到正、反转要求，其结构布置（包括配油盘油槽布置及进、出口油道）均为对称。由于轴向柱塞马达容易实现变量，因此应用也比较广泛。

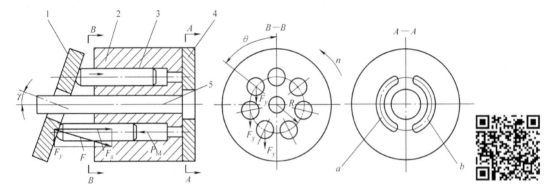

图 4-22　柱塞马达的工作原理
1—斜盘　2—缸筒　3—柱塞　4—配流盘　5—驱动轴

图中斜盘 1 和配流盘 4 固定不动，柱塞 3 在缸筒 2 中，驱动轴 5 和缸筒 2 相连，并能一起转动，斜盘中心线和缸筒中心线相交一个夹角 γ。当压力油通过配流盘上的配流窗口 a 进入与窗口 a 相通的缸筒上的柱塞孔时，压力油把柱塞顶出，使之压在斜盘上。由于斜盘对柱塞的反作用力 F 垂直于斜盘表面（作用在柱塞球头表面的法线方向上），这个力的水平分力 F_x 与柱塞右端的液压力平衡，而垂直分力 F_y 则使每个与窗口 a 相通的柱塞都对缸筒的回转中心产生一个转矩，使缸筒和驱动轴做逆时针方向旋转，输出转矩和转速。同时，与配流窗口 b 相通的柱塞孔中的柱塞被斜盘压回，将柱塞孔中的油液从配流窗口 b 排出。必须指出，因为液压马达是用来拖动外负载做功的，只有当外负载转矩存在时，进入液压马达的压力油才能建立起相应的压力值，液压马达才能产生相应的转矩去克服它，所以液压马达的转矩是随外负载转矩的变化而变化的。

2. 径向柱塞马达

前面所述的液压马达转速高、转矩小，通常称为高速马达，径向柱塞马达为低速大转矩液压马达，其特点是转矩大，低速稳定性好（一般可在 10r/min 以下平稳运转），因此可以直接与工作装置连接，不需要减速装置，使机械的传动系统大为简化，结构更为紧凑。所以在一些工程机械的工作装置和传动装置，如起重机的卷筒、履带挖掘机的履带驱动轮、混凝土泵（车）的搅拌装置等中得到了广泛应用。

径向柱塞马达通常分为两种类型，即曲轴连杆式（单作用曲轴式）和多作用内曲线式。

（1）曲轴连杆式低速大转矩马达　曲轴连杆式低速大转矩马达是以通过增大柱塞直径从而增大排量来增大马达输出转矩的。该马达的工作原理如图4-23所示，壳体1的圆周上呈放射状地均匀布置了5个缸筒，缸中的柱塞2通过球铰与连杆3的小端相连接，连杆大端做成鞍形圆柱面紧贴在曲轴4的偏心轮上（偏心轮的圆心为O_1，它与曲轴旋转中心O的偏心距$OO_1 = e$）。曲轴的一端通过十字接头与配流轴5相连，配流轴上"隔墙"两侧分别为进油腔和排油腔。

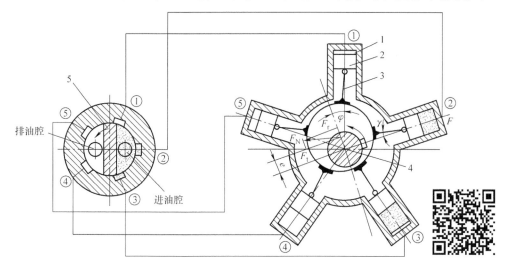

图4-23　连杆式马达的工作原理

1—壳体　2—柱塞　3—连杆　4—曲轴　5—配流轴

工作时，高压油进入马达进油腔后，经过壳体的槽，进到相应的柱塞缸①、②、③中去。高压油产生的液压力作用于柱塞顶部，并通过连杆传递到曲轴的偏心轮上。例如柱塞②作用在偏心轮上的力为F_N，这个力的方向通过连杆中心线，指向偏心轮的中心O_1，该力可分解成两个分力：法向分力F_r（力的作用线与连心线OO_1重合）和切向分力F_t。

切向分力F_t对曲轴的旋转中心O产生转矩，使曲轴绕逆时针方向旋转。缸①、③也与此相似，只是它们相对曲轴的位置不同，产生转矩的大小与缸②不同，所以使曲轴旋转的总转矩应等于与高压腔相通的柱塞缸（在图4-23中为①、②、③）所产生的转矩之和。

随着曲轴、配流轴的转动，进、排油腔分别依次和各柱塞接通，配油状态交替变化，位于高压侧（进油腔）的液压缸容积逐渐增大，而位于低压侧（排油腔）的液压缸容积逐渐减小，因此，在工作时高压油不断进入液压马达，推动曲轴旋转，然后由排油腔排出。将连接马达进、出油口的油路对换，即可改变马达的转向。

以上是壳体固定、曲轴旋转的情况，如果将曲轴固定，进、排油管直接接到配流轴中，就能达到外壳旋转的目的，外壳旋转的马达用来驱动车轮、卷筒十分方便。

图4-24所示为1JMD型径向液压马达的结构。压力油从阀壳1的进油口流入，经过转阀（即配流轴）11进入壳体3的柱塞缸，作用在柱塞4上并通过连杆5传递给曲轴6的偏心轮使曲轴旋转。与此同时，曲轴由十字接头2带动转阀同步转动，使各柱塞缸依次接通高、低压油。高压区的柱塞不断作用在曲轴一个方向上，产生平稳而连续的转矩，在低压区一侧的柱塞则不断地被曲轴上推而进行排油。由于是按曲柄连杆机构的动作原理进行工作，且曲轴每转一周各个柱塞只作用一次，故通常称作单作用曲柄连杆式液压马达。

（2）内曲线低速大转矩液压马达 内曲线低速大转矩马达简称内曲线马达，是低速大转矩马达的主要型式之一，其主要特点是作用数 $x \geq 3$，所以其排量 V 较大。由于它具有结构紧凑、重量轻、传动转矩大、低速稳定性好、变速范围大、起动效率高等优点，所以其用途越来越广泛。

内曲线低速大转矩马达的结构型式很多，就使用方式而言有外壳固定轴转动、轴固定外壳转动。而从内部结构来看根据不同的传力方式和柱塞部件的结构可有多种形式，但主要工作原理是相同的。图 4-25 所示是一内曲线低速大扭矩马达的结构原理，其额定工作压力为 25MPa，排量为 0.32L/r。

该内曲线低速大扭矩马达壳体 1 是整体式的，其内壁由两条六个形状相同的导轨曲面组成，每个导轨曲面可分成对称的 a、b

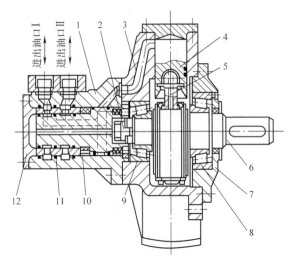

图 4-24　1JMD 型径向液压马达的结构
1—阀壳　2—十字接头　3—壳体
4—柱塞　5—连杆　6—曲轴　7、12 —盖
8、9—圆锥滚子轴承　10—滚针轴承　11—转阀

两段，其中允许柱塞副向外伸的一段称为进油工作段，与它对称的另一段称为排油工作段。每个柱塞在每转中往复的次数就等于曲面数 x，x 被称为该马达的作用次数。所以图 4-24 马达的作用次数 $x = 6$。缸筒 2 和输出轴 3 通过螺栓连成一体，柱塞 4、滚轮组 5 组成柱塞组件。缸筒有 8 个径向布置的柱塞孔，柱塞 4 安放其中。柱塞顶部做成大半径球面（或锥面）顶在滚轮组的横梁上。横梁呈矩形断面，可在缸筒内的径向槽内沿直径方向滑动。滚轮在柱塞腔室内油压作用下顶在壳体内的导轨曲面上，并在其上做纯滚动推动缸筒旋转。配油轴 6 由微调凸轮 7 限制其相对壳体周向固定不动。配油轴圆周上均匀分布着 12 个配流窗口，这些窗口交替分成两组，通过配油轴的两个轴向孔分别和进回油口 A、B 相通。每一组的 6 个配油窗口应分别对准 6 个同向半段曲面 a 或 b。微调凸轮 7 就是为了校正因加工误差引起的配油不准而设的。

现通过图 4-25 来说明马达是如何转动的。假定内曲线的 a 段对应高压区，b 段对应低压区，

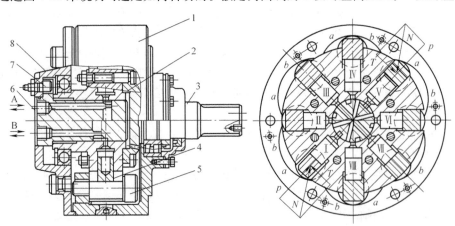

图 4-25　内曲线低速大扭矩马达的结构原理
1—壳体　2—缸筒　3—输出轴　4—柱塞　5—滚轮组　6—配油轴　7—微调凸轮　8—端盖

在图示瞬时，柱塞Ⅰ、Ⅴ处于高压油的作用下；柱塞Ⅲ、Ⅶ处于回油状态；Ⅱ、Ⅵ、Ⅳ、Ⅷ处于过渡状态（即高低压均不通）。柱塞Ⅰ、Ⅴ在压力油的作用下产生轴向推力p（径向力），作用在滚轮组的横梁上，使滚子紧紧压在曲线的轨道面上，于是产生一反作用力N，N的径向分力与柱塞轴向推力平衡，切向分力T则经横梁传到缸筒上，推动缸筒沿顺时针旋转。随着缸筒旋转，柱塞外伸，越过顶点进入b段，使其和回油路相通，使柱塞内缩。柱塞滚轮组在a段向b段过渡的瞬间，柱塞油孔被配油轴密封间隔封闭，此时柱塞应没有径向位移，以免发生困油（或气蚀）现象。凡处于相应于a段的柱塞都进油，处于b段的柱塞都回油，而设计时使曲线数（作用数x）和柱塞数不相等，因此总有一部分柱塞处于导轨曲面的a段（相应地有一部分柱塞处于曲面的b段），使缸筒和输出轴能均匀地连续旋转。

若将马达的进、出油方向对调，马达将反转。内曲线液压马达带动履带用于行走机构时，多做成双排的。两排柱塞处于一个缸筒中，外形上如同一个液压马达。因此改变各排柱塞之间的组合，就相当于几个马达的不同组合，便能实现变速。

例 题

例 4-1 已知单活塞杆液压缸的缸筒内径$D = 100\text{mm}$，活塞杆直径$d = 70\text{mm}$，进入液压缸的流量$q = 25\text{L/min}$，压力$p_1 = 2\text{MPa}$，$p_2 = 0$。液压缸的容积效率和机械效率分别为0.98、0.97，试求在图4-26所示的三种工况下，液压缸可推动的最大负载和运动速度各是多少？并指出运动方向。利用 FluidSIM 建模并仿真。

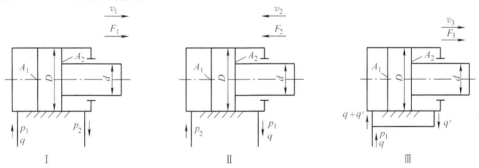

图 4-26 例题 4-1 图

解：1）在Ⅰ中，无杆腔进压力油，回油腔压力为零，因此，可推动的最大负载为

$$F_1 = \frac{\pi}{4} D^2 p_1 \eta_m = \frac{\pi}{4} \times 0.1^2 \times 2 \times 10^6 \times 0.97\text{N} = 15237\text{N}$$

活塞向右运动，其运动速度为

$$v_1 = \frac{4q}{\pi D^2} \eta_V = \frac{4 \times 25 \times 10^{-3} \times 0.98}{\pi \times 0.1^2 \times 60}\text{m/s} = 0.052\text{m/s}$$

2）在Ⅱ中，液压缸有杆腔进压力油，无杆腔回油压力为零，可推动的负载为

$$F_2 = \frac{\pi}{4}(D^2 - d^2) p_1 \eta_m = \frac{\pi}{4}(0.1^2 - 0.07^2) \times 2 \times 10^6 \times 0.97\text{N} = 7771\text{N}$$

活塞向左运动，其运动速度为

$$v_2 = \frac{4q}{\pi(D^2 - d^2)} \eta_V = \frac{4 \times 25 \times 10^{-3} \times 0.98}{\pi(0.1^2 - 0.07^2) \times 60}\text{m/s} = 0.102\text{m/s}$$

3）在Ⅲ中，液压缸差动连接，可推动的负载为

$$F_3 = \frac{\pi}{4}d^2 p_1 \eta_m = \frac{\pi}{4} \times 0.07^2 \times 2 \times 10^6 \times 0.97\text{N} = 6466\text{N}$$

活塞向右运动，其运动速度为

$$v_3 = \frac{4q}{\pi d^2}\eta_V = \frac{4 \times 25 \times 10^{-3} \times 0.98}{\pi \times 0.07^2 \times 60}\text{m/s} = 0.106\text{m/s}$$

4）根据图4-26所示的液压元件利用FluidSIM建模如图4-27a所示，按上述计算结果对模型进行配置。

负载配置：0~100mm，负载为F_3；100mm~200mm，负载为F_1。

油源配置：压力为2MPa，流量为25L/min。

液压缸配置：活塞直径为100mm，活塞杆直径为70mm。

其余按默认运行仿真，控制制阀中位机能为P型，是差动连接，与左位运行方向一致，右位活塞缩回。仿真结果如图4-27b所示。

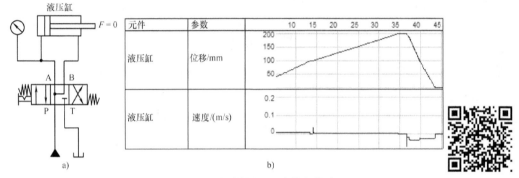

图4-27　例题4-1建模与仿真

a）回路建模　b）仿真曲线

由图4-27右图可以看出：三位四通阀中位时，液压缸是差动连接，故活塞运行速度快。

例4-2 图4-28所示各液压缸的供油压力p为2MPa，供油量q为30L/min，各液压缸内孔断面为100cm²，活塞杆（或柱塞）的断面为50cm²，不计容积损失和机械损失，试确定各液压缸或活塞杆（柱塞）的运动方向、运动速度及牵引力（或推力）的值，并对四种连接方式进行Fluid-SIM建模与仿真。

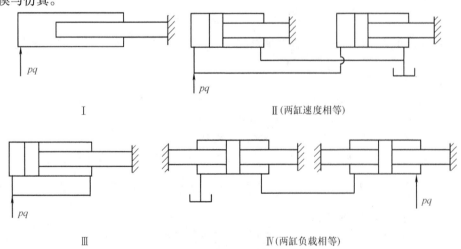

图4-28　例题4-2图

解：1）Ⅰ为一柱塞液压缸。

缸筒运动方向：向左

缸筒运动速度

$$v = \frac{q}{A_2} = \frac{30 \times 10^{-3}}{50 \times 10^{-4}} \mathrm{m/min} = 6\mathrm{m/min}$$

牵引力

$$F = pA_2 = 20 \times 10^5 \times 50 \times 10^{-4} \mathrm{N} = 10000\mathrm{N}$$

2）Ⅱ为两个活塞杆固定的单杆液压缸并联型式。

缸筒运动方向：向左

缸筒运动速度

$$v = \frac{\frac{1}{2} \times q}{A_1} = \frac{\frac{1}{2} \times 30 \times 10^{-3}}{100 \times 10^{-4}} \mathrm{m/min} = 1.5\mathrm{m/min}$$

牵引力

$$F = pA_1 = 20 \times 10^5 \times 100 \times 10^{-4} \mathrm{N} = 20000\mathrm{N}$$

3）Ⅲ为一单杆液压缸差动连接形式。

缸筒运动方向：向左

缸筒运动速度

$$v = \frac{q}{A_2} = \frac{30 \times 10^{-3}}{50 \times 10^{-4}} \mathrm{m/min} = 6\mathrm{m/min}$$

牵引力

$$F = pA_2 = 20 \times 10^5 \times 50 \times 10^{-4} \mathrm{N} = 10000\mathrm{N}$$

4）Ⅳ为两个活塞杆固定的双杆液压缸串联型式。

缸筒运动方向：向右

缸筒运动速度

$$v = \frac{q}{A_1 - A_2} = \frac{30 \times 10^{-3}}{(100 - 50) \times 10^{-4}} \mathrm{m/min} = 6\mathrm{m/min}$$

牵引力

$$F = \frac{1}{2}p \times (A_1 - A_2) = \frac{1}{2} \times 20 \times 10^5 \times (100 - 50) \times 10^{-4} \mathrm{N} = 5000\mathrm{N}$$

按图 4-28 所用的液压元件，利用 FluidSIM 建模，如图 4-29a 所示，配置情况为：各个液压缸的活塞直径 $D = 112.8\mathrm{mm}$，活塞杆直径 $d = 79.8\mathrm{mm}$，5、6 号缸承受的载荷都是 100N；油源压力 2MPa，流量 30L/min。运行仿真结果如图 4-29b 所示。

由图 4-29b 可以看出：

1）4 号液压缸是差动连接，在活塞杆固定时，向右运动，速度最快。

2）2、3 号液压缸并联，在活塞杆固定时，缸筒向右运动，运行速度一样，最慢，最晚到达行程终点。

3）5、6 号液压缸串联，运行速度与 4 号缸速度值一样，方向向左。

4）1 号缸是柱塞缸，当活塞杆固定时，缸筒向右移动，速度低于差动连接的液压缸 4。

例 4-3 如图 4-30 所示，流量为 5L/min 的液压泵驱动两个并联液压缸，已知活塞 A 重 10000N，活塞 B 重 5000N，两个液压缸活塞工作面积均 $100\mathrm{cm}^2$，溢流阀的调整压力为 $20 \times 10^5\mathrm{Pa}$，设初始两活塞都处于缸筒下端，试求两活塞的运动速度和液压泵的工作压力，并用 Fluid-

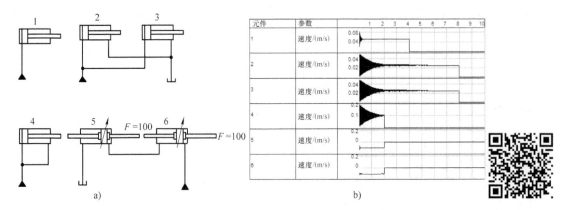

图 4-29 例题 4-2 仿真图

a) 回路建模 b) 仿真曲线

SIM 进行仿真。

解： 根据液压系统的压力决定于外负载这一结论，由于活塞 A、B 重量不同，可知：活塞 A 的工作压力

$$p_A = \frac{G_A}{A_A} = \frac{10000}{100 \times 10^{-4}}Pa = 10 \times 10^5 Pa$$

活塞 B 的工作压力

$$p_B = \frac{G_B}{A_B} = \frac{5000}{100 \times 10^{-4}}Pa = 5 \times 10^5 Pa$$

故两活塞不会同时运动。

1) 活塞 B 动，A 不动，活塞流量全部进入液压缸 B′，此时

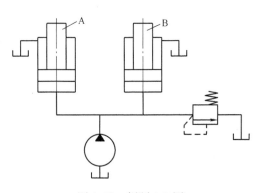

图 4-30 例题 4-3 图

$$v_B = \frac{q}{A_B} = \frac{5 \times 10^{-3}}{100 \times 10^{-4}}m/min = 0.5m/min$$

$$v_A = 0$$

$$p_p = p_B = 5 \times 10^5 Pa$$

2) 活塞 B 运动到顶端后，活塞 A 运动，流量全部进入液压缸 A′，此时

$$v_A = \frac{q}{A_A} = \frac{5 \times 10^{-3}}{100 \times 10^{-4}}m/min = 0.5m/min$$

$$v_B = 0$$

$$p_p = p_A = 10 \times 10^5 Pa$$

3) 活塞 A 运动到顶端后，系统压力 p_p 继续升高，直至溢流阀打开，流量全部通过溢流阀回油箱，液压泵压力稳定在溢流阀的调整压力，即

$$p_p = 2 \times 10^6 Pa$$

按图 4-30 所用的液压元件，利用 FluidSIM 建模，如图 4-31a 所示，在 FluidSIM 中建立仿真模型，配置油源压力为 2MPa，流量 5L/min；液压缸活塞质量竖直工作时可以看作是正向负载，A′的负载配置为 10000N，B′的负载配置为 5000N。运行后，仿真结果如图 4-31b 所示。

根据图 4-31b，对仿真结果分析如下：

1）液压缸 B′先上升，压力较低，到达行程后，压力增加，A′缸再动；

2）A′缸上升到行程后，压力达到设定的压力 2MPa。

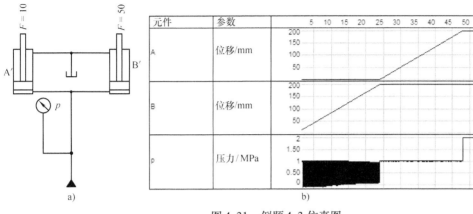

图 4-31　例题 4-3 仿真图

a）回路建模　b）仿真曲线

例题 4-4　某液压系统执行元件采用单杆活塞缸，进油腔面积 $A_1 = 20\text{cm}^2$，回油腔面积 $A_2 = 12\text{cm}^2$，活塞缸进、回油管路的压力损失都是 $\Delta p = 0.5\text{MPa}$，液压缸的负载 $F = 3000\text{N}$，试求：

（1）液压缸的负载压力 p_L 为多少？

（2）液压泵的工作压力 p_p 为多少？

解：（1）由液压缸活塞受力方程为

$$p_1 A_1 = F + p_2 A_2 = F + \Delta p A_2$$

液压缸活塞腔压力为

$$
\begin{aligned}
p_1 &= \frac{F}{A_1} + \Delta p \frac{A_2}{A_1} \\
&= \left(\frac{3000}{20 \times 10^{-4}} + 0.5 \times 10^6 \times \frac{12}{20} \right) \text{MPa} \\
&= 1.8\text{MPa}
\end{aligned}
$$

液压缸的负载压力

$$p_L = p_1 - p_2 = (1.8 - 0.5)\text{MPa} = 1.3\text{MPa}$$

（2）液压泵的工作压力为

$$p_p = p_1 + \Delta p = (1.8 + 0.5)\text{MPa} = 2.3\text{MPa}$$

例题 4-5　一单杆活塞缸承受 55000N 的正向负载，若选定缸筒内径 $D = 100\text{mm}$，采用两端铰接式安装，计算长度 $L = 1500\text{mm}$，油液工作压力 $p_1 = 8\text{MPa}$，求活塞杆采用 45 钢时应选用多大的直径？

解：1）核算液压缸的推力：

活塞杆直径 d 可以按力情况来确实：受压时，当 $p_1 > 7\text{MPa}$，取 $d = 0.7D = 70\text{mm}$，并按背压 $p_2 = 0.3\text{MPa}$，取液压缸的机械效率为 $\eta_m = 0.95$，则液压缸的实际推力

$$
\begin{aligned}
F &= \left[\frac{\pi}{4} D^2 p_1 - \frac{\pi}{4} (D^2 - d^2) p_2 \right] \eta_m \\
&= \left[\frac{\pi}{4} \times 0.1^2 \times 8 \times 10^6 - \frac{\pi}{4} (0.1^2 - 0.07^2) \times 0.3 \times 10^6 \right] \times 0.95\text{N} \\
&= 58550\text{N} > 55000\text{N}
\end{aligned}
$$

可见液压缸的推力满足要求。

2）校核活塞杆的强度：

取 $[\sigma] = 10 \times 10^7 \text{N/m}^2$，由活塞杆强度计算式得

$$d = \sqrt{\frac{4F}{\pi[\sigma]}} = \sqrt{\frac{4 \times 55000}{\pi \times 10 \times 10^7}} \text{mm} = 26.5\text{mm} < 70\text{mm}$$

故活塞杆强度足够。

3）校核活塞杆的稳定性。

由于活塞杆截面的最小回转半径为

$$r_k = \sqrt{\frac{J}{A}} = \frac{d}{4} = \frac{70}{4}\text{mm} = 17.5\text{mm}$$

所以活塞杆细长比为

$$\frac{l}{r_k} = \frac{1500}{17.5} = 85.7$$

由于 $\psi_1 = 85$，$\psi_2 = 1$，故

$$\psi_1 \sqrt{\psi_2} = 85 < \frac{l}{r_k} = 85.7$$

因此应采用下式求临界负载 F_k：

$$F_k = \frac{\psi_2 \pi^2 EJ}{l^2}$$

其中 $J = \dfrac{\pi d^2}{64} = \dfrac{\pi \times (70 \times 10^{-3})^4}{64}\text{m}^4 = 1.18 \times 10^{-6}\text{m}^4$

$$E = 2.06 \times 10^{11}\text{N/m}^2$$

故

$$F_k = \frac{1 \times \pi^2 \times 2.06 \times 10^{11} \times 1.18 \times 10^{-6}}{(1500 \times 10^{-3})^2}\text{N} = 10.65 \times 10^5\text{N}$$

安全系数为

$$n_k = \frac{F_k}{F} = \frac{10.65 \times 10^5}{5500} = 19.4 > 4$$

可见活塞杆的稳定性也足够。

例题 4-6 泵和马达组成系统，已知泵输出油压 $p_p = 10\text{MPa}$，排量 $V_p = 10\text{cm}^3/\text{r}$，机械效率 $\eta_{mp} = 0.95$，容积效率 $\eta_{vp} = 0.9$；马达排量 $V_M = 10\text{cm}^3/\text{r}$，机械效率 $\eta_{mM} = 0.95$，容积效率 $\eta_{vM} = 0.9$，泵出口到马达入口管路的压力损失为 0.5MPa，若泄漏量不计，马达回油管和泵吸油管的压力损失不计，试求：

（1）泵转速 $n_p = 1500\text{r/min}$ 时，所需要的驱动功率 P_p。

（2）泵输出的液压功率 P_{op}。

（3）马达输出转速 n_M。

（4）马达输出功率 P_M。

（5）马达输出转矩 T_M。

解：（1）泵所需要的驱动功率 P_p

$$P_p = \frac{p_p V_p n_p \eta_{vp}}{\eta_{mp}\eta_{vp}} = \frac{10 \times 10^6 \times 1500 \times 10 \times 10^{-6}}{0.95 \times 60}\text{W} = 2.632\text{kW}$$

（2）泵输出液压功率 P_{op}

$$P_{op} = p_p \times n_p \times V_p \times \eta_{Vp} = 10 \times 10^6 \times \frac{1500}{60} \times 10 \times 10^{-6} \times 0.9 \text{W}$$
$$= 2.25 \text{kW}$$

（3）马达输出转速 n_M 泵输出流量即为马达的输入流量，故

$$n_M = \frac{n_p V_p \eta_{Vp}}{V_M} \eta_{VM} = \frac{1500 \times 10 \times 0.9}{10} \times 0.9 \text{r/min} = 1215 \text{r/min}$$

（4）输入马达的压力 p_M 考虑管路损失，输入马达的压力

$$p_M = p_p - \Delta p = 10 - 0.5 \text{MPa} = 9.5 \text{MPa}$$

（5）马达输出转矩 T_M

$$T_M = \frac{p_M V_M}{2\pi} \eta_{mM} = \frac{9.5 \times 10^6 \times 10 \times 10^{-6} \times 0.95}{2\pi} \text{N} \cdot \text{m} = 14.37 \text{N} \cdot \text{m}$$

习　题

习题 4-1 如果要求机床工作往复运动速度相同时，应采用什么类型的液压缸？

习题 4-2 多级伸缩套筒缸一般是单作用式的，若要设计一个双作用式的多级伸缩套筒缸，其结构示意图如何？

习题 4-3 液压缸工作时，为什么会产生牵引力不足或速度下降现象？怎样解决？

习题 4-4 从能量观点看，液压泵和液压马达有什么区别和联系？从结构上来看液压泵和液压马达又有什么区别和联系？

习题 4-5 如图 4-32 所示差动连接液压缸。已知进油流量 $q = 30\text{L/min}$，进油压力 $p = 40 \times 10^5 \text{Pa}$，要求活塞往复运动速度相等，且速度均为 $v = 6\text{m/min}$，试计算此液压缸筒内径 D 和活塞杆直径 d，求出输出推力 F，并在 FluidSIM 中建立仿真模型验证结果。

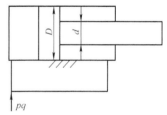

习题 4-6 图 4-33 所示两个结构相同相互串联的液压缸，无杆腔的面积 $A_1 = 100\text{cm}^2$，有杆腔面积 $A_2 = 80\text{cm}^2$，缸 1 输入压力 $p_1 = 9 \times 10^5 \text{Pa}$，输入流量 $q_1 = 12\text{L/min}$，不计损失和泄漏，求：（1）两缸承受相同负载时（$F_1 = F_2$），该负载的数值及两缸的运动速度。（2）缸 2 的输入压力是缸 1 的一半时，两缸各能承受多少负载。（3）缸 1 不承受负载时，缸 2 能承受多少负载。（4）用 FluidSIM 验证结果。

图 4-32　习题 4-5 图

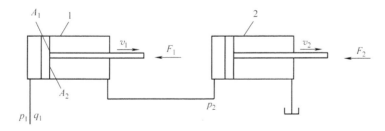

图 4-33　习题 4-6 图

习题 4-7 某液压马达的排量 $q = 10\text{cm}^3/\text{r}$，供油压力 $p_1 = 100 \times 10^5 \text{Pa}$，回油压力 $p_2 = 5 \times 10^5 \text{Pa}$，供油量为 $q = 12\text{L/min}$，其容积效率 $\eta_V = 0.90$，机械效率 $\eta_m = 0.80$，求该马达的输出转速、输出转矩和实际输出功率。

习题 4-8 某液压马达的进油压力 $p_1 = 102 \times 10^5 \text{Pa}$，回油压力 $p_2 = 2 \times 10^5 \text{Pa}$，理论排量 $q = 200\text{cm}^3/\text{r}$，

总效率 $\eta = 0.75$，机械效率 $\eta_m = 0.9$，试计算：（1）该液压马达所能输出的理论转矩 T_0 为多少？（2）若液压马达转速 $n = 500$ r/min，则输入该马达的实际流量应是多少？ （3）当外载为 200N·m，马达转速为 500r/min时，该马达的输入功率和输出功率各为多少？

习题4-9 如图4-34所示，Ⅰ中小液压缸（面积为 A_1）回油腔的油液进入大液压缸面积 A_3。而Ⅱ中，两活塞用机械刚性连接，油路连接与Ⅰ形似。当供液量 q、供液压力 p 均相同时，试分析计算Ⅰ与Ⅱ中大活塞杆上的推力和运动速度。

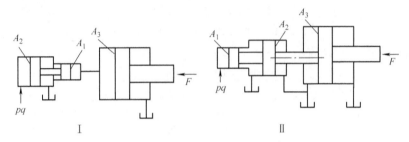

图4-34　习题4-9图

第5章 液压辅助元件

通过本章的学习，要求了解液压辅助元件的主要类型，掌握其在液压系统中如何应用 Fluid-SIM 进行建模和仿真，以及工作原理、选用原则和一些必要的计算。本章可在老师指导下自学。

5.1 概述

液压系统的辅助元件是指除动力源元件、执行元件和控制元件以外的其他起辅助作用的液压件，有密封件、管件、压力表、滤油器、油箱、热交换器和蓄能器等。从液压传动的工作原理来看它们只起辅助作用，然而从保证液压系统有效的传递力和运动以及提高液压系统工作性能的角度来看，它们却是系统不可缺少的重要部分，实践证明，它们对液压系统的效率、温升、噪声和使用寿命等性能的影响极大。如果选用或使用不当，会影响整个液压系统的工作性能，甚至使之无法工作。所以，在设计、制造和使用液压设备时，必须重视辅助元件。其中油箱可供选择的标准件较少，常常是根据液压设备和系统的要求自行设计，其他一些辅助元件则做成标准件，供设计时选用。表 5-1 为常用 FluidSIM 液压辅助元件一览表。

表 5-1　常用 FluidSIM 液压辅助元件一览表

序号	名称	职能符号	配置对话框	配置内容
1	滤油器		Filter Hydraulic resistance 0.0001 MPa/(Q/min)^2 (1e-007..1 ▼) Curve... OK Cancel Help	修改液阻值
2	油箱			
3	蓄能器		Reservoir Volume 0.32 l (0.01..100) ▼ Gas pre-charge 1 MPa (0..40) ☑ Display Pressure OK Cancel Help Reservoir Volume 0.32 l (0.01..100) ▼ Gas pre-charge 1 MPa (0..40) ☑ Display Pressure OK Cancel Help	修改容积和 预充气体压力值
4	冷却器		Cooler Hydraulic resistance 0.0001 MPa/(Q/min)^2 (1e-007..1 ▼) Curve... OK Cancel Help	修改液阻值

（续）

序号	名称	职能符号	配置对话框	配置内容
5	加热器		Heater / Hydraulic resistance / 0.0001 MPa/(1/min)^2 (1e-007..1 ▾) Curve... / OK Cancel Help	修改液阻值
6	压力表			
7	流量计	A ⊗ B	Flow meter / Display / ⦿Instantaneous Flow / ○Cumulative Flow Reset / Hydraulic resistance / 0.0001 MPa/(1/min)^2 (1e-007..1 ▾) Curve... / OK Cancel Help	修改液阻值
8	液压动力单元	P T / Ts	Pump unit / Pressure relief valve / Operating Pressure 6 MPa (0.01..40) / Pump / Flow 2.4 l/min (0..500) / Internal leakage 0.04 1/(min*MPa) (0..100) / OK Cancel Help	修改压力和流量值

5.2　滤油器

5.2.1　滤油器的作用及过滤精度

1. 滤油器的作用

　　液压系统的油液中常存有各种污染物。系统匹配时，残留在元件和管道中的切屑、锈垢、橡胶颗粒、漆片、棉丝等属于外部污染物，而系统运行过程中零件磨损的脱落物以及油液因理化作用形成的生成物则属于内部污染物。混在油液中的各种污染物会加速液压元件的磨损，堵塞节流小孔，甚至使液压滑阀卡死。有统计资料表明，液压系统的故障有75%以上是由于油液污染造成的。为了保证液压系统正常工作，必须对系统中污染物的颗粒大小及数量予以控

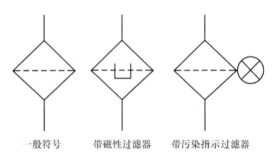

一般符号　　带磁性过滤器　带污染指示过滤器

图 5-1　滤油器的图形符号

制。系统中滤油器的作用是过滤混在油液中的杂质，把杂质颗粒大小控制在能保证液压系统正常工作的范围内。滤油器的图形符号如图 5-1 所示。

2. 过滤精度

　　无论何种滤油器，都是依靠带有一定尺寸滤孔的滤芯来过滤污染物的。过滤就是从油液中分离非溶性固体颗粒的过程。滤油器的过滤精度，通常用能被过滤掉的杂质颗粒的公称尺寸大小来表示，一般要求过滤精度小于运动间隙的一半。此外，系统压力越高，对过滤精度要求也越高，

具体推荐值见表5-2。

表5-2　过滤精度推荐值

系统类别	润滑系统	传动系统			伺服系统
系统工作压力/MPa	0~2.5	<14	14~32	>32	21
过滤精度/μm	<100	25~50	<25	<10	<5
滤油器精度	粗	普通	普通	普通	精

5.2.2　滤油器的类型及结构

1. 滤油器的类型

滤油器依其滤芯材料的过滤机制来分，有表面型、深度型和吸附型三种。

（1）表面型滤油器　过滤功能是由一个几何面来实现的。滤心材料具有均匀的标定小孔，可以滤除比小孔尺寸大的杂质，网式滤油器、线隙式滤油器属于这种类型的滤油器。

（2）深度型滤油器　滤芯多由可透性材料制成，内部具有曲折迂回通道。大于表面孔径的杂质积聚在外表面，较小的杂质进入滤材的内部，撞到通道上被吸附。纸芯式滤油器、烧结式滤油器、毛毡式滤油器等属于这种类型的滤油器。

（3）吸附型滤油器　滤芯材料把油液中的有关杂质吸附在其表面，如磁心可吸附油液中的铁屑。

2. 滤油器的结构

图5-2a所示为网式滤油器的结构。它是由细铜丝网1作为过滤材料，包在周围有很多窗孔的塑料或金属筒形骨架2上。特点是结构简单，通油性能好，压力损失较小。但它的过滤精度较低，而且因铜质滤网氧化还需要经常清洗。

图5-2b所示为线隙式滤油器，3是壳体，滤芯是用每隔一定距离冲扁的铜丝或铝线绕在筒形骨架的外圆上，利用线间缝隙进行过滤。其特点是结构简单，通油能力好，缺点是不易清洗。

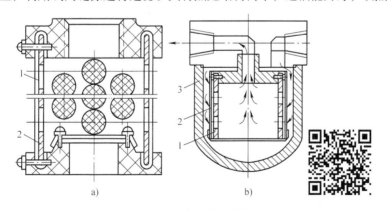

a)　　　　　　　　　　b)

图5-2　表面型滤油器

a）网式滤油器　b）线式滤油器

1—细铜丝网　2—骨架　3—壳体

图5-3a所示为纸芯式滤油器，它由平纹或皱纹的酚醛树脂或木浆微孔滤纸组成，滤芯围绕在骨架上。滤芯由三层结构组成从而提升其强度。主要特点是过滤精度高、结构紧凑、重量轻。但是，纸芯式滤油器不能清洗，因此需要经常更换滤芯。

图 5-3b 所示为烧结式滤油器。它由金属粉末高温烧结而成，利用颗粒间的微孔滤除油液中的杂质。主要特点是过滤精度高，强度大，承受热应力和冲击性能好，具有良好的耐高温性和抗腐蚀性。缺点是易堵塞，不易清洗。

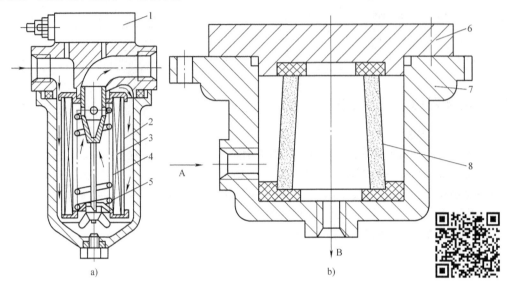

图 5-3 深度型滤油器

a）纸心式滤油器 b）烧结式滤油器

1—堵塞状态信号发射装置 2—滤芯外层 3—滤芯中层 4—滤芯内层 5—支撑弹簧 6—封闭盖 7—壳体 8—滤芯

5.2.3 滤油器的主要参数和特性

1. 过滤精度

过滤精度表示滤油器对各种不同尺寸的污染颗粒的滤除能力，用绝对过滤精度、过滤比和过滤效率等指标来表征。

绝对过滤精度是指通过滤芯的最大硬球状颗粒的尺寸 y，它反映了过滤材料中最大的通孔尺寸，以 μ_m 表示。它可以用试验的方法进行确定。

过滤比（β_x 值）是指滤油器上游油液单位容积中大于某给定尺寸的颗粒与下游油液单位容积中大于同一尺寸的颗粒数之比，即对某一尺寸 x 的颗粒来说，其过滤比 β_x 的表达式为

$$\beta_x = \frac{N_u}{N_d} \tag{5-1}$$

式中，N_u 是上游油液中大于某一尺寸 x 的颗粒浓度；N_d 是下游油液中大于同一尺寸 x 的颗粒浓度。

由式（5-1）可见，β_x 越大，过滤精度越高。当 β_x 值达到 75 时，y 即被认为是滤油器的绝对过滤精度。过滤比能确切地反映滤油器对不同尺寸颗粒污染物的过滤能力。

过滤效率 E_c 可以通过式（5-2）直接由 β 值换算而得：

$$E_c = \frac{N_u - N_d}{N_u} = 1 - \frac{1}{\beta} \tag{5-2}$$

由式（5-2）可知，过滤比值越大，则过滤效率越大。

2. 压降特性

滤油器是利用滤芯上的小孔和微小间隙来过滤油液的杂质的。因此，油液流过滤芯时必然产

生压力降。一般来说，在滤芯尺寸和流量一定的情况下，压力降随过滤精度提高而增加。随油液黏度的增大而增加，随过滤面积增大而下降。滤油器有一个最大允许压力降值，以保护滤油器不受破坏或系统压力不致过高。

3. 纳垢容量

纳垢容量指滤油器在压力降达到规定值之前可以滤除并容纳的污染物数量，这项指标可用多次通过性试验来确定。滤油器的纳垢容量越大，它的使用寿命就越长。一般来说，滤芯尺寸越大，即过滤面积越大，纳垢容量就越大。

滤油器应有的过滤面积 A 为

$$A = \frac{q\mu}{\alpha \Delta p} \tag{5-3}$$

式中，q 是滤油器的额定流量（L/min）；μ 是油液黏度（Pa·s）；α 是滤油器单位面积通过能力（L/cm^2），由实验确定；Δp 是压力降（Pa）。

在20℃时，对特种滤网，$\alpha = 0.003 \sim 0.006$；对纸质滤心，$\alpha = 0.035$；对线隙式滤芯，$\alpha = 10$；对一般网式滤芯，$\alpha = 2$。

5.2.4 滤油器的选用

选择滤油器时，主要根据液压系统的技术要求及滤油器的特点综合考虑来选择。主要考虑的因素如下：

（1）系统的工作压力 系统的工作压力是选择滤油器精度的主要依据之一。系统的压力越高，液压元件的配合精度越高，所需要的过滤精度也就越高。

（2）系统的流量 滤油器的通流能力是根据系统的最大流量而确定的。一般滤油器的额定流量不能小于系统的流量，否则滤油器的压力损失会增加，滤油器易堵塞，寿命也会缩短。但滤油器的额定流量越大，其体积及造价也越大，因此应选择合适的流量。

（3）滤芯的强度 滤油器滤芯的强度是一重要指标。不同结构的滤油器有不同的强度，在高压或冲击大的液压回路中应选用强度高的滤油器。

5.2.5 滤油器的安装

滤油器的安装是根据系统的需要而确定的，一般可安装在图5-4所示的各种位置上。

（1）安装在液压泵的吸油管路上 如图5-4所示，在液压泵的吸油管路上安装滤油器1，可以保护系统中的所有元件，但由于受泵吸油阻力的限制，只能选用压力损失小的网式滤油器。这种滤油器过滤精度低，泵磨损所产生的颗粒将进入系统，对系统其他液压元件无法完全保护，还需其他滤油器串在油路上使用。

（2）安装在液压泵的压油管路上 如图5-4所示，在液压泵的出口安装滤油器2，这种安装方式可以有效地保护除泵以外的其他液压元件，但由于滤油器是在高压下工作，滤芯需要有较高的强度。为了防止滤油器堵塞而引起液压泵过载或滤油器损坏，常在滤油器旁设置一堵塞指示器或旁路阀加以保护。

（3）安装在回油管路上 如图5-4所示，将滤油器3安装在系统的回油路上。这种方式可以把系统内油箱或管壁氧化层的脱落或液压元件磨损所产生的颗粒过滤掉，以保证油箱内液压油的清洁使泵及其他元件受到保护。由于回油压力较低，所需滤油器强度不必过高。

（4）安装在支管油路上 如图5-4所示，安装在液压泵的吸油、压油或系统回油管路上的滤油器4流量规格大，体积也较大。若把滤油器安装在经常只通过泵流量20% ~ 30%流量的支

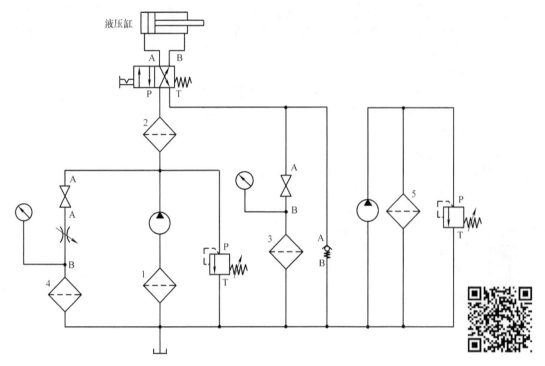

图 5-4　安装在吸油、压油、回油和支管路上

管油路上，这种方法称为局部过滤。这种安装方式不会增加主油路的压力损失，滤油器 4 的流量也可小于泵的流量，比较经济合理。但这样不能过滤全部油液，也不能保证杂质不进入系统。

（5）独立过滤回路　如图 5-4 所示，用一个专用的液压泵和滤油器 5 组成一个独立于液压系统外的过滤回路，也可以经常清除油液中的杂质，达到保护系统的目的。

5.3　油箱

油箱是储存液压系统工作介质的容器，其应能散发系统工作中所产生的部分或全部热量，分
离混入工作介质中的气体，沉淀其中的污物，安放
系统中的一些必备的附件等。合理设计油箱和选用
油箱附件，是正确发挥油箱功能的必要条件。

油箱可分为开式油箱和闭式油箱：开式油箱是
油箱液面和大气相通的油箱，应用最广，而闭式油
箱液面和大气隔绝。闭式油箱整个密封，在顶部有
一充气管，送入压缩空气。这种油箱的优点在于泵
的吸油条件较好，但系统的回油管和泄油管要承受
背压。油箱还须设安全阀、压力表等以稳定充气压
力，所以它只在特殊场合使用，例如行走设备及
车辆。

目前，在机械加工设备和工程机械上一般都使
用开式油箱。图 5-5 所示为一种开式油箱的结构。

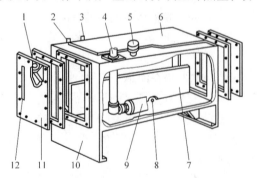

图 5-5　一种开式油箱的结构

1—注油器　2—回油管　3—泄油管　4—吸油管
5—空气滤清器　6—安装板　7—隔板　8—螺塞
9—滤油器　10—箱体　11—端盖　12—液位计

液压系统中的油箱按照与主机的位置关系来分，有整体式和分离式两种，整体式油箱利用主机的内腔作为油箱，这种油箱结构紧凑，各处漏油易于回收，但增加了设计和制造的复杂性，维修不便，散热条件不好，且会使主机产生热变形。分离式油箱单独设置，与主机分开，减少了油箱发热和液压源振动对主机工作精度的影响，因此得到了普遍的采用，特别应用在精密机械上。

此外，近年来又出现了充气式的闭式油箱，它不同于图 5-5 中的开式油箱之处在于油箱是封闭的，顶部有一充气管，可送入 0.05 ~ 0.07MPa 过滤纯净的压缩空气。空气或者直接与油液接触，或者被输入到蓄能器式的皮囊内不与油液接触。这种油箱的优点是改善了液压泵的吸油条件，但它要求系统中的回油管、卸油管承受被压。这种油箱本身还须设置安全阀、压力表等元件以稳定充气压力，因此它只在特殊场合下使用。

5.3.1 油箱的结构及设计要点

1）为了在相同的容量下得到最大的散热面积，油箱外形以立方体或六面体为宜。油箱一般用厚度为 2.5 ~ 4mm 的钢板焊成，顶盖要适当加厚并用螺钉通过焊在箱体上的角钢加以固定。顶盖可以是整体的，也可分为几块。泵、电动机和阀的集成装置可直接固定在顶盖上，也可固定在安装板上，安装板与顶盖间应垫上橡胶板以缓和振动。油箱底角高度应在 150mm 以上，以便散热、搬移和放油。油箱要有吊耳，以便吊装和运输。大容量的油箱要采用骨架式结构，以增加刚度。

2）泵的吸油管和系统的回油管应插入最低油面以下，以防卷吸空气和回油冲溅产生气泡。吸油口应采用容易将过滤器从油箱内取出的连接方式，所安装过滤器的安装位置要在液面以下较深的部位，距油箱底面不得小于 50mm。回油管需切成 45°的斜口并面向箱壁插入最低油面以下，但离箱底要大于管径的 2 ~ 3 倍。

3）吸油管和回油管之间需用隔板隔开，以增加循环距离和改善散热效果，隔板高度一般不低于油面高度的四分之三。

4）阀的泄油管口应在液面之上，以免产生背压；液压马达和液压泵的泄油管则应引入液面之下，以免吸入空气。

5）空气滤清器的作用是使油箱与大气相通，保证泵的自吸能力，滤除空气中的灰尘杂物，并兼作注油口用。所以它一般布置在开式油箱的顶盖上靠近油箱边沿处。空气滤清器的容量大小可根据液压泵输出油量的大小进行选择。

6）为便于放油，箱底一般做成斜面，在最低处设放油口，装放油塞。

7）换油时为便于清洗油箱，大容量的油箱一般在侧壁设清洗窗，其位置安排应便于吸油过滤器的装拆。

8）为了能够观察油箱中的液面高度，必须设置液位计。为了便于观察系统油温的情况，还应装温度计。

9）箱壁应涂耐油防锈涂料，如果油箱用不锈钢板焊制，则可不必涂层。

5.3.2 油箱容量的确定

油箱的有效容量（指油面高度为油箱高度的 80% 时，油箱所储存的容积）一般按液压系统泵的公称流量和散热要求确定。

另外，对功率较大且连续工作的液压系统，还应从散热角度考虑，计算系统的发热量或散热量，从热平衡角度计算出油箱的容积。

液压系统中，油液的工作温度一般希望控制在 30 ~50℃ 范围内，最高不超过 65℃，最低不低于 15℃。如果液压系统靠自然冷却不能使油温控制在上述范围内，就需要安装冷却器；反之，如果环境温度太低，无法使液压泵起动或正常运转，就需安装加热器。

从油箱的散热、沉淀杂质和分离气泡等职能来看，油箱的容积越大越好。但若容积太大，会导致体积大，重量大，操作不便，特别是在行走机械中矛盾更为突出。对于固定设备的油箱，一般建议其有效容积 V 为液压泵流量 q_p 的 3 倍以上（行走机械一般取 2 倍）。通常根据系统的工作压力来概略确定油箱的有效容积 V。

- 低压系统：$V = (2 \sim 4) \times 60 q_p \,(\mathrm{m}^3)$；
- 中压系统：$V = (5 \sim 7) \times 60 q_p \,(\mathrm{m}^3)$；
- 压力超过中压，连续工作时，油箱的有效容积 V 应按发热量计算确定。在自然冷却（没有冷却装置）情况下，对长、宽、高之比为 1:(1 ~2) :(1 ~3) 的油箱，液面高度为油箱高度的 80% 时，其最小有效容积 V_{min} 可近似按式（5-4）确定：

$$V_{min} = 10^{-3} \sqrt{\left(\frac{Q}{\Delta T}\right)^3} = 10^{-3} \sqrt{\left(\frac{Q}{T_y - T_0}\right)^3} \tag{5-4}$$

$$Q = P(1 - \eta) \tag{5-5}$$

式中，Q 为系统单位时间的总发热量（W）；ΔT 为油液温升值（K）；T_y 为系统允许的最高温度（K）；T_0 为环境温度（K）；P 为液压泵的输入功率（W）。

设计时，应使 $V \geqslant V_{min}$，则油箱的散热面积的近似值为

$$A = 6.66 \sqrt[3]{V^2} \tag{5-6}$$

则油箱的总面积 V_a 为

$$V_a = V/0.8 = 1.25V \tag{5-7}$$

5.4 蓄能器

5.4.1 蓄能器的功用

在液压系统中，蓄能器主要用来储存油液的压力能，它的主要功用如下：

（1）作辅助动力源 在某些实现周期性动作的液压系统中，其动作循环的不同阶段所需的流量变化很大时（见图 5-6），可采用蓄能器。在系统不需要大量油液时，把液压泵输出的多余压力油储存在蓄能器内；而当系统需要大量油液时，蓄能器快速释放储存在内的油液，和液压泵一起向系统输油。这样就可使系统选用流量等于循环周期内平均流量 q_m 的较小的液压泵，而不必选用流量为 q_{max} 的泵。这样，减小了电动机的功率消耗，降低了系统的温升。另外，万一在驱动液压泵的原动机发生故障，蓄能器作为应急动力源向系统输油，避免不必要的意外事故的发生。

（2）维持系统压力 在某些需要较长时间内保压的液压系统中，此时为节能，液压泵停止运转或进行

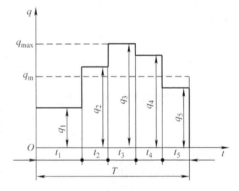

图 5-6 周期动作的液压系统
T——一个循环周期

卸荷，蓄能器能把储存的压力油供给系统，补偿了系统的泄漏，并在一段时间内维持系统的压力。

（3）吸收系统脉动，缓和液压冲击　液压蓄能器能吸收系统在液压泵突然起动或停止、液压阀突然关闭或开启、液压缸突然运动或停止时所出现的液压冲击，也能吸收液压泵工作时的压力脉动，大大减小其幅值。

（4）存储能量图 5-7a 所示为油压机液压系统，当手动滑阀 5 在图示位置时，液压缸 6 的柱塞在重力作用下缩回，液压泵 1 通过单向阀 2 向蓄能器 3 供油。当油压升高到一定值时，御荷阀 4 动作，液压泵 1 御荷，单向阀 2 阻止蓄能器 3 的高压油回油箱。当手动换向阀换向时，蓄能器的高压油通过手动滑阀 5 进入柱塞缸，使柱塞上升并产生推力 F，随着蓄能器内油液的减少，压力也降低，此时卸荷阀复位，液压泵重新向蓄能器供油。

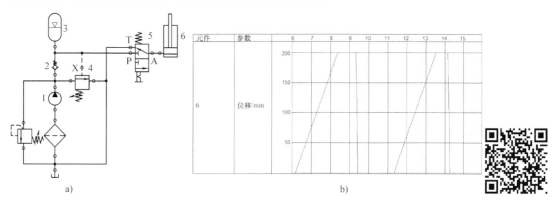

图 5-7　油压机液压系统与仿真
a）回路建模　b）仿真曲线
1—液压泵　2—单向阀　3—蓄能器　4—御荷阀　5—手动滑阀　6—液压缸

液压缸 6 设置一个 1000N 的正向载荷，其余按默认设置，液压缸位移特性仿真曲线如图 5-7b 所示。

（5）作应急动力源　突然停电或液压泵发生故障，液压泵中断供油时，蓄能器能提供一定的油量作为应急动力源，使执行元件能继续完成必要的动作。

5.4.2　蓄能器的类型和结构

蓄能器主要有重锤式、弹簧式和充气式三种类型。

1. 重锤式蓄能器

重锤式蓄能器的结构原理图如图 5-8 所示。它是利用重物的位置变化来储存和释放能量的。重物 1 通过柱塞 2 作用于液压油 3 上，使之产生压力。当储存能量时，油液从孔 a 经单向阀进入蓄能器内，通过柱塞推动重物上升，释放能量时，柱塞同重物一起下降，油液从 b 孔输出。这种蓄能器结构简单、压力稳定，但容量小、体积大、反应不灵活、易产生泄漏。目前只用于少数大型固定设备的液压系统。

2. 弹簧式蓄能器

图 5-9 为弹簧式蓄能器的结构原理图，它是利用弹簧的伸缩来储存和释放能量的。弹簧 1 的力通过活塞 2 作用于液压油 3 上。液压油的压力取决于弹簧的预紧力和活塞的面积。由于弹簧伸缩时弹簧力会发生变化，所形成的油压也会发生变化。为减少这种变化，一般弹簧的刚度不可太

大，弹簧的行程也不能过大，从而限定了这种蓄能器的工作压力。这种蓄能器用于低压、小容量的系统，常用于液压系统的缓冲。弹簧式蓄能器具有结构简单、反应较灵敏等特点，但容量较小、承压较低。

3. 充气式蓄能器

充气式蓄能器是利用气体的压缩和膨胀来储存和释放能量的。为安全起见，所充气体一般为惰性气体或氮气。常用的充气式蓄能器有活塞式和气囊式两种，如图5-9所示。

（1）活塞式蓄能器 图5-10a所示为活塞式蓄能器结构。压力油从a口进入，推动活塞，压缩活塞上腔的气体储存能量；当系统压力低于蓄能器内压力时，气体推动活塞，释放压力油，满足系统需要。这种蓄能器具有结构简单，工作可靠，维修方便等特点，但由于缸筒的加工精度较高、活塞密封易磨损、活塞的惯性及摩擦力的影响，使之存在造价高、易泄漏、反应灵敏程度差等缺陷。

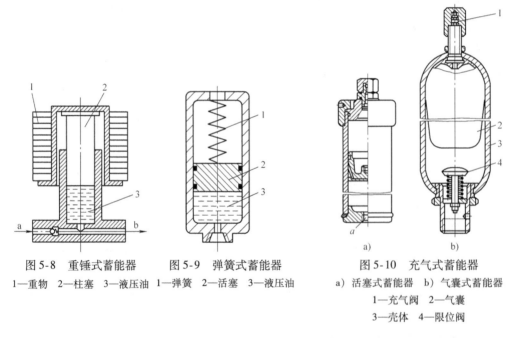

图 5-8 重锤式蓄能器　　图 5-9 弹簧式蓄能器　　　　图 5-10 充气式蓄能器

1—重物 2—柱塞 3—液压油　1—弹簧 2—活塞 3—液压油　　a) 活塞式蓄能器 b) 气囊式蓄能器

1—充气阀 2—气囊

3—壳体 4—限位阀

（2）气囊式蓄能器 图5-10b所示为气囊式蓄能器结构。气囊2安装在壳体3内，充气阀1为气囊充入氮气，压力油从入口顶开菌形限位阀4进入蓄能器压缩气囊，气囊内的气体被压缩而储存能量；当系统压力低于蓄能器压力时，气囊膨胀，压力油输出，蓄能器释放能量。菌形限位阀的作用是防止气囊膨胀时从蓄能器油口处凸出而损坏。这种蓄能器的特点是气体与油液完全隔开，气囊惯性小、反应灵活、结构尺寸小、重量轻、安装方便，是目前应用最为广泛的蓄能器之一。

5.4.3 蓄能器的容量

蓄能器的容量包括气腔和液腔的容积之和，是选用蓄能器的一个重要参数，其容量大小与用途有关。对气囊式蓄能器，若设充气压力为 p_0，充气容积为 V_0，工作时要求释放的油液体积为 ΔV，系统的最高和最低工作压力为 p_1 和 p_2，相应的容积位 V_1 和 V_2。由气体状态方程有

$$p_0 V_0^n = p_1 V_1^n = p_2 V_2^n \tag{5-8}$$

式中，n 是多变指数，其值由气体的工作条件决定，当蓄能器用作补偿泄漏，起保压作用时，因释放的能量的速度缓慢，可认为气体在等温条件下工作，取 $n=1$；当蓄能器用作辅助油源时，因能量释放迅速，认为气体在绝热条件下工作，取 $n=1.4$。实际上蓄能器工作工程多属于多变过程，储油时气体压缩为等温过程，放油时气体膨胀为绝热过程，故一般推荐 $n=1.25$。由

$$\Delta V = V_1 - V_2 \tag{5-9}$$

可求得蓄能器的容量：

$$V_0 = \frac{\Delta V}{p_0^{\frac{1}{n}}\left[\left(\frac{1}{p_2}\right)^{\frac{1}{n}} - \left(\frac{1}{p_1}\right)^{\frac{1}{n}}\right]} \tag{5-10}$$

理论上，p_0 与 p_2 相等，但因系统存在泄漏，为保证压力为 p_2 时，蓄能器还能释放压力油，补偿泄漏，应使 $p_0 < p_2$。一般来说，折合型取 $p_0 \approx (0.8 \sim 0.85)p_2$，波纹型取 $p_0 \approx (0.6 \sim 0.65)p_2$。

用于吸收液压冲击的蓄能器的容量与管路布置、油液流态、阻尼情况及泄漏大小有关。准确计算常采用下述经验公式：

$$V_0 = \frac{0.004qp_2(0.0164L - t)}{p_2 - p_1} \tag{5-11}$$

式中，q 是阀口关闭前管道的流量；p_2 是系统允许的最大冲击压力，一般取 $p_2 \approx 1.5p_1$；p_1 是阀开、闭前的工作压力；L 是产生冲击波的管道长度；t 是阀口由开到关闭的持续时间。

5.4.4 蓄能器的选用和安装

蓄能器主要依其容量和工作压力来选择。蓄能器在液压回路中的安放位置因功用而不同：吸收液压冲击或压力脉动时宜放在冲击源或脉动源附近，如图 5-11a 所示。补油保压时宜尽可能接近有关执行件。

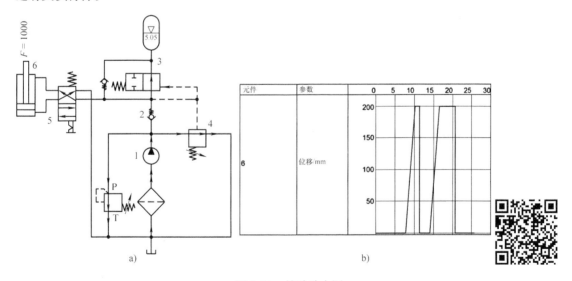

图 5-11　辅助动力源

a）回路建模　b）仿真曲线

1—液压泵　2—单向阀　3—二位二通液控换向阀　4—溢流阀　5—两位四通手动换向阀　6—液压缸

液压缸 6 设置一个 1000N 的正向载荷，其余按默认设置，液压缸位移特性仿真曲线如图 5-11b 所示。

安装蓄能器时应注意下述各点：

1) 蓄止阀要便于充气，蓄能器与管路系统之间的安装检修。它与泵之间应安装单向阀，防止蓄能器中油液在泵不工作时向泵倒流。

2) 气囊式蓄能器应垂直安装，油口向下，以使气囊能正常伸缩；只有在空间位置受限制时才允许倾斜或水平安装。

3) 安装在管路中的蓄能器须用支板或支架加以固定。

4) 蓄能器与管路系统之间应安装截止阀，以利用蓄能器的充气与检修。蓄能器和液压泵之间应安装单向阀，以防止液压泵停转或卸荷时，蓄能器内的压力油向液压泵倒流。

另外，在使用蓄能器时还应注意以下几点：

1) 充气式蓄能器应使用惰性气体，一般为氮气。允许的工作压力视蓄能器的结构型式而定，例如气囊式的为 3.5~32MPa。

2) 不同的蓄能器各有其适用的工作范围，例如，气囊式蓄能器的皮囊因强度不高，故不能承受很大的压力波动，并只能在 -20~70℃ 的温度范围内工作。

5.5　热交换器

热交换器就是冷却器和加热器的总称。

液压系统在工作时的能量损失转化为热量，一部分通过油箱和装置的表面向周围空间发散，而大部分使油液的温度升高。液压系统的油温一般希望保持在 30~50℃ 范围内，最高不超过 65℃；如环境温度低时，油温最低不得低于 15℃。因此，如液压系统靠自然冷却不能使油温控制在上述范围内时，系统就必须安装冷却器。相反，如油温过低而无法起动液压泵，或系统不能正常工作时，就须安装加热器。油温对液压元件的影响见表 5-3。

表 5-3　油温对液压元件的影响

元件	高温的影响	低温的影响
液压泵和马达	不易建立油膜，摩擦副表面易磨损烧伤；泄露增大，导致有效工作流量下降或马达转速降低	起动困难，吸油侧压力增大，易发生气蚀现象
液压缸	密封件早期老化；活塞膨胀，容易卡死	密封件弹性降低，压损增大
液压阀	内外泄露增大	压损增大
过滤器	非金属阀芯早期老化	压损增大
密封件	元件材质易老化，泄漏量增大	弹性降低

1. 冷却器

液压系统中使用的最简单的冷却器是蛇形管冷却器，如图 5-12 所示。它直接装在油箱内，蛇形管内通以冷却水，用以带走油液中的热量。这种冷却器的结构简单，但冷却效率太低，耗水量又大。

液压系统中用得较多的冷却器是强制对流式冷却器。图 5-13 所示为多管式冷却器的结构。油液从进油口流入，从出油口流出；而冷却水从进水口流入，通过多根水管后

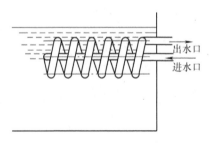

图 5-12　蛇形管冷却器

由出水口流出。冷却器内设置了隔板，在水管外部流动的油液的行进路线因隔板的上下布置变得迂回曲折，从而增强了热交换效果。这种冷却器的冷却效果较好。

近来出现了一种翅片管式冷却器。它是在冷却水管的外表面上装了许多横向或纵向的散热翅片，大大扩大了散热面积并增强了热交换效果。图 5-14 所示的翅片管式冷却器，是在圆管或椭圆管外嵌套了许多径向翅片，它的散热面积可比光滑管大 8 ~ 10 倍。椭圆管的散热效果比圆管更好。

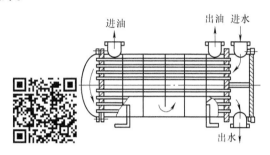

图 5-13 多管式冷却器

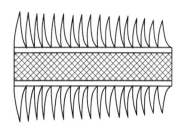

图 5-14 翅片管式冷却器

液压系统也可以用风冷式散热器，例如用风扇鼓风带走在散热器内流动的油液热量，不必另设通水管路，结构简单，价格低廉，但冷却效果较差，噪声也较大。

在要求较高的装置上，可以采用冷媒式冷却器。它是利用冷媒介质在压缩机中绝热压缩后进入散热器放热、蒸发器吸热的原理，带走油中的热量而使油冷却。这种冷却器冷却效果好，但价格过于昂贵。

液压系统最好装有油液的自动控温装置，以确保油液温度准确地控制在要求的范围内。

冷却器一般安装在回油管或低压管路上，如图 5-15 所示。

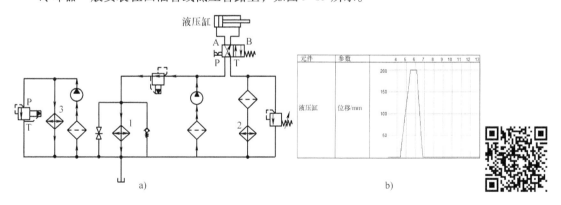

图 5-15 冷却器在液压系统中的各种安装位置
a）回路建模　b）仿真曲线

1）冷却器 1：装在主溢流阀溢流口，溢流阀产生的热油直接获得冷却，同时也不受系统冲击压力影响，单向阀起到保护作用，截止阀可在起动时使液压油直接回油箱。

2）冷却器 2：直接装在回油路上，冷却速度快，但系统回路有冲击压力时，要求滤清器能承受较高的压力。

3）滤清器 3：由单独的液压泵将工作介质通过冷却器进行循环散热，系统独立，不会受工作的液压系统冲击的影响。

如果油箱的表面积不能满足散热的要求，则需用冷却器来强制冷却，以保持系统正常的油温。

1）散热表面积按式（5-12）计算：

$$A = \frac{\varphi}{K\Delta\theta_m} \tag{5-12}$$

式中，A 是冷却器的散热面积（m^2）；φ 是需要冷却器单位时间内散掉的热量（W）；K 是冷却器的总传热系数 $[W/(m^2 \cdot \text{℃})]$；$\Delta\theta_m$ 是油和水之间的平均温度（℃）。

$$\Delta\theta_m = \frac{\theta_1 + \theta_2}{2} - \frac{\theta_1' + \theta_2'}{2} \tag{5-13}$$

式中，θ_1、θ_2 分别是冷却器进出口油温（℃）；θ_1'、θ_2' 分别是冷却器进出口水温（℃）。

计算出 A 后，可按产品样本选取冷却器。

2）冷却水流量按式（5-14）计算：

$$q' = \frac{c\rho(\theta_1 - \theta_2)}{c'\rho'(\theta_1' - \theta_2')}q_p \tag{5-14}$$

式中，c、c' 是油和水的比热容，$c = (1675 \sim 2093)\,J/(kg \cdot K)$，$c' = 4187\,J/(kg \cdot K)$；$\rho$、$\rho'$ 是油和水的密度，$\rho = 990\,kg/m^3$，$\rho' = 1000\,kg/m^3$。

油液流过冷却器的压降应不大于 $0.05 \sim 0.08MPa$；水流过冷却器的流速不大于 $1.2m/s$。

2. 加热器

油液可用热水或蒸汽来加热，也可用电加热。电加热因为结构简单，使用方便，能按需要自动调节温度，得到广泛的使用。如图 5-16 所示。电加热器用法兰安装在油箱壁上，发热部分全部浸在油液内。加热器应安装在箱内油液流动处，以利于热量的交换。同时，单个电加热器的功率容量也不能太大，一般不超过 $3W/cm^2$，以免其周围油液因局部过度受热而变质。在电路上应设置联锁保护装置，当油液没有完全包围加热元件，或没有足够的油液进行循环时，加热器应不能工作。

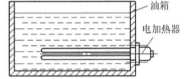
油箱
电加热器

图 5-16　电加热器的安装位置

加热器的发热功率可按式（5-15）估算：

$$P \geq \frac{c\rho V\Delta t}{T} \tag{5-15}$$

式中，c 是油液的比热容，取 $c = 1675 \sim 2093\,J/(kg \cdot K)$；$\rho$ 是油液的密度，取 $\rho \approx 900\,kg/m^3$；V 是油箱内油液的容积；Δt 是油液加热后的温升（K）；T 是加热时间（s）。

电加热器所需功率 P_d 为

$$P_d = P/\eta_d \tag{5-16}$$

式中，η_d 是电加热器的热效率，一般取 $\eta_d = 0.6 \sim 0.8$。

电加热器加热部分应全部浸入油中。

5.6　密封装置

1. 密封装置的作用与基本要求

在液压系统中必然存在泄漏，这是由于系统及元件的容腔内流动或暂存的工作介质，由于压力、间隙和黏度等因素的变化而导致少量工作介质越过容腔边界，由高压腔向低压腔或外界流出。泄漏分为内泄漏和外泄漏两类，在系统或元件内部，工作介质由高压腔向低压腔的泄漏称为内泄漏；由系统或元件内部向外界的泄漏称为外泄漏。内泄漏会导致系统容积效率急剧下降，达不到所需的工作压力，设备无法正常运作；外泄露会造成工作介质浪费和环境污染，甚至引发设备操作失灵和人身事故。因此，在液压系统中必须使用密封装置。

密封装置应当满足下列基本要求：

1）在工作压力下具有良好的密封性能，并随着压力的增大能自动提高密封性能。

2）密封装置对运动零件的摩擦阻力要小，摩擦因数要稳定，以免出现运动零件卡住或运动不均匀等现象。

3）耐磨性好，工作寿命长。

4）制造简单，便于安装和维修。

2. 密封装置的类型

根据密封部分的运动状况，密封装置有静密封（密封部分是固定不动的）和动密封（密封部分是运动的）之分，动密封又有往复运动密封和旋转运动密封两种。按照密封工作原理的不同，则可分为非接触式密封装置和接触式密封装置两大类。

（1）间隙密封　间隙密封即非接触式密封，它没有专门的密封元件，靠控制两相对运动零件表面间的微小间隙来实现密封，是最简单的一种密封方法。常见的有阀芯与阀套、柱塞（或活塞）与缸筒的圆柱面间隙密封，液压泵配流盘平面的间隙密封等。

圆柱面间隙密封的结构如图5-17所示，其密封性能的好坏与间隙大小、压力差、配合表面的长度、直径大小和加工质量等因素有关，其中以间隙的大小和均匀性对密封性能影响最大。间隙大小可根据允许的泄漏量进行计算，通常按经验选取，一般推荐的经验数值是每2.5mm直径上有0.001mm的间隙。

间隙密封零件（如柱塞或活塞）的配合表面上常常开几条等距离的均压槽，这不仅可以大大消除作用于柱塞上的液压卡紧力，而且可以提高柱塞与缸孔的同心度，保持密封间隙均匀，减少泄漏流量，提高其密封性能。

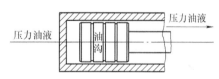

图5-17　圆柱配合间隙密封

间隙密封的特点是结构简单，摩擦阻力小，但不可避免有泄漏存在，而且长期工作后，磨损会使间隙加大，密封性能降低。所以这种密封只用于某些特定的场合。

（2）接触式密封　在需要密封的两个零件配合表面间，加入一个弹性元件来实现的密封，称为接触式密封。由于这种密封效果好，且能在较大的压力和温度范围内可靠地工作，因此成为液压元件密封中应用最广泛的一类密封装置。接触式密封所用的弹性元件，最常见的是O形密封圈套和各种唇形密封圈以及活塞环等，此外还有液压支架液压缸中使用的蕾形和鼓形密封圈。

3. 密封元件的常用材料

密封元件的材料对工作介质的适应性，是影响密封效果的重要因素。密封元件的材料有非金属和金属两类。非金属材料有皮革、天然橡胶、合成橡胶和合成树脂等。合成橡胶是最重要的一种密封材料，使用范围十分广泛。其中，耐油性能好的丁腈橡胶则是液压传动中最常用的品种。

根据不同的使用条件，合理地选用橡胶密封的材料是很重要的。表5-4所列为几种常用橡胶密封材料的性能和应用范围。

表 5-4　常用橡胶的性能和适用范围

橡胶种类	使用温度/℃	主 要 性 能	适 用 范 围
丁腈橡胶	-50 ~ +120	耐油性、耐磨性、抗老化性能良好	广泛用于液压、水压和气动设备中,不可用于磷酸酯系工作液中
聚氨酯橡胶	-30 ~ +80	机械强度、耐磨性、耐压性和耐油性好	用于耐磨性要求高的液压及气动设备。高温下易水解,不宜用于水及水溶液中
聚丙烯橡胶	0 ~ +180	耐热性、耐油性很好,耐低温性能差	用于高温液压设备,不宜用于水和酒精中
氟化橡胶	-45 ~ +250	耐高热性、耐化学药品腐蚀性、耐油性好,耐磨性也良好	用于高温液压设备及要求耐腐蚀的场合
硫化橡胶	0 ~ +80	耐油性、耐溶剂性、耐汽油性好,机械强度低	用作固定密封
氯磺化聚乙烯橡胶	-30 ~ +150	耐热性、耐酸性、耐油性、耐磨性好,弹性小	用于需耐臭氧、耐化学药品和耐高温油的场合
天然橡胶及天然合成橡胶	-50 ~ +120	富有弹性和耐磨性,机械性能良好,耐矿物油差,耐蓖麻基油很好	可用于蓖麻基油、水及乙醇为介质的密封,不能用于矿物油

　　当条件不许可使用合成橡胶时,可采用合成树脂,如聚四氟乙烯和尼龙等。它们具有化学性能稳定,机械强度高,耐压性、耐冲击性、耐磨性以及摩擦因数小等优点。其不足之处是缺乏橡胶的弹性和柔性,而且硬度随温度的变化较大。

　　合成橡胶和合成树脂在高温高压时不能使用,这时可用金属材料,常用密封金属材料有铸铁、铜、铝等。铸铁一般用作活塞环,铜和铝垫则用作静密封元件。

　　4. 常用密封元件的结构和性能

　　(1) O 形密封圈　O 形密封圈整体为一个圆环形,而横截面为实心圆形,具有结构简单、使用方便的优点,应用范围最广。其密封原理如图 5-18 所示。在系统压力建立后,在压力油作用下,O 形密封圈被挤到槽口的一侧并紧贴在槽壁和密封面上。这样就增加了密封面的接触压力,提高了密封效果。O 形密封圈的液压力为

$$p_m = p_0 + p_H \tag{5-17}$$

$$p_H = Kp \tag{5-18}$$

式中,p_H 是被密封的有压液体通过 O 形密封圈传给接触面的压力;K 是压力传递系数,$K > 1$。

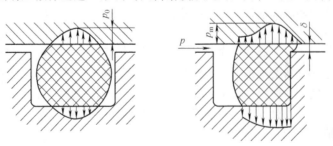

图 5-18　O 形密封圈密封原理

O形密封圈在工作过程中，只有保持一定的 p_m 值，才能可靠地密封，当然，增大 p_m 值后，由于O形密封圈的摩擦因数小、安装空间小，故已被广泛应用于固定密封和运动密封。用于固定密封时，一般当工作压力大于 32MPa 时应加设挡圈；用于运动密封时，主要用于工作条件好且运动平稳的中低压液压缸，当压力超过 10MPa 时，O形密封圈会被挤入低压侧的间隙中而损坏。在这种情况下，应在低压侧加挡圈（见图 5-19），如双向均受压力作用时，O形密封圈两侧均应加挡圈。使用挡圈后，可用于 20~30MPa 压力下往复运动的密封。挡圈常用聚四氟乙烯、尼龙等材料制成。由于O形橡胶密封圈质地较软，容易被扭曲损坏，因而不能用于大直径且行程长速度快的液压缸。硬度较高的O形密封圈可用于旋转密封，但运动速度不应超过 2m/s，否则会因发热而损坏。

O形密封圈及其安装沟槽的尺寸都已标准化，选用时，可查阅有关液压传动设计手册。

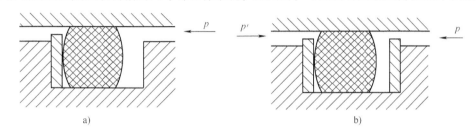

图 5-19　挡圈的设置

a）单侧挡圈　b）两侧挡圈

O形密封圈是液压系统中应用最广泛的一种密封元件，具有以下特点：

① 密封性好，寿命较长。

② 用一个密封圈即可起到双向密封的作用。

③ 动密封阻力较小。

④ 对油液的种类、温度和压力适应性强。

⑤ 体积小、重量轻和成本低。

⑥ 结构简单、装拆方便。

⑦ 既可作动密封用，又可作静密封用。

⑧ 可在 -40~120℃ 较大的温度范围内工作。

但用作动密封时，它与唇形密封圈相比，其磨损后补偿少，寿命较短，且对密封装置机械部分的加工精度要求较高。

（2）Y形密封圈　Y形密封圈截面形状酷似Y形，是一种典型的唇形密封圈。一般用丁腈橡胶制成，其结构如图 5-20a 所示。适于在工作压力小于 20MPa、温度为 -30~80℃ 的条件下工作，其密封性能可靠、摩擦力小，最适于往复运动速度较高的场合，使用寿命高于O形密封圈。使用时应使Y形密封圈的唇边对着压力油侧，当压力波动较大、运动速度较快时，为防止密封圈产生翻转和扭曲，须用支承环固定，如图中如图 5-20c 所示。在Y形密封圈的基础上又制出 Y_x 形密封圈，如图中 5-20b 所示，它的内外两个唇边长度不等，用于密封的唇边较短，因此在工作时该唇边不会被挤入密封间隙而损坏，Y_x 形密封圈的高度 H 是其厚度的两倍，故工作时不会翻转，也不需要另加支承环，Y_x 形密封圈的工作压力可达 32MPa，正逐步取代Y形密封圈。

Y形密封圈的特点如下：

1）密封性能稳定可靠。

2）摩擦阻力小，运动平稳。

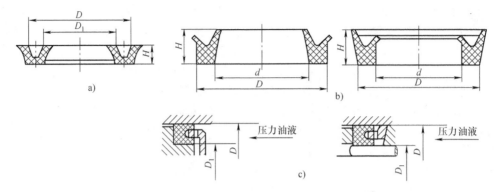

图 5-20　Y 形密封圈的结构

a）Y 形密封圈　b）Y_X 形密封圈　c）支承环固定

3）耐压性好，适应压力范围广。

4）结构简单，价格低廉。

5）安装容易，维修方便。

（3）V 形密封圈　V 形密封圈的截面呈 V 形，它由多层涂胶织物制成，并由支承环、密封圈和压圈组成，如图 5-21 所示。使用时，需成组装配，其中密封圈不得少于三个，工作压力越高、密封圈的个数越多。安装时其开口侧应朝向高压侧，并用螺纹压盖压紧，V 形密封圈密封性能好、耐高压且工作可靠，可在 50MPa 以上压力使用，但安装空间较大，摩擦力也比较大。

V 形密封圈密封具有以下优点：

① 工作性能良好，耐压高，寿命长。

② 通过调节压紧力，可获得最佳的密封效果。

③ 能在偏心状态下可靠密封。

④ 当无法从轴向装入时，可切交错开口安装，不影响密封效果。

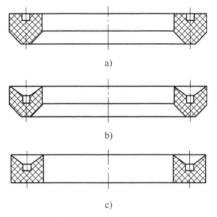

图 5-21　V 形密封圈

a）压环　b）V 形密封圈　c）支承环

但 V 形密封装置的摩擦阻力机结构尺寸较大，检修和拆装不方便。它主要用于活塞及活塞杆的往复运动密封，也经常用于水基柱塞泵的密封。

（4）组合密封圈　组合密封圈由两个或两个以上的密封件构成，主要用于运动密封。其中滑动部分是由润滑性能好、摩擦因数低的材料制作。另一部分用弹性元件，构成密封和预压紧作用。

组合密封圈是结构与材料全部实施组合形式的往复运动密封元件。它由加了填充材料的改性聚四氟乙烯滑环 1 和 2，以及具有弹性的 O 形密封圈 3 组成，结构型式如图 5-22 所示。

格来圈 1 和斯特圈 2 都是以聚四氟乙烯树脂为基材，按使用条件充填铜粉、石墨、二硫化钼等材料制成。

组合密封圈的特点如下：

① 具有极低的摩擦因数（0.02 ~ 0.04），动静摩擦因数变化小，因此，运动平稳，低速性能好。

② 自润滑性能好，与金属耦合面不易黏着。

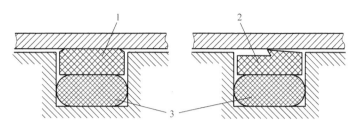

图 5-22　组合密封圈
1—格来圈　2—斯特圈　3—O 形密封圈

③ 密封性能好。

④ 可根据使用条件改变聚四氟乙烯树脂充填材料配比，以获得最佳性能。

组合密封圈已经广泛应用于中高压液压缸的往复运动密封，其适用于工作压力不大于 50MPa、运动速度不大于 1m/s、工作温度为 – 30 ~ 120℃的环境。

（5）防尘密封圈　为防止活塞杆在往复运动中将外界污染物带入液压缸内，在缸盖或导向套端部应安装防尘圈，如图 5-23 所示。在尘土较多环境下工作的液压缸，一般在活塞杆和缸盖之间都要装防尘圈。防尘圈形式很多，可根据不同的需要选择。一般的防尘圈是用聚氨酯材料制造的，使用速度不大于 1m/s，工作温度为 – 35 ~ + 100℃。

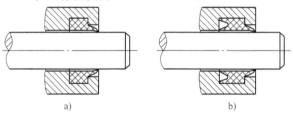

图 5-23　防尘圈
a）防尘圈　b）异型防尘圈

（6）油封　油封通常是指对润滑油的密封，用于旋转轴上，对内封油，对外防尘。油封分为无骨架油封和有骨架油封两种，如图 5-24 所示。

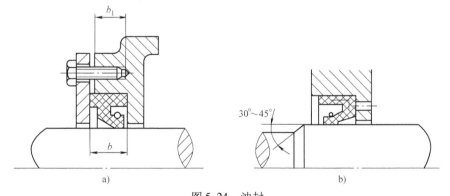

图 5-24　油封
a）无骨架油封　b）有骨架油封

油封装在轴上，要有一定的过盈量，它的唇边对轴产生一定的径向力，形成一稳定的油膜。油封的工作温度比工作介质温度一般高 20 ~ 40℃，所以一般采用丁腈橡胶和丙烯酸酯橡胶制造。

油封的工作压力不超过 0.05MPa。油封安装时，一定要使唇端朝桌被密封的油液一侧。

5.7 管件

管件包括油管和管接头，其作用是保证油路的连通，并便于拆卸、安装；根据工作压力、安装位置确定管件的连接结构；与泵、阀等连接的管件直径应由其接口尺寸决定。

在液压系统中所有的元件，包括辅件在内，全靠油管和管接头等连接而成，油管和管接头的重量约占液压系统总重量的三分之一，分布遍及整个系统。只要系统中任一根管件或者任一个接头损坏，都可能导致系统出现故障，因此，管件和接头虽然结构简单，但是在系统中起着不可缺少的作用。

5.7.1 油管

液压系统中使用的油管有钢管、纯铜管、尼龙管、塑料管和橡胶管等，必须依其安装位置、工作条件和工作压力来正确选用。各种油管的特点及适用场合见表 5-5。

表 5-5 液压系统中使用的油管的特点及适用场合

种 类		特 点 和 适 用 场 合
硬管	钢管	能承受高压，价格低廉，耐油，抗腐蚀，刚性好，但装配时不能任意弯曲；常在装拆方便处用作压力管道（中、高压用无缝管，低压用焊接管）
	纯铜管	易弯曲成各种形状，但承压能力一般不超过 6.5~10MPa，抗振能力较弱，又易使液压油氧化；通常用在液压装置内配接不便之处
软管	尼龙管	乳白色半透明，加热后可以随意弯曲成形或扩口，冷却后又能定形不变，承压能力因材质而异，在 2.5~8MPa 范围
	塑料管	质轻耐油，价格便宜，装配方便，但承压能力低，长期使用会变质老化，只宜用作压力低于 0.5MPa 的回油管、泄油管等
	橡胶管	高压管由耐油橡胶夹几层钢丝编织网制成，钢丝网层数越多，耐压越高，价格昂贵，用作中、高压系统中两个相对运动件之间的压力管道 低压管由耐油橡胶夹帆布制成，可用作回油管道

油管的规格尺寸指的是它的内径和壁厚，可依式（5-19）和式（5-20）算出后，查阅有关的标准选定。

$$d = 2\sqrt{\frac{q}{\pi v}} \tag{5-19}$$

$$\delta = \frac{pdn}{2R_m} \tag{5-20}$$

式中，q 是管内流量；v 是管中油液的流速，吸油管取 0.5~1.5m/s，高压管取 2.5~5m/s（压力高的取大值，低的取小值，如压力 6MPa 以上的取 5m/s，在 3~6MPa 范围内的取 4m/s，在 3MPa以下的取 2.5~3m/s；管道短时取大值；油液黏度大时取小值），回油管取 1.5~2.5m/s，短管及局部收缩处取 5~7m/s；δ 是油管壁厚；p 是管内工作压力；d 是内径；n 是安全系数，对钢管来说，$p \leqslant 7MPa$ 时 $n=8$，$7MPa < p \leqslant 17.5MPa$ 时取 $n=6$，$p > 17.5MPa$ 时取 $n=4$；R_m 是管道材料的抗拉强度。

选择油管时，内径不宜过大，以免使液压装置不紧凑，但也不能过小，以免使管内液体流速过大，压力损失增大以及产生振动和噪声。

在保证强度的前提下，尽量选用薄壁管。薄壁管易弯，规格较多，连接容易。

5.7.2　管接头

在液压系统中，金属管之间或金属管与液压元件的连接可采用焊接、法兰连接和螺纹连接。而橡胶软管与金属管或液压元件的连接均采用橡胶管接头连接。管接头类型和规格很多，已标准化，现分述如下：

（1）焊接式管接头　如图 5-25 所示为焊接式管接头，该管接头制造简单、工作可靠，适用于管壁较厚和压力较高的系统，承受压力可达 31.5MPa，应用范围较大。其缺点是对焊接质量要求较高。

（2）卡套式管接头　如图 5-26 所示为卡套式管接头，这种管接头的工作比较可靠，可用于工作压力为 31.5MPa 的场合。其缺点是卡套的加工和热处理要求较高，对连接的油管外径的几何精度要求也较高。

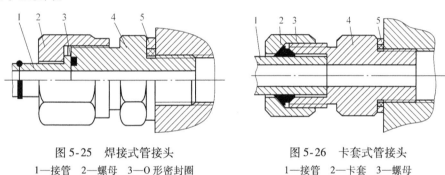

图 5-25　焊接式管接头　　　　图 5-26　卡套式管接头
1—接管　2—螺母　3—O 形密封圈　　1—接管　2—卡套　3—螺母
4—接头体　5—组合密封垫　　　　4—接头体　5—组合密封垫

（3）扩口式管接头　图 5-27 所示为扩口式管接头，这种管接头的结构简单，性能良好，加工和使用方便，适用于中、低压管路系统，其工作压力取决于管材的许用压力，一般为 3.5～16MPa。

（4）扣压式软管接头　图 5-28 所示为扣压式软管接头，这种管接头可用于工作压力为 6～40MPa 的液压传动系统中的软管的连接，在装配时须剥离胶层，然后在专门的设备上扣压而成。

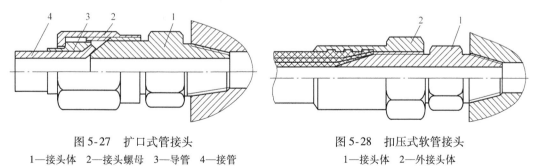

图 5-27　扩口式管接头　　　　图 5-28　扣压式软管接头
1—接头体　2—接头螺母　3—导管　4—接管　　1—接头体　2—外接头体

（5）快速装拆管接头　图 5-29 所示为快速装拆管接头，这种管接头能实现管路迅速连通或断开，适用于需要经常拆装的液压管路。这种管接头结构比较复杂，局部损失阻力较大。

5.7.3 压力表及压力表开关

1. 压力表

压力表用于观察液压系统中各工作点（如液压泵出口、减压阀之后等）的压力，以便于操作人员把系统的压力调整到要求的工作压力。

压力表的种类很多，最常用的是弹簧管式压力表，如图 5-30 所示。当压力油进入扁形截面金属弯管 1 时，弯管变形而使其曲率半径加大，端部的位移通过杠杆 4 使齿扇 5 摆动。于是与扇形齿 5 啮合的小齿轮 6 带动指针 2 转动，此时就可在刻度盘 3 上读出压力值。

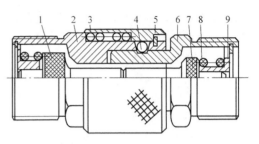

图 5-29　快速装拆管接头
1、7—单向阀体　2—外接头体　3、8—弹簧
4—钢球　5—外套　6—内接头　9—弹簧座

2. 压力表开关

压力表开关用于接通或断开压力表与测量点油路的通道。压力表开关有一点式、三点式、六点式等类型。多点压力表开关可按需要分别测量系统中多点处的压力。

图 5-31 所示为压力表开关结构，图示位置为非测量位置，此时压力表油路经小孔 a、沟槽 b 与油箱接通；若将手柄向右推进去，沟槽 b 将把压力表与测量点接通，并把压力表通往油箱的油路切断，这时便可测出该测量点的压力。如将手柄转到另一个位置，便可测出另一点的压力。

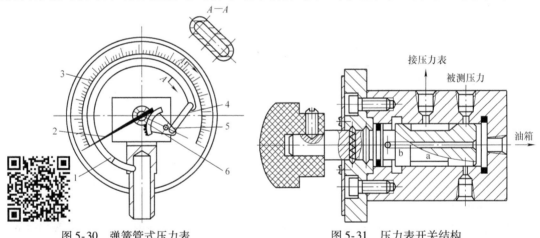

图 5-30　弹簧管式压力表　　　　　图 5-31　压力表开关结构
1—弯管　2—指针　3—刻度盘　4—杠杆
5—齿扇　6—小齿轮

5.7.4 中心回转接头

有些机械设备，如全液压挖掘机和汽车起重机等，需要把装在回转平台上的液压泵的压力油输往固定不动的（相对于回转平台）下部行走机构，或者需要把装在底盘上的液压泵的压力油输往装于回转平台上的工作机构。这时可采用中心回转接头。

图 5-32 是中心回转接头结构示意，由旋转芯子、外壳和密封件等构成。旋转芯子与回转平台固连，跟随回转平台回转；外壳与底盘连接，相对于回转平台固定。上部油管安装在旋转芯子上端的小孔上，这些小孔经过轴线方向的内孔和径向孔与外壳上的径向孔相通，而外壳上的径向孔与下部油管相连。为了使旋转芯子在回转时，其上的油孔仍能保持与外壳上的相应油孔相通，在外壳的内圆柱面上与径向小孔相对应处，各开有环形油槽，这些油槽保证了外壳与旋转芯子上

的对应油孔始终相通。

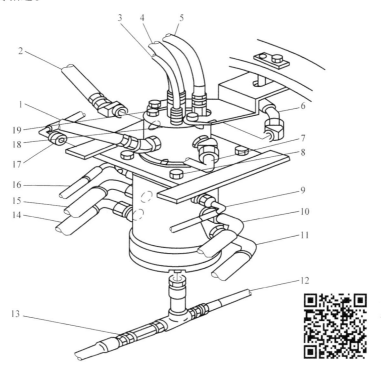

图 5-32　中心回转接头结构示意

1~7—上部软管　8、19—固定螺栓　9~17—下部软管　18—固定锁紧板

有些结构采用外壳与回转平台固连，芯子与底盘固连，此时沟槽开在芯子上较合适。沟槽开在芯子上加工容易，外形尺寸小，装配也方便。

有些结构采用外壳与回转平台固连，芯子与底盘固连，此时沟槽开在芯子上较合适。沟槽开在芯子上加工容易，外形尺寸小，装配也方便。

为了防止各条油路之间的内漏和外漏，在各环形油槽之间还开有环形密封槽装以密封件，密封件可以采用方形橡胶圈和尼龙环，也可用 O 形密封圈（当压力较低时）或其他的密封件。

例　　题

例题 5-1　一气囊式蓄能器容量为 2.5L，如系统的最高和最低压力分别为 6MPa 和 4.5MPa，试求蓄能器所能输出的体积。

解： 取蓄能器充气压力 $p_0 = 0.8 p_2$，即

$$p_0 = 0.8 \times 4.5 \text{MPa} = 3.6 \text{MPa}$$

1）当蓄能器慢速输出油时，$n = 1$，根据式（5-10）可得蓄能器输出的体积为

$$\Delta V = 2.5 \times 3.6 \times 10^6 \times \left(\frac{1}{4.5 \times 10^6} - \frac{1}{6 \times 10^6} \right) \text{L} = 0.5 \text{L}$$

2）当蓄能器快速输出油时，$n = 1.4$，根据式（5-10）可得蓄能器输出的体积：

$$\Delta V = 2.5 \times (3.6 \times 10^6)^{\frac{1}{1.4}} \times \left[\left(\frac{1}{4.5 \times 10^6} \right)^{\frac{1}{1.4}} - \left(\frac{1}{6 \times 10^6} \right)^{\frac{1}{1.4}} \right] \text{L} = 0.4 \text{L}$$

例题 5-2 某液压系统最高压力 $p_1 = 15\text{MPa}$，最低压力 $p_2 = 8\text{MPa}$，若蓄能器的充气压力为 $p_0 = 5.6\text{MPa}$，供给系统油液体积 $\Delta V = 1.5\text{L}$，问需用多大容量的蓄能器？

解：气囊式蓄能器若排油速度缓慢，蓄能器内的气体按等温变化考虑，根据式（5-10），$n = 1$，得

$$V_0 = \frac{p_1 p_2 \Delta V}{p(p_1 - p_2)} = \frac{1.5 \times 15 \times 10^6 \times 8 \times 10^6}{5.6 \times 10^6 (15 \times 10^6 - 8 \times 10^6)} \text{L} = 4.59\text{L}$$

若排油速度迅速，蓄能器内的气体按绝热变化考虑，根据式（5-10），$n = 1.4$，得

$$V_0 = \frac{1.5}{(5.6 \times 10^6)^{0.71} \left[\left(\dfrac{1}{15 \times 10^6} \right)^{0.71} - \left(\dfrac{1}{8 \times 10^6} \right)^{0.71} \right]} = 5.37\text{L}$$

例题 5-3 如果液压缸的有效面积为 $A = 100\text{cm}^2$，活塞快速移动的速度为 $v = 3\text{m/min}$，应协作多大流量的液压泵（管路简单）？油箱的有效容量为多少升？

解：1）液压缸所需流量：

$$q = vA = 3 \times 10^2 \times 100\text{L/min} = 30\text{L/min}$$

液压泵的额定流量：

$$q_H \geqslant K q_{max}$$

通常 $K = 1.1 \sim 1.3$，由于回路简单，故取 $K = 1.1$，所以

$$q_H \geqslant K q_{max} = 1.1 \times 30\text{L/min} = 33\text{L/min}$$

为避免造成过大的功率损失，选择液压泵的额定流量 $q_H = 32\text{L/min}$。

2）油箱的容积：

在低压系统中：$V = (2 \sim 4) q_H = (2 \sim 4) \times 32\text{L} = 64 \sim 128\text{L}$

在中压系统中：$V = (5 \sim 7) q_H = (5 \sim 7) \times 32\text{L} = 160 \sim 224\text{L}$

在高压系统中：$V = (6 \sim 12) q_H = (6 \sim 12) \times 32\text{L} = 192 \sim 384\text{L}$

例题 5-4 已知液压泵的额定流量为 6L/min，求液压泵吸油管和压油管的内径各为多少？

解：液压泵吸油管流速选取：$v = 1\text{m/s}$

吸油管内径：

$$d = 1.13 \sqrt{\frac{q_H}{v}} = 1.13 \times \sqrt{\frac{6 \times 10^3}{60 \times 1 \times 10^2}}\text{cm} = 1.13\text{cm}$$

液压泵压油管流速选取：$v = 3\text{m/s}$

压油管内径：

$$d = 1.13 \sqrt{\frac{q_H}{v}} = 1.13 \times \sqrt{\frac{6 \times 10^3}{60 \times 3 \times 10^2}}\text{cm} = 0.65\text{cm}$$

习 题

习题 5-1 试举出过滤器的三种可能的安装位置，如何考虑各安装位置上的过滤器的精度？

习题 5-2 气囊式蓄能器容量为 3L，气体的充气压力 3.2MPa，当工作压力 p_1 从 7MPa 降低到 4MPa 时，蓄能器能够输出的油液体积为多少？

习题 5-3 某液压系统，使用 YB 叶片泵，工作压力为 6.3MPa，其管道流量为 $q = 40\text{L/min}$，试确定油管的尺寸。

习题 5-4 一单杆液压缸，活塞的直径为 100mm，活塞杆的直径为 56mm，行程为 500mm，现有杆腔进油，无杆腔回油，问由于活塞的移动而使有效底面积为 200cm² 的油箱内液面高度的变化是多少？

习题 5-5 密封元件按断面形状共分几种？各自的特点是什么？

习题 5-6 比较各种密封装置的密封原理及结构特点，它们各用在什么场合比较合适？

习题 5-7 某液压系统，其管道流量为 $q = 25\text{L/min}$，若要求管内流速 $v \leqslant 5\text{m/min}$，试确定油管的直径。

第6章 方向阀及应用回路

本章内容包括单向阀、换向阀和由它们组成的各种基本回路。其中主要讨论滑阀式换向阀。要掌握这些阀的工作结构型式、原理、基于 FluidSIM 的职能符号、滑阀机能及操纵方式等。学习时还要把基于 FluidSIM 的图形符号和阀的结构原理联系起来，才能深入地理解其换向原理和方向阀机能。

6.1 概述

液压阀，又称液压控制阀，是液压系统中的控制调节元件，用来控制或调节液压系统中液流的方向、压力和流量，使执行装置（液压缸或液压马达）及其驱动的工作结构获得所需的运动方向、推力（转矩）及其运动速度（转速）等，以满足不同的动作要求。因此，液压阀性能的优劣，工作是否可靠，对整个液压系统的正常工作将产生直接影响。

1. 液压阀的功能

任何一个液压系统，不论其如何简单，都不能缺少液压阀，同一工艺目的的液压机械，通过液压阀的不同组合，就可以组成油路结构不同的多种液压系统方案，因此液压阀是液压技术中品质与规格最多、应用最广泛、最活跃的元件。液压阀尽管品种规格繁多，但它们之间还是保持着一些共同点：

1）在结构上都是由阀体、阀芯和驱动动作的元、部件组成。

2）在工作原理上，都是利用阀体和阀芯的相对位移来改变通流面积或通路来工作的，所有阀的开口大小，阀进、出口间的压差以及阀的流量之间的关系都符合孔口流量公式。

3）各种阀都可以看成是油路中的一个液阻，只要有液体流过，都会有压力损失和温度升高等现象。

2. 液压阀的分类

液压阀可按其不同的特征进行分类，见表6-1。

表6-1 液压阀的分类

分类方法	种类	说明
按功能分类	压力控制阀	用于控制液压系统中流体压力的阀，包括溢流阀、顺序阀、减压阀、平衡阀、卸荷阀、压力继电器等
	流量控制阀	用于控制液压系统中流体流量的阀，包括节流阀、单向节流阀、调速阀、分流阀、集流阀等
	方向控制阀	用于控制液压系统中流体流动方向的阀，包括单向阀、液控单向阀、换向阀、梭阀等
按结构分类	滑 阀	靠接触面的相对滑动来工作，如圆柱滑阀、转阀和平板滑阀等
	座 阀	靠调整动作面间距来工作，如锥阀、球阀和喷嘴挡板阀等
按操纵方法分类	手 动 阀	由人手或脚来操纵的阀，如手动换向阀、脚踏阀等
	机 动 阀	由进行挡块或碰块驱动的阀，如机动换向阀

（续）

分类方法	种类	说明
按动力分类	电 动 阀	由电磁铁、伺服电动机或其他电力驱动的阀，如电磁换向阀等
	液动阀	由液压力驱动的阀，如电液换向阀等
按连接方式分类	管式连接	通油口是采用螺纹或法兰的方式连接，如各类螺纹连接阀
	板式连接	通油口在一侧，有一块平板来连通，如各类板式连接阀
	叠加式连接	各类阀可有机地叠加在一起装在标准底板上，构成特定回路，如各类叠加阀
	插装式连接	需装入自制的阀体内才能工作的阀，如插装阀、螺纹插装阀
按控制方式分类	开关或定值阀	输出量靠手工调整的压力阀和流量阀，以及只有通断特性的方向阀，如各类压力控制阀、流量控制阀和方向控制阀
	电液比例阀	输出量根据电磁力大小可按比例调整的阀，如电液比例流量阀、电液比例压力阀、电液比例换向阀、电液比例多路阀
	伺服阀	电力控制的各类输出量闭环控制，有极高的响应速度和动态特性，如喷嘴挡板式伺服阀、电流量伺服阀、电液流量伺服阀、电液压力伺服阀、机液伺服阀等
	数字控制阀	由数字电信号控制的阀，如数字控制压力阀、数字控制流量阀与方向阀

3. 液压阀的基本性能参数

（1）公称通径 液压阀的公称通径是指其主油口（进出口）的名义尺寸，单位为 mm，它代表了液压阀的通流能力的大小，对应阀的额定流量。阀的公称通径已标准化，可查手册或产品样本。阀工作时的实际流量应小于或等于它的额定流量，最大不得大于额定流量的 1.1 倍。

（2）额定压力 液压控制阀长期工作允许的最高压力。对于压力控制阀来说，实际最高压力有时还与阀的调压范围有关；对于换向阀来说，实际最高压力还可能受其功率极限的限制。

4. 对液压控制阀的基本要求

各种液压控制阀不是对外做功元件，而是用来实现执行元件（机构）所提出的力（力矩）、速度、方向（转向）要求的，因此对液压控制阀的共同要求如下：

1）动作灵敏，使用可靠，工作平稳，冲击振动小。

2）密封性好，泄漏少。

3）油液流过时压力损失小。

4）结构简单、紧凑、体积小，安装、调整、维护、保养方便，成本低廉，通用性好，寿命长。

在液压元件中，液压控制阀无论在品种上、还是在数量上，都占有相当大的比重，因此阀类元件性能的好坏在很大程度上影响液压系统的优、劣和可靠性。

本章先从方向阀和方向回路开始介绍。

6.2 单向阀

液压系统中常用的单向阀有普通单向阀和液控单向阀两种。

6.2.1 普通单向阀

普通单向阀（简称单向阀）是在液压系统中只允许液流沿一个方向流动，而不能反向流动的阀，又称止回阀或逆止阀。它的作用类似于电路中的二极管。它的主要性能要求是：液流正向通过时压力损失要小，反向不通时密封性要好，动作要灵敏。

1. 单向阀的结构及工作原理

单向阀按其进口液流和出口液流方向来分，有直通式和直角式两种。

图 6-1a 所示为锥阀式直通单向阀，其安装方式为管式。它主要由阀体 1，阀芯 2，弹簧 3 等组成。其工作原理是：当压力油由 P_1 口进入时，克服弹簧力使阀芯 2 右移，阀口打开，油液经阀芯上的径向孔 a、轴向孔 b 从出油口 P_2 流出；当压力油反向流进时，液压力和弹簧力将阀芯压紧在阀座上，油液不能通过。单向阀采用阀座式结构，这有利于保证良好的反向密封性能。单向阀开启压力一般为 $0.035 \sim 0.05$ MPa，所以单向阀中的弹簧 3 很软（刚度小）。但当单向阀作背压阀使用时，其弹簧刚度要稍大些，其开启压力一般为 $0.2 \sim 0.6$ MPa。没有弹簧的单向阀在装配时必须垂直安置，阀芯通过自身的重量停止在阀座上。

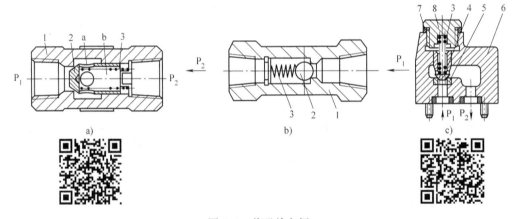

图 6-1 普通单向阀

a）锥阀式 b）钢球式 c）直角式

1—阀体 2、4—阀芯 3—弹簧 5—阀座 6—阀体 7—密封圈 8—上盖

图 6-1b 所示为钢球式直通单向阀，其安装方式为管式。其工作原理与锥阀式差不多。

图 6-1c 所示为直角式单向阀。它由密封圈 7、上盖 8、弹簧 3、阀芯 4、阀座 5、阀体 6 等组成。其工作原理是：当压力油从 P_1 进入时，克服弹簧力使阀芯 4 上移，阀口打开，油流直接从阀体内部铸造通道流向 P_2 出口处，而不必像锥阀式直通单向阀那样须经过阀芯上的四个径向孔 a 流出，这样可以进一步减小压力损失。

2. 单向阀的 FluidSIM 表示

图 1-4 所示的模型库中设有无弹簧的单向阀，如图 6-2 所示，在装配时必须垂直安置，阀芯通过自身的重量停止在阀座上。单击单向阀模型弹出对话框，液流从 A 流向 B 时液阻 "Hydraulic resistance" 的默认设置为 0.01 MPa/(L/min)^2。

图 1-4 所示的模型库中设有有弹簧的单向阀如图 6-3 所示，在装配时可任意方向放置，弹簧的预紧力把阀芯压紧在阀座上。单击单向阀模型弹出对话框，液流从 A 流向 B 时的默认设置为 0.01 MPa/(L/min)^2，可根据调压弹簧的刚度设置该值。公称压力 "Nominal Pressue" 设置为 0.1 MPa，液阻 "Hydraulic resistance" 与无弹簧的单向阀一样。

3. 单向阀的应用

1）单向阀常被安装在泵的出口，可防止系统冲击对泵的影响，另外可防止在泵不工作时系统油液经泵倒流回油箱。

图 6-2　无弹簧的单向阀职能符号和设置对话框　　图 6-3　有弹簧的单向阀职能符号和设置对话框

2）单向阀还可用来分隔油路防止干扰，比如双泵高低速转换回路。

3）单向阀和其他阀组合，便可组成复合阀，比如单向节流阀、单向顺序阀等。

4）为提高液压缸的运动平稳性，在液压缸的回油路上设有普通单向阀，作背压阀使用，使回油产生背压，以减少液压缸的前冲和爬行现象。

5）配油装置：分吸油单向阀和排油单向阀，如图 1-1 所示。

6.2.2　液控单向阀

液控单向阀是一类比较特殊的单向阀，它除了具有一般单向阀的功能外，还可以根据需要实现液流的逆向流动。它包括普通型和带卸荷阀芯型两种，每种又按其控制活塞泄油腔的连接方式不同分为内泄式和外泄式两种。

1. 液控单向阀的结构及工作原理

图 6-4 图所示为普通型外泄式液控式单向阀。它由弹簧 1、阀芯 2、推杆 3、控制活塞 4 等零件组成。当油液从 P_1 流向 P_2（即正向流动）时，与一般单向阀作用一样。当油液从 P_2 口反向流入时，由于阀芯锥面紧压阀座而使油流不能通过，此时可从阀下部的控制油口 K 处引入控制压力油，压力油推动控制活塞 4 上移，推杆 3 顶开阀芯 2，阀口打开，P_2 口和 P_1 口接通，油液反向通过。这就是液控单向阀的工作原理。

如果没有外泄口 L，而是进油腔 P_1 直接和控制活塞的上腔相通，则是内泄式液控单向阀。这种结构较为简单，反向开启时，K 腔的压力必须大于 P_1 腔的压力，故控制压力较高，仅适用于 P_1 腔压力较低的场合。

在高压系统中，由于液控单向阀反向开启前 P_2 口压力很高，所以它的反向开启控制压力也很高，且当控制活塞推开单向阀阀芯时，高压封闭回路内油液的压力突然释放，会产生很大的冲击，为了避免这种现象且减小控制压力，可采用如图 6-5 所示带卸荷阀芯的液控单向阀。控制压力油通过油口 K 作用在控制活塞 6 上推动控制活塞上移，推杆 5 先将卸荷阀芯 1 顶开，P_2 和 P_1 腔之间通过卸荷阀芯上铣出的缺口相沟通，使 P_2 腔压力降低到一定的程度，然后再顶开锥阀 4 实现 P_2 到 P_1 的反向通流。

图 6-6 所示为一种双液控单向阀，又名液压锁。它是由两个液控单向阀共用一个阀体 1 和控制活塞 2 组成的。当压力油从 P_1 腔进入时，依靠油压自动将左边的阀芯顶开，使 P_1 和 P_2 腔相通；同时控制活塞 2 在油压的作用下右移，顶开右边的阀芯，使 P_3 和 P_4 腔相通，将原来封闭在 P_4 腔通路上的油液，通过 P_3 腔排出。这就是说，当一个腔正向进油时，另一个腔就反向出油，反之亦然。当 P_1 和 P_3 腔都不通压力油时，P_2 和 P_4 腔被两个单向阀封闭。这时执行元件被双液控单向阀双向锁住。

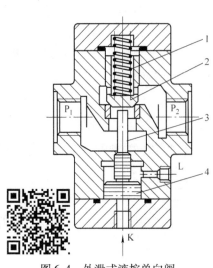

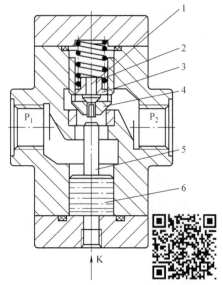

图 6-4　外泄式液控单向阀

1—弹簧　2—阀芯　3—推杆　4—控制活塞

图 6-5　带卸荷阀芯的液控单向阀

1—卸荷阀芯　2—弹簧　3—弹簧座　4—锥阀

5—推杆　6—控制活塞

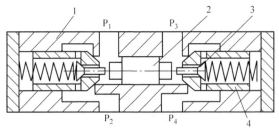

图 6-6　双液控单向阀

1—阀体　2—控制活塞　3—卸荷阀芯　4—锥阀

2. 液控单向阀的 FluidSIM 表示

从 FluidSIM 模块库中选择选项夹 "Shutoff valves and Flow Control Valves"，选择液控单向阀如图 6-7 所示，单击后出现设置对话框，公称压力 "Nominal Pressure" 的默认设置为 0.1MPa，该值为单向阀的开启压力，控制阀芯与单向阀阀芯的面积比值 "Area ratio" 默认设置为 3.3，液阻 "Hydraulic resistance" 默认设置为 $0.01\text{MPa}/(\text{L}/\text{min})^2$。

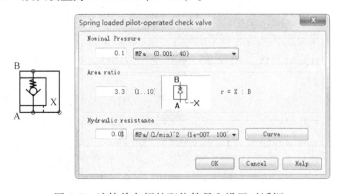

图 6-7　液控单向阀的职能符号和设置对话框

从 FluidSIM 模块库中选择选项夹"Shutoff valves and Flow Control Valves"，选择梭形阀"Shuttle valve"如图 6-8 所示，它的作用是无论是从 A 端还是 B 端进入高压油液，都在 C 端输出。单击后出现设置对话框，液阻选取为"Hydraulic resistance"默认设置。

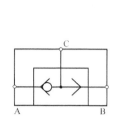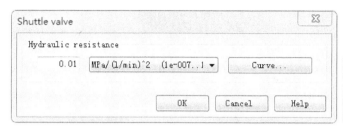

图 6-8　梭形阀及设置对话框

3. 液控单向阀的应用

液控单向阀具有良好的密封性能，常用于保压和锁紧回路，也用于防止立式液压缸停止时在自重作用下下滑等。使用液控单向阀时应注意以下几点：

1）必须保证有足够的控制压力，否则不能打开液控单向阀。

2）液控单向阀阀芯复位时，控制活塞的控制油腔中的油液必须流回油箱。

3）防止空气浸入到液控单向阀的控制油路中。

4）作充液阀使用时，应保证开启压力低而流量大。

5）在回路和配管设计时，采用内泄式液控单向阀，必须保证逆流出口侧不能产生影响控制活塞动作的高压，否则控制活塞容易反向误动作。如果要避免这种高压，则应采用外泄式液控单向阀。

6.3　换向阀

换向阀是借助于改变阀芯的位置来实现与阀体相连的几个油路之间的接通或断开的阀类。换向阀阀芯的结构型式有滑阀式、转阀式和锥阀式等，其中以滑阀式应用最多，一般说的换向阀就是指滑阀式换向阀。对换向阀的主要性能要求是：油路导通时，压力损失小；油路断开时，泄漏量小；换向平稳、可靠、快速、操纵力小等。

6.3.1　换向阀的结构特点和工作原理

滑阀式换向阀是靠阀芯在阀体内沿轴向做往复滑动，将油路接通或断开而实现换向作用的，它是一个有多段环形槽的圆柱体，如图 6-9 所示的阀芯 1 直径大的部分称凸肩。有的阀芯还在轴的中心处加工回油通路孔。阀体 2 的阀孔 3 与阀芯 1 的凸肩相配合，阀体上加工出若干段环形槽，阀体上有若干个与外部相通的通路孔，分别与相应的环形槽 5 相通。

下面以三位四通阀为例说明换向阀是如何实现换向的。如图 6-10 所示，三位四通换向阀阀芯在阀孔中有三个工作位置，分别控制着四个通道的通断。三个工作位置分别为阀芯在阀体中间，以及阀芯移到左右两端时的位置。四个通路，即压力油进油口 P、回油口 T 和通向执行机构的外界油口 A 和 B。当阀芯位于中位（即阀芯未受到外力作用）时，如图 6-10a 所示，油口 P、T、A、B 皆不通，都处于断的状态；当阀芯向右移动时，如图 6-10b 阀处于左位，油口 P 与 A 口接通、B 口与回油口 T 接通；当阀芯向左移动时，如图 6-10b 阀处于右位，油口 P 与 B 口接通、A 口与回油口 T 接通。阀芯相对阀体做轴向移动而改变位置，各油口的连通关系也发生了相应改变，这就是滑阀式换向阀的换向原理。

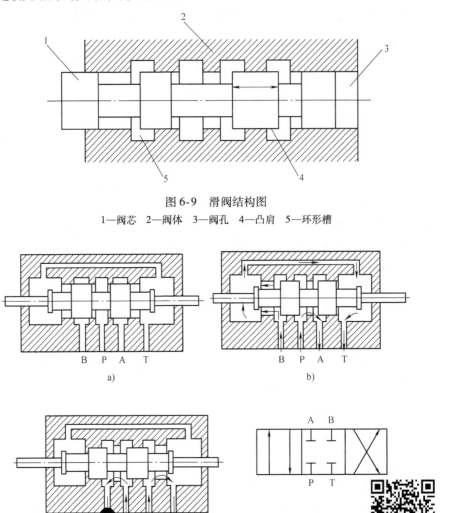

图 6-9 滑阀结构图

1—阀芯 2—阀体 3—阀孔 4—凸肩 5—环形槽

图 6-10 滑阀式换向阀的换向工作原理

a) 中位 b) 左位 c) 右位 d) 职能符号

下面利用 FluidSIM 介绍一下滑阀式换向阀的工作原理。按图 6-10 所示的滑阀结构，在 FluidSIM 中选择换向阀、液压缸、油源等，建模如图 6-11a 所示。运行时，先使换向阀处于中位，此油口封闭，液压缸无动作；手动操作使换向阀左位工作，P 口压力油由 A 口进入活塞腔推动液压缸活塞杆伸出，压缩活塞缸腔内的油液进入 B 口和 T 口；手动操作使换向阀中位工作，液压缸活不动作；手动操作使换向阀右位工作，P 口压力油液由 B 口进入活塞杆腔推动液压缸活塞杆腔环形面积缩回，压缩活塞缸腔内的油液进入 A 口和 T 口。液压缸的位移特性仿真曲线如图 6-11b 所示。

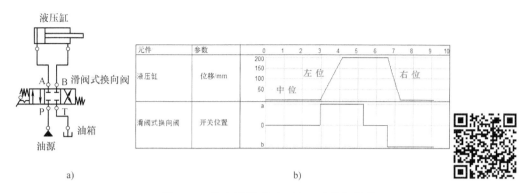

图 6-11　换向阀原理 FluidSIM 建模与仿真

a）回路建模　b）仿真曲线

6.3.2　换向阀的职能符号

换向阀按阀芯的可变位置数可分为二位和三位，通常用一个方框代表一个位，按主油路进出油口的数目又可分为二通、三通、四通和五通等，表达方法是在相应位置的方框内表示油口的数目及通道的方向，如图 6-12 所示。

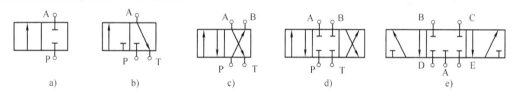

图 6-12　换向阀的位和通

a）两位二通　b）两位三通　c）两位四通　d）三位四通　e）三位五通

其中箭头代表的是通路，一般表示液流的方向。

6.3.3　滑阀机能

三位阀换向阀的阀芯在阀体中有左、中、右三个位置，左右位置是使执行元件产生不同的运动方向。而阀芯在中间位置时，利用不同形状及尺寸的阀芯结构，可以得到多种油口连接方式，除了使执行元件停止运动外，还可以具有其他一些不同的功能。因此三位换向阀在中位时的油口连通关系又称为滑阀机能。常用的滑阀机能见表 6-2。

表 6-2　滑阀机能

型式	名称	结构简图	职能符号	中位性能特点
O	中间封闭			油口全部封闭，油不流动，被控制的液压缸自锁
H	中位开启			油口全部连通，可控制液压泵卸荷，控制液压缸活塞浮动。由于油口互通，换向较 O 型机能平稳，但换向冲击大

（续）

型式	名称	结构简图	职能符号	中位性能特点
Y	ABT 连接			进油口 P 关闭，A、B、T 连通，可控制液压缸活塞在缸中浮动，液压泵不卸荷，换向过程的性能介于 O 型与 H 型之间
P	PAB 连接			回油口 T 关闭，P、A、B 连通，控制泵口和两液压缸口连通，液压泵不卸荷。换向过程中缸两腔均通压力油，换向时最平稳，可做差动连接
M	PT 连接			P 口和 O 口通，A 口和 B 口被断开，可控制液压缸锁紧和液压泵卸荷。换向时类似于 O 型机能系统

在分析和选用三位换向阀的中位功能时，应考虑以下几点：

（1）系统保压　当连接液压泵的 P 口被堵塞时，系统保压，这时液压泵能用于多缸系统。

（2）系统卸荷　当 P 口与 T 口通畅时，系统卸荷，这样既可节约能量，又可减少油液的发热。

（3）起动平稳性　阀在中位时，液压缸某腔若接通油箱，则起动时该腔因无油液起缓冲作用，起动不平稳。

（4）换向平稳性和精度　当液压缸的 A、B 两通口都封闭时，换向过程不平稳，易产生液压冲击，但换向精度高。反之，当 A、B 两口都与 T 口相通时，换向过程中部件不易制动，换向精度低，但液压冲击小，换向平稳。

（5）液压缸"浮动"和在任意位置上的停止　换向阀中位时，当 A 口与 B 口互通时，卧式液压缸呈"浮动"状态，可利用其他机构移动工作台，调整位置。

6.3.4　手动换向阀

根据改变阀芯位置的操纵方式不同，换向阀分为手动、机控和电液控，可在如图 6-13 所示

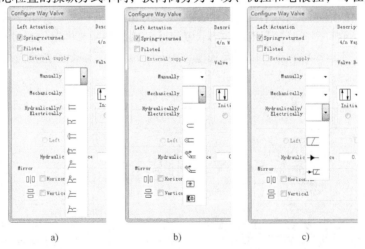

图 6-13　换向阀的操纵方式
a）手动　b）机控　c）电液控

的 FluidSIM 对话框中选择。

手动换向阀是依靠手动杠杆的作用力驱动阀芯运动来实现油路通断或切换的换向阀，三位四通换向阀有弹簧复位式和钢球定位式两种（见图 6-14c、d），操纵手柄即可使阀芯轴向移动实现换向。弹簧复位式的阀芯在松开手柄后，靠右端弹簧回复到中间位置；钢球定位式的阀芯靠右端钢球和弹簧的作用定位在左、中、右三个换向位置。手动换向阀的可选操纵手柄如图 6-14 所示。

手动换向阀结构简单、操纵分别、工作可靠、操纵力小，可在没有电力供应的场合使用，在复杂的液压系统中，尤其在各执行元件的动作需要联动、互锁或工作节拍需要严格控制的场合，不宜采用手动换向阀。图 6-14 就是一个手动换向阀的实例。

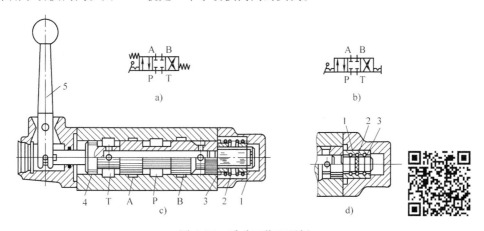

图 6-14　手动三位四通阀
a）弹簧复位式职能符号　b）钢球定位式职能符号　c）弹簧复位式　d）钢球复位式
1、3—定位套　2—弹簧　4—阀芯　5—操作手柄

6.3.5　机动换向阀

机动换向阀又称行程换向阀，它是依靠安装在执行元件如液压缸上的行程挡块（或挡块）推动阀芯换向的。

图 6-15a 所示是二位二通常闭式机动换向阀结构，当挡铁压下滚轮 1，使阀芯 2 移至下端位置时，油口 P 和 A 逐渐相通；当挡铁移开滚轮 1 时，阀芯 2 靠其底部弹簧 4 进行复位，油口 P 和 A 逐渐关闭。改变挡铁斜面的倾角 α 或凸轮外廓的形状，可改变阀芯移动的速度，因而，可以调节换向过程的时间，故换向性能较好。图 6-15b 是 FluidSIM 中常闭式机控换向阀职能符号，单击圆圈弹出对话框，在 Label 方框中输入标签名：1JD，与液压缸的"Actuating Labels"的 Label 相一致。图 6-15c 所示是 FluidSIM 中常开式机控换向阀职能符号。

6.3.6　电磁换向阀

电磁换向阀是利用电磁铁的推力来实现阀芯移位的换向阀，开口量从零到最大，它是一种开关阀。因其用电力驱动，易于控制，自动化程度高，操作轻便，易于实现远距离自动控制，因而应用非常广泛。

图 6-16 所示为二位三通电磁换向阀结构，图示断电位置是弹簧位，阀芯 3 被弹簧 2 推至左端位置，油口 P 和 A 相通，执行元件动作；当电磁铁通电时，衔铁通过推杆 4 将阀芯推至右端位置，油口 P 口封闭，油口 A 和 T 相通，执行元件卸荷。

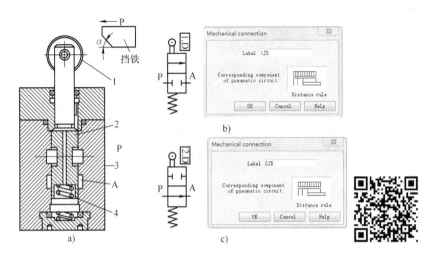

图 6-15　二位二通机动换向阀

a) 结构　b) 常闭式　c) 常开式

1—滚轮　2—阀芯　3—阀体　4—弹簧

在 FluidSIM 中二位三通电磁换向阀 2 如图 6-17a 所示，单击左边的圆圈，修改 Label 为：1YA，它是一个简单的油路，弹簧位液压缸 3 活塞杆伸出。修改图 6-17b 中的电磁阀控制器 "valve soleniod" 的 Label 为：1YA，按下按钮 5 后电磁铁通电，液压缸的位移仿真曲线如图 6-17c 所示。

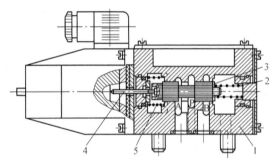

图 6-16　二位三通电磁换向阀结构

1—阀体　2，5—弹簧　3—阀芯　4—推杆

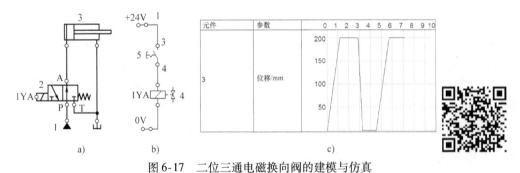

图 6-17　二位三通电磁换向阀的建模与仿真

a) 回路建模　b) 电控图　c) 仿真曲线

1—油源　2—二位三通电磁换向阀　3—液压缸　4—电磁阀控制器　5—按钮

6.3.7　液动换向阀

液动换向阀是利用压力油推动阀芯移动换位，实现油路的通断或切换的换向阀。液压操作对阀芯的推力大，因此适用于高压、大流量、阀芯行程长的场合。图 6-18 所示为三位四通弹簧对

中式液动换向阀的结构。当两个控制油口 X 和 Y 都不通压力油时，阀芯 2 在两端弹簧 3 的作用下处于中位；当高压控制压力油从 X 流入阀芯左端油腔时，阀芯被推至右端，油口 P 和 B 相通，A 和 T 相通；当高压控制压力油从 Y 流入阀芯右端油腔时，阀芯被推至左端，油口 P 和 A 相通，B 和 T 相通，实现液流反向。

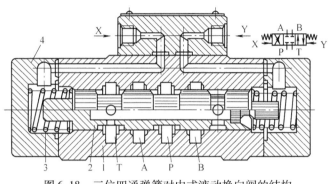

图 6-18　三位四通弹簧对中式液动换向阀的结构

1—阀壳　2—阀芯　3—弹簧　4—端盖

6.3.8　电液换向阀

由电磁换向阀为先导控制的液动阀简称电液换向阀，它由一个普通的电磁换向阀阀和液动换向组合而成。电磁换向阀是先导阀，负责改变控制油液流向；液动阀是主阀，它在控制油液的作用下，改变阀芯的位置，使油路换向。由于控制油液的流量不必很多，因而可实现以小流量和低压的电磁换向阀控制大流量和高压的液动换向阀。图 6-19 所示为三位四通电液换向阀的结构。

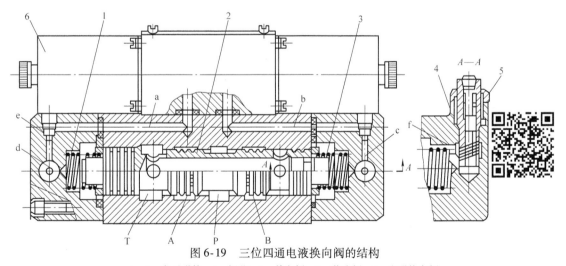

图 6-19　三位四通电液换向阀的结构

1，3—定子弹簧　2—阀芯　4—单向阀　5—节流阀　6—电磁换向阀

按照上述电液换向阀的功能和用到的液压元件，在 FluidSIM 中建立一个电液控换向阀，如图 6-20 所示。设置两个油源 p_L、p_H，按下按钮 1 使 1YA 得电，由图 6-20a 可清楚地看出液流的方向，主滑阀阀芯的速度由右边节流阀来控制；按下按钮 2 使 2YA 得电，由图 6-20b 可清楚地看出液流的方向，主滑阀阀芯的速度由左边节流阀来控制。

上述仿真过程是按照电磁换向阀左、中、右来进行的，液压缸的位移特性和电磁换向阀状态仿真曲线如图 6-20c 所示。

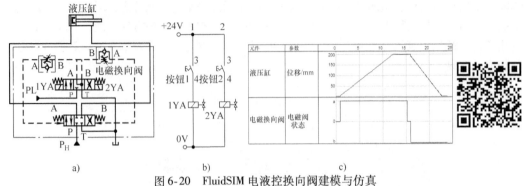

图 6-20 FluidSIM 电液控换向阀建模与仿真

a）回路建模 b）电控图 c）仿真曲线

6.3.9 手动阀控制液动阀

对流量较大、换向平稳性要求较高的液压系统，除采用电液换向阀换向回路外，还经常采用手动、机动换向阀为先导阀，以液动换向阀为主阀的换向回路。图 6-21 所示为手动换向阀（先导阀）控制液动换向阀的换向回路。回路中由辅助泵 2 提供低压控制油，通过手动换向阀来控制液动阀阀芯动作，以实现主油路换向。当手动换向阀处于中位时，液动阀在弹簧力作用下也处于中位，主泵 1 卸荷。这种回路常用于要求换向平稳性高，且自动化程度不高的液压系统中。

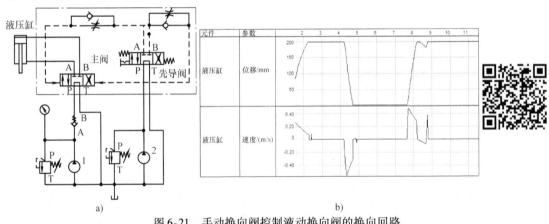

图 6-21 手动换向阀控制液动换向阀的换向回路

a）回路建模 b）仿真曲线

1—主泵 2—辅助泵

如果在液压缸的活塞杆末端适当位置设置挡块，如图 6-22 所示，就得到行程控制式的自动换向控制回路。

6.3.10 换向阀的应用

1）利用换向阀可实现执行元件停止运动和改变运动方向。

2）利用 O 型中位机能换向阀锁紧液压缸。

3）利用 M、H 型中位机能换向阀使液压系统卸荷。

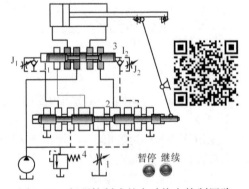

图 6-22 行程控制式的自动换向控制回路

1—节流阀 2—手动换向阀 3—液控换向阀 4—溢流阀

4）利用换向阀切换油路来调速和调压。

6.4 方向回路

通过控制进入执行元件液流的通断或变向来实现液压系统执行元件的起动、停止或改变运动方向的回路称为方向控制回路。主要包括换向回路、锁紧回路和制动回路。

6.4.1 换向回路

换向回路用于控制液压系统中液流的方向，从而改变执行元件的运动方向。为此要求换向回路具有较高的换向精度、换向灵敏度和换向平稳性。运动部件的换向多采用换向阀来实现；在容积调速的闭式回路中，可以利用双向变量泵控制方向来实现液压缸的换向。

采用二位四通（五通）、三位四通（五通）换向阀是最普遍应用的换向方法。尤其在自动化程度要求较高的组合机床液压系统中应用更为广泛。二位换向阀只能使执行元件正反向运动，而三位换向阀有中位，不同的中位机能可使系统获得不同的性能。

采用电磁换向阀的换向回路：利用电磁三位四通 M 型中位机能换向阀在 FluidSIM 中建立液压系统职能符号和电控图如图 6-23a、b 所示。N1 与 N2 是限位开关，可在液压缸选项卡的"Ac-tuting Label"中设置。

1）当 1YA 和 2YA 都断电时，液压泵卸荷。

2）单击电控图中按钮 S0，电磁换向阀左位工作，液压缸活塞缸伸出，当碰到 N2 后，液压缸活塞杆缩回；当碰到 N1 后，液压缸活塞杆伸出。液压循环往复动作。

3）单击电控图中按钮 S0，液压缸停止动作，液压泵卸荷。

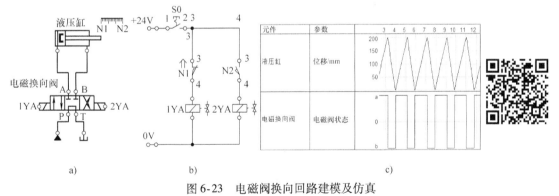

图 6-23　电磁阀换向回路建模及仿真

a）回路建模　b）电控图　c）仿真曲线

1—油源　2—电磁换向阀　3—压力表　4—液压缸

由此可以看出：采用电磁换向阀可以非常方便地组成自动换向系统，通过改变限位开关与电磁铁的通断电关系，可以组成不同的自动系统。这种换向回路的优点是使用方便，价格便宜；缺点是换向冲击力大，换向精度低，不宜实现频繁的换向，工作可靠性差。由于上述特点，采用电磁换向阀的换向回路适用于低速轻载和换向精度要求不高的场合。

图 6-24 所示为利用 FluidSIM 建模的用行程换向阀作为先导阀控制液动换向阀的机动、液压操纵的换向回路。减压阀 4 用于降低控制油路的压力，使液动换向阀 5 得到合理的移动推力。当1YA 通电时，利用液压缸活塞杆上的撞块操纵行程换向阀 6、7 阀芯移动，来控制压力油的液流

方向，从而控制二位四通液动换向阀阀芯移动方向，以实现主油路换向，使活塞正反两个方向运动；当1YA断电时，二位二通电磁换向阀3用来使系统卸荷，弹簧位，泵卸荷，液压缸停止运动。图6-24c是液压缸位移与速度特性仿真曲线。

这种回路的特点是换向可靠，不像电磁阀换向时需要通过微动开关、压力继电器等中间环节，就可实现液压缸自动往复运动。但行程阀必须配置在执行元件如液压缸附近。这种方法换向性能也差，当执行元件运动速度过低时，因瞬时失去动力，使换向过程终止；当执行元件速度过高时，又会因换向过快二引起换向冲击。

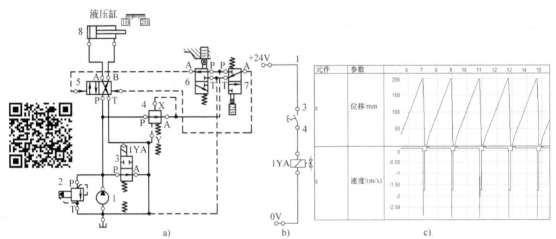

图6-24 行程换向阀控制的液动换向阀的机动、液压操纵的换向回路
a）回路建模 b）电控图 c）仿真曲线

1—液压泵 2—溢流阀 3—电磁二位二通换向阀 4—减压阀 5—液动换向阀 6、7—行程换向阀 8—液压缸

6.4.2 锁紧回路

锁紧回路的功能通过切断执行元件的进油、出油通道，使液压执行机构能在任意位置停留，且不会因外力作用而移动位置。以下是几种常见的锁紧回路。

1. 用 O 型机能换向阀锁紧

如图 6-25a 是利用 FluidSIM 建模的使用 O 型中位机能的锁紧回路，其特点是机构简单，不需增加其他装置，但由于滑阀环形间隙泄漏较大，故其锁紧效果不太理想，一般只用于锁紧要求不太高或只需短暂锁紧的场合。

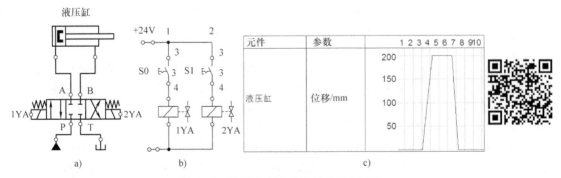

图6-25 使用 O 型中位机能的换向回路
a）回路建模 b）电控图 c）仿真曲线

2. 用液控单向阀锁紧

如图 6-26 左图是利用 FluidSIM 建模的使用液控单向阀的锁紧回路。当 1YA 或 2YA 得电时，液压缸 3 的活塞杆伸出或缩回；当 1YA 或 2YA 断电时，液压缸 3 停止动作，这时双向液控单向阀阀 2 的 Y 型中位机能可以放掉液控单向阀前腔的液体，保证锁紧迅速、准确。图 6-26c 是液压缸的位移特性仿真曲线。

由于液控单向阀的密封性好（线密封），液压缸锁紧可靠，其锁紧精度主要取决于液压缸的泄漏。这种回路广泛应用于工程机械、起重机械等有较高锁紧要求的场合，如起重机支腿油路和飞机起落架的收放油路。

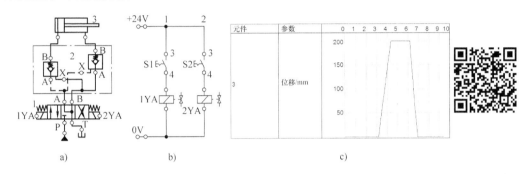

图 6-26　使用液控单向阀的锁紧回路

a）回路建模　b）电控图　c）仿真曲线

1—换向阀　2—双向液控单向阀　3—液压缸

3. 制动回路

在液压系统中，常常需要液压执行元件快速地停止下来，因此在液压系统中就设置有制动回路。基本的制动方法有以下几种：

（1）采用换向阀制动　换向阀制动是通过换向阀的中位机能（如代号是 O、M 机能的换向阀），切断了执行件的进出油路来实现制动的。由于这时执行件以及它们所带动的负载都有很大的工作惯性，会使执行件继续运动，所以除了产生冲击、振动和噪声外，还在执行件油路中的进油侧产生真空，出油侧产生高压，对管路也不利。因此一般不提倡采用这种方式。

（2）采用溢流阀制动　利用 FluidSIM 建模的溢流阀制动回路如图 6-27a 所示，由液压泵 1、调速阀 2、液压马达 3、换向阀 4（也可采用手动阀）、溢流阀 5 组成。当换向阀在图示中位时，系统处于卸荷状态；当换向阀在左位时，系统处于正常工作状态；当换向阀在右位时，液压泵处于卸荷状态，马达处于制动状态。这时马达的出口接溢流阀，由于回油受到溢流阀阻碍，回油压力升高，直至打开溢流阀，马达在背压等于溢流阀调定压力作用状态下，迅速制动。如图 6-27b 是马达转速仿真曲线。

（3）采用顺序阀制动　利用 FluidSIM 建模的顺序阀制动回路如图 6-28a 所示，由液压泵 1、溢流阀 2、顺序阀 3、液压马达 4、换向阀 5（也可采用手动阀）组成。当换向阀在左位时，系统处于正常工作状态，顺序阀在系统供油压力下打开，液压马达转动；当换向阀在图示右位时，液压泵处于卸荷状态，液压马达处于制动状态。这时液压马达的出口接顺序阀，回油受到顺序阀的阻碍，压力升高一定值后，方可打开顺序阀，马达在背压等于顺序阀调定压力的状态下，迅速制动。如图 6-28b 是马达转速仿真曲线。

除了上边介绍的制动方法外，也可采用以弹簧力为原动力的机械制动方式对液压马达进行制动。

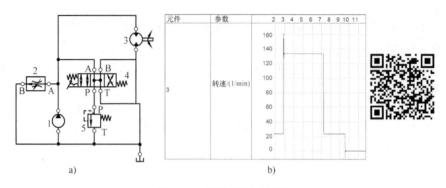

图 6-27　溢流阀制动回路
a) 回路建模　b) 仿真曲线
1—液压泵　2—调速阀　3—液压马达　4—换向阀　5—溢流阀

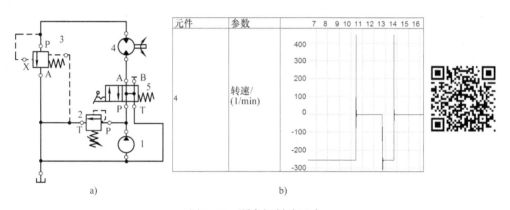

图 6-28　顺序阀制动回路
a) 回路建模　b) 仿真曲线
1—液压泵　2—溢流阀　3—顺序阀　4—液压马达　5—换向阀

例　　题

例题 6-1　图 6-29 所示的液动换向阀换向回路。在主油路中装一个节流阀，当活塞运动到行程终点时切换控制油路中电磁阀 3，然后利用节流阀的进出口压差来切换液动阀 4，实现液压缸的换向。试分析图示两种方案是否都能正常工作？

解：在图示方案 1 中，溢流阀 2 装在节流阀 1 的后面，节流阀中始终有油液流过。活塞在行程终了后，溢流阀处于溢流状态，节流阀出口处的压力和流量是定值，控制液动阀换向阀的压力差不变，因此该方案可以正常工作。FluidSIM 建模仿真验证分析结果正确。在方案 2 中，溢流阀 2 装在节流阀 1 的前面，活塞在行程终了后，溢流阀处于溢流状态，节流阀中始终没有有油液流过，节流阀建立不起压力差使液动阀动作，此方案不能正常工作。FluidSIM 建模仿真验证，分析结果正确。

图 6-29c 所示状态是 1YA 和 2YA 都通电时，方案 1 的液压缸缩回，节流阀两端的压力差是 0.74MPa，而方案 2 的节流阀两端的压力差为 0，故液动阀 4 阀芯两端压力差也为 0，液压缸不动。

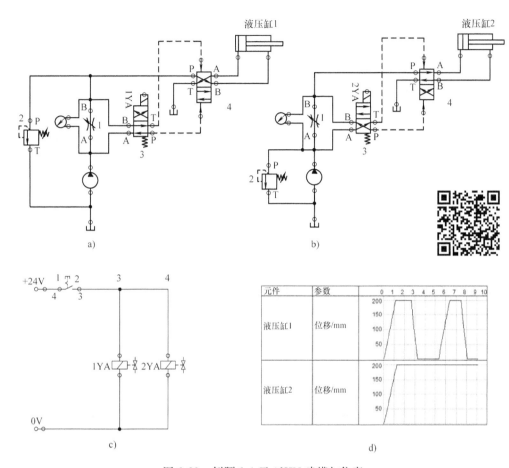

图 6-29   例题 6-1 FluidSIM 建模与仿真

a）方案 1 建模   b）方案 2 建模   c）电控图   d）仿真曲线

1—节流阀   2—溢流阀   3—电磁阀   4—液动阀

例题 6-2   在如图 6-30a 所示的液压回路中，两个溢流阀的压力调整分别为 $p_{Y1} = 2\text{MPa}$，$p_{Y2} = 10\text{MPa}$，试求：

（1）活塞往返运动时，泵的工作压力各为多少？

（2）如 $p_{Y1} = 12\text{MPa}$，活塞往返运动时，泵的工作压力各为多少？

（3）利用 FluidSIM 建模与仿真验证上述分析结果。

解：（1）活塞向右运动时，溢流阀 p_{Y1} 由于进出口压力相等，始终处于关闭状态，不起作用，故泵的工作压力由溢流阀 p_{Y2} 决定，即 $p_B = 10\text{MPa}$；活塞向左运动时，溢流阀 p_{Y2} 的先导阀并联着的溢流阀 p_{Y1} 出口的压力降为 0，于是泵的工作压力便由两个溢流阀调整值小者决定，即 $p_B = 2\text{MPa}$。

按图 6-30a 配置两个溢流阀压力为 $p_{Y1} = 2\text{MPa}$，$p_{Y2} = 10\text{MPa}$，仿真后得压力特性仿真曲线如图 6-30c 所示，压力值与上述分析一致。

（2）当 $p_{Y1} = 12\text{MPa}$ 时，溢流阀 p_{Y2} 将失去调压作用，活塞往返运动时，有 $p_B = 10\text{MPa}$。

按图 6-31a 配置两个溢流阀压力为 $p_{Y1} = 12\text{MPa}$，$p_{Y2} = 10\text{MPa}$，仿真后得压力特性仿真曲线如图 6-31c 所示，压力值与上述分析一致。

（3）由液压缸的活塞面积 $A = 10\text{cm}^2$，求得活塞直径为

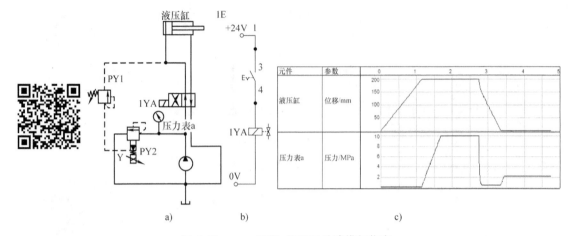

图 6-30 $p_{Y1} = 2\text{MPa}$ 往返运动建模与仿真

a）回路建模　b）电控图　c）仿真曲线

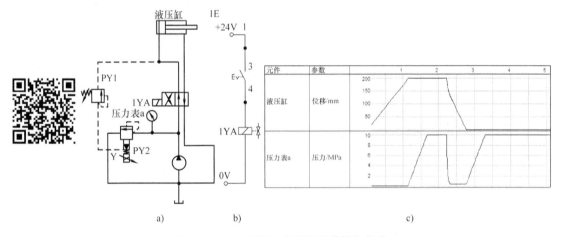

图 6-31 $p_{Y1} = 12\text{MPa}$ 往返运动建模与仿真

a）回路建模　b）电控图　c）仿真曲线

$$D = \sqrt{\frac{4A}{\pi}} = \sqrt{\frac{4 \times 100}{3.14}}\text{cm} = 35.44\text{cm}$$

　　将两个液压缸的活塞直径配置为 35.44cm，溢流阀、顺序阀和减压阀配置为 4MPa、3MP和 2MPa。

　　1）液压泵起动后，两个 O 型中位机能的换向阀处于中位，相当于负载处于无限大，此时顺序阀、减压阀处于打开状态，减压口工作，这时：

$$p_A = p_B = 4\text{MPa}, \quad p_C = 2\text{MPa}, \quad p_D = 0$$

运行仿真，可以看出 A、B、C、D 各点压力表读数如图 6-32 所示，与上述分析一致。

　　2）1YA 得电，液压缸 I 活塞运动时，其负载压力为

$$p_D = \frac{35000}{100 \times 10^{-4}}\text{Pa} = 3.5\text{MPa}$$

　　如果不考虑液体流过换向阀的局部阻力损失，$p_A = p_B = 3.5\text{MPa}$，负载压力 p_D 大于顺序阀的调

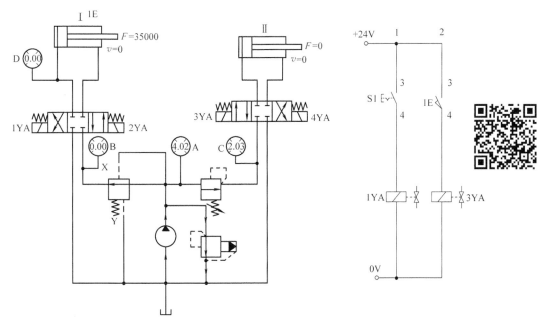

图 6-32　换向阀中位时各点压力

整压力，减压阀处于减压状态，$p_C = 2\text{MPa}$。

当缸 I 到达终点时，$p_A = p_B = p_D = 4\text{MPa}$，$p_C = 2\text{MPa}$。

运行仿真，可以看出 A、B、C 各点压力表读数如图 6-33 所示，与上述分析大致一致。由于 1YA 得电，换向阀左位工作，所以 D 点压力与溢流阀压力一致。

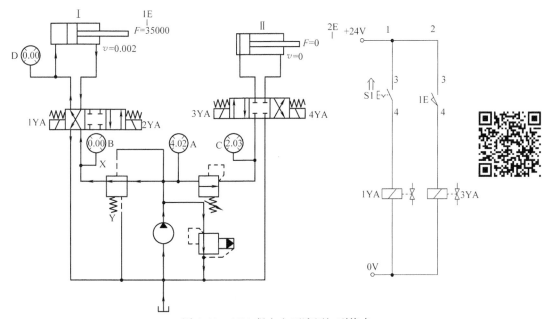

图 6-33　1YA 得电左面液压缸到终点

3）1YA 断电，3YA 得电，液压缸 II 活塞运动时，因为负载为 0，所以减压阀就是一个过流通道，$p_A = p_C = 0$，顺序阀不开启，与 O 型中位机能阀间密封有一定压力的液体 $p_B = 3\text{MPa}$，活塞腔与 O 型中位机能阀间密封有一定压力的液体 $p_D = 3.5 \mathrm{MPa}$。

当缸 II 碰到挡铁时，$p_A = p_B = 4 \mathrm{MPa}$，$p_C = 2 \mathrm{MPa}$，$p_D = 3.5 \mathrm{MPa}$。

运行仿真，可以看出 A、B、C、D 各点压力表读数如图 6-34 所示与上述分析一致。

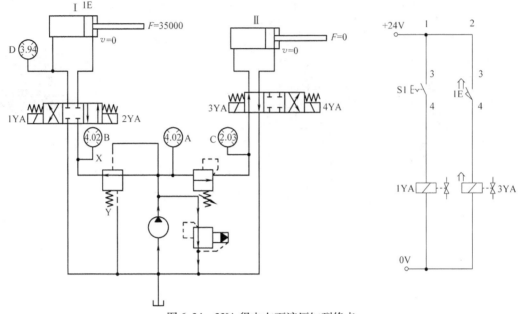

图 6-34　3YA 得电左面液压缸到终点

习　　题

习题 6-1　单向阀有哪些功用？

习题 6-2　单向阀与普通节流阀是否都可以作为背压阀使用？它们的功用有何不同之处？

习题 6-3　试说明三位阀的中位机能为 M、H、P、Y 型换向阀的特点和应用场合。

习题 6-4　如图 6-35 所示的液压缸，$A_1 = 30 \times 10^{-4} \mathrm{m}^2$，$A_2 = 12 \times 10^{-4} \mathrm{m}^2$，$F = 30 \mathrm{kN}$，$A_k = 3A_1$，若忽略摩擦力和弹簧力，需要多大的控制压力 p_k 才能开启液控单向阀？开启前液压缸中最高压力 p_1 为多少？

习题 6-5　试按图 6-36 所示利用 FluidSIM 绘制其液压系统图，并设置参数，运行其仿真，得到液压缸的位移特性仿真曲线。分析换向阀中位机能和液控单向阀在系统中的作用。

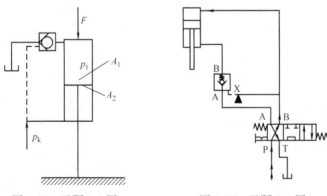

图 6-35　习题 6-4 图　　　　图 6-36　习题 6-5 图

习题 6-6　图 6-37 所示为采用二位三通电磁阀 A、液控单向阀 B 和蓄能器 C 组成的换向回路。试利用 FluidSIM 建模与仿真说明液压缸是如何实现换向的？

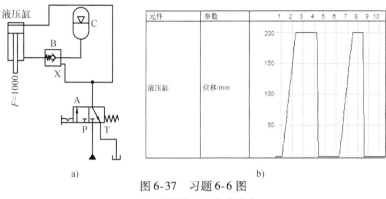

图 6-37　习题 6-6 图

a）回路建模　b）仿真曲线

习题 6-7　如图 6-38 所示的回路实现快进（差动连接）→慢进→快退→停止卸荷的工作循环，试利用 FluidSIM 进行建模与仿真，并列出工作循环的电磁铁动作表。

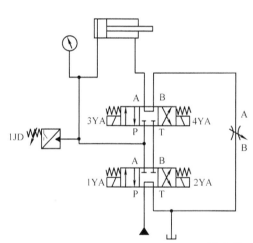

图 6-38　习题 6-7 图

习题 6-8　如图 6-39 所示的液压系统，两个液压缸活塞面积为 $A_1 = A_2 = 100 \text{cm}^2$，缸 I 负载 $F_1 = 35 \text{kN}$，缸 II 负载为零。不计摩擦力、惯性力和管路损失，溢流阀、顺序阀和减压阀的调整压力分别为 4MPa、3MPa 和 2MPa。求在下列工况下 A、B、C 三点的压力：

1）液压泵起动后，两个换向阀皆处于中位。

2）1YA 得电，液压缸 I 活塞运动时即运动到终点后。

3）1YA 断电，3YA 得电，液压缸 II 活塞运动时，及活塞碰到固定挡铁时。

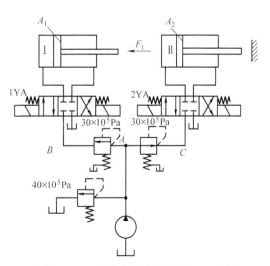

图 6-39　双缸控制系统及 FluidSim 建模

第7章 压力阀与压力应用回路

液压系统中执行机构（如液压缸、液压马达等）输出力或转矩的大小，与系统中油液压力的高低有直接关系，而控制和调节液压系统中的液体压力的阀统称为压力控制阀。压力控制阀包括压力或利用压力变化作为信号来控制其他元件动作的阀类。按其功能和用途不同可分为溢流阀、减压阀、顺序阀、插装阀和压力继电器等。

本章主要内容如下：

1）溢流阀、减压阀、顺序阀、插装阀和压力继电器五种压力控制阀的结构、工作原理、主要性能和应用。

2）由这些压力控制阀所组成的、具有不同功能的、基于 FluidSIM 的压力控制回路。

学习时应结合 FluidSIM 仿真，从油流流经细长孔和缝隙流产生压力降以及作用在阀芯上的液压力和弹簧平衡等基本概念着手，理解压力控制阀的工作原理。

7.1 溢流阀及调压回路

在液压系统中，溢流阀通过阀口的溢流来维持定压或对系统进行安全保护。它常用于节流调速系统中，与流量控制阀配合使用，调节进入系统的流量，并保持系统的压力基本恒定。用于过载保护的溢流阀一般称为安全阀。

对溢流阀的主要要求是：调压范围大、调压偏差小、压力振摆小、动作灵敏、过流能力大、噪声小。

根据结构不同，溢流阀可分为直动式和先导式两种。

7.1.1 直动式溢流阀

直动式溢流阀的结构主要有滑阀、锥阀、球阀和喷嘴挡板阀等形式。其中锥阀和滑阀型溢流阀应用最为广泛，这里主要介绍滑阀型直动式溢流阀的结构和工作原理。图 7-1a 所示为滑阀型直动式溢流阀的结构，图 7-1b 所示为一般溢流阀的职能符号或直动式溢流阀的职能符号。它主要由调节螺母 1、弹簧 2、上盖 3、阀芯 4 和阀体 5 等零件组成。P 为进油口，T 为回油口，被控压力油由 P 口进入溢流阀，经径向孔 f、阻尼孔 g 进入油腔 c 后作用在阀芯下部的底面上，产生一个向上的液压力 $F = pA$（p 为溢流阀的进口压力，A 为滑阀底部面积）。当进口压力较低，液压力 F 小于滑阀上端弹簧的预紧力 F_t 时，阀芯在弹簧力的作用下处于最下端位置。由于滑阀与阀体之间有一段封油长度 l，将 P 口和 T 口隔断，阀处于关闭状态，溢流阀不溢流。当系统所带负载变大时，溢流阀进油压力 p 增大，液压力 F 也随之不断升高。当液压力 F 大于或等于弹簧预紧力 F_t、滑阀自重 F_g 以及滑阀与阀体之间的摩擦力 F_f 的和时，滑阀向上移动，溢流阀阀口开启，于是液压油由 P 口经 T 口排回油箱。使滑阀开启的压力称为溢流阀的开启压力，如果记为 p_k，则有

$$p_k A = F_t + F_g + F_f$$

即

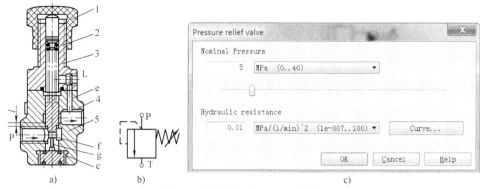

图 7-1　直动式溢流阀及职能符号

a）直动式溢流阀的结构　b）职能符号　c）溢流阀配置界面
1—调节螺母　2—弹簧　3—上盖　4—阀芯　5—阀体

$$p_k = \frac{F_t + F_g + F_f}{A}$$

式中，p_k 是溢流阀的开启压力（Pa）；A 是滑阀端面面积，$A = \frac{\pi d^2}{4}$（m²）；d 是滑阀直径（m）；F_t 是弹簧预紧力，$F_t = K(x_0 + x)$（N）；K 是弹簧刚度（N/m）；x_0 是弹簧预压缩量（m）；x 是弹簧压缩量（m）；F_g 是滑阀自重（N）；F_f 是滑阀与阀体之间的摩擦力，方向与滑阀运动方向相反（N）。

如果视 F_g 和 F_f 为常量，则对应一定的 F_t 值有一个相应的 p_k

$$p_k \approx \frac{K(x + x_0)}{A} \qquad (7\text{-}1)$$

由于 $x + x_0 \approx x_0$，因此

$$p_k \approx \frac{Kx_0}{A} = \text{常量}$$

直动式溢流阀能起到溢流稳压的作用，通过调整调节螺帽来改变弹簧的预压缩量 x_0，从而得到不同的开启压力 p_k，因此滑阀上端弹簧被称为调压弹簧。

为了防止调压弹簧腔形成封闭油室而影响滑阀的动作，在上盖 3 和阀体 5 上设有通道 e，使阀的弹簧腔与回油口 T 沟通。阀芯上的阻尼孔 g 对阀芯的运动形成阻尼，从而可避免阀芯产生振动，提高阀的工作平稳性。

直动式溢流阀利用作用于液体作用在阀芯上的力直接与弹簧力相平衡的原理来控制溢流压力（直动式溢流阀由此得名）。随着工作压力的提高，直动式溢流阀上的弹簧力要增加，弹簧刚度也要相应增加，这就使装配困难，使用不便，并且当溢流量变化时，溢流压力的波动也将加大。因此，这种型式的溢流阀一般只用于低压小流量场合，目前已较少应用，但其工作原理具有代表性，容易理解。

在 FluidSIM 环境中双击职能符号图 7-1b 得到溢流阀配置界面图 7-1c，在公称压力"Nominal pressure"下面空白方框中填入溢流阀的调定压力值。

图 7-2 为目前常用的 DBD 型直动式锥阀型和球阀型溢流阀的结构。这种阀节流口密封性能好，不需重叠量，可直接用于高压大流量场合。其中图 7-2a 所示为最高压力 40MPa、流量可达 300L/min 的锥阀型直动式溢流阀；图 7-2b 所示为最高压力 63MPa、流量可达 120L/min 的球阀型直动式溢流阀。

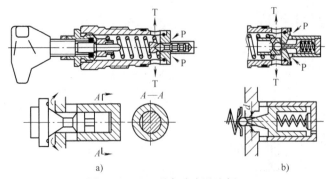

图 7-2　DBD 型直动式溢流阀

a）锥阀型　b）球阀型

7.1.2　先导式溢流阀

先导式溢流阀由主阀和先导阀两部分组成，其中先导阀部分就是一种直动式溢流阀（多为锥阀式结构）。如果按主阀部分的阀芯配合形式来分类，先导式溢流阀分为以下三类：

1）三节同心结构如图 7-3 所示，右边为先导式溢流阀的职能符号），这类结构型式为管式连接。

2）二节同心结构如图 7-4 所示，这类结构型式又称为单向阀式结构（一种常用的板式溢流阀）。

3）一节同心结构如图 7-5 所示（由于滑阀的泄漏等问题，这种阀主要用于中、低压场合）。

下面以 YF 型溢流阀为例详细介绍先导式溢流阀的工作原理。

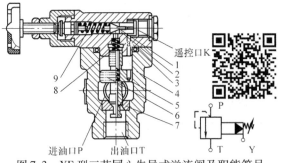

图 7-3　YF 型三节同心先导式溢流阀及职能符号

1—锥阀　2—先导阀座　3—阀盖　4—阀体
5—阻尼孔　6—主阀芯　7—主阀座　8、9—弹簧

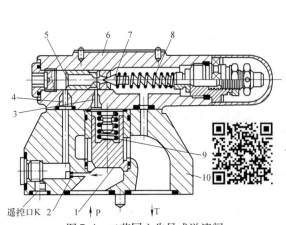

图 7-4　二节同心先导式溢流阀

1—主阀芯　2、3、4—阻尼孔　5—锥阀座
6—先导阀阀体　7—锥阀（先导阀）
8—调压弹簧　9—主阀弹簧　10—主阀阀体

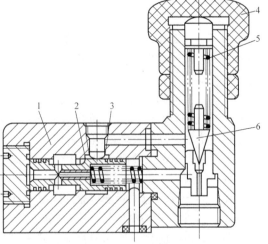

图 7-5　一节同心先导式溢流阀

1—阀体　2—主阀芯　3—复位弹簧
4—调节螺母　5—调节弹簧　6—锥阀芯

1）先导阀关闭。YF 型先导式溢流阀由于主阀芯 6 与阀盖 3、阀体 4 和主阀座 7 三处有同心配合要求，故属于三节同心式结构。压力油由进油口 P 进入后作用于主阀芯 6 活塞下腔，并经主阀芯上的阻尼孔 5 进入主阀芯上腔，然后由阀盖 3 上的通道 a 并经先导阀座 2 上的小孔作用于锥阀 1 上。当作用在锥阀上的液压力 $F = p_x A_x$（P_x 为作用于锥阀上的液压油的压力，A_x 为锥阀芯的有效承压面积）小于锥阀调压弹簧 9 的预紧力 F_{xt} 时，锥阀在弹簧力的作用下处于关闭状态。此时阻尼孔 5 中没有油液流动，此时有

$$q = c_d A_T \sqrt{\frac{2\Delta p}{\rho}} \tag{7-2}$$

得出 $q = 0$，推出 $\Delta p = p - p_1 = 0 \Rightarrow p = p_1$，主阀芯 6 上、下两腔压力相等，主阀芯在弹簧 8 的作用下处于最下端，进、回油口被主阀芯切断，溢流阀不溢流，主阀关闭。

2）先导阀开启。在 P 口压力上升时，作用在锥阀上的压力 p_x 也随之升高，液压力 F 增大，当 F 大于锥阀弹簧的预紧力 F_{xt} 时，锥阀打开，压力油经阻尼孔 5、通道 a、锥阀阀口、主阀阀芯中间孔流至出油口 T 后回油箱。由式（7-2）可知：$\Delta p = p - p_1 \neq 0$，主阀芯上腔压力 p_1 小于下腔压力 p（即进油口压力）。当通过锥阀的流量达到一定大小时，主阀芯上、下腔压力差所形成的液压力 $pA - p_1 A_1$（A 为主阀芯下腔的有效面积，A_1 为主阀芯上腔的有效面积）大于主阀芯弹簧 8 的预紧力 F_t、主阀芯与阀体的摩擦力 F_f 和主阀芯及其弹簧的总重力 F_g 等力的总和时，主阀芯向上移动，使进油口 P 和出油口 T 相通，压力油从出油口 T 溢回油箱，主阀开启。

当作用在主阀芯上的所有力处于某一平衡状态时，溢流口保持一定的开度，溢流压力也保持某一定值。调节先导阀调压弹簧 9 的预紧力，即可调节溢流压力（即系统压力）。而改变弹簧 9 的刚度，则可改变调压范围。

先导型溢流阀有一个与主阀上腔相通的遥控口 K，这就使得它比直动型溢流阀具有更多的功能：

① 若将遥控口 K 直接接回油箱，则先导阀前腔和主阀芯上腔的压力近似为零。于是先导阀阀口关闭，主阀芯下腔只需要很低的压力即可克服弹簧 8（也称为复位弹簧）的预紧力开启阀口，使得主阀进油口 P 压力（液压系统的压力）降至零附近，即系统卸荷。

② 若将遥控口 K 接远程调压阀（相当于一种独立的压力先导阀），则可通过远程调压阀调节主阀进口压力（注意：由于远程调压阀与先导阀并联，因此远程调压阀的调定压力只有低于先导阀的调定压力时，远程调压阀才起作用）。

在 FluidSIM 环境中双击图 7-3 职能符号图，弹出图 7-1c 所示配置界面，在公称压力"Nominal pressure"下面空白方框中填入溢流阀的调定压力值。

7.1.3　溢流阀的性能

溢流阀的性能包括静态特性和动态特性两部分。静态特性包括压力–流量特性、启闭特性、调压范围、卸荷压力、最大流量和最小稳定流量等；动态特性包括动态超调量、卸荷时间及压力回升时间等。下面分别予以介绍。

1. 压力–流量特性

溢流阀起溢流定压作用时，阀口处于开启状态。当溢流量变化时，阀口开度将相应地变化，其溢流压力也有所改变，这就是溢流阀的压力–流量特性。下面以先导型阀溢流阀（YF 型）为例对溢流阀的压力–流量特性进行讨论（见图 7-6），影响溢流阀特性的因素很多，这里仅讨论与阀的水力性能有关的部分，即不计阀芯自重、摩擦力、瞬态液动力（指因阀口变化引起流速发生变化导致液体动量变化对阀芯形成的力）、阻尼力等的影响。

主阀芯的受力平衡方程（作用在主阀阀芯上的力有弹簧力、液压力和液动力）为

$$pA - p_1A_1 - K_y(y_0 + y) - F_{ys} = 0 \qquad (7\text{-}3)$$

式中，p 是主阀芯下腔压力（阀控压力），主阀回油口压力为零（Pa）；A 是主阀芯下腔有效面积（m^2）；p_1 是主阀芯上腔压力（Pa）；A_1 是主阀芯上腔有效面积，一般取 $A_1 = (1.04 \sim 1.1)A$，（m^2）；K_y 是主阀的弹簧刚度（N/m）；y_0 是主阀弹簧预压缩量（m）；y 是主阀阀口开度（m）；F_{ys} 是作用在主阀芯上的稳态液动力，对下流式锥阀，若其下端无尾蝶，稳态液动力起负弹簧作用，对稳定性不利；若其下端做成尾蝶形，则可使出流方向与轴线垂直，甚至造成回流，从而对稳态液动力起到补偿作用。其表达式为

$$F_{ys} = C_{d1}\pi Dyp\sin 2\alpha \qquad (7\text{-}4)$$

式中，C_{d1} 是主阀阀口流量系数，$C_{d1} = 0.8$；D 是主阀出流口直径（m）；α 是主阀芯半锥角（$\alpha = 46° \sim 47°$）。

通过主阀口流量方程为

$$q = C_{d1}\pi Dy\sin\alpha \sqrt{\frac{2p}{\rho}} \qquad (7\text{-}5)$$

式中，q 是流经主阀阀口的流量（m^3/s）；ρ 是油液密度（kg/m^3）。

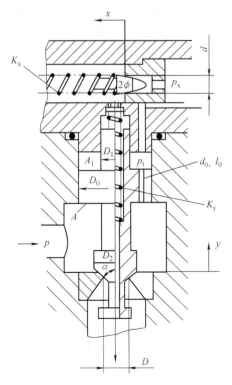

图 7-6 YF 型溢流阀受力分析

通过主阀芯阻尼孔的流量方程为

$$q_1 = q_x = \frac{\pi d_0^4}{128\mu l_0}(p - p_1) \qquad (7\text{-}6)$$

式中，q_1 是流经主阀芯阻尼孔 d_0 的流量（m^3/s）；q_x 是流经先导阀的流量（m^3/s）；π 是圆周率；d_0 是主阀芯阻尼孔直径（m），$d_0 = 0.0008 \sim 0.0012$；μ 是油液动力黏度（$Pa \cdot s$）；l_0 是主阀芯阻尼孔长度（m），$l_0 = (7 \sim 19)d_0$。

先导阀芯的受力平衡方程（作用在先导阀阀芯上力有弹簧力、液压力和液动力）为

$$p_xA_x = K_x(x_0 + x) + F_{sx} \qquad (7\text{-}7)$$

式中，p_x 是先导阀腔压力（这里认为 $p_x = p_1$，先导阀回油口压力为零）（Pa）；A_x 是先导阀芯的有效面积，$A_x = \frac{\pi d^2}{4}$（m^2）；d 是先导阀阀座孔直径（m）；K_x 是先导阀弹簧刚度（N/m）；x_0 是先导阀弹簧预压缩量（m）；x 是先导阀芯的开口量（m）；F_{sx} 是作用在导阀芯上的稳态液动力，对上流式锥阀，其表达式为

$$F_{sx} = C_{d2}\pi D_x p\sin 2\phi \qquad (7\text{-}8)$$

式中，C_{d2} 是先导阀阀口的流量系数，$C_{d2} = 0.75$；ϕ 是导阀芯的半锥角（°），一般 $\phi = 12°$ 或 $20°$。

通过先导阀芯阻尼孔的流量方程为

$$q_x = C_{d2}\pi dx\sin\phi \sqrt{\frac{2p_1}{\rho}} \qquad (7\text{-}9)$$

从理论上讲，在阀的几何尺寸、油液的密度和黏度、阀口流量系数已知的情况下，联立式(7-3) ~ 式(7-9) 可求得先导型溢流阀的压力–流量特性，即主阀进口压力 p 与 q 之间的函数关

系（阀口开度 x、y 和先导阀流量 q_x 为中间变量），但因方程为高次方程，直接求解比较困难，因此一般将其在某一状况点附近线性化处理为一阶方程后求解。因只是定性分析先导型溢流阀的压力-流量特性，因此仍以原方程为基础进行讨论。

1）由式（7-7）忽略稳态液动力，可求先导阀的开启压力为

$$p_{1k} = \frac{K_x(x_0 + x)}{A_x} \approx \frac{K_x x_0}{A_x} \tag{7-10}$$

2）随着先导阀口开启，流经先导阀口的流量 q_x（即流经主阀芯阻尼孔的流量）增大，由此使得主阀芯上、下腔压差（$p - p_1$）增大，当作用在主阀芯上、下两端的液压力足以克服主阀复位弹簧力时，主阀开启，其开启压力为

$$p_k = \frac{p_1 A_1 + K_y y_o}{A} > p_{1k} \tag{7-11}$$

3）主阀口开启后，随着流经阀口的流量 q 增大，阀口开度 y 增大。当流量为公称流量时，主阀阀口开度为 y_s，此时先导阀进口压力为 p_{1s}，开口长度为 x_s，主阀进口压力为 p_s（额定压力）。合并式（7-3）和式（7-4），得

$$p_s = \frac{p_{1s} A_1}{A - C_{d1} \pi d y_s \sin 2\alpha} + \frac{K_y(y_0 + y_s)}{A - C_{d1} \pi D y_s \sin 2\alpha}$$

由式（7-7）和（7-10）可求得

$$p_{1s} = \frac{K_x(x_0 + x_s)}{A_x - C_{d2} \pi d x_s \sin 2\phi}$$

4）比较 p_{1k}、p_{1s}、p_k 和 p_s 可知，先导型溢流阀的调定压力和开启压力之差为（$p_s - p_{1k}$）。为了使溢流阀具有较好的启闭特性，减少 x_s 对启闭特性的影响，根据经验一般取 $x_s = 0.01 x_0$，$q_{xs} = 0.01 q_s$，则作用在先导阀阀芯上的液动力和附加弹簧力可以忽略不计，另外取 $x_0 >> x_s$、$A \geqslant C_{d1} \pi D y_s \sin 2\alpha$，可减小作用在主阀芯上的附加弹簧力和液动力的影响，减小主阀部分的调压偏差（$p_s - p_{1k}$），因此，先导型溢流阀的启闭特性较好，开启压力比 $n_k \geqslant 95\%$，闭合压力比 $n_b \geqslant 90\%$。

为了更好地理解直动式和先导式溢流阀压力-流量特性的区别，在图 7-7 中分别画出了调定压力相同的直动式溢流阀和先导式溢流阀的压力-流量特性曲线以便比较。其中 p_{Zk} 是直动式溢流阀的开启压力，当阀入口压力小于 p_{Zk} 时，阀处于关闭状态，其过流量为零。当阀入口压力大于 p_{Zk} 时，直动式溢流阀打开溢流，处于工作状态（溢流阀同时定压）。其中 p_{1k} 是先导式溢流阀导阀的开启压力，曲线上的拐点 m 所对应的压力是其主阀的开启压力 p_K。当压力小于 p_{1k} 时，导阀关闭，阀的过流量为零。当压力大于 p_{1k}（小于 p_K）时，导阀打开，此时通过阀的流量只是先导阀的泄漏量，故很小。曲线上 $p_{1k} m$ 段即为导阀工作段。当阀入口压力大于 p_K 时，主阀打开溢流，先导式溢流阀便进入工作状态。在工作状态下，无论是直动式还是先导式溢流阀，其溢流量都随入口压力增大而增加。当压力增加到 p_s 时，阀芯上升到最高位置，阀口开到最大，通过的流量也最大——其额定流量值 q_s，这时的入口压力叫作溢流阀的调定压力。从图中还可看出在通过单位流量 Δq 时，直动式溢流阀对应的压力降 Δp_Z 大于先导式溢流阀压力降 Δp_X，所以说直动式溢流阀的压力波动大于先导式溢流阀。

2. 启闭特性

启闭特性指溢流阀从开启到闭合的过程中，通过溢流阀的流量与其控制压力之间的关系。它是衡量溢流阀性能好坏的一个重要指标，一般用溢流阀开始溢流时的开启压力 p_k 以及停止溢流时的闭合压力 p_b 与额定流量下的调定压力 p_s 的比值 $n_k = p_k/p_s$、$n_b = p_b/p_s$ 来衡量（百分数）。比值越大以及开启和闭合压力比越接近，溢流阀的启闭性越好。在实际测试时，先把溢流阀调到全

流量时的额定压力，在开启过程中，当溢流量加大到额定流量的1%时，系统的压力称为阀的开启压力。在闭合过程中，当溢流量减小到额定流量的1%时，系统的压力称为阀的闭合压力。

由于溢流阀的阀芯在工作过程中受到摩擦力的作用，阀口开大和关小时的摩擦力方向刚好相反，致使溢流阀的开启压力和闭合压力不等，开启压力大于闭合压力，且开启过程和闭合过程的压力-流量特性曲线不重合，如图7-8所示。图中虚线为无摩擦力时的理想曲线。

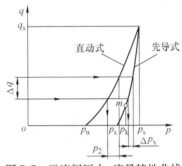

图7-7 溢流阀压力-流量特性曲线

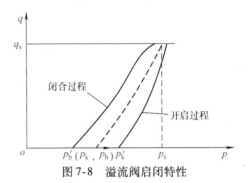

图7-8 溢流阀启闭特性

3. 调压范围

调压范围指溢流阀最小调节稳定压力到最大调节稳定压力之间的范围。根据溢流阀的使用压力不同，一般可以通过更换四根弹簧实现实行 $0.5 \sim 7\mathrm{MPa}$、$3.5 \sim 14\mathrm{MPa}$、$7 \sim 21\mathrm{MPa}$、$16 \sim 32\mathrm{MPa}$ 四级调压。在有的新结构中，也有采用一根弹簧在不大于 $25\mathrm{MPa}$ 范围内调压的。

4. 卸荷压力

当溢流阀作卸荷阀用时，额定流量下的压力损失称为卸荷压力。它反映了卸荷状态下系统的功率损失以及由功率损失转换成的油液发热量。显然，卸荷压力越小越好。

5. 最大流量和最小稳定流量

最大流量和最小稳定流量决定了溢流阀的流量调节范围，流量调节范围越大的溢流阀应用范围越广。溢流阀的最大流量也是它的公称流量，又称为额定流量，在此流量下溢流阀工作时应无噪声。溢流阀的最小稳定流量取决于它的压力平稳性要求，一般规定为额定流量的15%。

6. 动态超调量

当溢流阀从零压力突然变为额定压力、额定流量时，液压系统将出现压力冲击，定义最高瞬时压力峰值与额定压力的差值为动态超调量，记为 Δp，如图7-9所示。一般希望动态超调量要小，否则会发生元件损坏或管路损坏等事故。

7. 卸荷时间及压力回升时间

卸荷时间是指卸荷信号发出后，溢流阀从额定压力降至卸荷压力所需要的时间 Δt_2。压力回升时间是指卸荷信号停止发出后，溢流阀从卸荷压力回升至额定压力所需要的时间 Δt_1。这两个指标反映了溢流阀在系统工作中从一个稳定状态到另一个稳定状态所需的过渡时间。过渡时间短，溢流阀的动态性能好。

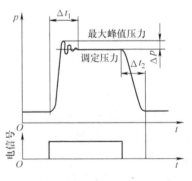

图7-9 溢流阀动态特性曲线

7.1.4 溢流阀的应用

在液压系统中，溢流阀的主要用途如下：

① 作溢流阀用，主要用于节流调速系统，溢流阀溢流时，可维持阀进口压力亦即系统压力恒定。

② 作安全阀用，只有在系统超载时，溢流阀才打开，对系统起过载保护作用，而平时溢流阀是关闭的。此时溢流阀的调定压力比系统压力大 10% ~ 20%。

③ 作背压阀用，溢流阀（一般为直动式）装在系统的回油路上，产生一定的回油阻力，以改善执行元件的运动平稳性。

④ 作远程调压阀用，溢流阀（一般为直动式）通过管路连接先导式溢流阀遥控口实现远程调压。

⑤ 作卸荷阀用，通过电磁换向阀控制先导式溢流阀遥控口实现卸荷。

7.1.5　应用回路

1. 作溢流阀用

在如图 7-10 所示 FliudSIM 的建模一级调压定量泵节流调速的液压系统中，调节节流阀 5 的开口量的大小即可调节进入换向阀 6 的流量值，定量泵排出的多余油液则从溢流阀溢回油箱。在工作过程中，溢流阀总是有油液通过（溢流），液压泵工作压力决定于溢流阀的调定压力，且基本保持恒定。下面利用 FluidSIM 模拟上述过程。

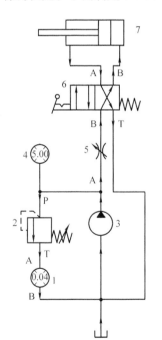

元件	参数	0　1　2　3　4　5　6　7　8　9 10
1	流量/(L/min)	0.04 0.03 0.02 0.01
7	位移/mm	200 150 100 50
4	压力/MPa	12 8 4

图 7-10　溢流阀起溢流稳压作用

1—流量计　2—溢流阀　3—定量泵　4—压力计　5—节流阀　6—换向阀　7—液压缸

1）配置 FluidSIM 模型：在 FluidSIM 环境里双击溢流阀 2，得到如图 7-11 左图所示的对话框，在公称压力"Nominal Pressure"下面的空白框内填入 15；双击液压缸 7，得到如图 7-11 右图所示的对话框，选择力"Force"选项夹，设置外载荷值为 0 ~ 2800N。其余采用默认值。

2）运行 FluidSIM 模型：在节流阀 5 一定开口量下，运行仿真，得到如图 7-10 所示的仿真曲线。由此可以看出：0 ~ 5s 时，液压缸 7 活塞杆伸出，流量计 1 没有流量通过，说明溢流阀无溢流，压力也是在 0~15MPa 范围内变化；5~10s 时，流量计有流量通过，说明溢流阀溢流，压力进入稳压阶段，泵的工作压力恒为 15MPa。

仿真真实地反映了液压系统的运行规律。

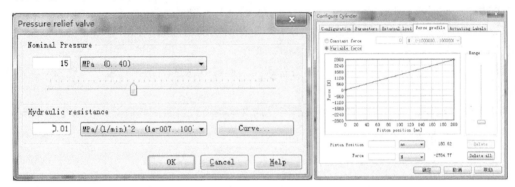

图 7-11　元件配置

2. 作安全阀用

在图 7-12a 所示的容积调速回路中，变量泵的全部流量进入手动换向阀 5，平时溢流阀处于关闭状态，只有当系统压力超过溢流阀的调定压力时，阀才开启，油液经溢流阀回油箱，系统压力不再增高。因此溢流阀用于防止液压系统过载，起限压和安全保护作用。

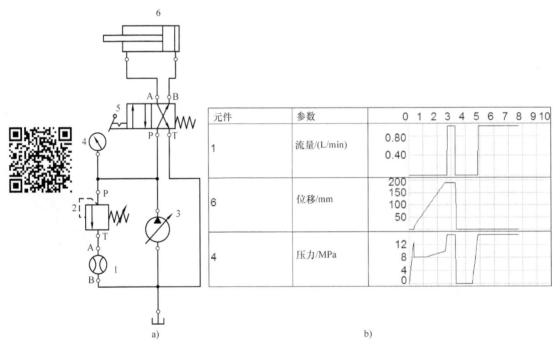

图 7-12　安全保护回路及仿真曲线

a）回路建模　b）仿真曲线

1—流量计　2—溢流阀　3—变量泵　4—压力计　5—手动换向阀　6—液压缸

1）配置 FluidSIM 模型：溢流阀调定压力依然设置为 15MPa，在 FluidSIM 环境里双击变量泵 3，得到如图 7-13 左图所示的对话框，在转速"Revolution"下面的空白框内填入 1000，在排量"Displacement"左边的空白框内输入 1；双击液压缸 6，得到如图 7-13 右图所示的对话框，选择力"Force"选项夹，设置图示外载荷值。其余采用默认值。

2）运行 FluidSIM 模型：运行仿真，得到如图 7-12b 所示的仿真曲线。由此可以看出：0~3s 时，液压缸 6 活塞杆伸出，流量计 1 没有流量通过，说明溢流阀无溢流，压力也是在 0~15MPa 范围内变化；3s 时，载荷达到最大值，流量计有流量通过，说明溢流阀溢流，压力进入稳压阶段，变量泵的工作压力恒为 15MPa；在 3.5s，换向阀 5 左位工作，液压缸 6 的活塞杆缩回，因其承受负向负载，缩回过程中变量泵工作压力为零；活塞退到底后压力恢复到工作压力 15MPa。

仿真真实地反映了液压系统的运行规律。

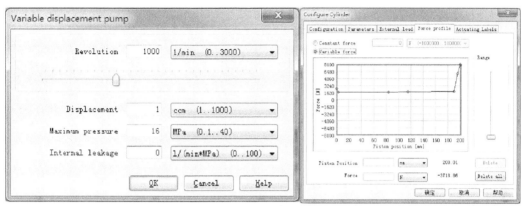

图 7-13　元件配置

3. 作背压阀用

将溢流阀装在回油路上，调节溢流阀的调压弹簧，就能调节执行元件回油腔压力的大小。用 FluidSIM 建模的背压回路如图 7-14a 所示。下面利用 FluidSIM 模拟上述过程。

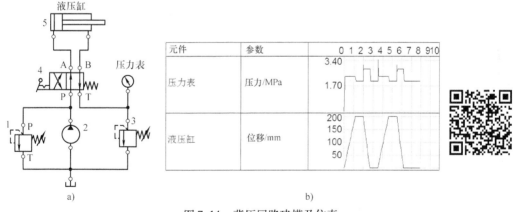

图 7-14　背压回路建模及仿真

a）回路建模　b）仿真曲线

1—溢流阀　2—定量泵　3—背压阀　4—换向阀　5—液压缸

1）配置 FluidSIM 模型：背压阀 3 调定压力依然设置为 2MPa，其余采用默认值。

2）运行 FluidSIM 模型：运行仿真，得到如图 7-14b 所示的仿真曲线。由此可以看出：0~1s 时，换向阀 4 右位工作，液压缸 5 活塞杆伸出，液压缸 5 的回油背压为 2MPa；2~3s 时，换向阀 4 左位工作，液压缸 5 活塞杆缩回，液压缸 5 的回油背压为 2MPa。

上述仿真真实地反映了液压系统的运行规律。

4. 远程调压回路

利用 FluidSIM 建模的远程调压阀的远程三级调压回路如图 7-15a 所示。这里注意,只有在溢流阀的调整压力高于远程调压阀的调整压力时,远程调压阀才起调压作用。

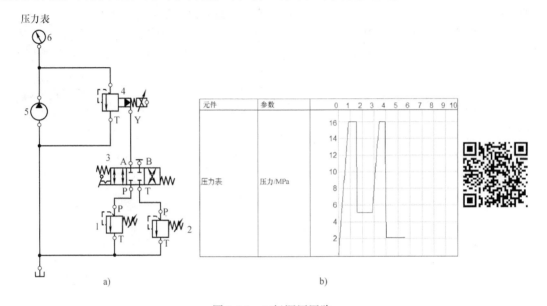

图 7-15 三级调压回路

a)回路建模 b)仿真曲线

1、2—调压溢流阀 3—换向阀 4—先导式溢流阀 5—定量泵 6—压力表

1)配置 FluidSIM 模型:溢流阀 1 调定压力依然设置为 5MPa,溢流阀 2 调定压力依然设置为 2MPa,溢流阀 4 调定压力依然设置为 16MPa,其余采用默认值。

2)运行 FluidSIM 模型:运行仿真,得到如图 7-15b 所示的仿真曲线。由此可以看出:换向阀 3 的中位工作,溢流阀 4 的遥控口关闭,液压泵的工作压力为 16MPa;换向阀 3 的左位工作,液压泵的工作压力为 5MPa;换向阀 3 的右位工作,液压泵的工作压力为 2MPa。

上述仿真真实地反映了液压系统的多级调压规律。

遥控口接一个电磁比例溢流阀可实现无级调压。

图 7-16a 所示为 FluidSIM 建模的二级调压回路的一例。液压缸活塞下降为工作行程,此时高压溢流阀 2 限制系统最高压力;活塞上升为非工作行程,用低压溢流阀 5 限制其最高压力。本回路常用于压力机的液压系统中。

1)配置 FluidSIM 模型:溢流阀 2 调定压力依然设置为 15MPa,溢流阀 5 调定压力依然设置为 8MPa,其余采用默认值。

2)运行 FluidSIM 模型:运行仿真,得到如图 7-16b 所示的仿真曲线。由此可以看出:换向阀 4 的左位工作,液压缸 6 活塞向下运动,液压泵的工作压力为 15MPa;换向阀 4 的右位工作,液压缸 6 活塞向上运动,液压泵的工作压力为 8MPa。

上述仿真真实地反映了液压系统的运行规律。

5. 用溢流阀的卸荷回路

利用 FluidSIM 建立的先导式溢流阀卸荷回路如图 7-17a 所示,采用小型的二位二通换向阀 3,将先导式溢流阀 5 的遥控口接通油箱,即可使液压泵卸荷。下面利用 FluidSIM 模拟上述过程。

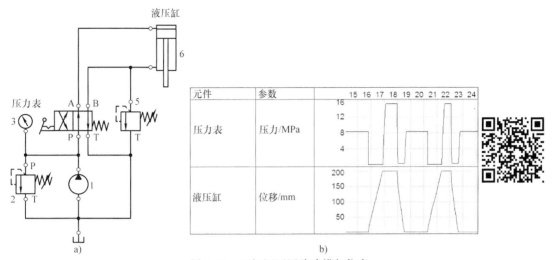

图 7-16　二级调压回路建模与仿真

a）回路建模　b）仿真曲线

1—定量泵　2—高压溢流阀　3—压力表　4—换向阀　5—低压溢流阀　6—液压缸

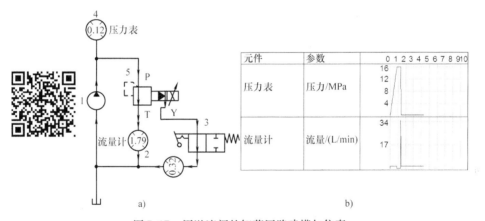

图 7-17　用溢流阀的卸荷回路建模与仿真

a）回路建模　b）仿真曲线

1—定量泵　2、4—压力表　3—二位二通换向阀　5—先导式溢流阀

1）配置 FluidSIM 模型：溢流阀 5 调定压力依然设置为 16MPa，其余采用默认值。

2）运行 FluidSIM 模型：运行仿真，得到如图 7-17b 所示的仿真曲线。由此可以看出：换向阀 3 的弹簧位工作，液压泵的工作压力为 16MPa；换向阀 3 的手动位工作，液压泵卸荷，考虑局部阻力和沿程阻力损失，故压力表显示不为 0.12MPa。

上述仿真真实地反映了液压系统的运行规律：遥控口接油箱时，先导式溢流阀主阀开启，大股流量（1.79cm³/s）流回油箱，遥控口小股流量（0.32cm³/s）。

7.2　减压阀及减压回路

在一个液压系统中，往往有一个泵需要向几个执行元件供油，而各执行元件所需的工作压力不尽相同。如某个执行元件所需的工作压力较液压泵的供油压力低时，可在该分支油路中串联一减压阀，所需压力大小可用减压阀来调节。

减压阀是一种利用液流流过缝隙产生压降的原理，使出口压力低于进口压力的压力控制阀。按调节要求不同，减压阀可分为定值减压阀、定差减压阀、定比减压阀三种。其中，定值减压阀应用最广，因此又简称为减压阀。它使液压系统中某一支路的压力低于系统压力且保持不变；定差减压阀是使阀的进口压力与出口压力的差值近于不变的减压阀；定比减压阀是使阀的出口压力与进口压力的比值近于不变的减压阀。这里重点介绍定值减压阀。

对定值减压阀的要求是：出口压力维持恒定，不受进口压力变化和通过流量大小的影响。

7.2.1　定值减压阀结构及工作原理

减压阀也分为直动式和先导式两种。先导式减压阀性能较好，最为常用。先导式减压阀结构型式很多，但工作原理相同。图 7-18a 所示为 DR 型先导式减压阀结构，图 7-18b 为减压阀的一般符号，图 7-18c 为先导式减压阀的职能符号。

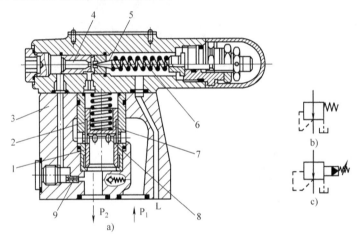

图 7-18　DR 型先导式减压阀结构
a）结构　b）一般符号　c）职能符号
1—主阀芯　2—阀套　3—阀体　4—通道　5—锥阀芯　6—调压弹簧
7—主阀弹簧　8—主阀芯径向孔群　9—阻尼孔

（1）先导阀关闭　压力为 p_1 的高压油（一次压力油）由进油口 P_1 进入，经阀套 2 和主阀芯 1 周围的径向孔群 8 所形成的减压口后从出油口 P_2 流出。因为油液流过减压口的缝隙时会有压力损失，所以出油口压力 p_2（二次压力油）低于进油口压力 p_1。出口压力油 p_2 分为两路：一路送往执行元件（占流量的绝大部分），另一路经阻尼孔 9 和通道 4 到达主阀芯 1 上端，并作用在先导阀芯 5 上。当负载较小，出口压力低于调压弹簧 6 的调定值时，锥阀芯 5 关闭，通过阻尼孔 9 的油不流动，主阀芯 1 上、下两腔压力均等于出口压力 p_2，主阀芯 1 在主阀弹簧 7（软弹簧）的作用下处于最下端位置，主阀芯径向孔群 8 与阀套 2 之间构成的减压口全开，不起减压作用。

（2）先导阀开启　当出口压力 p_2 上升至超过调压弹簧 6 所调定的压力时，锥阀芯 5 被打开，油液经先导阀和泄油通道 L 流回油箱。由于液流流经阻尼孔 9 时产生压力降，主阀芯上腔压力 p_3 小于下腔的压力 p_2。当此压力差（$p_2 - p_3$）所产生的作用力大于主阀芯弹簧的预紧力时，主阀芯 1 上升，径向孔群 8 被阀套 2 部分遮蔽使减压口缝隙减小，主阀阀口减小，减压作用增强，p_2 下降，当此压力差（$p_2 - p_3$）所产生的作用力与主阀芯上的弹簧力相等时，主阀芯处于平衡状态。

此时减压口保持一定的开度，出口压力 p_2 稳定在调压弹簧 6 所调定的压力值上。先导阀和主阀芯上受力平衡方程式为

$$p_3 A_x = K_x(x_0 + x) \tag{7-12}$$

$$p_2 A - p_3 A = K_y(y_0 + y) \tag{7-13}$$

式中，p_3 是主阀芯上腔压力，即先导阀入口压力（Pa）；p_2 是减压阀出口压力（Pa）；A_x、A 是先导阀和主阀的有效作用面积（m^2）；K_x、K_y 是先导阀和主阀的弹簧刚度（N/m）；x_0、y_0 是先导阀和主阀的弹簧预压缩量（m）；x、y 是先导阀和主阀的开口量（m）。

联立式（7-12）和式（7-13）得

$$p_2 = \frac{K_x(x_0 + x)}{A_x} + \frac{K_y(y_0 + y)}{A} \tag{7-14}$$

由于 $x \ll x_0$，$y \ll y_0$，且主阀弹簧刚度 K_y 很小，故 p_2 基本保持恒定，调节调压弹簧 6 的预压缩量 x_0 即可调节减压阀的出口压力 p_2。

减压阀是利用出口压力 p_2 作为控制信号，自动地控制减压口的开度，以保持出口压力基本恒定。如果由于负载（进油路负载）变化引起进油口压力 p_1 升高，在主阀芯还未做出反应的瞬时，出油口压力 p_2 也会有瞬时的升高，使主阀芯受力不平衡而向上移动，减压口变小，压力损失增大，p_2 变小，在新的位置上取得平衡，从而使出口压力 p_2 基本保持不变。同理，如果出口压力由于某种原因发生变化，减压阀阀芯也会做出相应的反应，最后使出口压力 p_2 稳定在调定值上。

图 7-19 所示为 JF 型先导式减压阀的结构。其工作原理与图 7-18 所示的减压阀相同。

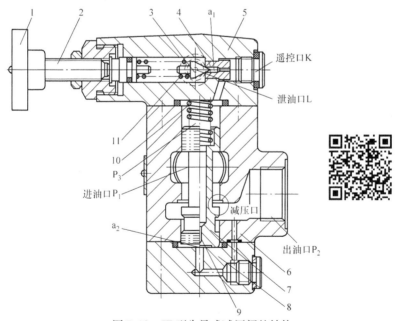

图 7-19　JF 型先导式减压阀的结构

1—调压手轮　2—调节螺钉　3—锥阀　4—锥阀座　5—阀盖　6—阀体
7—主阀芯　8—端盖　9—阻尼孔　10—主阀弹簧　11—调压弹簧

先导式减压阀和先导式溢流阀有以下几点不同：

1）减压阀保持出油口处压力基本不变，而溢流阀保持进油口处压力基本不变。

2）在不工作时，减压阀进出油口相通，而溢流阀进出油口不通。

3）为保证减压阀出油口处压力恒定（为其调定值），它的先导阀弹簧腔需通过泄油口单独外接油箱，即外泄；而溢流阀的出油口是通油箱的，所以它的先导阀弹簧腔和泄油腔可通过阀体上的通道和出油口接通，不必单独外接油箱，即内泄。

7.2.2 定值减压阀的性能

1. 出、进口压力（p_2-p_1）特性

图 7-20a 为通过减压阀的流量不变时，二次压力 p_2 随一次压力 p_1 变化的特性曲线，曲线由两段组成。拐点 m 所对应的二次压力 p_{20} 为减压阀的调定压力。曲线的 Om 段是减压阀的起动阶段，此时减压阀主阀芯尚未抬起，减压阀阀口开度最大，不起减压作用。因此一次压力和二次压力相等。角 θ 是 45°（严格地说，θ 角也略小于 45°）。曲线 mn 段是减压阀的工作段。此时减压阀主阀芯已抬起，阀口已关小。随着 p_1 的增加，p_2 略有下降。实验证明，引起曲线下降的主要因素是稳态液动力。并且在流量相同，压力 p_2 不同的条件下，压差（p_1-p_2）越大，曲线段越接近水平。p_2 随 p_1 变化越小，减压阀的定压精度越高。因此在实际工作中，为得到良好的定压性能，提高定压精度，减压阀的压降不能太小。

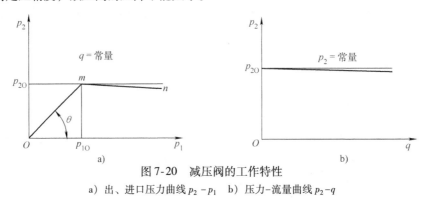

图 7-20　减压阀的工作特性

a）出、进口压力曲线 p_2-p_1　b）压力-流量曲线 p_2-q

2. 出口压力-流量（p_2-q）特性

图 7-20b 是在一次压力不变时，二次压力随流量变化的情况的特性曲线。由图可知，随着流量的增加（或减少）p_2 略有下降（或上升）。曲线的下降亦是稳态液动力所致。实验表明，当压差（p_1-p_2）较大时，曲线较平直，即阀的稳定性好。从图中还可看出，当减压阀的负载流量为零时，它仍然可以处于工作状态，保持出口压力为常量。这是因为此时仍有少量油液经主阀口从先导阀口泄回油箱。

定值减压阀主要用在系统的夹紧回路、电液换向阀的控制油路、润滑回路等中。必须指出，应用减压阀必有压力损失，这将增加功耗，并使油液发热。当分支油路压力比主油路压力低很多，且流量又很大时，常采用高、低压泵分别供油，而不宜采用减压阀。

7.2.3 减压回路

在多个支路的液压系统中，常常不同的支路需要有不同的、稳定的、可以单独调节的较主油路低的压力，如液压系统中的控制油路（如为外控的先导阀提供的压力油）、润滑油路夹紧回路等需要较低的供油压力回路，因此要求系统中必须设置减压回路。

常用的方法是在需要减压的油路前串联定值减压阀。由于减压口处有功率损失，此种回路不宜用在压降大、流量大的场合。

单轨吊夹紧系统如图 7-21a 所示，主油路的压力由溢流阀 2 设定，减压支路的压力根据单轨

吊的工作的上坡、平路和下坡等工况负载由减压阀4调定；截止阀6用于拆卸驱动轮时，先把单向阀封闭的压力液体人工卸荷。减压阀的调定压力值根据驱动轮与轨道的正压力来确定，夹紧缸5的两端分别与两个对称于轨道的驱动轮相连，减压阀产生的低压作用在夹紧缸的活塞杆腔，将驱动轮夹紧在轨道上。下面利用 FluidSIM 模拟上述过程。

1）配置 FluidSIM 模型：溢流阀2调定压力依然设置为15MPa，减压阀4调定压力为5MPa，其余采用默认值。

2）运行 FluidSIM 模型：先关闭截止阀6，运行仿真后，得到如图7-21b 所示的仿真曲线。由此可以看出：减压阀的出口压力为5MPa；液压泵的工作压力为15MPa。

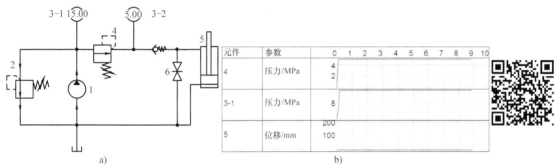

图 7-21　单轨吊夹紧回路建模与仿真
a）回路建模　b）仿真曲线
1—液压泵　2—溢流阀　3—压力表　4—减压阀　5—夹紧缸　6—截止阀

减压回路设计时要注意避免因负载不同可能造成回路之间的相互干涉问题，例如当主油路负载减小时，有可能主油路的压力低于支路减压阀调定的压力，这时减压阀的开口处于全开状态，失去减压功能，造成油液倒流。为此，可在减压支路上，减压阀的后面加装单向阀，以防止油液倒流，起到保压作用。

7.3　顺序阀及顺序控制回路

顺序阀是一种当控制压力达到或超过调定值时就开启阀口使液流通过的阀。它的主要作用是控制液压系统中执行元件动作的先后顺序，以实现对系统的自动控制。

7.3.1　顺序阀的结构及工作原理

顺序阀按结构不同分为直动式和先导式两种。图 7-22a 所示为直动式顺序阀的结构图，图7-22b所示为顺序阀的一般图形符号或直动式顺序阀图形符号，图 7-22c 所示为外部压力控制顺序阀图形符号。顺序阀的结构和工作原理与溢流阀非常相似，其主要差别如下：

1）溢流阀的出油口接油箱，因此其泄油口可和出油口相通，即采用内部泄油方式；而顺序阀的出油口与系统的执行元件相连，因此它的泄油口要单独接回油箱，即采用外部卸油方式。

2）顺序阀为减小调压弹簧刚度而设有控制活塞，而溢流阀无控制活塞。

3）直动型顺序阀的阀芯上有阻尼孔，减小或者消除阀芯的振动，提高阀工作的稳定性。

4）溢流阀的进口压力是限定的，而顺序阀的最高进口压力由负载工况决定，开启后可随出口负载增加而进一步升高（前提是最高压力要在系统的工作压力范围之内）。

通过改装可以使图 7-22a 所示的顺序阀实现其他功能。比如将底盖 7 转 90°，打开 K 口即可（K 口接压力油源）成外控顺序阀。在上述外控顺序阀的基础上，再将端盖转 180°，是外泄

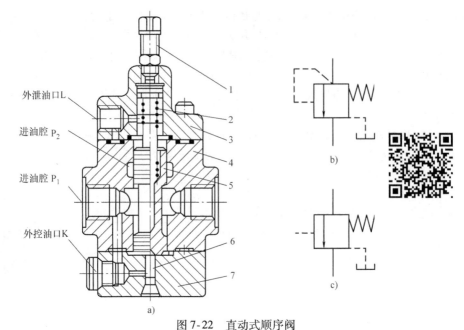

图 7-22　直动式顺序阀

a）结构图　b）顺序阀图形符号　c）外部压力控制顺序阀图形符号

1—调节螺钉　2—调压弹簧　3—端盖　4—阀体　5—阀芯　6—控制活塞　7—底盖

改为内泄（L 口要堵住），因为在作为泄荷阀使用时，出油腔是接油箱的。

图 7-23 所示为 DZ 系列先导式顺序阀，主阀为单向阀式，先导阀为滑阀式。这种阀按控制和回油方式不同分为内部控制内部泄油、内部控制外部卸油、外部控制内部泄油、外部控制外部泄油四种形式。图 7-23 所示为内部控制外部泄油方式，下面以此为例来说明顺序阀的工作原理。

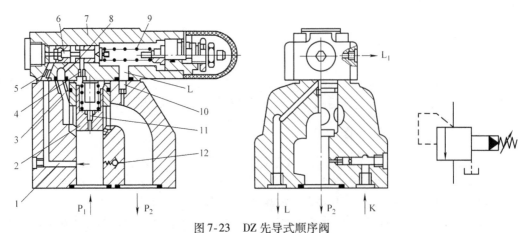

图 7-23　DZ 先导式顺序阀

1、3、10—通道　2—主阀芯　4、5、11—阻尼孔　6—先导控制活塞

7—先导阀　8—控制台肩　9—调压弹簧　12—单向阀

1）先导阀关闭：压力油从进油口 P_1 进入顺序阀后分成两路，一路由通道 1 经阻尼孔 5 作用在先导阀 7 的控制活塞 6 左端，另一路经阻尼孔 11 进入主阀芯 2 的上腔。当顺序阀进油口压力低于先导滑阀调压弹簧的预调压力时，先导滑阀在弹簧力的作用下使控制台肩 8 控制的环形通道封闭，阻尼孔 11 没有油液流过，主阀芯 2 上、下腔压力相等，主阀芯 2 在弹簧力的作用下压在

阀座上，将进、出油口 P_1、P_2 切断，主阀关闭。

2）先导阀开启：当阀的进油口压力大于先导滑阀调压弹簧预调压力时，先导滑阀在左端液压力的作用下向右移动，使控制台肩 8 控制的环形通道打开。于是主阀芯 2 上腔的油液经阻尼孔 4、控制台肩 8 和通道 3 流往出口 P_2。由于阻尼孔 11 所产生的压降使主阀芯开启，将 P_1、P_2 口接通，主阀开启，出油口的压力油使与其相连的执行元件动作。

调节调压弹簧的预压缩量即能调节打开顺序阀所需的压力。由于主阀芯上腔油压与先导滑阀所调压力无关，仅仅通过弹簧刚度很弱的主阀上部弹簧与主阀芯上、下腔的油压差来保持主阀芯的受力平衡，因此它的出口压力近似等于进口压力，压力损失小。但是 P_1 口、P_2 口都是压力油口，故调压弹簧腔的泄漏油必须通过 L 口或 L_1 在无背压的情况下排回油箱。

顺序阀的主要性能和溢流阀类似。此外，顺序阀为使执行元件准确地实现顺序动作，要求阀的调压偏差小，在压力-流量特性中，通过额定流量时的调定压力与启闭压力尽可能接近，因而调压弹簧的刚度小一些为好。另外，阀关闭时，在进口压力的作用下各密封部位的内泄漏应尽可能小，否则可能引起误动作。

7.3.2　顺序阀的应用

1）控制多个执行元件按预定的顺序动作。

2）作背压阀用，使得执行元件能稳定地运行。

3）与单向阀组成平衡阀，以防止垂直运动部件因自重而自行下滑。

7.3.3　平衡阀

平衡阀是液压举升机械中应用较多的阀类，用来防止执行机构在其自重作用下高速下行，即限制液压缸活塞的运动速度。图 7-24 所示是液压举升机械中常用的一种平衡阀。重物下降时，液流的流动方向为 B 到 A，K 为控制油口。当没有输入控制油时，重物形成的压力油作用在锥阀 3 上，重物被锁定。当输入控制油时，推动控制活塞 8 右移，先顶开锥阀 3 内部的先导锥阀 4。由于 4 的右移，切断了弹簧腔与 B 口高压腔的通路，弹簧腔很快卸压。此时，B 口还未与 A 口沟通。当活塞 8 右移至其右端面与锥阀 3 端面接触时，其左端环形处的右端面正好与活塞组件 9 接触形成一个组件。下一步，活塞 8 与组件 9 在控制油作用下压缩弹簧 2 而右移，打开锥阀 3。B 口至 A 口的通路依靠阀套上的几排小孔改变其实际过流面积，起到了很好的平衡阻尼作用。活塞 8 左端心部还配置了一个阻尼件。

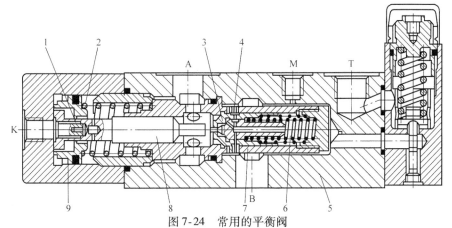

图 7-24　常用的平衡阀

1—阻尼组件　2—控制弹簧　3—锥阀　4—先导锥阀　5—阀体
6—弹簧组件　7—阀套　8—控制活塞　9—活塞组件

7.3.4　顺序回路

顺序动作回路的功用是使多缸液压系统中的各个液压缸严格地按规定的顺序动作。按控制方式不同，可分为行程控制、压力控制和时间控制，其中前两种用得最广泛。

1. 保证油路最低压力

保证油路最低压力的回路如图 7-25 所示，当垂直液压缸 6 的活塞开始上升后，在压力高过顺序阀 3 的调整压力时，水平液压缸 7 才动作。这样水平液压缸 7 动作时，不致因压力过低而使垂直液压缸 6 的活塞在自重的作用下下落。下面利用 FluidSIM 模拟上述过程。

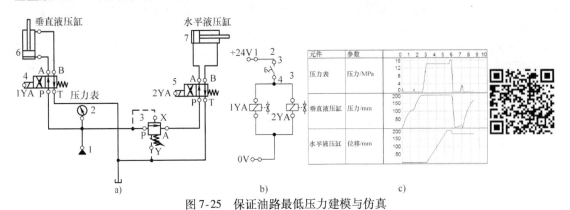

图 7-25　保证油路最低压力建模与仿真

a）回路建模　b）电控图　c）仿真曲线

1—油源　2—压力表　3—顺序阀　4、5—电磁换向阀　6、7—液压缸

1）配置 FluidSIM 模型如图 7-26 所示：油源 1 的控制压力 "Operating Pressure" 调整为 16MPa，流量 "Flow" 配置为 1L/min；垂直液压缸的运动质量 "moving mass" 为 200kg；顺序阀 3 调定公称压力 "Nominal Pressure" 设置为 14MPa，其余采用默认值。

2）运行 FluidSIM 模型：运行仿真后，得到如图 7-25c 所示的仿真曲线。可以看出：电磁换向阀弹簧位，当达到顺序阀的调定压力 14MPa 后，水平液压缸才运动；电磁换向阀通电位，同样也是垂直液压缸 6 先降落，水平液压缸 7 再运动，保证了垂直液压缸 6 始终保持了最低工作压力为顺序阀的调定压力（14MPa）。

图 7-26　参数配置

2. 多缸顺序动作回路

顺序动作回路的功用是使多缸液压系统中的各个液压缸严格地板按规定的顺序动作。图 7-27a 是一个利用 FluidSIM 建模的顺序动作回路。下面利用 FluidSIM 模拟上述过程。

1）配置 FluidSIM 模型，均采用默认值。

2）运行 FluidSIM 模型：运行仿真后，得到如图 7-27c 所示的仿真曲线。可以看出：电磁换向阀电磁铁 1Y 得电，2Y 断电时，压力液体无法进入分顺序阀和单向阀支油路，只能由进入液压缸 I 的活塞腔推动活塞伸出，达到行程后，压力升高，当达到顺序阀的调定压力 1MPa 后，液压

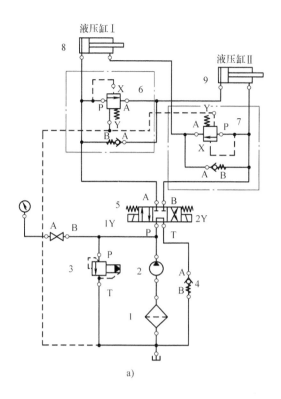
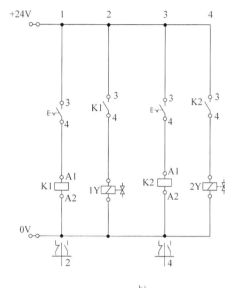

a)   b)

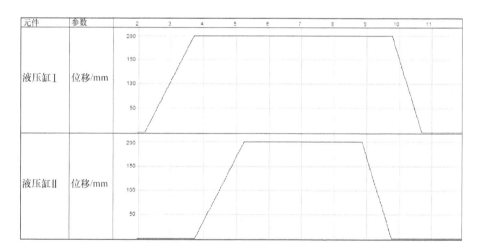

c)

图 7-27　顺序动作回路建模与仿真

a) 回路建模　b) 电控图　c) 仿真曲线

1—过滤器　2—液压泵　3—溢流阀　4—单向阀　5—电磁换向阀　6、7—单向顺序阀　8、9—液压缸

缸Ⅱ再运动；电磁换向阀电磁铁 2Y 得电，1Y 断电时，压力液体无法进入分顺序阀和单向阀支油路，只能进入液压缸Ⅱ的活塞杆腔推动活塞伸出，达到行程后，压力升高，当达到顺序阀的调定压力 1MPa 后，液压缸Ⅰ再运动。

　　这种回路顺序动作的可靠性取决于顺序阀的性能及其压力调定值：后一个动作的压力必须比前一个动作压力高 0.8～1MPa。顺序阀打开和关闭的压力差值不能过大，否则顺序阀会在系统压力波动时造成误动作，引起事故。由此可见这种回路只适用于液压缸数目不多、负载变化不大的场合。

3. 单作用增压回路

在液压系统中，当为满足局部工作机构的需要，要求某一支路的工作压力高于主油路时，可以采用增压回路。如图 7-28 所示，增压器 4 由一个大活塞缸和一个小柱塞缸串联组成。

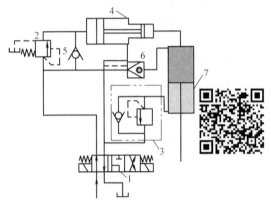

1）当换向阀 1 的左电磁铁得电时，通过液控单向阀 6 进入液压缸 7 和对增压器的小活塞腔补油，当液压缸接触工件时，活塞腔内压力增高，打开顺序阀 2，油液进入大活塞缸的左腔，推动活塞并带动柱塞右移，小柱塞缸内排出的高压油进入工作液压缸 7 进行工作，回油经平衡阀回油箱。

图 7-28　单作用增压回路

1—换向阀　2—顺序阀　3—平衡阀　4—增压器
5—单向阀　6—液控单向阀　7—液压缸

2）当换向阀 1 的右电磁铁得电时，一部分油液经平衡阀的单向阀进入液压活塞杆腔，推动活塞向上运动；另一部分油液进入增压器中间腔，推动大活塞向右运动，同时控制油液顶开液控单向阀的阀芯，液压缸活塞中的油液回油箱和被吸入增压器的小活塞腔。

这种回路的增压倍数等于增压器中活塞面积和柱塞面积之比，缺点是不能提供连续的高压油。

4. 平衡回路

为了防止立式液压缸或垂直运动的工作部件由于自重而自行下滑，可在液压系统中设置平衡回路（即在立式液压缸或垂直运动的工作部件的下行回路上设置适当的阻力，使其回油腔产生一定的背压，以平衡其自重并提高液压缸或垂直运动的工作部件的运动稳定性），其广泛应用于工程机械、起重机械以及一些具有垂直运动部件的场合。

平衡回路工作过程中，均有三种运动状态，即举重上升、承载静止和负载下行。在承载静止过程中，要保持活塞在重力负载的作用下平稳下降，必须满足两个方面的平衡，一方面是力的平衡问题，另一方面是速度的平衡问题（流量连续问题）。

内控内泄顺序阀的平衡回路（见图 7-29a）是利用 FluidSIM 建模的采用单向顺序阀的平衡回路，顺序阀在这里起背压阀的作用，其压力调定应按照运动部件的自重设置。

当换向阀处于中位时，液压缸即可停在任意位置，但由于顺序阀的泄漏，悬停时运动部件总要缓缓下降；当 1YA 得电时，由液压缸的自重产生的压力打开顺序阀，平稳下行。运动部件质量发生变化，要调整顺序阀以平衡新的负载；当 2YA 得电时，液压油通过单向阀进入活塞杆腔推动活塞上行。下面利用 FluidSIM 模拟上述过程。

1）配置 FluidSIM 如图 7-29a 所示模型，油源 1 按图 7-30 左图配置，液压缸 4 按按图 7-30 右配置，其余均采用默认值。

2）运行 FluidSIM 模型：运行仿真后，得到如图 7-29d 所示的液压缸（a）位移特性仿真曲线。

当把顺序阀的打开压力调得较高时，可以满足一定的重物质量的变化，但在质量较小的时候，需要上腔加压活塞才能下行。当把顺序阀的打开压力调得较低时，重物增加会使活塞自动下滑。因此这种回路适用于运动部件质量不大，停留时间较短的系统。

外控单向顺序阀的平衡回路（见图 7-29b）是利用 FluidSIM 建模的采用单向顺序阀的平衡回

路。在该回路中，由于外控顺序阀只要上腔给压力时才能打开顺序阀下行，可以克服图7-29a回路中可能发生的误动作，比较安全。此回路的背压由单向节流阀产生，对应不同重物负载的变化，需要对应调节节流口的大小。

图7-29b 的配置方法同7-29a，回路中增加了单向节流阀，把内控改为外控，运行仿真后得到如图7-29d 所示的液压缸（b）位移特性仿真曲线。

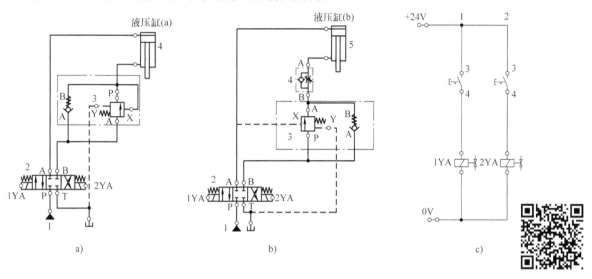

a)　　　　　　　　　　　　b)　　　　　　　　　　　　c)

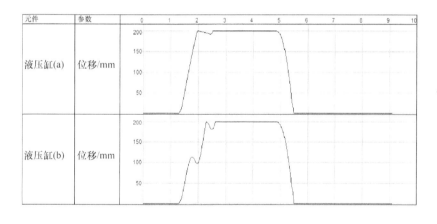

d)

图 7-29　平衡回路建模与仿真

a）液压缸（a）回路建模　b）液压缸（b）回路建模　c）电控图　d）仿真曲线

1—油源　2—电磁换向阀　3—单向顺序阀　4—液压缸　5—单向节流阀

5. 双泵供油快速运动回路

如图7-31 所示，低压大流量 q_1 泵 1 和高压小流量 q_2 泵 2 组成的双联泵作为动力源，外控式顺序阀 3 和溢流阀 5 分别设定双泵供油和小流量泵 2 供油时的最高工作压力，系统压力低于外控式顺序阀 3 调定压力时，两个泵同时向系统供油，流量为：

$$v = \frac{q_1 + q_2}{A} \tag{7-15}$$

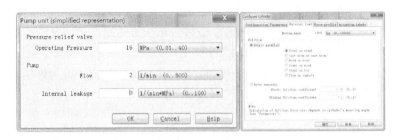

图 7-30　配置油源与运动质量

活塞快速向右运动；系统压力达到外控式顺序阀 3 调定压力时，大流量泵 1 通过阀 3 卸荷，单向阀 4 自动关闭，只有小流量泵 2 向系统供油流量为：

$$v = \frac{q_2}{A} \tag{7-16}$$

活塞慢速向右运动。

大流量泵 1 卸荷减少了动力损耗，回路效率高，常用在执行元件快进和工进速度相差较大的场合。下面利用 FluidSIM 模拟上述过程。

1）配置 FluidSIM 如图 7-31 左图模型，泵 1 和泵 2 按图 7-32 左、中图配置，液压缸 7 的载荷按图 7-32 右配置，其余均采用默认值。

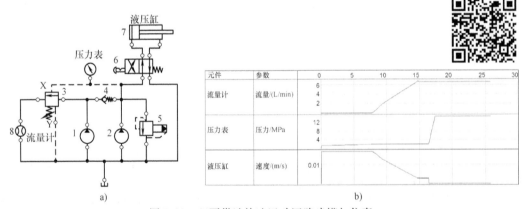

图 7-31　双泵供油快速运动回路建模与仿真
a）回路建模　b）仿真曲线

1—大流量泵　2—小流量泵　3—外控式顺序阀　4—单向阀　5—溢流阀　6—手动换向阀　7—液压缸

2）运行 FluidSIM 模型：运行仿真后，得到如图 7-31 右图所示双泵供油快速回路仿真曲线。由液压缸的速度特性仿真曲线可以看出：$t = 0 \sim 9\text{s}$ 时，活塞速度较高；$t > 9\text{s}$，当顺序阀开始卸荷时，活塞速度减慢。

图 7-32　参数配置

顺序阀除了上述用途外，还用作背压阀和卸荷阀等。

7.4 压力继电器与应用回路

7.4.1 工作原理与结构

压力继电器是将液压系统的压力信号转变成电信号的信号转换元件。它在系统压力达到其设定值时，发出电信号给下一个动作的控制元件，以实现程序控制和安全保护作用。如实现泵的加载或卸荷，执行元件的顺序动作或系统的安全保护和连锁等其他功能。

压力继电器由压力-位移转换装置和微动开关两部分组成，按结构分为柱塞式、弹簧管式、膜片式和波纹管式四类，其中以柱塞式最常用。

图 7-33 为柱塞式压力继电器的结构和图形符号。

当从压力继电器下端进油口进入的液压油的压力达到调定的压力值时，便推动柱塞 2 上移，此位移通过杠杆 3 放大后推动微动开关 4 动作，使其发出电信号控制液压元件动作。改变弹簧 1 的压缩量，就可以调节压力继电器的动作压力。

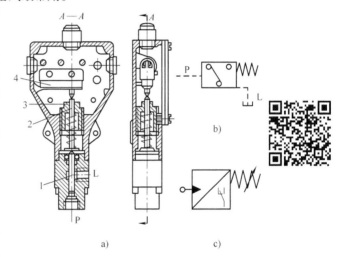

7.4.2 压力继电器的性能参数

1）调压范围：能发出电信号的最低工作压力和最高工作压力的范围。

2）灵敏度和通断调节区间：压力升高继电器接通电信号的压力

图 7-33 柱塞式压力继电器

a）结构图　b）图形符号　c）压力继电器符号
1—弹簧　2—柱塞　3—杠杆　4—微动开关

（称开启压力）和压力下降继电器复位切断电信号的压力（称闭合压力）之差为继电器的灵敏度。为避免压力波动时继电器时通时断，要求开启压力和闭合压力间有一可调的确定的差值，称为通断调节区间。

3）重复精度：在确定的设定压力下，多次升压或降压过程中，开启压力和闭合压力本身的差值称为重复精度。

4）升压或降压动作时间：压力由卸荷压力升到设定压力，微动开关触点闭合发出电信号的时间，称为升压动作时间，反之称为降压动作时间。

7.4.3 压力继电器的应用回路

1. 压力继电器应用于快进与工进转换

图 7-34a 所示是利用 FluidSIM 建模的压力继电器的应用回路，压力继电器 6 装在节流阀 5 和液压缸 7 之间。当液压缸活塞碰到死挡铁上后，液压缸的进油腔压力升高，当达到压力继电器的调定值后，压力继电器发出信号，2YA 通电，节流阀接入系统，由快进到工进；当 1YA 断电后，液压缸快速返回。下面利用 FluidSIM 模拟上述过程。

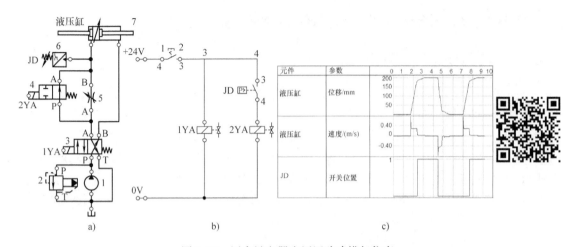

图 7-34　压力继电器应用回路建模与仿真

a）回路建模　b）电控图　c）仿真曲线

1—液压泵　2—溢流阀　3、4—电磁换向阀　5—节流阀　6—压力继电器　7—液压缸

1）使用 FluidSIM 配置如图 7-34a 所示的模型，压力继电器 6 按图 7-35 左图配置，液压缸 7 的载荷按图 7-35 右配置，模拟不变、碰挡铁负载工况，其余均采用默认值。

2）运行 FluidSIM 模型：运行仿真后，得到如图 7-34c 所示的快进转工进的液压缸速度和压力继电器工作状态特性仿真曲线。

由液压缸的速度特性仿真曲线可以看出：$t = 2 \sim 2.5\text{s}$ 时，速度由快到慢。符合了电磁阀 4 弹簧位快进，2YA 得电，节流阀接入系统，变成进口节流调速，速度减慢的情况。

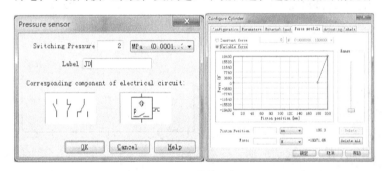

图 7-35　参数配置

2. 压力继电器应用于蓄能器保压

液压泵向系统及蓄能器供油液压系统如图 7-36a 所示，当蓄能器的压力达到系统设定的最高压力时，压力继电器 9 发出电信号，使电磁铁 1YA 得电，液压泵卸荷，由蓄能器保持系统压力。由于液压系统泄漏等情况，当蓄能器压力降低到设定的最低压力值时，压力继电器发出电信号，使电磁铁 1YA 断电，液压泵重新向系统和蓄能器供油。下面利用 FluidSIM 模拟上述过程。

1）压力继电器、溢流阀和蓄能器按图 7-37 配置。

2）运行 FluidSIM 模型：运行仿真后，得到如图 7-36c 所示的压力特性仿真曲线：当截止阀 11 关闭，达到蓄能器调定压力后，压力保持恒定；当截止阀开启小的开度后，出现了锯齿状曲线，就是开启 - 关闭的死循环。

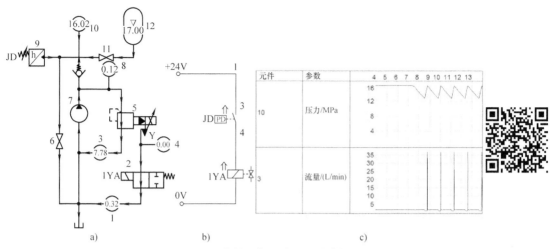

图 7-36　蓄能器保压液压系统建模与仿真

a) 回路建模　b) 电控图　c) 仿真曲线

1、3—流量计　2—电磁换向阀　4、8、10—压力表　5—先导式溢流阀　6、11—截止阀　7—液压泵　9—压力继电器　12—蓄能器

图 7-37　参数配置

7.5　插装阀

插装阀（又称逻辑阀）是20世纪70年代出现的一种新型开关式阀。用各种普通阀作为先导控制阀来控制插装阀的开启和闭合，即可实现多种控制机能。

与普通阀相比，插装阀在控制功率相同的情况下，具有重量轻、体积小、功率损失小、切换时响应快、冲击小、泄漏量小、稳定性好、制造工艺性好等特点。

7.5.1　插装阀的结构和工作原理

插装阀的典型结构如图7-38所示。它由锥阀组件和控制盖板组成。锥阀组件包括弹簧2、阀套3、阀芯4以及若干密封件。另外控制油路中还可能有一些阻尼孔（改善阀的动态性能）。

插装阀有两个主要油口 A 和 B，锥面的开闭决定 A、B 口的通断，所以是一个二通插装阀。阀芯下部有两个承压面积 A_A 和 A_B，分别与 A 口和 B 口连通。弹簧腔（X 腔）的压力由盖板1及安装在其上面的先导阀控制。X 腔油压作用于阀芯上部，其面积为 $A_X = A_A + A_B$。设 p_A、p_B、p_X 分别为 A、B、X 口的油压力，F_t 为上腔弹簧预紧力，则当

$$p_X A_X + F_t \geqslant p_A A_A + p_B A_B \qquad (7\text{-}17)$$

时，锥面闭合，A、B 口不通；当

$$p_X A_X + F_s < p_A A_A + p_B A_B \qquad (7\text{-}18)$$

时，锥面打开，A、B 口导通。所以在 $p_A = p_B = 0$ 时阀闭合；而 A 口或 B 口有压力时都有可能使阀打开。在 p_A、p_B 已定的情况下，改变 p_X 可以控制锥面的启闭，即控制 A、B 口的通断。如果 $p_X = 0$，在 p_A 或 p_B 作用下均可使阀打开，这种状态下使阀打开的最小压力称为锥阀开启压力。

开启压力与承压面积（A_A 或 A_B）和弹簧预紧力有关，根据需要，其大小可在$(0.3 \sim 4) \times 10^5 MPa$ 范围内变化。A_A 与 A_X 之比可以做成 1:1.5（或 1:1.1、2:1 等）以适用阀的不同功能。液流方向可以从 A 流向 B，也可以从 B 流向 A。当 $A_X/A_A = 1$ 时，阀芯上不再有锥面，并且 X 腔油液常由 A 腔经阀芯中间的阻尼小孔进入。此时油液只能由 A 流向 B，主要用于压力控制阀。

7.5.2 插装方向阀

插装阀用作方向阀时一般要求能双向导通，常取 $A_X/A_A = 2$（或 1.5）。

1. 插装阀用作单向阀

（1）用作普通单向阀 将 X 腔与 A 口或 B 口连通，即成为单向阀。连通方向不同，其导通方向也不同，如图 7-39 所示。当 $A_X/A_A = 2$ 时，两种接法的开启压力相同；当 $A_X/A_A = 1.5$ 时，两种接法开启压力不同。

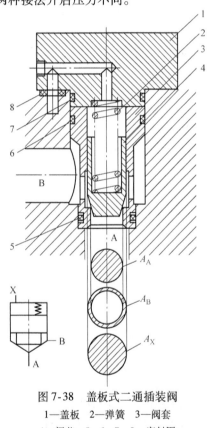

图 7-38　盖板式二通插装阀

1—盖板　2—弹簧　3—阀套
4—阀芯　5、6、7、8—密封圈

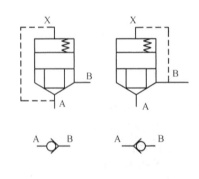

图 7-39　插装阀用作单向阀

按图 7-39 所示的接法，将插装阀作为单向阀使用，构成一个回路如图 7-40 所示。现在对回路分析如下：

1）手动换向阀 2 处于弹簧位，对插装阀（a）图示位置，A 口接液压缸回油，A 口压力大于 B 口和控制腔 X 压力，插装阀（a）开启，油液回油箱；对插装阀（b）图示位置，A 口接液压缸回油，B 口压力大于 A 口和控制腔 X 压力，插装阀（b）也开启，油液进入液压缸活塞腔推动活塞右行。

2）手动换向阀处于左位，对插装阀（a）图示位置，二位二通阀 1 处于闭位，控制腔内没有压力油液，B 口压力大于 A 口压力，插装阀（a）开启，液压油进入液压缸活塞杆腔推动液压缸左行；对插装阀（b）图示位置，A 口和 X 口进入控制油，插装阀（b）关闭，要想液压缸左行，必须使二位二通阀 3 处于通位，液压油从活塞腔、二位二通阀 3 回油箱，液压缸活塞右行。

3）手动换向阀处于左位，对插装阀（a）图示位置，二位二通阀 1 处于通位，控制腔进入压力液体，则插装阀（a）关闭，液压缸不动。

由上述分析可知：控制腔 X 内的压力大于进口（A 或 B）的压力时，插装阀关闭！

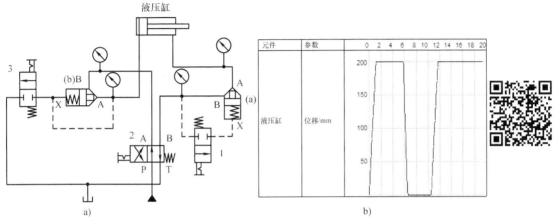

图 7-40　插装阀用作单向阀的回路

a）回路建模　b）仿真曲线

（2）用作液控单向阀　在控制盖板上加接一个二位三通液动阀，就成为液控单向阀，如图 7-41 所示。

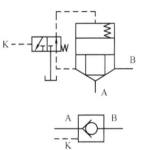

设计一个插装阀用作液控单向阀的回路如图 7-42a 所示，当手动换向阀处于弹簧位时，油液进入液压缸活塞腔，同时推动液控阀阀芯左移，X 口与 A 口流通，插装阀的 X 腔回油箱，插装阀开启，插装阀流量计有流量通过，活塞杆腔油液回油箱，活塞下行；手动三位四通阀弹簧位工作，X 腔接油箱，插装阀开启，液压缸上行，仿真结果如图 7-42b 所示。

图 7-41　插装阀用作液控单向阀

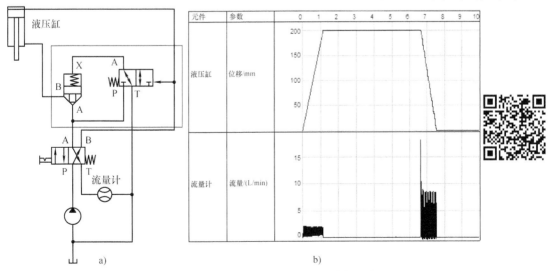

图 7-42　插装阀用作液控单向阀建模与仿真

a）回路建模　b）仿真曲线

2. 插装阀用作换向阀

用插装阀组合，用不同换向阀控制，可组成不同位数、通数的插装换向阀。

（1）用作二位二通阀 用一个电磁先导阀控制 X 腔的压力，就可以使插装阀成为一个二位二通电液阀，如图7-43a 所示。阀在图示"断开"位置上只能阻断 A 流向 B 而不能阻断 B 流向 A。为此可在辅助油路中增加一个梭阀（见图7-43b），它的作用相当于两个单向阀。由于梭阀的存在，A 口和 B 口中压力较高者经过梭阀和电磁先导阀进入 X 腔，使锥阀保持压紧状态。所以这种阀能双向阻断油流。二位三通电磁阀断电时，插装阀控制腔 X 油液回油箱，A→B，通位；二位三通电磁阀得电时，插装阀控制腔 X 与高压油液相通，插装阀关闭，A 与 B 不同，关闭位，相当于职能符号，如图7-43b 所示。

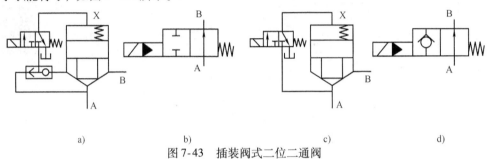

图7-43 插装阀式二位二通阀

a)、c) 插装阀二位二通阀 b)、d) 职能符号图

插装阀式二位二通阀 FluidSIM 建模如图7-44a 所示，运行仿真，

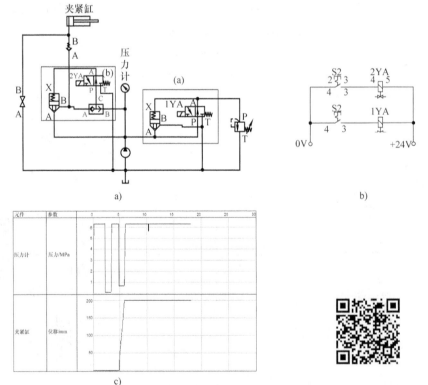

图7-44 插装阀式二位二通阀建模与仿真

a) 回路建模 b) 电控图 c) 仿真曲线

1）按 S1 使 1YA 得电，泵卸荷运转，夹紧缸不动。

2）按 S1 使 1YA 断电，系统按溢流阀的调定压力工作。

3）图示状态的（b）中的两位三通阀弹簧位，控制腔 X 有带压力油液，插装阀关闭；

4）按 S2 使 2YA 得电，（b）中的两位三通阀弹簧位，控制腔 X 带压力油液回油箱，插装阀开启，夹紧缸左行；

5）1YA 和 2YA 断电，这样夹紧缸中有带一定压力的油液，例如单轨吊设备的驱动轮夹紧在轨道上，当需要卸下驱动轮时，打开截止阀即可。

（2）插装阀用作二位三通阀　两个插装阀再加上一个电磁先导阀可组成一个三位（或二位）三通电液阀，如图 7-45 所示。

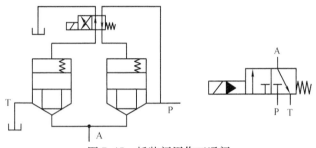

图 7-45　插装阀用作三通阀

利用 FluidSIM 建模，按图 7-45 所示所有的元件组成一个夹紧回路，如图 7-46a 所示。电磁换向阀弹簧位工作，右边插装阀控制腔被压紧，右插装阀关闭，B 口和 A 口不通，夹紧缸静止不动；按下 S1 按钮，YA1 得电，右插装阀控制腔 X 通油箱，右插装阀开启，带压力油液进入夹紧缸，推动活塞右行，液压缸位移仿真曲线如图 7-46c 所示。

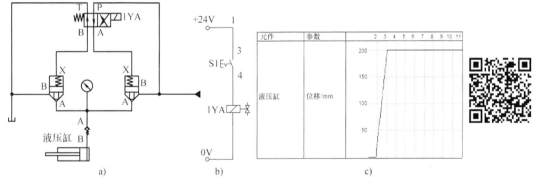

图 7-46　插装阀组成两位三通阀 FluidSIM 建模与仿真

a）回路建模　b）电控图　c）仿真曲线

（3）插装阀用作二位四通阀　四个插装阀和一个二位二通电磁换向阀按图 7-47 所示组合，即可组成二位四通阀。

利用 FluidSIM 根据图 7-47 所用硬件进行建模，如图 7-48a 所示。

1）电磁换向阀弹簧位工作时，1、3 插装阀的控制腔 X 通压力油，关闭；而 2、4 插装阀控制腔压力油回油箱，开启。压力油从 A 口进入液压缸，推动活塞右行，活塞杆腔液体从 B 口回到油箱。

2）电磁换向阀弹簧位工作时，2、4 插装阀的控制腔 X 通压力油，关闭；而 1、3 插装阀控制腔压力油回油箱，开启。压力油从 B 口进入液压缸，推动活塞右行，活塞杆腔液体从 A 口回

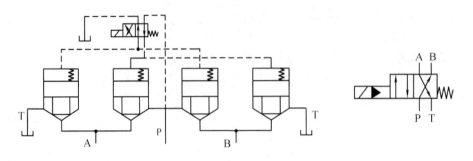

图 7-47　插装阀用作二位四通阀

到油箱。

上述动作可以通过仿真实现，液压缸位移特性仿真曲线如图 7-48 所示。

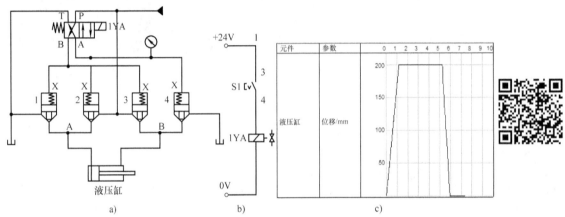

图 7-48　插装阀用作二位四通阀建模与仿真

a）回路建模　b）电控图　c）仿真曲线

（4）插装阀用做三位四通换向阀　连接如图 7-49 所示的三位四通换向阀和单向阀，即可组成三位四通中位为 O 型电液换向阀。

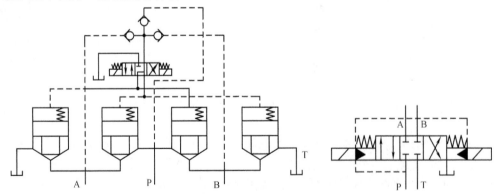

图 7-49　插装阀用作三位四通阀

插装阀用作三位四通阀利用 FluidSIM 进行建模，如图 7-50a 所示，当电磁换向阀位于中位时，四个插装阀的控制腔 X 都通高压油，则四个插装阀都处于关闭；当 1YA 通电时，1，3 插装阀控制腔进油，1、3 关闭。而 2、4 插装阀控制腔接油箱，2、4 插装阀开启，液体通过 A 口进入液压缸的活塞腔，推动活塞右行，回油从 B 口、插装阀 4 回油箱；当 2YA 通电时，2、4 插装阀控制腔进油，2、4 关闭。而 1、3 插装阀控制腔接油箱，1、3 插装阀开启，液体通过 A 口进入液压缸的活塞杆腔，推动活塞左行，回油从 B 口、插装阀 1 回油箱。仿真运行结果如图 7-50c 所示。

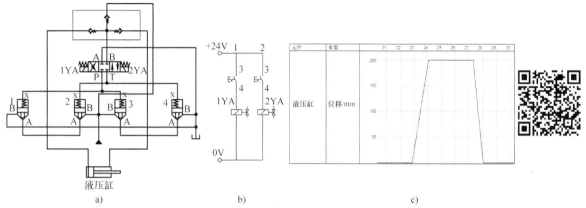

图 7-50　插装阀用作三位四通阀的 FluidSIM 建模与仿真

a）回路建模　b）电控图　c）仿真曲线

（5）插装阀做多位四通阀　如果采用四个三位四通先导阀分别控制四个插装阀的起闭，如图 7-51a 所示，按理应有16（2^4）

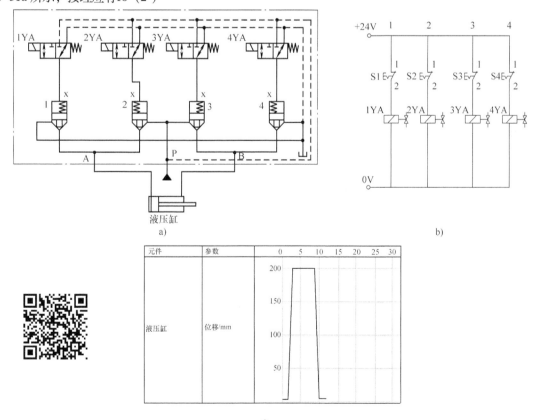

图 7-51　插装阀用作多位四通阀 FluidSIM 建模与仿真

a）回路建模　b）电控图　c）仿真曲线

种可能的组合状态。但是通过仿真可以得出其中五种状态都具有"H"位机能，故实际上只能得到12种不同状态。可见采用插装阀换向时具有较一般四通阀更多位可选择。但一个四通阀需要由四个插装阀及若干个先导阀组成，从外形尺寸及经济性方面考虑，在大流量时选用插装阀比较合理。

三位四通先导阀控制状态下的滑阀机能见表7-1，电磁铁的带电状态用符号"＋"表示，断电状态用符号"－"表示。

动图为利用表7-1中序号为1、8、12为例进行的仿真。

表7-1　先导阀控制的滑阀机能

序号	1YA	2YA	3YA	4YA	位机能	序号	1YA	2YA	3YA	4YA	位机能
1	+	+	+	+		7	+ / −	− / +	− / −	− / −	
2	+	+	+	−		8	+	−	+	−	
3	+	+	+	+		9	+	−	+	+	
4	+	+	−	−		10	−	+	+	+	
5	+	−	+	+		11	−	+	−	−	
6	−	−	+	+		12	−	+	−	+	
						13	− / − / −	− / − / +	+ / − / −	− / + / −	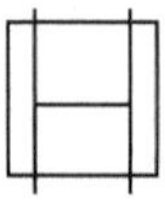

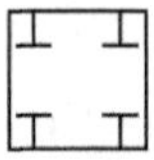

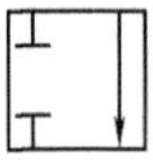

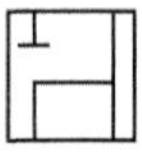

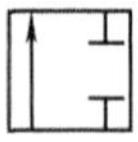

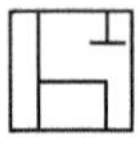

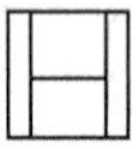

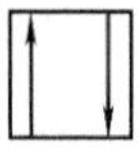

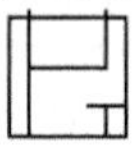

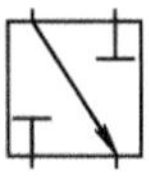

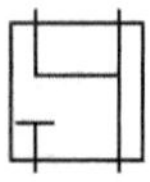

7.5.3　插装阀用作压力控制阀

插装阀用作溢流阀时的 FluidSIM 建模与仿真原理如图7-52所示。当二位二通阀处于弹簧位时，压力计显示系统压力即溢流阀2的压力，流量计显示为0；当二位二通阀处于手动位时，压力计显示压力为0，流量计显示2L/min。A 口的压力经小孔3（内控式时此小孔在锥阀阀芯内部）进入 X 腔并与先导压力阀的入口相通，这样插装阀1的开启压力由先导阀调整，其原理和一般先导式溢流阀完全相同。实际是二节同心式溢流阀的原理图。

当 B 口不接油箱而接负载时，此阀亦可作顺序阀使用。当用作压力控制阀时，为了减少 B 口压力对调整压力的影响，常取 $A_x/A_A = 1$（或1.1）。

7.5.4　插装阀用作流量阀

插装流量阀同样也有节流阀和调速阀。

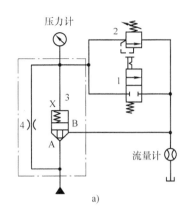

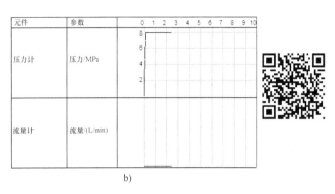

a)   b)

图 7-52 插装式溢流阀 FluidSIM 建模与仿真

a）回路建模 b）仿真曲线

1—手动二位二通换向阀 2—溢流阀 3—插装阀 4—阻尼孔

1. 作节流阀

在方向控制插装阀的盖板上安装阀芯行程调节器，调节阀芯和阀体节流口的开度便可控制阀口的通流面积，起到节流阀的作用，如图 7-53a 所示。实际应用时，起节流阀作用的插装阀阀芯一般采用滑阀结构，并在阀芯上开节流沟槽。

2. 作调速阀

插装式节流阀同样具有随负载变化流量不稳定的问题。如果采取措施保证节流阀的进出口压力恒定，则可实现调速阀的功能。如图 7-53b 所示的定差减压阀和节流阀就起到了这样的作用。

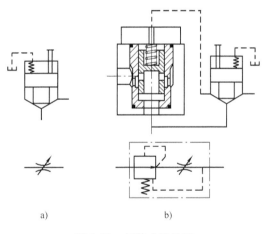

a)   b)

图 7-53 插装式流量阀

a）插装式节流阀 b）插装式调速阀

7.5.5 逻辑阀的应用特点

1）能实现一阀多能的控制。一个逻辑阀配上相应的先导机构，可以实现换向、调速或调压等多种功能，使一阀多用。尤其在复杂的液压系统中，逻辑阀完成调压的功能比用普通阀所用的阀数量要少。

2）液体流动阻力小、流通能力大。

3）结构简单、便于制造和集成化。逻辑阀的结构要素相同或相似，加工工艺简单，非常便于集成化，可使多个插装阀共处一个逻辑阀阀体中。

4）动态性能好、换向速度快。逻辑阀从结构上不存在一般滑阀结构中阀芯运动一段行程后阀口才能打开的搭合密封段，因此，锥阀的响应动作迅速且灵敏。

5）密封性能好、内泄漏小。逻辑阀采用锥面先接触密封，密封性好，因此新的锥阀内泄漏为零。其泄漏一般发生在先导控制阀上，而先导阀是小通径的，故泄漏较小。

6）工作可靠、对工作介质适应性强。先导阀可使连接阀实现柔性切换，减小了冲击。逻辑阀抗污染能力强，缝隙不易堵塞，对高水基工作介质有良好的适应性。

例　　题

例题7-1　如图7-54所示回路中，溢流阀的调定压力 $p_Y = 5\text{MPa}$，减压阀的调定压力 $p_J = 2.5\text{MPa}$。试分析下列各种情况，并说明减压阀阀口处于什么状态？

（1）按图7-54a，利用 FluidSIM 建模。

（2）当泵压力 $p_2 = p_Y$ 时，夹紧缸使工件夹紧后，1、2点的压力为多少？并用 FluidSIM 仿真验证分析。

（3）当泵压力由于工作缸快进，压力降到 $p_B = 1.5\text{MPa}$ 时，工件原先处于夹紧状态，1、2点的压力各为多少？并用 FluidSIM 仿真验证分析。

（4）夹紧缸在未夹紧前做空载运动时，1、2、3三点的压力各为多少？并用 FluidSIM 仿真验证分析。

解：（1）按图7-54a所示的液压元件，利用 FluidSIM 建立如图7-54b所示模型，溢流阀压力设置为5MPa，减压阀压力设置为2.5MPa，其余采用默认值。

（2）运行仿真，得到图7-54b，当泵压力 $p_2 = p_Y$，夹紧缸使工件夹紧后1点由压力表显示为2.5MPa，考虑单向阀压降2点由压力表显示为2.4MPa，理想值不考虑单向阀压降时时2.5MPa。

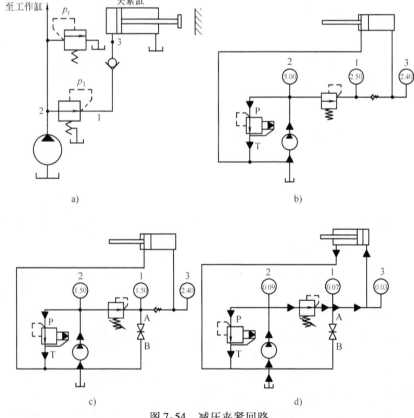

图7-54　减压夹紧回路

（3）当泵压力由于工作缸快进，压力降到 $p_2 = 1.5\text{MPa}$，工件原先处于夹紧状态时，为了能够把减压阀的出口的压力油放走，增加一个截止阀，按以下步骤进行仿真：

1）运行后，关闭截止阀，使夹紧缸处于夹紧后，减低溢流阀的压力为 1.5MPa。

2）打开截止阀 10% 开度，当压力为零时关闭截止阀。

3）得到运行结果如图 7-54c 所示，可以看出：1、2 点处压力一样，这是因为当进口压力低于减压阀调定压力时，出口压力不能使减压阀的阀芯运动，不能减压，就是一个过流通道，故压力一样；按理不考虑单向阀的压降的话，3 点压力也是 2.5MPa。

（4）夹紧缸在未夹紧前做空载运动时，运行仿真，在执行元件运动时截图，得 1、2、3 三点的压力都约为 0。

FluidSIM 仿真能真实反映液压系统的性能。

例题 7-2 如图 7-55 所示的液压回路中，减压阀的调定压力为 p_J，负载压力为 p_L，试进行 FluidSIM 建模，并分析下述各情况下，减压阀进出口压力的关系及减压阀阀口的开启状况。

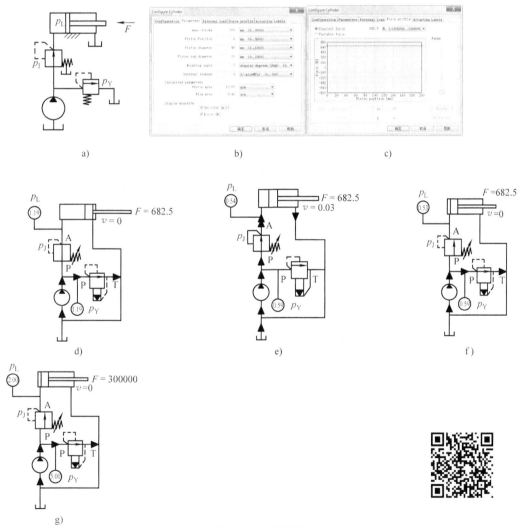

图 7-55 减压回路

a）液压系统原理图 b）液压缸设置 c）载荷设置 d）~ g）FluidSim 建模图

（1）$p_Y < p_J$，$p_J > p_L$；

（2）$p_Y > p_J$，$p_J > p_L$；

（3）$p_Y > p_J$，$p_J = p_L$；

（4）$p_Y > p_J$，$p_L = \infty$。

解：按图 7-55a 所示建模，设液压缸活塞直径为 $D = 40\,\text{mm}$，则活塞面积为

$$A = \frac{\pi}{4}D^2 = \frac{3.14 \times 0.04 \times 0.04}{4}\,\text{m}^2 = 0.001256\,\text{m}^2$$

（1）根据 $p_Y < p_J$，$p_J > p_L$，设 $p_Y = 1\,\text{MPa}$，$p_J = 2\,\text{MPa}$，$p_L = 0.5\,\text{MPa}$，负载力为

$$F = p_L \times A = 0.5 \times 1.257 \times 1000\,\text{N} = 628.5\,\text{N}$$

此时减压阀的阀口处于全开状态，进口压力、出口压力及负载压力基本相等。

计算机仿真验证如下：

设置溢流阀的压力 $p_Y = 1\,\text{MPa}$；减压阀调定压力为 $p_J = 2\,\text{MPa}$，在图 7-55b 中所示参数"Parameters"选项卡设置活塞直径为 40mm；在图 7-55c 中所示力"Force profile"选项卡，设置液压缸负载为 628.5N。

运行仿真，得到仿真结果如图 7-55d 所示，压力表读数与分析相符。

（2）根据 $p_Y > p_J$，$p_J > p_L$，取 $p_Y = 5\,\text{MPa}$，$p_J = 2\,\text{MPa}$，$p_L = 0.5\,\text{MPa}$，即负载压力仍然小于减压阀的调定值。此时，与（1）情况相同，减压阀阀口处于小开口的减压工作状态，其进口压力、出口压力及负载压力基本相等。设置溢流阀 $p_Y = 5\,\text{MPa}$，减压阀 $p_J = 2\,\text{MPa}$，负载值不变，液压缸运动中截图如图 7-55e 所示，压力表读数与分析一致。p_Y 与 p_J 接近。

（3）根据 $p_Y > p_J$，$p_J = p_L$，取 $p_Y = 5\,\text{MPa}$，$p_J = p_L = 0.5\,\text{MPa}$，负载压力等于减压阀的调定值，而溢流阀调定值仍等于减压阀的调定值。此时减压阀阀口处于小开口的减压工作状态，其进口压力等于溢流阀调定溢流阀的调定值，出口压力等于负载压力。设置 $p_J = 0.5\,\text{MPa}$，溢流阀和液压缸受载不变，运行仿真如图 7-55f 所示，压力表读数与分析一致。

（4）根据 $p_Y > p_J$，$p_L = \infty$，设液压缸负载为 $F = 300000\,\text{N}$，即负载压力相当大，此时减压阀阀口处于基本关闭状态，进口压力等于溢流阀的调定压力值，出口压力等于减压阀的调定值，运行仿真如图 7-55g 所示，压力表读数与分析一致。

例题 7-3 有一个液压系统如图 7-56a 所示，两个液压缸的有效工作面积是 $100 \times 10^{-4}\,\text{m}^2$，液压泵流量是 $40 \times 10^{-3}\,\text{m}^3/\text{min}$，溢流阀的设定压力是 4MPa，减压阀的设定压力是 2.5MPa，作用在液压缸 1 上的载荷分别是空载、15kN 和 43kN，忽略一切损失，请计算：

（1）空载时和运动到终点时的压力、运动速度、溢流阀的溢流量。

（2）在液压缸 1 的载荷为 15kN，液压缸 2 的载荷为零的情况下，各缸在运动时和运动到终点时的压力、运动速度、溢流阀的溢流量。

（3）在液压缸 1 的载荷为 43kN，液压缸 2 的载荷为零的情况下，各缸在运动时和运动到终点时的压力、运动速度、溢流阀的溢流量。

（4）使用 FluidSIM 建模和仿真验证上述结果。

解：（1）当空载荷时：此时两个电磁换向阀的左位工作，负载压力为 0，减压阀就是一个过流通道。

1）液缸向右运动，各液压缸内负载压力为零，液压泵流出的液体的一半会分别进入两个活塞腔，液压缸的运动速度分别为

$$v_1 = v_2 = \frac{q_p}{2A_1} = \frac{40 \times 10^{-3}}{2 \times 100 \times 10^{-4}}\,\text{m/s} = 0.033\,\text{m/s}$$

液体全部进入活塞腔，没有溢流，所以溢流阀的溢流量 $q_Y = 0$。

2）液压缸 1、2 向右运动到终点后：

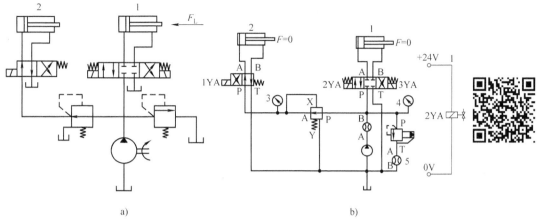

图 7-56　液压控制系统

1、2—液压缸　3、4—压力计　5—流量计

a) 液压系统原理图　b) FluidSIM 建模图

各液压缸的速度为零，液压缸活塞腔内压力升高，溢流阀开启溢流：

液压缸 1 内压力为

$$p_1 = 4\text{MPa}$$

液压缸 2 内压力为

$$p_2 = 2.5\text{MPa}$$

溢流阀的溢流量为

$$q_Y = 40\text{L/min}$$

（2）当液压缸 1 的载荷为 $15 \times 10^3 \text{N}$，液压缸 2 的载荷为零时：

1）液压缸 1、2 向右运动时：

因为液压缸 2 无载荷，所以先运动，系统工作压力为零

液压缸 2 的速度为

$$v_2 = \frac{q_P}{A_2} = \frac{40 \times 10^{-3}}{100 \times 10^{-4}}\text{m/s} = 0.067\text{m/s}$$

液压缸 2 到终点后，液压缸 1 开始运动。其压力为

$$p_1 = \frac{F_L}{A_1} = \frac{15000}{100 \times 10^{-4}}\text{Pa} = 1.5 \times 10^6\text{Pa} = 1.5\text{MPa}$$

速度为

$$v_1 = \frac{q_P}{A_1} = \frac{40 \times 10^{-3}}{100 \times 10^{-4}}\text{m/s} = 0.067\text{m/s}$$

溢流阀的溢流量为

$$q_Y = 0$$

2）缸 1 向右运动也到终点时：

液压缸 1 的压力为

$$p_1 = p_Y = 4\text{MPa}$$

液压缸 2 的压力为

$$p_2 = p_J = 2.5\text{MPa}$$

液压缸速度均为零

溢流阀的溢流量为

$$q_Y = q_p = 40 \text{L/min}$$

（3）当液压缸 1 的载荷为 $43 \times 10^3 \text{N}$，液压缸 2 的载荷为零时：

因为液压缸 2 无载荷，所以先运动，系统工作压力为零

液压缸 2 的速度为

$$v_2 = \frac{q_p}{A_2} = \frac{40 \times 10^{-3}}{100 \times 10^{-4}} \text{m/s} = 0.067 \text{m/s}$$

当液压缸 2 到终点后，液压缸 1 开始运动。驱动载荷所需压力为

$$p_L = \frac{F_L}{A_1} = \frac{43000}{100 \times 10^{-4}} = 4.3 \times 10^6 \text{Pa} = 4.3 \text{MPa} > p_y = 4 \text{MPa}$$

因为载荷压力大于溢流阀设定压力，所以液压缸 1 始终停止不动，速度为零。

各液压缸的速度为零。

液压缸 1 的压力为

$$p_1 = p_Y = 4 \text{MPa}$$

液压缸 2 的压力为

$$p_2 = p_J = 2.5 \text{MPa}$$

溢流阀的溢流量为

$$q_Y = 40 \text{L/min}$$

（4）运用 FluidSIM 对图 7-56a 进行建模，如图 7-56b 所示，按已知条件对液压元件进行配置。

1）空载时，运行仿真后得到仿真结果如图 7-57c 所示：由位移特性仿真曲线可以看出，两个液压缸的活塞同时伸出；到位后溢流阀开启溢流，其值与计算一致。

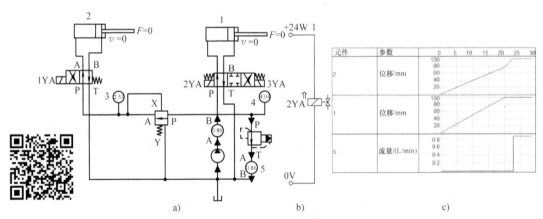

图 7-57 空载仿真

a）回路建模 b）电控图 c）仿真曲线

2）当液压缸 1 的载荷为 15kN，液压缸 2 的载荷为零时，仿真结果如图 7-58c 所示：由位移特性仿真曲线可以看出，2 号液压缸的活塞先伸出，到位后，1 号液压缸的活塞再伸出，到位后溢流阀开启溢流，其值与计算一致。

3）当液压缸 1 的载荷为 43kN，液压缸 2 的载荷为零时，仿真结果如图 7-59c 所示：由位移特性仿真曲线可以看出，2 号液压缸的活塞先伸出，到位后，由于负载压力大于系统调定压力，1 号液压缸的活塞不能伸出，溢流阀开启溢流，其值与计算一致。

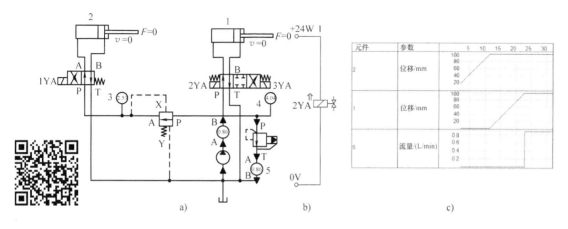

图 7-58　液压缸 1 的载荷为 15kN 而液压缸 2 的载荷为零仿真

a）回路建模　b）电控图　c）仿真曲线

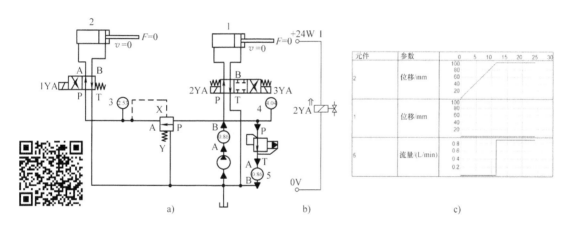

图 7-59　液压缸 1 的载荷为 43kN 而液压缸 2 的载荷为零仿真

a）回路建模　b）电控图　c）仿真曲线

例题 7-4　如图 7-60 所示，一先导式溢流阀的调定压力为 4MPa，其遥控口和二位二通电磁换向阀之间的管路上接一压力表，试确定在下列不同工况时，压力表所指示的压力值：

（1）YA 断电，且负载无限大时。

（2）YA 断电，负载压力为 2MPa 时。

（3）YA 通电，负载压力为 2MPa 时。

（4）利用 FluidSIM 进行建模和仿真验证所得的结论。

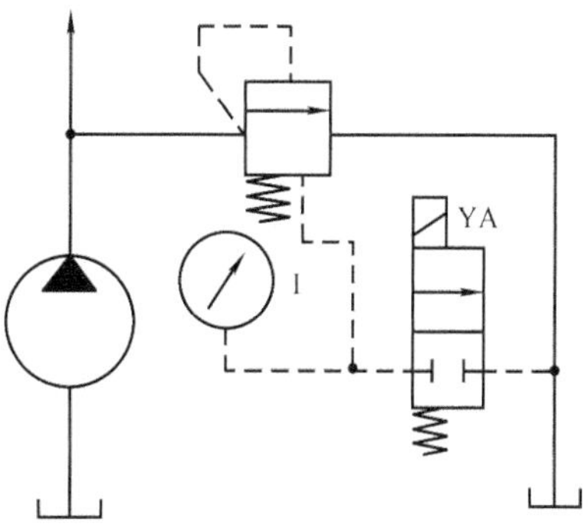

解：（1）YA 断电，当负载压力为无限大时，系

图 7-60　压力表读数回路

统压力是 4MPa，遥控口通过阻尼孔与泵出口连接，因此也是 4MPa，因此压力表 I 的读数也是 4MPa。

（2）YA 断电，当负载压力 2MPa，遥控口通过阻尼孔与泵出口连接，因此也是 2MPa，因此压力表 I 的读数也是 2MPa。

（3）YA 通电，负载压力为 2MPa 时，溢流阀开启，遥控口接油箱，因此压力表 I 的读数为 0。

（4）按图 7-60 利用 FluidSIM 建模，如图 7-61 所示，液压缸负载为设置为 1200N，活塞直径为 2.79cm，根据仿真曲线可以看出：

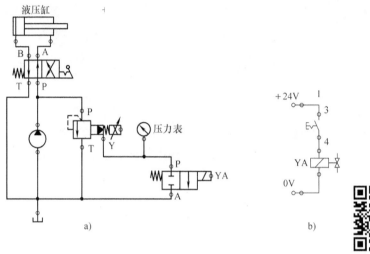

a)   b)

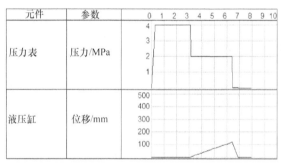

c)

图 7-61　压力表读数回路建模与仿真

a）回路建模　b）电控图　c）仿真曲线

手动换向阀弹簧位：油液进入活塞杆腔，静止，负载无限大，压力表读数为 4MPa。

手动换向阀手动位：油液进入活塞腔，活塞运动，负载为 2MPa，压力表读数为 2MPa，按键使 YA 得电，压力表读数为 0。

仿真结果正确地验证了结论的正确性。

例题 7-5　如图 7-62a 所示定位夹紧系统，已知定位压力要求为 1MPa，夹紧力要求 30kN，夹紧缸无杆腔面积为 $A_1 = 100 \text{cm}^2$，试回答下列问题：

（1）Ⅰ、Ⅱ、Ⅲ、Ⅳ各元件名称、作用及其调整压力。

（2）系统工作过程。

（3）利用 FluidSIM 对该系统进行建模与仿真。

解：（1）Ⅰ、Ⅱ、Ⅲ、Ⅳ各元件名称、作用及其调整压力列表见表 7-2。

（2）系统动作过程：二位五通阀左位工作，定位缸先伸出，到位后压力增加，当达到阀 I 的调整压力后开启，夹紧缸活塞下行，与工件接触后压力升高，达到夹紧要求后，压力继电器发送信号，1YA 得电，定位缸缩回；定位缸缩回后，夹紧缸也缩回，完成一个工作循环。

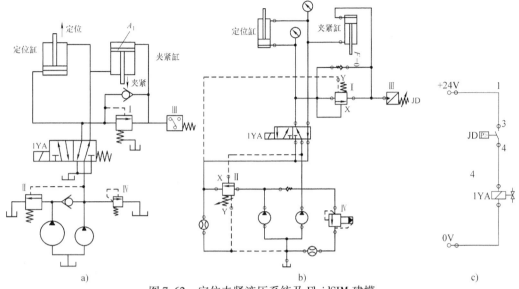

图 7-62 定位夹紧液压系统及 FluidSIM 建模

a) 液压系统原理图 b) FluidSIM 建模图 c) 电控图

表 7-2 元件名称、作用及其调整压力

标号	名称	作用	调整压力
I	内控外泄式顺序阀	保证先定位后夹紧的顺序动作	1MPa
II	外泄内控式顺序阀	定位夹紧动作后大流量泵泄荷	2MPa
III	压力继电器	达到夹紧力后发送信号 1YA 得电	3MPa
IV	溢流阀	夹紧后溢流稳压	6.3MPa

（3）对图 7-62b 所示配置如下：大流量泵排量为 $200\text{cm}^3/\text{r}$，最高压力为 2MPa，小流量泵排量为 $1\text{cm}^3/\text{r}$，最高压力为 12MPa；I 压力为 1MPa，II 压力为 2MPa，III 压力为 3MPa，IV 压力为 6.3MPa；夹紧缸活塞直径为 112.9mm。运行仿真，仿真结果如图 7-63 所示。

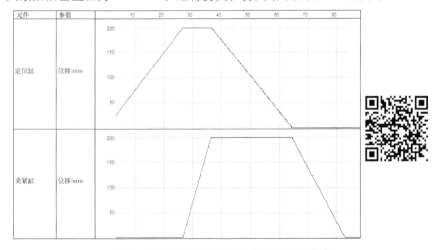

图 7-63 定位夹紧液压系统 FluidSIM 仿真

由上述仿真结果可以看出：

1）先定位，后夹紧。

2）继电器对两位五通电磁铁发送信号，1YA 得电，控制先解除定位，后解除夹紧。

FluidSIM 仿真真实地模拟了定位夹紧液压系统的动作过程。

例题 7-6　在图 7-64a 中的插装阀控制回路，试分析液压缸活塞左行或右行时位移和速度变化曲线。已知滑块和活塞总重为 $W = 25\text{kN}$，活塞直径为 $D = 200\text{mm}$，活塞杆直径为 $d = 50\text{mm}$。

解： 1）1YA 得电（+），2YA 断电（-），电磁换向阀 3 左位工作，来自液压泵的液压油作用在左插装阀的控制腔，压紧阀芯，B 腔与 A 腔不通，此阀被关闭；插装阀 6 控制腔回油，此阀的 A 腔与 B 腔相通，来自液压泵 1 的液压油与液压缸 5 构成差动连接，液压缸向右运动。假定系统的压力为 p，流量为 q，则液压缸两腔的压力为

$$F = p(A_1 - A_2)$$
$$= \frac{\pi}{4} d^2 p$$

在此力作用下推动活塞向右运动，设活塞运动速度为 v，则活塞运动速度为

$$v_{右} = \frac{4q}{\pi d^2}$$

2）1YA 断电（-），2YA 得电（+），电磁换向阀 3 右位工作，来自液压泵的压力油作用在右插装阀 4 的控制腔，压紧阀芯，B 腔与 A 腔不通，此阀被关闭；插装阀 4 控制腔回油，此阀的 A 腔与 B 腔相通，来自液压泵 1 的液压油与液压缸 5 连接，液压缸向左运动，速度为

$$v_{左} = \frac{4q}{\pi(D^2 - d^2)}$$

3）FluidSIM 仿真验证：根据已知数值对 FluidSIM 模型进行配置，负载配置为 0~1000N，按照上述操作进行仿真，得到仿真曲线如图 7-64b、c 所示。仿真曲线分析如下：

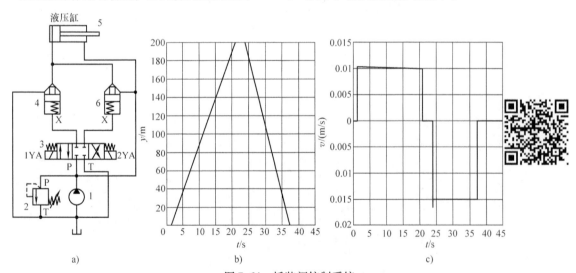

图 7-64　插装阀控制系统

a）回路建模　b）位移特性仿真曲线　c）速度特性仿真曲线

1—液压泵　2—溢流阀　3—电磁换向阀　4、6—插装阀　5—液压缸

① 位移曲线按活塞伸出和缩回，符合液压缸位移运行规律。

② 活塞伸出，随着正向负载增加，活塞运行速度递减。

③ 回程时受负向负载作用，回缩速度增大，且速度保持恒定。

习   题

习题 7-1 控制阀有哪些共同点？应具备哪些基本要求？

习题 7-2 若把先导式溢流阀的远程控制口当成泄漏口接油箱，这时液压系统会产生什么现象？

习题 7-3 若单杆液压缸两腔工作面积相差很大，当小腔进油大腔回油得到快速运动时，大腔回油量很大。为避免选用流量很大的二位四通阀，常增加一个大流量的液控单向阀旁通排油，试画出油路图。

习题 7-4 图 7-65 所示回路中的电液换向阀不能正常工作，试利用 FluidSIM 建模和仿真，分析故障原因，并改正之。

习题 7-5 图 7-66 所示习题中，两个溢流阀串联使用，已知溢流阀的调整压力分别为 $p_{Y1}=2$MPa，$p_{Y2}=4$MPa，若溢流阀卸荷时的压力损失忽略不计，试问：

（1）判断二位二通阀不同工况下，A 点和 B 点的压力各为多少？

（2）利用 FluidSIM 建模和仿真验证上述结论。

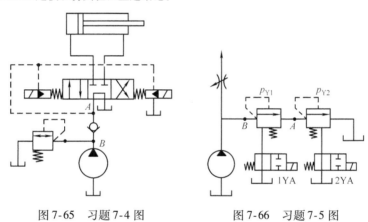

图 7-65 习题 7-4 图　　　　图 7-66 习题 7-5 图

习题 7-6 若减压阀在使用中不起减压作用，原因是什么？又如出口压力调不上去，原因是什么？

习题 7-7 Y 型溢流阀与减压阀的铭牌丢掉了，在不拆开阀的情况下，如何判断哪个是溢流阀，哪个是减压阀？

习题 7-8 图 7-67 所示液压系统中，溢流阀的调整压力分别为 $p_A=3$MPa、$p_B=1.4$MPa、$p_C=2$MPa。试求：

（1）系统在外负载无限大时，泵的输出压力为多少？

（2）若将溢流阀 B 的远程控制口堵死，泵输出的压力是多少？

（3）利用 FluidSIM 建模与仿真，验证上述结论。

习题 7-9 减压阀为什么能降低系统某一支路的压力和保持恒定的出口压力。

习题 7-10 图 7-68 所示夹紧回路中，已知溢流阀的调整压力为 $p_Y=5$MPa，减压阀的调整压力为 $p_J=2.5$MPa，试分析：

（1）夹紧缸在未夹紧工件前做空载运动时，A、B、C 三点的压力各为多少？

（2）夹紧缸夹紧工件后，泵出口压力为 $p_Y=5$MPa，A、C 点的压力各为多少？

（3）夹紧缸使工件夹紧后，泵出口压力突然降至 1.5MPa，这时 A、C 点的压力各为多少？

（4）利用 FluidSIM 建模与仿真，验证上述结论。

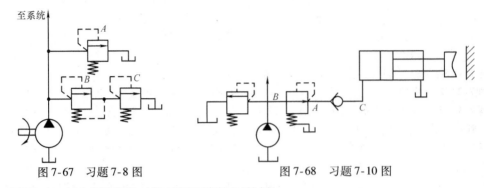

图 7-67 习题 7-8 图   图 7-68   习题 7-10 图

习题 7-11 试比较溢流阀、减压阀和顺序阀的异同点。

习题 7-12 图 7-69 所示的两个系统中，各个溢流阀的调整压力分别为 $p_A = 4\text{MPa}$、$p_B = 3\text{MPa}$、$p_C = 2\text{MPa}$，试分析：

（1）如系统的外负载趋于无限大，泵的工作压力各是多少？

（2）对左图的系统，要求溢流量是如何分配的？

（3）利用 FluidSIM 建模与仿真，验证上述结论。

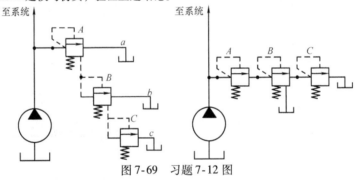

图 7-69   习题 7-12 图

习题 7-13 图 7-70 所示回路中，顺序阀的调整压力为 $p_X = 3\text{MPa}$，溢流阀的调整压力 $p_Y = 5\text{MPa}$，问在下列情况下 A、B 点的压力等于多少？

（1）液压缸运动时，负载压力 $p_L = 4\text{MPa}$。

（2）负载压力 $p_L = 1\text{MPa}$。

（3）活塞运动到右端。

（4）利用 FluidSIM 建模与仿真，验证上述结论。

习题 7-14 图 7-71 所示回路的液压泵是如何卸荷的？蓄能器和压力继电器在回路中起什么作用？

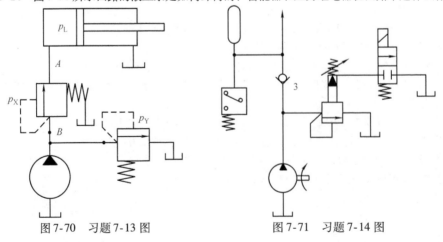

图 7-70   习题 7-13 图   图 7-71   习题 7-14 图

第8章 节流阀及节流调速回路

本章内容包括：节流阀和调速阀的结构和流量特性；节流阀和调速阀的工作原理和主要性能；节流调速的速度稳定问题，其中进油路的节流调速性能和调速阀的工作性能是本章的重点；利用 FluidSIM 绘制节流阀、调速阀和不同元件排列构成的节流调速回路图；分流集流阀和逻辑阀构成的回路建模与仿真。

8.1 概述

流量控制阀（以下简称流量阀）是在一定的压差下，依靠改变节流口液阻的大小来控制通过节流口的流量，从而调节执行元件（液压缸或液压马达）运动速度的阀类。流量阀包括节流阀、调速阀、溢流节流阀和分流集流阀等。

液压系统中使用的流量控制阀应满足以下要求：能保证稳定的最小流量；温度和压力变化对流量变化的影响小；有足够的调节范围；调节方便；泄漏量小。

8.1.1 调速方法

一般液压传动都需要调节执行元件的运动速度，在液压系统中执行元件是液压缸或液压马达。在不考虑泄漏和液体压缩性的情况下，它们的运动速度分别为

对液压缸：
$$v = \frac{q}{A} \tag{8-1}$$

对液压马达：
$$v_M = \frac{q}{V_M} \tag{8-2}$$

式中，q 是输入执行元件的流量（m^3/s）；A 是液压缸进油腔的有效面积（m^2）；V_M 是液压马达的每转排量（m^3/r）。

由式（8-1）和式（8-2）可以看出：改变输入液压缸（或液压马达）的流量 q 或改变液压缸的有效面积 A（或液压马达排量 V_M），都可达到调速的目的。但对于液压缸来说，改变其有效面积 A 是困难的，一般只能用改变输入液压缸流量 q 的方法来调速；而变量液压马达的每转排量是可以改变的，因此对于变量马达来说，既可以用改变输入流量 q 的方法来调速，也可以用改变马达排量 V_M 的方法来调速。改变流量也有两种方法：一是采用定量泵，即泵输出的流量是一定的，用流量阀来调节输入执行元件的流量；另一种是采用变量泵，调节泵的排量来调节输出流量。

概括起来，调速方法可以分为以下三种：

1）节流调速：用定量泵供油，采用流量阀调节输入执行元件的流量来实现调速。

2）容积调速：用自动改变泵的供油流量和改变变量马达的排量来实现调速。

3）容积节流调速：用自动改变流量的变量泵和流量阀联合进行调速。

8.1.2 流量控制原理和节流口的流量特性

流量控制阀（简称流量阀）在液体流经阀口时，通过改变节流口过流面积的大小或液流通

道的长短改变液阻，进而控制通过阀口的流量，以达到调节执行元件速度的目的。与此对应，流量阀节流口的结构型式有近似薄壁孔和近似细长孔两种类型。

节流口的流量决定于节流口的结构型式。由于任何一种具体的节流口都不是绝对的细长孔或薄壁孔，为此，当用 A_T 表示节流口断面面积，Δp 表示节流口前后压差，C_d 表示与节流口形状、液体形态、油液性质等因素有关的系数时，节流口的流量 q_T 可用式（8-3）表示：

$$q_T = C_d A_T \Delta p^\varphi \tag{8-3}$$

式中，φ 是与节流口形状有关的节流口指数，$0.5 < \varphi < 1$。

式（8-3）即实际节流口的流量特性方程，可知当 C_d、Δp 和 φ 一定时，只要改变 A_T 的大小，就可以调节流量阀的流量。

流量阀工作时，要求节流口一经调定（即面积一经调定）后，流量就稳定不变，但实际上流量是有变化的，流量较小时尤其如此。由式（8-3）可以看出，影响流量稳定的因素如下：

1）节流口前后的压差 Δp。由式（8-3）知，φ 值越大，Δp 的变化对流量的影响就越大，因此薄壁孔式的节流口（$\varphi \approx 0.5$）比细长孔式（$\varphi = 1$）的好。

2）油液温度。油液的温度直接影响油液的黏度，油液黏度对细长孔式节流口的流量影响较大，对薄壁孔式节流口流量影响很小。此外，对同一个节流口，在小流量时，节流口的过流断面较小，节流口的长径比相对较大，油液影响也较大。

3）节流口的堵塞。流量阀在工作中，当系统流量较低时，节流口的过流断面通常是很小的。节流口很容易被油液中的金属屑、尘埃、沙土、渣泥等机械杂质和在高温高压下油液氧化所生产的角质沉淀物、氧化物等杂质所堵塞。节流口堵塞的瞬间，油液断流，随之压力很快增高，直到把堵塞的小孔冲开，于是流量突然加大。此过程不断重复，就造成了周期性的流量脉动。

节流口的堵塞与节流口的形式有很大关系。不同形式的节流口，其水力半径也不一样。水力半径大，则通流能力强，孔口不易堵塞，流量稳定性就较好；反之则较差。此外，油液的质量或过滤精度较高时，也不容易产生堵塞现象。

8.2 节流阀

节流阀是流量阀中最简单而又最基本的一种，常与溢流阀并联用来调节执行元件的工作速度。

8.2.1 节流阀的结构和工作原理

根据液压流体力学可知，液流流经薄壁小孔、细长孔或狭长缝时会遇到阻力，通流面积和长度不同，对液流的阻力也不同。如果它们两端的压力差一定，则改变它们的通流面积或长度，可以调节流经它们的流量。因为它们在液压系统中的作用与电路中的电阻相似，又被称为液阻。

节流阀是借助改变阀口通流面积来改变阻力的可变液阻。

图8-1所示为周向转动式节流阀。它主要由调节手轮1、阀芯2、阀套3、阀体4等组成。其工作原理是：油液从进油口 P_1 经由阀芯2上的螺旋曲线开口与阀套3上的窗口匹配而形成的某种形状的棱边形节流口后流向出口 P_2，转动调节手柄1时，螺旋曲线相对阀套窗口升高或降低，即可调节节流口的通流面积，从而实现对流经该阀流量的控制。

图8-2所示为单向节流阀。它主要由阀体4、阀芯5、调节螺母2、顶杆3、弹簧7等组成。压力油由 P_1 口进入，经阀芯上的三角槽节流口后，从 P_2 口流出，这时起节流阀作用。旋转调节螺母2即可改变阀芯5的轴向位置，从而使通流面积产生相应的变化。当压力油从 P_2 口进入时，

作用在阀芯 5 上的液压力大于弹簧 7 的弹力，阀芯下移处于最下端位置，油液不再经过节流口而直接从油口 P_1 流出，这时起单向阀作用。

除了图 8-1 和图 8-2 所示的两种形式外，还有其他形式的节流阀，如 DV/DRV 型节流截止阀，这种阀除了能实现节流功能外，也用于截止功能；Z2FS 型叠加式双单向节流阀在装在方向阀和底板之间时可以用来实现主流量控制，在装在先导阀和主阀之间时可用作阻尼器，实现先导流量控制。实际使用时，可根据具体需求参考产品样本选择。

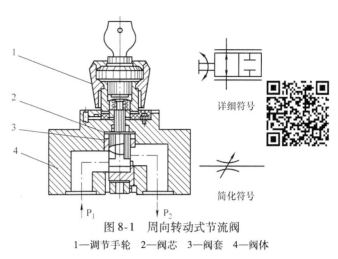

图 8-1　周向转动式节流阀
1—调节手轮　2—阀芯　3—阀套　4—阀体

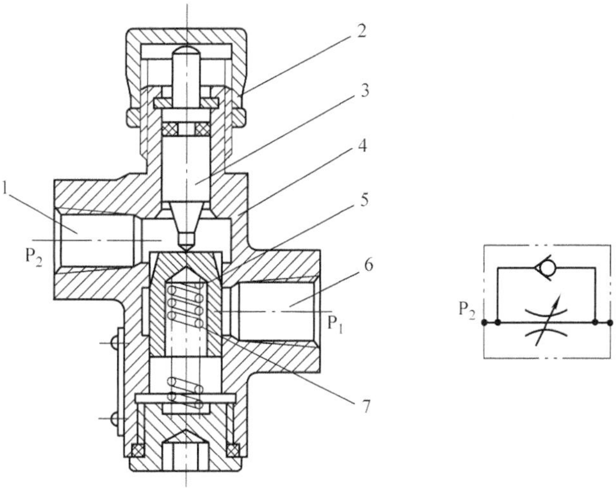

图 8-2　单向节流阀
1、6—油口　2—调节螺母　3—顶杆　4—阀体　5—阀芯　7—弹簧

8.2.2　节流口的形式和流量特性

节流阀节流口的形式直接影响节流阀的性能。节流口根据液阻是否可调可分为固定节流口和可变节流口两种。其中可变节流口由可动部分（阀芯）和固定部分（阀体或阀套）组成，通过阀芯与阀体的相对运动（轴向移动或旋转运动）来改变节流开口的大小。按阀芯的移动方式可分为周向转动式和轴向移动式。图 8-3 所示为几种常用的节流口形式。

图 8-3a 所示为轴向针阀式节流口。针阀做轴向移动，改变环形通道面积的大小，以调节流量的多少。这种结构型式加工简单，但节流长度大，水力半径小，易堵塞，流量受油温变化的影响较大。一般用于对性能要求较低的场合。

图 8-3b 所示为轴向偏心槽式节流口。这种形式的节流口在阀芯上开有一个截面为三角形（或矩形）的偏心槽，因而在转动阀芯时，就可以改变节流开口的大小以调节流量。偏心槽式的阀芯受有不平衡径向力，不能用于高压场合。

图 8-3c 所示为轴向三角槽式节流口。在阀芯端部开有 1~3 个斜的三角槽，轴向移动阀芯，

就可改变三角槽通流面积，以调节流量。在高压阀中有时在轴端部铣斜面来代替三角槽以改善工艺性。轴向三角槽式节流口的水力半径较大、小流量时稳定性较好。当三角槽对称布置时，液压径向力得到了平衡，因此适用于高压。

图 8-3d 所示为周边缝隙式节流口。这种形式的节流口在阀芯上开有狭缝（狭缝可以是等宽型、阶梯型或渐变型）。旋转阀芯即可改变缝隙节流开口的大小。周边缝隙节流口可以做成薄刃结构，从而获得较小的最低稳定流量。它的缺点是阀芯受有不平衡的液压径向力，因此仅适用于工作压力较低的场合。

图 8-3e 所示为轴向缝隙式节流口。轴向缝隙开在套筒上，轴向移动阀芯可以改变缝隙的通流面积（节流开口）的大小，调节流量。因为这种节流口可以做成薄刃式，因此通过它的流量对温度变化不敏感。此外，它在大流量时的水力半径大、小流量时稳定性好。它的缺点是高压工作时节流口易变化，因此多用于工作压力 ≤7MPa 的场合。

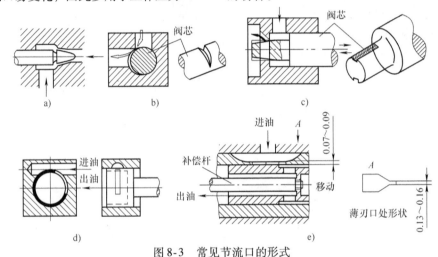

图 8-3　常见节流口的形式

a) 轴向针阀式节流口　b) 轴向偏心式节流口　c) 轴向三角槽式节流口

d) 周边缝隙式节流口　e) 轴向缝隙式节流口

节流阀的流量特性取决于节流口的结构型式。节流口根据形成液阻的原理不同，可分为三种基本形式：薄壁小孔节流（以局部阻力损失为主）、细长孔节流（以沿程阻力损失为主）及介于二者之间的节流（由局部阻力损失和沿程阻力混合组成的损失）。但无论节流口采用何种形式，通过节流口的流量均可用式（8-3）表示。

8.2.3　节流口的堵塞现象及最小稳定流量

节流阀在小开度条件下工作，特别当进出油腔压差很大时，虽然不改变开度大小，也不改变两端油液压差和油液的黏度（油温不变的情况下），但往往会出现流量脉动现象，脉动现象有时是周期性的。而且，当开度继续减小时，脉动现象就越严重，最后甚至出现断流，使节流阀完全丧失工作能力。节流阀在小开度下流量不稳定和出现断流的现象，统称为节流阀的阻塞现象。

节流口的堵塞将直接影响流量的稳定性，节流口调得越小，越容易发生堵塞现象。节流阀的最小稳定流量是指在不发生节流口堵塞现象条件下的最小稳定流量。这个值越小，说明节流阀节流口的通流性越好，允许系统的最低速度越低。在实际操作中，节流阀的最小稳定流量必须小于系统的最低速度所要求的流量值，这样系统在低速工作时才能保证其速度的稳定性。这就是节流阀最小稳定流量的物理意义，也是选用节流阀需要考虑的因素之一。

197

提高节流阀抗堵塞性能的措施：

1）要保证油的精密过滤。实践证明，在油液进入节流阀之前对其进行精密过滤是防止节流阀堵塞的最有效措施之一。为了保持油液的清洁度，油液必须定期更换，一般液压系统应三个月左右换油一次。

2）应选择适当的节流阀前后压差。节流阀前后压差大，能量损失大。由于损失的能量全部转换为热量，因此油液通过节流口时温度升高，加剧油液变质氧化而析出各种杂质，引起堵塞。此外，对于同一流量，前后压力差大的节流阀对应的节流开口小，亦易引起堵塞。为了获得稳定的小流量，节流阀前后压力差不宜过大。

3）采用大水力半径薄刃式节流口。经验证明，节流口表面光滑、节流通道长度短、水力半径大有利于节流阀抗堵塞性能的提高。

4）正确选择工作油液和组成节流缝隙的材料。采用不易产生极化分子的油液，并控制油液温度的升高，以防止油液过快地氧化和极化。尽量采用电位差较小的金属制作节流缝隙表面（钢对钢最好，钢对铜次之，铝对铝最差），以减小吸附层厚度。

8.2.4　节流阀的应用

节流阀的主要用途是在定量泵液压系统中与溢流阀配合，组成节流调速回路，即进油路、出油路和旁油路节流调速回路，调节执行元件的速度。除此之外，还可用来作阻尼器，用来调整进入先导阀的流量。

8.3　节流回路

节流调速回路由定量泵、溢流阀、节流阀和执行元件等组成，执行元件可以是液压缸，也可以是液压马达，以下用液压缸为例所做的分析也适用于液压马达。根据节流阀在油路中的安装位置不同，节流调速回路有以下三种基本形式：

1）进油路节流调速回路：节流阀串联在进入液压缸的进油回路中。

2）回油路节流调速回路：节流阀串联在液压缸的回油回路上。

3）旁油路节流调速回路：节流阀装在与液压缸并联的支路上。

下面分别从速度负载特性、功率特性等方面分析它们的性能。在分析时，忽略油液的压缩性和泄漏、管道的压力损失和执行元件的机械摩擦损失等。并假定节流口形状均为薄壁小孔，即通过节流口流量公式中的 $\varphi = 0.5$。

8.3.1　进口节流调速回路

1. 回路的组成

如图 8-4 所示，将节流阀安装在定量泵与液压缸之间，通过调节节流阀节流口的大小调节进入液压缸的流量，以调节液压缸的运动速度，定量泵输出的多余流量经溢流阀回油箱。由于节流阀是串联在液压缸的进油路上的，故称为进口节流调速回路。

2. 调速原理

如图 8-4 所示的定量泵输出的流量 q_p 是恒定的，一部分流量 q_1 经节流阀输入给液压缸活塞腔，用于克服负载力 F 推动活塞右移，另一部分泵输出的多余流量 Δq 经溢流阀回油箱，其流量满足关系式

$$q_p = q_1 + \Delta q \tag{8-4}$$

从式 (8-4) 可以看出：节流阀必须与溢流阀配合使用才能起调速作用，输入液压缸的流量越少，从溢流阀溢回油箱的流量就越多。由于溢流阀在进口节流调速回路中起溢流作用，因此处于常开状态，泵的出口压力与负载无关，它等于溢流阀的调整压力，其值保持恒定。

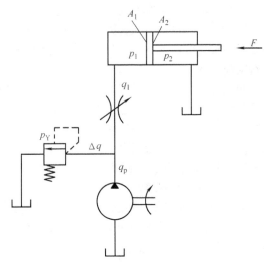

活塞运动速度决定于进入液压缸的流量 q_1 和液压缸进油腔的有效面积 A_1，即

$$v = \frac{q_1}{A_1} \qquad (8-5)$$

根据连续性方程，进入液压缸的流量 q_1 等于通过节流阀的流量，而通过节流阀的流量可由式 (8-3) 决定。

液压缸的速度为

$$v = \frac{CA_T \sqrt{2(p_Y - p_1)}}{A_1 \sqrt{\rho}} \qquad (8-6)$$

图 8-4　进口节流调速建模

当活塞等速运动时，活塞受力方程式为

$$p_1 A_1 = p_2 A_2 + F \qquad (8-7)$$

式中，p_1、p_2 是进回油腔压力（MPa）；A_2 是有杆腔环形面积（m^2）；F 是负载（N）。

$$p_1 = \frac{p_2 A_2 + F}{A_1} \qquad (8-8)$$

若回油腔压力 $p_2 = 0$，则

$$p_1 = \frac{F}{A_1} \qquad (8-9)$$

将式 (8-9) 代入式 (8-6) 得

$$v = \frac{CA_T \sqrt{2} \sqrt{p_Y A_1 - F}}{\sqrt{\rho} A_1^{1.5}} \qquad (8-10)$$

式 (8-10) 是进口节流调速回路的速度负载特性公式。

3. 进口节流调速原理的建模与仿真

根据图 8-4 对进口节流调速液压系统进行改造，在溢流阀和节流阀的出口各接一个流量计，用来观测二者的输出流量；把节流阀改为单向节流阀，使液压缸回油从单向阀通过；在液压缸上增设一个行程开关，行程到位后液压缸自动返回。FluidSIM 建模如图 8-5a 所示，电控图如图8-5b 所示，运行仿真结果如图 8-5c 所示。

4. 进口节流调速性能

（1）速度负载特性　液压缸活塞运动速度 v 与负载 F 的关系，称为速度负载特性。从式 (8-10) 可以看出，负载增大，液压缸的运动速度会降低；负载减小，液压缸的运动速度会加快。速度随负载变化的程度不同，常用速度刚性 k_v 来评定：

$$k_v = -\frac{\partial F}{\partial v} = -\frac{1}{\tan\theta} \qquad (8-11)$$

式 (8-11) 表示负载变化时回路阻抗速度变化的能力，以活塞运动速度 v 为纵坐标，负载 F 为横坐标，将式 (8-10) 节流口的不同通流面积 A_T 作图，可得到图 8-6 所示的曲线，称为速度

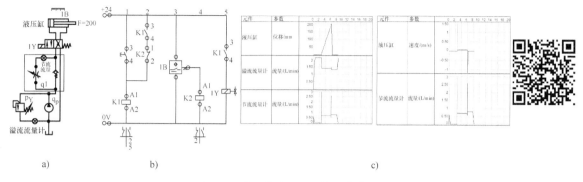

图 8-5　进口节流调速电控和仿真曲线

a）回路建模　b）电控图　c）仿真曲线

负载特性曲线。曲线表明速度 v 随负载变化的规律，曲线越陡，说明负载变化对速度影响越大，即速度刚性差。

当节流阀通流面积一定时，随负载增加，活塞运动速度按抛物线规律下降，重载区域的速度刚性比轻载区的刚性差（$\Delta v_1 < \Delta v_2$）。同时还可以看出：活塞运动速度与节流阀通流面积成正比，通流面积越大，速度越高。在相同负载情况下工作时，节流阀通流面积大的速度刚性比通流面积小的速度刚性差，即高速时的速度刚性差（$\Delta v_1 < \Delta v_3$）。由于节流阀的节流口采用薄壁小孔，可将节流阀的节流口调至最小，得最小稳定流量，故液压缸可获得极低的速度；反之可获得最高运动速度。采用进口节流调速，液压缸的调速范围大，可达 1:100。

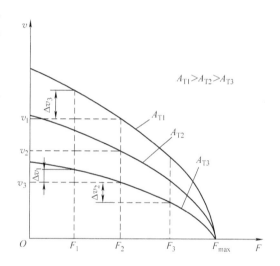

图 8-6　速度负载特性曲线

进口节流调速性能 FluidSIM 仿真，对图 8-5a 中回路设置液压缸负载变化如图 8-7a 所示，仿真曲线如图 8-7b 所示，由仿真曲线可以看出：在开始时液流迅速进入活塞腔，有一个瞬时的冲击；在恒定负载时，活塞匀速运动；负载变化增大时，速度减小，直至停止。

（2）最大承载能力　当节流阀的通流面积和溢流阀的调定值一定时，负载 F 增加，工作速度减小，当负载 F 增加到溢流阀的调定值，使 $F/A_1 = p_Y$ 时，工作速度为零，活塞停止运动，液压泵输出的流量全部经溢流阀回油箱。由图 8-6 可看出，此时液压缸的最大承载能力 $F_{max} = p_Y A_1$ 不变，也就是说液压缸最大承载能力不随节流阀通流面积的改变而改变，称为恒推力调速（对于液压马达而言称为恒转矩调速）。

（3）功率特性　液压泵输出的总功率为

$$P_i = p_Y q_p \tag{8-12}$$

液压缸输出有效功率为

$$P_o = Fv = F\frac{q_1}{A_1} = p_1 q_1 = p_1 C A_T \sqrt{p_Y - p_1} \tag{8-13}$$

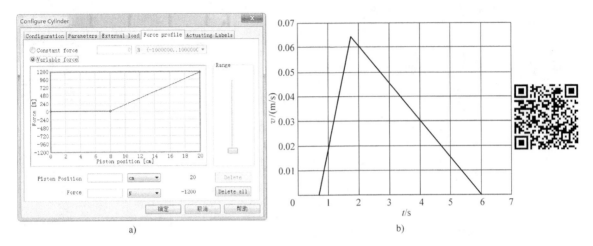

图 8-7　负载设置与仿真曲线

a) 参数设置　b) 仿真曲线

对式 (8-13) 求导, 得当 $p_1 = 2p_Y/3$ 时, 液压缸输出有效功率最大。功率损失为

$$\Delta P = p_Y \Delta q + \Delta p q_1 \tag{8-14}$$

由式 (8-14) 可以看出: 当不计管路能量损失时, 进口节流调速回路的功率损失由溢流损失 $p_Y \Delta q$ 和节流损失 $\Delta p q_1$ 两部分组成。当系统以低速、轻载工作时, 液压缸输出有效功率极小; 当液压缸工作压力 $p_1 = 0$ 时, 液压缸的流量为零, 液压缸停止运动, 即 $v = 0$, 液压缸输出有效功率也为零。

(4) 效率　调速回路的效率是液压缸的输出的有效功率与液压泵输入的总功率之比, 即

$$\eta = \frac{p_1 q_1}{p_Y q_p}$$

由于采用定量泵加溢流阀作为液压能源, 定量泵的供油流量应大于或等于阀的最大负载流量, 即阀的最大空载流量。阀在最大输出功率时的系统最高效率为

$$\eta = \frac{\frac{2}{3} p_Y C x_{Vm} \sqrt{\frac{1}{\rho} \left(p_Y - \frac{2}{3} p_Y \right)}}{p_Y C x_{Vm} \sqrt{p_Y/\rho}} = 0.385 \tag{8-15}$$

在这个效率中, 除了滑阀本身的节流损失外, 还包括溢流阀的溢流损失, 即供油流量损失, 因此是整个液压控制系统的效率。这种系统的效率是很低的, 但由于其结构简单、成本低、维护方便, 在中、小功率的系统中仍然获得广泛的应用。

(5) 进口节流调速的特点　在工作中液压泵的输出流量和供油压力不变, 而选择液压泵的流量必须按执行元件的最高速度所需的流量选择, 供油压力按最大负载情况下所需压力考虑, 因此液压泵输出功率较大。但液压缸的速度和负载却是常常变化的, 当系统以低速轻载工作时, 有效功率很小, 相当大的功率消耗在节流和溢流损失上, 功率损失转换为热能, 使油温升高。特别是节流后的热油液直接进入液压缸, 会加大管路和液压缸的泄漏, 影响液压缸的运动速度。

节流阀安装在执行元件的进油路上, 回油无背压, 当负载消失时, 工作部件会产生前冲现象, 也不能承受负载。为提高运动部件的平稳性, 需要在回油路上增设一个 $0.2 \sim 0.3 \text{MPa}$ 的背压阀。节流阀安装在进油路上, 起动时冲击较小。节流阀节流口通流面积可由最小调至最大, 所以调速范围大。

（6）应用 由前面的分析可知：进口节流调速回路工作部件的运动速度随外负载的变化而变化，难以得到稳定的速度，回路效率低，因而它不适宜用在负载大、速度高或负载变化较大的场合。进口节流调速回路在低速轻载下速度刚性较好，所以适用于负载变化较小的小功率液压系统，如车床、镗床、钻床、组合机床等机床的进给运动和一些辅助运动系统。

8.3.2 出口节流调速回路

1. 回路组成

如图 8-8a 所示，将节流阀串联在液压缸的回油路上，即安装在液压缸与油箱之间，由节流阀调节排出液压缸的流量，从而调节活塞的运动速度。进入液压缸的流量受排出流量的限制，因此由节流阀调节排出液压缸的流量，也就调节了进入液压缸的流量。定量泵排出的多余油液经溢流阀流回油箱，溢流阀处于工作状态。

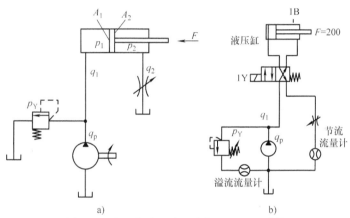

图 8-8 出口节流调速回路与 FluidSIM 建模
a）调速回路 b）FluidSIM 建模

2. 工作原理

在出口节流调速回路中，液压缸的运动速度 v 为

$$v = \frac{q_2}{A_2} = \frac{q_1}{A_1} \tag{8-16}$$

溢流阀的溢流流量 Δq 为

$$\Delta q = q_p - q_1 \tag{8-17}$$

式中，v 是液压缸活塞的运动速度（m/s）；q_2 是进入液压缸活塞杆腔的流量（m³/s）；A_2 是液压缸活塞杆腔的环形有效面积（m²）；q_p 是液压泵的输出流量（m³/s）；A_1 是液压缸活塞腔的有效面积（m²）；q_1 是进入液压缸活塞腔的流量（m³/s）。

液压缸排出的流量 q_2 等于通过节流阀的流量 q_T，即

$$q_2 = q_T = C_d A_T \sqrt{\frac{2p_2}{\rho}} \tag{8-18}$$

因此液压缸活塞的运动速度 v 为

$$v = \frac{C_d A_T}{A_2} \sqrt{\frac{2p_2}{\rho}} \tag{8-19}$$

液压缸受力平衡方程式如下：

$$p_1 A_1 = p_2 A_2 + F$$

而 $$p_1 = p_Y$$

求出 p_2 为

$$p_2 = \frac{p_Y A_1 - F}{A_2} \tag{8-20}$$

代入式（8-21）得

$$v = \frac{C_d A_T \sqrt{2}}{A_2 \sqrt{A_2 \rho}} \sqrt{(p_Y A_1 - F)} \tag{8-21}$$

因此系统在工作时，溢流阀是常开的，将泵输出的多余流量溢流回油箱，泵的出口压力等于溢流阀的调定压力，其值恒定。

3. 出口节流调速性能

进口节流调速公式（8-10）和出口节流调速公式（8-20）相比较，基本相同，若为双杆活塞对称液压缸，两腔面积相同，两个公式就完全相同了，因此它们的速度负载特性和最大承载能力也相同。但出口节流调速回路也存在溢流损失和节流损失，因此功率损失较大，回路效率较低，与进口节流调速回路的功率特性和效率也相同。

4. 出口节流调速特点

出口节流调速性能与进口节流调速性能相同，但与进口节流调速相比，还有许多特点：

1）由于节流阀安装在液压缸与油箱之间，液压缸排油腔排出的油液流回油箱，这样温度升高的油液可进入油箱冷却，冷却后的油液重新进入泵和液压缸，降低了系统的温度，减少了系统的泄漏。

2）节流阀安装在回油路上，液压缸回油腔便具有了背压，提高了执行元件平稳性，比进口节流阀调低速轻载平稳性好，因此出口节流调速可获得更小的稳定速度。

3）液压缸排油腔存在背压，因此有承受负值负载的能力。由于背压的存在，在负值负载作用下，液压缸的速度仍然会受到限制，不会产生失控现象。

4）出口节流调速回路回油压力较高，轻载工作时，回油的背压有时比进油压力还高，由受力平衡方程式（8-10）可知：在 $F \to 0$ 时，由于 $A_1 > A_2$，所以 $p_1 < p_2$，背压 p_2 增大，造成密封摩擦力增大，密封件磨损加剧，使泄漏增加，因此其效率比进口节流调速回路要低。

5）液压缸停止运动后，排油腔的油液经节流阀缓慢地流回油箱而造成空隙。再起动时，泵输出流量全部进入液压缸的活塞腔，活塞以较大的速度前冲一段距离，直到消除回油腔的空隙并形成背压为止。起动时的前冲危害较大，会引起振动，损害机件。对进口节流调速的回路，起动时只要关小节流阀就可避免起动前冲。

5. 应用

出口节流调速广泛用于功率不大、有负值负载和负载变化不大的情况，或者是要求运动平稳性相对较高的液压系统，如铣床、钻床、平面磨床、轴承磨床和进行精密镗削的组合机床中。由于出口节流调速有起动冲击，且在轻载工作时背压很大，影响密封和强度，故实际应用中普遍采用进口节流调速，并在回油路上加一个背压阀以提高运动的平稳性。

6. FluidSIM 仿真

根据图 8-8a 对出口节流调速液压系统进行改造，在溢流阀和节流阀的出口各接一个流量计，用来观测二者的输出流量；在液压缸增设一个行程开关，行程到位后液压缸自动返回。FluidSIM 建模如图 8-8b 所示，运行仿真结果如图 8-9 所示，图 8-9a 为节流口不变，图 8-9b 为节流口可变，由图 8-9a 仿真曲线可以看出：

1）当液压缸活塞杆外伸时，节流流量计的流量 q_1 由 0 升到 0.4；溢流流量计的流量由 1.52

降到 1.46。

2）当液压缸活塞杆缩回时，节流流量计的流量 q_1 由 0.4 升到 0.39；溢流流量计的流量由 1.5 升到 1.52。当活塞被压死后，节流流量计的流量 q_1 由 0.39 降到 0；溢流流量计的流量由 1.50 升到 1.53。

3）与进口节流调速相比，存在前冲问题。

4）由图 8-9b 仿真曲线可以看出：当节流口由小变大时，流量和速度也会由小变大。

仿真结果与上述分析一致。

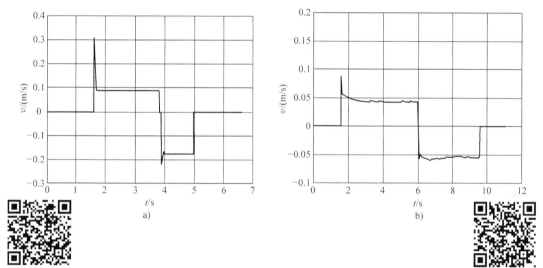

图 8-9　速度随节流口固定与变化 FluidSIM 仿真曲线

a）节流口不变　b）节流口可变

出口节流调速性能 FluidSIM 仿真，设置液压缸负载变化如图 8-10a 所示，仿真曲线如图 8-10b 所示，由仿真曲线图可以看出：

1）在初始之时，液流迅速进入活塞腔，活塞有前冲现象；在恒定负载时，活塞匀速运动。

2）负载增大时，速度减小，直至停止。

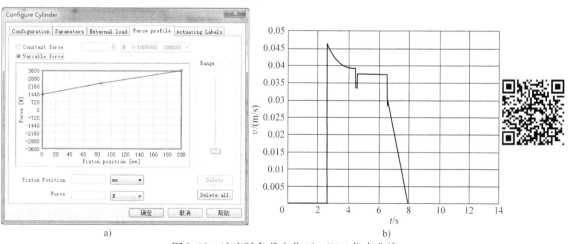

图 8-10　速度随负载变化 FluidSIM 仿真曲线

a）参数设置　b）仿真曲线

8.3.3 旁路节流调速回路

1. 回路组成

如图 8-11 所示，将节流阀安装在与液压缸并联的支路上，液压泵输出的流量一部分进入液压缸，另一部分经节流阀流回油箱，通过调节节流阀节流口的大小来控制液压缸的流量的大小，实现对液压缸运动速度的调节。由于节流阀安装在支路上，所以称为旁路节流调速回路。

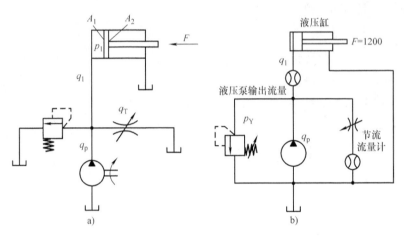

图 8-11　旁路节流调速液压系统及建模

a）调速回路　b）FluidSIM 建模

2. 工作原理

节流阀安装在液压泵出口与油箱之间，定量泵输出的流量 q_p 分为两部分：一部分 q_T 通过节流阀回油箱，一部分 q_1 进入液压缸，使活塞获得一定的运动速度。通过调节节流阀的通流面积，即可调节进入液压缸的流量，从而实现调速。液压缸的运动速度取决于节流阀流回油箱的流量，流回油箱的流量越多，则进入液压缸活塞腔的流量就越少，液压缸活塞的运动速度就越慢；反之，活塞的运动速度就越快。这里的溢流阀处于关闭状态，作安全阀使用，其调定压力大于克服最大负载所需压力，其值取决于负载的大小。在旁路节流调速回路中，节流阀的压差 $\Delta p = p_1$，活塞的运动速度为

$$v = \frac{q_1}{A_1} = \frac{q_p - q_T}{A_1} = \frac{q_p - CA_T \sqrt{\dfrac{2p_1}{\rho}}}{A_1} \tag{8-22}$$

由图 8-11，得

$$p_1 = \frac{F}{A_1}$$

代入式（8-22），得

$$v = \frac{q_1}{A_1} = \frac{q_p - q_T}{A_1} = \frac{q_p - CA_T \sqrt{\dfrac{2}{A_1 \rho}} \sqrt{F}}{A_1} \tag{8-23}$$

3. 调速性能

（1）速度负载特性　式（8-23）为旁路节流调速回路速度公式。分析式（8-23）和图 8-12 所示曲线可以看出速度负载特性如下：

节流阀开口为零时，泵输出流量全部进入液压缸，活塞运动速度最快。当负载一定时，节流阀通流面积越小，运动速度越高。当节流阀全部打开时，泵输出流量全部从节流阀回油箱，活塞停止运动。

当节流阀通流面积一定时，负载增加，活塞运动速度显著降低，旁路节流调速回路速度受负载变化的影响比进出口节流调速有明显的增大，因而速度稳定性最差。

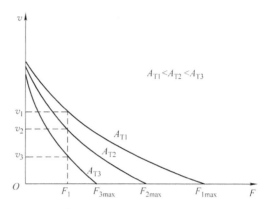

从图 8-12 可以看出：节流阀通流面积越大，曲线越陡，也就是负载稍有变化，对速度就产生较大影响。当通流面积一定时，负载越大，速度刚性越好；而负载一定时，节流阀通流面积越小（即活塞运动速度越高），速度刚性越好。通过对曲线的分析可得出：活塞运动速度越高，负载越大，速度刚度就较高，这点与进出口节流调速恰恰相反。

图 8-12 旁路节流调速回路速度负载特性曲线

1）最大承载能力。从图 8-12 可以看出，旁路节流调速回路的最大承载能力随节流阀通流面积的增大而减小，即回路低速时承载能力差，调速范围小。

2）功率特性。液压泵输出功率为

$$P_p = p_p q_p = p_1 q_p = \frac{F q_p}{A_1} \tag{8-24}$$

由式（8-24）可以看出：液压泵的输出功率随负载而变化。液压缸的有效功率为

$$P_1 = p_1 q_1 = p_1 (q_p - q_T) = p_1 q_p - p_1 q_T = P_p - \Delta P \tag{8-25}$$

可见，由于定量泵的供油量不变，节流阀通流面积越小，输入液压缸的流量就越大，活塞运动速度越高。当负载一定时，有效功率随活塞运动速度增大而增大，而损失的功率将减少。

（2）效率　旁路节流调速回路的效率为

$$\eta = \frac{p_1 q_1}{p_1 q_p} = \frac{q_1}{q_p} = 1 - \frac{q_T}{q_p} \tag{8-26}$$

由式（8-26）可以看出，旁路节流调速回路只有节流损失，而无溢流损失。进入液压缸的流量越接近泵输出流量，效率越高。

（3）旁路节流调速回路特点

1）旁路节流调速回路速度负载特性比进出口节流调速差，即速度刚性差，同时压力增加也会使泵的泄漏增加，泵容积效率降低，因此旁路节流调速回路的稳定性较差。

2）由于没有溢流损失，故回路效率较高，油液温升较小，经济性好。

3）由于低速承载能力差，故只能用于高速范围，调速范围小。

（4）应用　旁路节流调速回路在高速、重载下工作时，功率大和效率高，因此适用于动力较大、速度较高而速度稳定性要求不高且调速范围小的液压系统中，例如牛头刨床主运动的传动系统、锯床的进给系统等。

4. FluidSIM 建模与仿真

根据图 8-11a 对出口节流调速液压系统进行改造，在溢流阀和液压泵的出口各接一个流量计，用来观测二者的输出流量。FluidSIM 建模如图 8-11b 所示，运行仿真结果如图 8-13 所示，图 8-13a 为负载恒定节流口不变，图 8-13b 为负载恒定节流口可变。

由图 8-13a 仿真曲线可以看出：2s 前油液进入活塞腔，在活塞运动前有一个瞬间流量高幅值，活塞运动后流量恒定，也就是匀速运动；节流阀流量 2s 前递增，活塞运动后，流量保持恒定。

由图 8-13b 仿真曲线可以看出：节流口由大变小，流量随之减少，则进入液压缸活塞腔的流量逐渐增大，活塞运动速度增大。

仿真结果与实际旁路节流调速回路性能一致。

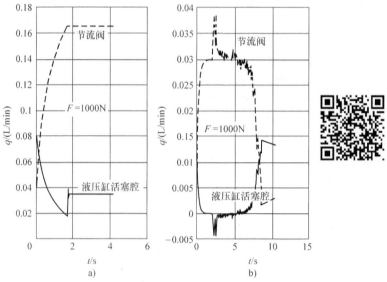

图 8-13　固定负载旁路节流调速回路仿真

a）节流口不变　b）节流口可变

配置图 8-11a 中的液压缸的力设置 "Force profile" 如图 8-14a 所示。运行后仿真结果如图 8-11b 所示，从仿真曲线可以看出：负载增加，则进入活塞腔的流量也随之减少，对应的活塞运动速度逐渐降低。减少的流量从节流阀流走，因此节流阀流量逐渐增大。

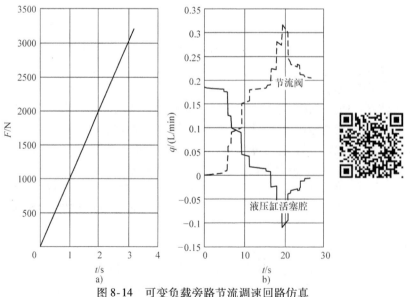

图 8-14　可变负载旁路节流调速回路仿真

a）力设置　b）仿真曲线

8.4 压力补偿流量阀

如前所述，对节流阀而言，负载的变化直接引起出口压力的改变，从而使阀前后压力差改变，进而影响到阀的流量稳定。节流阀由于刚性差，在节流口开度一定的条件下，通过它的流量受工作负载变化的影响，不能保持执行元件运动速度的稳定，因此只适用于执行元件负载变化不大和速度稳定性要求不高的场合。由于执行元件负载的变化很难避免，因此在速度稳定性要求较高时，采用节流阀调速是不能满足的。因此，需要采用压力补偿来保持节流阀前后的压力差不变，从而达到流量的稳定。

对节流阀进行压力补偿的方式有两种：一种是将定差减压阀与节流阀串联成一个组合阀，由定差减压阀保证节流阀前后压差恒定，这样组合的阀称为调速阀；另一种是将定压溢流阀与节流阀并联成一个组合阀，由溢流阀来保证节流阀进出口压力差恒定，这种组合阀称为溢流节流阀。

8.4.1 调速阀的结构和工作原理

调速阀的工作原理如图8-15a所示，图8-15b所示为调速阀的简化图形符号。图中液压泵出口（即调速阀进口）压力 p_1 由溢流阀调定，基本上保持不变。进入调速阀压力为 p_1 的油液流经定差减压阀阀口 x 后压力降至 p_2，然后经节流阀流出，其压力为 p_3（压力 p_3 的大小由活塞杆上的负载 F_L 决定）。节流阀前压力为 p_2 的油液经通道 e 和 f 进入定差减压阀的 d 腔和 c 腔；而节流阀后压力为 p_3 的油液经通道 a 被引入定差减压阀的 b 腔。当减压阀阀芯在弹簧力 F_t 及液压力 p_2、p_3 的作用下处于某一平衡位置时（忽略摩擦力、液动力和自重），其受力平衡方程为

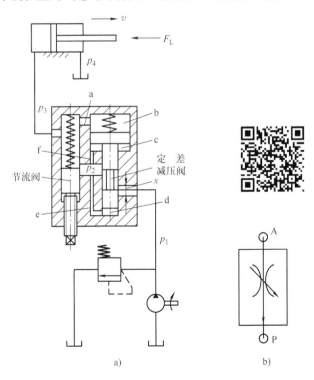

图 8-15 调速阀工作原理图

a）工作原理 b）简化符号

$$p_2 A_d + p_2 A_c = p_3 A_b + K(x_0 + x) \tag{8-27}$$

$$p_2 - p_3 = \Delta p = \frac{K(x_0 + x)}{A_b} \tag{8-28}$$

式中，p_2 是节流阀阀前压力（Pa）；A_d 是 d 腔有效面积（m^2）；A_c 是 c 腔有效面积（m^2）；p_3 是节流阀阀后压力（Pa）；A_b 是 b 腔有效面积（m^2），$A_b = A_d + A_c$；K 是减压阀弹簧刚度（N/m）；x_0 是减压阀弹簧预压缩量（m）；x 是减压阀阀口长度（m）。

因为弹簧刚度较低，且工作过程中 $x_0 \gg x$，可以认为弹簧力 F_t 基本保持不变，故节流阀两端压差不变，这样可使通过节流阀的流量保持不变。其调速稳流过程如下：当外负载 F_L 增大时，调速阀出口处油压 p_3 随之增大，作用在减压阀阀芯上端的液压力也随之增加，阀芯失去平衡而下移。于是减压阀开口 x 增大，通过减压阀口的压力损失变小，而 p_1 由溢流阀调定为常数，故 p_2 也随之增加，直至阀芯在新的位置上得到平衡为止，从而使（$p_2 - p_3$）基本保持不变。反之亦然。因此，当负载变化时，定差减压阀能自动调节减压阀口的大小，使节流阀两端的压差基本保持不变，从而保持流量的稳定。

图 8-16 所示为节流阀和调速阀的流量与进出口压差（图中 $\Delta p = p_1 - p_3$）的关系。从图中可看出，节流阀的流量随压差的变化较大。对于调速阀来说，当调速阀两端的压差大于一定数值（图中 Δp_{min}）后，其流量就不随压差改变而变化。在调速阀两端压差较小的区域（$\leqslant \Delta p_{min}$）内，由于压差不足以克服减压阀阀芯上的弹簧力，此时阀芯处于最下端，减压阀保持最大开口而不起减压作用，这一段（mn 段）的流量特性和节流阀相同。所以，要使调速阀正常工作，对中低压调速阀至少要有 0.5MPa 的压差，对高压调速阀至少要有 1MPa 的压差。

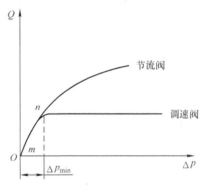

图 8-16　节流阀和调速阀流量与
进出口压差的关系

调速阀在液压系统中的应用和节流阀相仿，它适用于执行元件负载变化大而运动速度要求稳定的液压系统，也可用在容积 – 节流调速回路中。

根据系统的调速要求，调速阀在连接时可接在执行元件的进油路上，也可接在执行元件的回油路上，或接在执行元件的旁油路上。

8.4.2　溢流节流阀

溢流节流阀的工作原理见图 8-17。来自液压泵的压力为 p_1 的油液进入阀后，一部分经节流阀（压力降为 p_2）进入执行元件（液压缸），另一部分经溢流阀的溢流口流回油箱。溢流阀上腔 a 和节流阀出口相通，压力为 p_2；溢流阀阀芯下面的油腔 b、c 和节流阀入口相通，压力为 p_1。节流阀前后的压差 $\Delta p = p_1 - p_2$ 也就是定差溢流阀两端的压差，由定差溢流阀来保证压差 Δp 基本维持不变，从而使经节流阀的流量基本上不随外负载 F_L 而变。其稳流过程如下：当负载 F_L 增大时，出口压力 p_2 增大，因而溢流阀阀芯上腔压力 a 的压力随之增大，溢流阀阀芯下移，溢流阀口 x 减小，使节流阀入口压力 p_1 增大，从而使节流阀前后压差（$p_1 - p_2$）基本保持不变；反之亦然。

调节节流阀开度 y，就可调节通过节流阀的流量，从而调节液压缸的运动速度。

调速阀与溢流节流阀的共同之处是它们都能使通过其自身的流量稳定而不受负载的影响，但它们还有其各自的特点。使用调速阀时，阀前必须安装溢流阀，溢流阀的调定压力必须满足最大负载要求，因而调速阀入口油压始终很高，泵的工作压力始终是溢流阀的调定压力，因而系统功率损失大；溢流节流阀入口油压 p_1 与由负载决定的油压 p_2 两者之差保持为定值，因而入口压力 p_1 将随负载的变化而变化，并不始终保持为最大值，因此功率损失小。调速阀的优点是通过阀的流量稳定性好，相比之下，溢流节流阀稳定流量的能力比调速阀稍差一些。

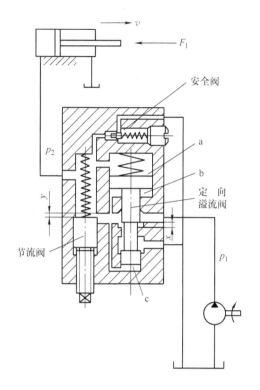

图 8-17　溢流节流阀的工作原理

8.4.3　速度稳定问题

采用节流阀的节流调速回路存在两个方面的不足，其一是回路刚性差，其二是回路中的节流阀无法实现随机调节。

1. 调速阀速度稳定问题

针对第一个问题，应设法使油液流经节流阀的前后压力差不随负载而变，从而保证通过节流阀的流量稳定。通过节流阀的流量由提高节流阀的开口大小决定，执行元件需要多大速度就将节流阀开口调至多大。为实现这种目的，经常采用调速阀或溢流节流阀组成节流调速回路，以提高回路的速度稳定性。

按调速阀的安装位置不同，用调速阀组成的采用 FluidSIM 建模的节流调速回路也有进口、出口和旁路节流调速回路三种形式，如图 8-18 所示，用流量计测量进入和流出活塞腔的流量，它们的回路构成、工作原理与采用节流阀组成的节流调速回路基本相同。由于调速阀本身能在负载变化的条件下保证节流阀两端压差基本不变，从而使活塞运动速度稳定，故回路的速度刚性大为提高。用调速阀组成的调速回路，由于油液经调速阀时存在节流损失，故回路功率损失较大，效率更低，发热量更大。

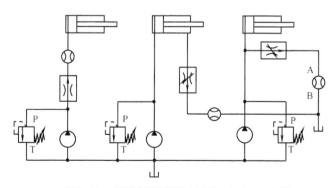

图 8-18　调速阀节流调速回路 FluidSIM 建模

根据图 8-19 所示的回路，运用 FluidSIM 进行仿真，液压缸活塞承受的负载从 0 升至 3200N，如图 8-19a 所示；调速阀节流调速回路仿真曲线如图 8-19b 所示，可以看出：随着负载的增大，活塞外伸时，进出活塞腔的流量保持恒定，从而活塞速度保持恒定。

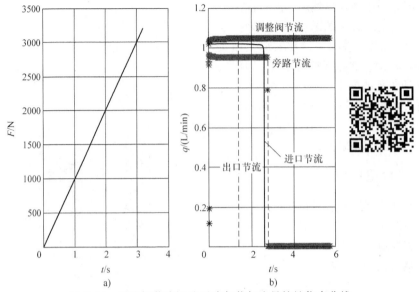

图 8-19 调速阀节流调速回路负载与流量特性仿真曲线

a) 回路负载　b) 仿真曲线

2. 节流阀实现随机调节

针对第二个问题，可以采用电液比例流量阀代替普通节流阀，它可以方便地改变输入电信号的大小，实现自动调速且可远程调节。同时，由于电液比例流量阀能始终保证阀芯输出位移与输入信号成正比，因此较普通流量阀有更好的速度调节特性和抗负载干扰能力，回路的速度稳定性更高。若检测被控元件的运动速度并转换为电信号，再反馈回来与输入信号比较，构成闭环回路，则可大大提高速度控制的精度。

3. 溢流节流阀速度稳定问题

采用溢流节流阀的节流调速回路，溢流阀只能安装在进油路上，FluidSIM 建模如图 8-20a

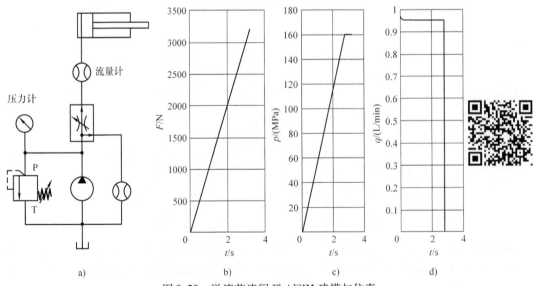

图 8-20　溢流节流阀 FluidSIM 建模与仿真

a) 回路建模　b) 负载特性仿真曲线　c) 压力特性仿真曲线　d) 流量特性仿真曲线

所示，压力计输出系统压力，流量计输出进入液压缸活塞腔的流量。假定活塞负载值为 0 ~ 3200N，由图 8-20b、c 的仿真曲线可以看出：压力随负载变化而变化；由图 8-20b、d 的仿真曲线可以看出：流量不随负载变化而变化，基本保持恒值，速度也为恒值。该回路规律损失小，效率比较高，而流量稳定性比调速阀差。

若节流调速回路安装在回油路或旁路中，由于溢流节流阀出口压力为零，则进口压力使压差式溢流阀开口达到最大值，使回油不经节流阀而直接从差压式溢流阀回油箱，此时溢流节流阀不起调速作用。

8.5 分流集流阀

在液压系统中，往往要求两个或两个以上的执行元件同时运动，并要求它们保持相同的位移或速度（或固定的速比），将这种运动关系称作位置同步或速度同步。位置同步保证执行元件在运动或停止时都保持相同的位置；速度同步则只能保证执行元件的速度或速比相同。凡是位置同步的机构也必定是速度同步，但速度同步的机构不一定是位置同步。

由于两个或两个以上执行元件的负载不均衡，摩擦阻力不相等，以及制造误差、内外泄漏量和液压损失的不一致等，经常使执行元件不能同步运行。因此，在这些系统中需要采用同步措施，以消除或克服这些影响，保证液压执行元件的同步运动。分流集流阀即节流同步措施中的一种同步元件。

分流集流阀包括分流阀、集流阀和兼有分流、集流功能的分流集流阀。图 8-21d 所示为一螺纹插装、挂钩式分流集流阀。图中二位三通阀通电后，右位接入，起分流阀作用，断电时左位接入，起集流阀作用。

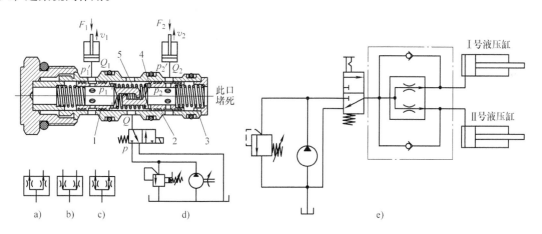

图 8-21　分流集流阀 FluidSIM 建模
a）结构原理　b）分流阀　c）集流阀　d）分流集流阀　e）FluidSIM 建模
1—阀芯　2—阀套　3、5—弹簧　4—固定节流孔

该阀有两个完全相同的带挂钩的阀芯 1，其上钻有固定节流孔 4，按流量规格不同，固定节流孔直径及数量不同，流量越大，孔数和孔径越大；两侧流量比例为 1:1 时，两阀芯上固定节流孔完全相同。阀芯上还有通油孔及沉割槽，沉割槽与阀套上的圆孔组成可变节流口。作分流阀用时，左阀芯沉割槽右边与阀套孔的左侧以及右阀芯沉割槽左边与阀套孔的右侧同时起可变节流口作用；而起集流阀作用时，左阀芯沉割槽左边与阀套孔的右侧以及右阀芯沉割槽右边与阀套孔的

左侧同时起可变节流口作用。两根尺寸相同的弹簧 3 刚度较弹簧 5 的大。

按照图 8-21d 所示所需硬件，进行 FluidSIM 建模如图 8-21e 所示。Ⅰ号液压缸和Ⅱ号液压缸型号一样，Ⅰ号液压缸的负载设置为 $F_1 = 2000N$，Ⅱ号液压缸的负载设置为 $F_2 = 1000N$，溢流阀调定压力为 16MPa，配置完成后进行 FluidSIM 仿真，得到仿真曲线如图 8-22 所示。

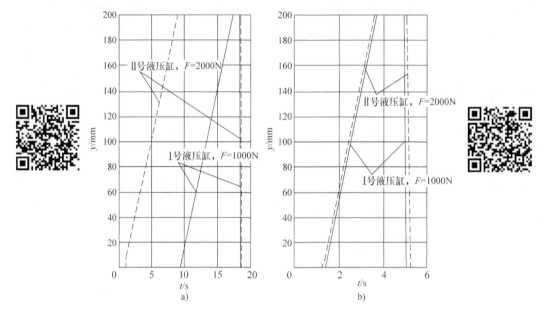

图 8-22 有无分流集流阀液压缸位移特性仿真曲线

a）无分流集流阀 b）有分流集流阀

由图 8-22a 可以看出：当不使用分流集流阀时，负载小的Ⅱ号液压缸先动，达到行程后，压力增加，负载大的Ⅰ号液压缸再动。

由图 8-22b 可以看出：当使用分流集流阀时，液压缸几乎同时动。

起集流阀作用时，两缸中的油经阀集流后回油箱。此时由于压差作用，两阀芯相抵。同理可知，两缸负载不等时，活塞速度和流量也能基本保持相等。

由于弹簧力和液动力变化、摩擦力的影响以及两侧固定节流孔特性不可避免的差异，因此分流集流阀有约 2% ~5% 的同步误差，分流集流阀主要用于精度要求不太高的同步控制场合。

例　题

例题 8-1 在图 8-23 所示回路中，已知液压缸的有效工作面积分别为 $A_1 = A_3 = 100cm^2$，$A_2 = A_4 = 50cm^2$，当最大负载 $F_{L1} = 2 \times 10^4 N$，$F_{L2} = 6250N$，背压 $p_1 = 1.5 \times 10^5 Pa$，节流阀 2 的压差 $\Delta p = 2 \times 10^5 Pa$ 时，试问：

（1）A、B、C 各点的压力（忽略管路损失）各是多少？

（2）对阀 1、2、3 最小应选用多大的额定压力？

（3）液压缸Ⅰ进给速度 $v_1 = 4 \times 10^{-2} m/s$，液压缸Ⅱ进给速度 $v_2 = 5 \times 10^{-2} m/s$ 时，各阀的额定流量应选用多大？

（4）由液压元件产品样本（或设计手册）选定阀 1、2、3 的型号。

（5）对图 8-23 应用 FluidSIM 进行建模和仿真。

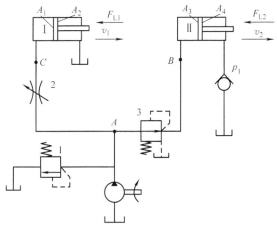

图 8-23　例题 8-1 图

解：（1）因为 A 点的压力等于 C 点的压力加上节流阀 2 的压差，所以应先求 C 点的压力。

$$p_C = \frac{F_{L1}}{A_1} = \frac{2 \times 10^4}{100 \times 10^{-4}} \text{Pa} = 2 \times 10^6 \text{Pa}$$

$$p_A = p_C + \Delta p = (2 \times 10^6 + 2 \times 10^5) \text{Pa} = 2.2 \times 10^6 \text{Pa}$$

$$p_B = \frac{F_{L2} + p_1 A_4}{A_3} = \frac{6000 + 1.5 \times 10^5 \times 50 \times 10^{-4}}{100 \times 10^{-4}} \text{Pa} = 6.75 \times 10^5 \text{Pa}$$

（2）按系统的最高压力 $2.2 \times 10^6 \text{Pa}$ 作为各阀的额定压力，待阀 1、2、3 的具体型号确定后，应使其额定压力值 $\geqslant 2.2 \times 10^6 \text{Pa}$。

（3）通过节流阀 2 的流量 q_T 等于进入液压缸 I 的流量：

$$q_T = A_1 v_1 = 100 \times 10^{-4} \times 4 \times 10^{-2} \text{m}^3/\text{s} = 4 \times 10^{-4} \text{m}^3/\text{s}$$

通过减压阀 3 的流量 q_J 等于进入液压缸 II 的流量：

$$q_J = A_3 v_2 = 100 \times 10^{-4} \times 5 \times 10^{-2} \text{m}^3/\text{s} = 5 \times 10^{-4} \text{m}^3/\text{s}$$

通过溢流阀的流量稍大于 q_T 与 q_J 之和，即

$$q_Y \geqslant q_T + q_J = 4 \times 10^{-4} \text{m}^3/\text{s} + 5 \times 10^{-4} \text{m}^3/\text{s} = 9 \times 10^{-4} \text{m}^3/\text{s}$$

（4）根据压力和流量确定各阀的型号：

节流阀型号为 LF3 – E6B，减压阀为 RG – 03 – B – 22，溢流阀为 BG – 03 – L – 40。

（5）按图 8-23 所用元件进行建模，如图 8-24a 所示，针对已知条件和上述计算，对 FluidSIM 模型进行配置后运行，得到液压缸位移特性仿真曲线如图 8-24b 所示。

由仿真结果可以看出：液压缸 I 的运行速度为 0.007m/s，活塞后达到行程；而液压缸 II 速度为 0.009m/s，活塞先到达行程。

例题 8-2　在图 8-24 所示的进油路节流调速回路中，液压缸有效面积 $A_1 = 2A_2 = 50\text{cm}^2$，$q_p = 10\text{L/min}$ 溢流阀的调定压力为 $p_s = 2.4\text{MPa}$，节流阀为薄壁小孔，其通流面积调定为 $A_T = 0.02\text{cm}^2$，取流量系数 $C_q = 0.62$，油液密度为 $\rho = 870\text{kg/m}^3$，只考虑液流通过节流阀的压力损失，其他压力损失和泄漏损失忽略不计。试分别按 $F_L = 10000\text{N}$、5500N 和 0 三种负载情况，计算液压缸的运动速度和速度刚度。

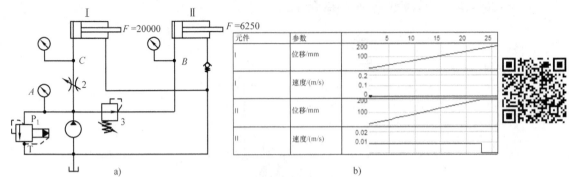

图 8-24　例题 8-1 建模与仿真

a）回路建模　b）仿真曲线

解：1）当 $F_L = 10000N$ 时

$$q_1 = C_q A_T \sqrt{\frac{2(p_s - F_L/A_1)}{\rho}}$$

$$= 0.62 \times 2 \times 10^{-6} \times \sqrt{\frac{2[2.4 \times 10^6 - 10000/(50 \times 10^{-4})]}{870}} \mathrm{m}^3/\mathrm{s}$$

$$= 37.6 \times 10^{-6} \mathrm{m}^3/\mathrm{s}$$

$$= 37.6 \mathrm{cm}^3/\mathrm{s}$$

活塞运行速度为

$$v = \frac{q_1}{A_1} = \frac{37.6}{50} \mathrm{cm/s} = 0.75 \mathrm{cm/s}$$

速度刚度为

$$k_{v1} = \frac{2(p_s A_1 - F_L)}{v}$$

$$= \frac{2(2.4 \times 10^6 \times 50 \times 10^{-4} - 10000)}{v} \mathrm{N \cdot s/cm}$$

$$= 5333 \mathrm{N \cdot s/cm}$$

2）当 $F_L = 5500N$ 时，同理可得

$$q_2 = 67.73 \mathrm{cm}^3/\mathrm{s}$$

$$v_2 = 1.35 \mathrm{cm/s}$$

$$k_{v2} = 9629 \mathrm{N \cdot s/cm}$$

3）当 $F_L = 0$ 时，同理可得

$$q_3 = 92.02 \mathrm{cm}^3/\mathrm{s}$$

$$v_3 = 1.84 \mathrm{cm/s}$$

$$k_{v3} = 13044 \mathrm{N \cdot s/cm}$$

上述计算表明：空载时速度最高，负载最大时速度最低，其速度刚度亦然。

例题 8-3　如图 8-25a 所示的回路中，泵输出流量 $q_p = 10 \mathrm{L/min}$，溢流阀调定压力 $p_s = 2 \mathrm{MPa}$。两个节流阀均为薄壁小孔型，流量系数 $C_q = 0.62$，开口面积 $A_{T1} = 0.02 \mathrm{cm}^2$，$A_{T2} = 0.01 \mathrm{cm}^2$，油液密度 $\rho = 870 \mathrm{kg/m}^3$。当液压缸的克服阻力向右运动时，如不考虑溢流阀的调压偏差，试求：

（1）应用 FluidSIM 进行建模与仿真。

（2）液压缸活塞腔的最大工作压力能否达到 2MPa？

（3）溢流阀的最大溢流量。

解：（1）图 8-26 所用元件建立 FluidSIM 建模如图 8-25a 所示。溢流阀的调定压力设置为 2MPa，负载设置为 0～1000N，运行后，得活塞腔流量和压力特性仿真曲线如图 8-25b 所示。

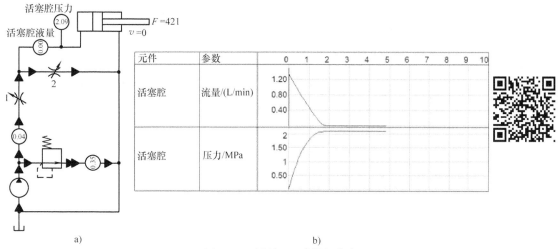

图 8-25　例题 8-3 建模与仿真

a）回路建模　b）仿真曲线

由图 8-25a 的箭头方向可以看出：当负载增加使液压缸运行停止时，两个节流阀串联，且有一部分油液通过溢流阀溢流；当关闭节流阀 2 后油液只能经过溢流阀回到油箱，这是溢流阀的最大溢流量。

（2）由图 8-25a 所示的回路中，无论活塞是否运动到终点位置，始终有流量通过节流阀 1、2 回油箱。节流阀 1 两端必然有压差。故大腔压力始终比溢流阀调定压力 2MPa 要低。

当液压缸活塞腔压力不足以克服负载阻力时（或活塞运动到端点位置时），活塞停止向右运动，这时液压缸活塞腔的压力 p_1 为最高，并且通过节流阀 1 的流量全部经节流阀 2 流回油箱，相当于两个节流阀串联。

通过节流阀 1 的流量为

$$q_1 = C_d A_{T1} \sqrt{\frac{2(p_s - p_1)}{\rho}}$$

通过节流阀 2 的流量为

$$q_2 = C_d A_{T1} \sqrt{\frac{2(p_1 - 0)}{\rho}}$$

由于 $q_1 = q_2$，因此

$$A_{T1} \sqrt{\frac{2(p_s - p_1)}{\rho}} = A_{T2} \sqrt{\frac{2p_1}{\rho}}$$

代入数值，得

$$0.02 \sqrt{2 - p_1} = 0.01 \sqrt{p_1}$$

得

$$p_1 = 1.6 \text{MPa}$$

（3）当活塞停止运动时，活塞腔压力 p_1 最高，节流阀 1 两端压差最小，通过节流阀 1 的流量最小，通过溢流阀的流量最大，这时，节流阀 2 关闭，则通过节流阀 1 的流量为

$$q_1 = C_d A_{T1} \sqrt{\frac{2(p_s - p_1)}{\rho}}$$

$$= 0.62 \times 0.02 \times 10^{-4} \sqrt{\frac{2 \times (2 - 1.6) \times 10^6}{870}} \text{L/min}$$

溢流阀的最大溢流量为

$$q_{max} = q_p - q_1 = (10 - 2.26) \text{L/min} = 7.74 \text{L/min}$$

例题 8-4 在如图 8-26a 所示的调速阀回路节流调速回路中，已知：$q_p = 25 \text{L/min}$，$A_1 = 100 \text{cm}^2$，$A_2 = 50 \text{cm}^2$，当负载 F 由 0 增至 30000N 时，活塞向右移动速度基本无变化，$v = 20 \text{cm/min}$，如调速阀要求的最小压差 $\Delta p_{min} = 0.5 \text{MPa}$，试问：

（1）液压缸可能达到的最高工作压力是多少？

（2）溢流阀的调定压力 p_Y 是多少（不计调压偏差）？泵的工作压力是多少？

（3）回路的最高效率是多少？

（4）对图 8-26 利用 FluidSIM 进行建模和仿真。

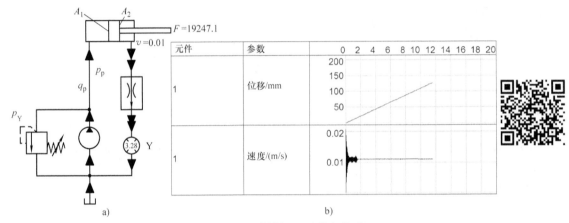

图 8-26 例题 8-4 建模与仿真

a) 回路建模 b) 仿真曲线

解：（1）溢流阀应保证回路在负载 $F = F_{max} = 30000N$ 时仍能正常工作，根据液压缸受力静平衡方程式

$$p_p A_1 = p_2 A_2 + F_{max} = \Delta p_{min} A_2 + F_{max}$$

得

$$p_p = 3.25 \text{MPa}$$

进入液压缸的流量

$$q_1 = A_1 v = \frac{100 \times 20}{1000} \text{L/min} = 2 \text{L/min} < q_p$$

溢流阀处于正常溢流状态，所以液压泵的工作压力为 $p_p = p_Y = 3.25 \text{MPa}$。

（2）当 $F = F_{min} = 0$ 时，液压缸小腔中压力达到最大值，有液压缸受力平衡式 $p_p A_1 = \Delta p_{min} A_2$，故

$$\Delta p_{min} = p_{2max} = p_p \frac{A_1}{A_2} = \frac{100}{50} \times 3.25 \text{MPa} = 6.5 \text{MPa}$$

（3）当负载 $F = F_{max} = 30000N$ 时，回路的效率最高

$$\eta = \frac{Fv}{p_p q_p} = \frac{30000 \times 20/100}{3.25 \times 10^6 \times 25/1000} = 7.4\%$$

（4）根据 8-26 所用元件，利用 FluidSIM 进行建模，如图 8-26a 所示。溢流阀压力调定为 3.25MPa，按已知配置液压缸参数和负载，运行仿真如图 8-26b 所示，可知随负载的增加，液压缸活塞运行速度基本保持不变。

例题 8-5　如图 8-27 所示的两液压系统，已知两个液压缸活塞腔面积皆为 $A_1 = 40\text{cm}^2$，活塞杆腔面积为 $A_2 = 20\text{cm}^2$，仿真负载大小不同，其中 $F_1 = 8000\text{N}$，$F_2 = 12000\text{N}$，溢流阀的调整压力为 $p_Y = 3.5\text{MPa}$，液压泵的流量为 $q_p = 32\text{L/min}$。节流阀开口不变，设 $C_d = 0.62$，$\rho = 900\text{kg/m}^3$，$A_T = 0.05\text{cm}^2$。

（1）应用 FluidSIM 对两个液压系统进行建模和仿真。

（2）求两个液压缸的活塞运动速度。

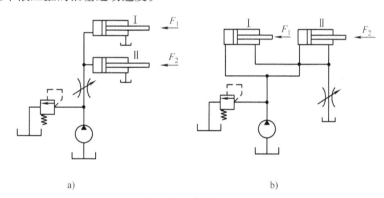

a)　　　　　　　　　　　　b)

图 8-27　例题 8-5 图

a）液压系统 1　b）液压系统 2

解：（1）针对图 8-27a 所用的元件，利用 FluidSIM 进行建模，如图 8-28a 所示，按已知条件对两个液压缸进行参数和负载完成配置后运行，得到仿真曲线如图 8-28b 所示。

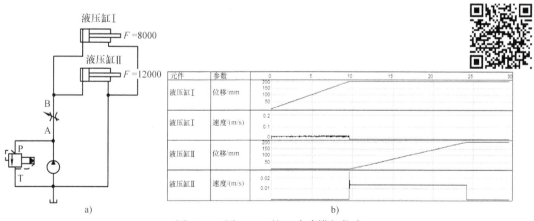

图 8-28　图 8-27a 的回路建模与仿真

a）回路建模　b）仿真曲线

由仿真曲线可以看出：进口节流调速回路中的负载小的液压缸 I 先动，接近匀速运动；液压缸 I 到位后压力升高，液压缸 II 再动，匀速达到末端。

针对图 8-27b 所用的元件，利用 FluidSIM 进行建模，如图 8-29a 所示，按已知对两个液压缸进行参数和负载完成配置后运行，得到仿真曲线如8-29b所示。

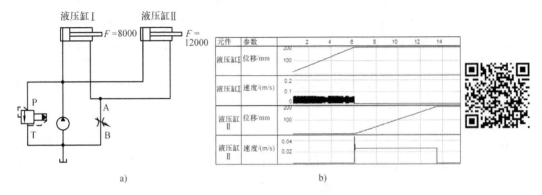

图 8-29　图 8-27b 的建模与仿真
a）回路建模　b）仿真曲线

由仿真曲线可以看出：出口节流调速回路中的负载小的液压缸Ⅰ先动，接近匀速运动；液压缸Ⅰ到位后压力升高，液压缸Ⅱ再动，匀速达到末端。

（2）在图8-27a的回路中，负载的大小决定了液压缸活塞腔的压力，可知：

液压缸Ⅰ的工作压力为

$$p_1 = \frac{F_1}{A_1} = \frac{8000}{40 \times 10^{-4}} \text{Pa} = 2\text{MPa}$$

液压缸Ⅱ的工作压力为

$$p_2 = \frac{F_2}{A_1} = \frac{12000}{40 \times 10^{-4}} \text{Pa} = 3\text{MPa}$$

由图8-29b可知：液压缸Ⅰ先动，而液压缸Ⅱ静止不动，此时流过节流阀的流量为

$$q_1 = C_d A_T \sqrt{\frac{2\Delta p}{\rho}}$$
$$= 0.62 \times 0.05 \times 10^{-4} \times \sqrt{\frac{2 \times (3.5 - 2) \times 10^6}{900}} \text{L/min}$$
$$= 10.74 \text{L/min}$$

液压缸Ⅰ的运动速度为

$$v_1 = \frac{q_1}{A_1} = \frac{10.74 \times 1000}{40} \text{cm/min} = 268.5 \text{cm/min}$$

液压缸Ⅱ到达终端停止运动后，压力增加到足以使液压缸Ⅰ运动，此时流过节流阀的流量为

$$q_2 = C_d A_T \sqrt{\frac{2\Delta p}{\rho}}$$
$$= 0.62 \times 0.05 \times 10^{-4} \times \sqrt{\frac{2 \times (3.5 - 3) \times 10^6}{900}} \text{L/min}$$
$$= 6 \text{L/min}$$

液压缸Ⅱ的运动速度为

$$v_2 = \frac{q_2}{A_1} = \frac{6 \times 1000}{40} \text{cm/min} = 150 \text{cm/min}$$

在图8-27b所示的回路中，活塞受力方程为

$$p_Y A_1 = p_2 A_2 + R$$

系统为回油路节流调速回路，液压缸进油腔压力始终保持为溢流阀调定值 p_Y，故在平衡状态时，负载小的活塞运动产生的背压力高，这个背压又施加在负载大的活塞 Ⅱ 的有杆腔，使活塞 Ⅱ 不能运动，直到活塞 Ⅰ 到达终点时，背压减小，活塞 Ⅱ 才能开始运动，如图 8-29 所示的仿真曲线得到验证。

液压缸 Ⅰ 先动，液压缸 Ⅱ 不动，此时有杆腔的压力为

$$p_2 = \frac{p_Y - F_1}{A_2} = \frac{3.5 \times 10^6 \times 40 \times 10^{-4} - 8000}{20 \times 10^{-4}} \text{Pa} = 3\text{MPa}$$

节流阀的压差为

$$\Delta p = p_2 = 3\text{MPa}$$

流过节流阀的流量为

$$q_1 = C_d A_T \sqrt{\frac{2\Delta p}{\rho}}$$

$$= 0.62 \times 0.05 \times 10^{-4} \times \sqrt{\frac{2 \times 3 \times 10^6}{900}} \text{L/min}$$

$$= 15\text{L/min}$$

故液压缸 Ⅰ 的运动速度为

$$v_1 = \frac{q_1}{A_1} = \frac{15 \times 1000}{40} \text{cm/min} = 750\text{cm/min}$$

液压缸 Ⅰ 运动至终端后，液压缸 Ⅱ 开始运动，此时有杆腔的压力为

$$p_2 = \frac{p_Y - F_1}{A_2} = \frac{3.5 \times 10^6 \times 40 \times 10^{-4} - 12000}{20 \times 10^{-4}} \text{Pa} = 1\text{MPa}$$

节流阀的压差为

$$\Delta p = p_2 = 1\text{MPa}$$

流过节流阀的流量为

$$q_2 = C_d A_T \sqrt{\frac{2\Delta p}{\rho}}$$

$$= 0.62 \times 0.05 \times 10^{-4} \times \sqrt{\frac{2 \times 1 \times 10^6}{900}} \text{L/min}$$

$$= 8.76\text{L/min}$$

故液压缸 Ⅰ 的运动速度为

$$v_2 = \frac{q_1}{A_1} = \frac{8.76 \times 1000}{40} \text{cm/min} = 438\text{cm/min}$$

例题 8-6 如图 8-30 所示的液压系统，可完成工作循环"快进—工进—快退—原位停止泵卸荷"，要求利用 FluidSIM 进行建模和仿真。若工进速度 $v = 5.6\text{cm/min}$，液压缸活塞直径 $D = 40\text{mm}$，活塞杆直径 $d = 25\text{mm}$，节流阀的最小流量为 50mL/min，系统是否可以满足要求？若不能满足要求应做何改进？

解：1）利用如图 8-30 所示的液压系统所用的元件，进油腔增加压力继电器控制电磁铁得断电，增加一个行程开关可知二位二通阀的启闭，FluidSIM 模型如图 8-31a 所示，按工作循环"快进—工进—快退—原位停止泵卸荷"进行仿真。仿真过程如下：

快进实现方法：1YA + 2YA 断电，换向阀中位工作，差动连接，负载为零。

工进实现方法：当压力到继电器的调定压力后，2YA 断电，负载增大，1YA 得电 + 碰到行程开关后，换向阀的左位 + 二位二通阀处于关闭位，出口节流调速，系统工进。

快退实现方法：液压缸达到行程后，1YA 断电，而 2YA 得电，液压缸活塞左行，液流通过单向阀进入活塞杆腔，活塞腔回油，实现快退。

原位停止泵卸荷：活塞左行到位后 4YA 得电，液压泵卸荷运转。

2）在工进速度 $v = 5.6\text{cm/min}$ 时，要求通过节流阀的流量为

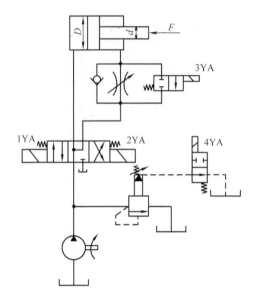

图 8-30　例题 8-6 液压系统

$$q = v\frac{\pi}{4}(D^2 - d^2)$$

$$= 5.6 \times \frac{\pi}{4} \times (4^2 - 2.5^2)\,\text{mL/min}$$

$$= 43\text{mL/min}$$

节流阀的最小稳定流量已知是 50mL/min，但要求的最小流量为 $q = 43\text{mL/min}$，因此不能满足最低速度 $v = 5.6\text{cm/min}$ 的要求，应选用更小的最小稳定流量的节流阀，即节流阀的最小稳定流量 $q_{min} < 43\text{mL/min}$。如改为进口节流调速，满足速度 $v = 5.6\text{cm/min}$ 的要求，则流量为

$$q = v\frac{\pi}{4}D^2 = 5.6 \times \frac{\pi}{4} \times 4^2\,\text{mL/min} = 70.4\text{mL/min}$$

可以满足要求，由此可知，对单出杆的液压缸，在无杆腔侧调速，用同样的节流阀可获得更小的稳定速度。

例题 8-7　如图 8-4 所示的进口节流调速系统，节流阀为薄壁孔型，流量系数 $C_d = 0.67$，油液密度 $\rho = 900\text{kg/m}^3$，溢流阀的调定压力 $p_Y = 1.2\text{MPa}$，泵流量 $q = 20\text{L/min}$，活塞面积 $A_1 = 30\text{cm}^2$，负载 $F = 2400\text{N}$。试分析节流阀从全开到逐渐调小过程中，活塞运动速度如何变化及溢流阀的工作状况，并对上述过程利用 FluidSIM 进行建模与仿真。

解：液压缸工作压力为

$$p = \frac{F}{A_1} = \frac{2400}{30 \times 10^{-4}}\text{Pa} = 0.8\text{MPa}$$

液压泵的工作压力为

$$p_p = p_1 + \Delta p$$

式中，Δp 是节流阀前后的压差，其大小与通过节流阀的流量有关。

1）当 $p_p < p_Y$ 时，溢流阀处于关闭状态，泵流量全部进入液压缸，此时如将节流阀开口逐渐关小，活塞运动速度并不因节流阀开口面积改变而发生变化，但是泵的工作压力逐渐升高。

下面利用 FluidSIM 验证上述结论：根据图 8-4 所用的元件，利用 FluidSIM 进行建模，如图 8-32a所示。配置溢流阀压力为 6MPa，显然 $p_p < p_Y$，运行仿真如图 8-32b 所示。

由图 8-32b 所示，当节流阀的开口由大变小的过程中，液压缸活塞速度保持不变，溢流阀溢流量为 0，泵压增大。

与上述分析一致。

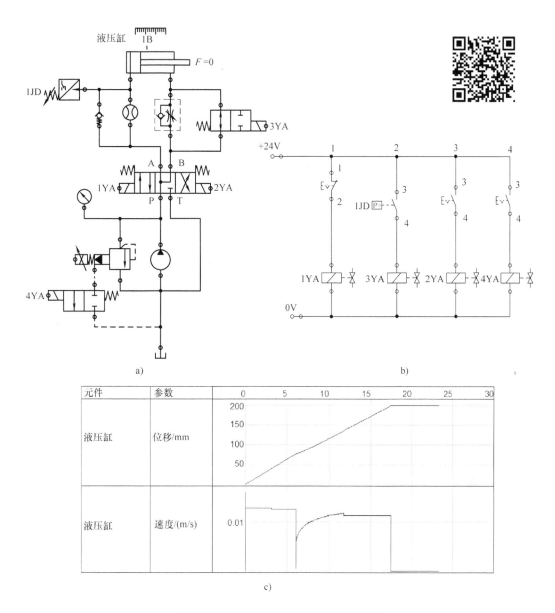

图 8-31　例题 8-6 FluidSIM 建模与仿真

a）回路建模　b）电控图　c）仿真曲线

2）当 $p_p = p_Y$ 时，溢流阀开启，部分油液通过溢流阀流回油箱，泵压力保持在 1.2MPa，而不再继续升高。在溢流阀处于常开工况后，节流阀开口变化，活塞运动速度也随之变化。

取 $\Delta p = p_Y - p_1 = （1.2 - 9.8）\mathrm{MPa} = 0.4\mathrm{MPa}$，通流面积为

$$A_T = \frac{q}{C_d \sqrt{\dfrac{2\Delta p}{\rho}}} = \frac{20 \times 10^{-5}/60}{0.67 \times \sqrt{\dfrac{2 \times 0.4 \times 10^6}{900}}} \mathrm{cm}^2 = 0.167\mathrm{cm}^2$$

当节流阀开口面积 A_T 大于 $0.167\mathrm{cm}^2$ 时，溢流阀处于关闭状态，调节 A_T 大小不会引起活塞运动的变化；当节流阀开口面积 A_T 小于 $0.167\mathrm{cm}^2$ 时，溢流阀处于开启状态，调节 A_T 大小，便会引

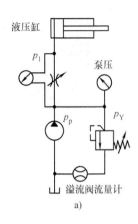
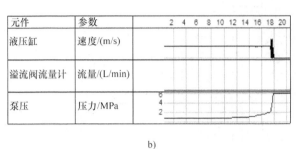

图 8-32　当 $p_p < p_Y$ 时的建模与仿真

a）回路建模　b）仿真曲线

起活塞运动的变化。

下面利用 FluidSIM 验证上述结论：根据图 8-34 所用的元件，利用 FluidSIM 进行建模，如图 8-33a 所示。配置溢流阀压力为 1.2MPa，运行仿真，如图 8-33b 所示。

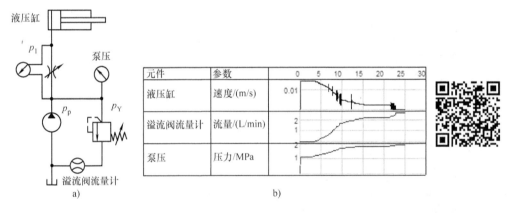

图 8-33　当 $p_p = p_Y$ 时的建模与仿真

a）回路建模　b）仿真曲线

由图 8-33b 可以看出，当节流阀的开口由大变小的过程中，有以下情况：

1）0～4s：液压缸活塞速度保持不变；4s～22s 时，速度随 A_T 变小。

2）0～4s：溢流阀溢流量为 0；4s～22s 时，溢流流量随 A_T 变大。

3）0～4s：泵压不变；4s～22s 时，泵压随 A_T 变大，达到行程时，泵压不变。

与上述分析一致。

习　题

习题 8-1　在如图 8-34 所示的回路中，已知缸径 $D = 100mm$，活塞杆直径 $d = 70mm$，负载 $F_L = 25kN$。试回答以下问题：

（1）为使节流阀前后压差为 0.3MPa，溢流阀的调定压力应取何值？（3.33MPa）

（2）上述调定压力不变，当负载降为 15kN 时，活塞的运动速度将怎样变化？（速度增加 2 倍）。

（3）利用 FluidSIM 建模和仿真。

习题 8-2 在如图 8-35 所示的回路中，$A_1 = 2A_2 = 50\text{cm}^2$，溢流阀调定压力 $p_s = 3\text{MPa}$，试回答下列问题：

（1）回油腔背压 p_2 的大小由什么因素来决定？

（2）当负载为零时，p_2 比 p_1 高多少？系统的最高压力是多少？

（3）当泵的流量略有变化时，上述结论是否需要改变？

（4）利用 FluidSIM 进行建模和仿真验证。

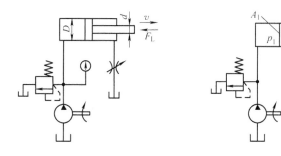

图 8-34　习题 8-1 图　　　　　图 8-35　习题 8-2 图

习题 8-3 在节流调速系统中，如果调速阀的进出口接反了，将会出现什么情况？根据调速阀的工作原理进行分析。

习题 8-4 将调速阀和溢流节流阀分别接在液压缸的回油路上，能否起到稳定速度的作用？

习题 8-5 如图 8-36 所示的调速回路是怎样进行工作的？写出其回路效率表达式。

习题 8-6 如图 8-37 所示的液压系统，溢流节流阀安装在回油路上，试利用 FluidSIM 建模仿真分析其能否起速度稳定作用，并说明理由。

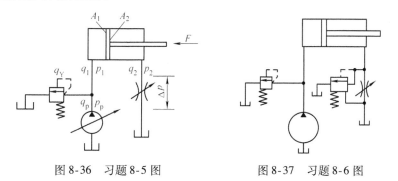

图 8-36　习题 8-5 图　　　　　图 8-37　习题 8-6 图

习题 8-7 如图 8-38 所示，两节流阀同样串联在液压泵和执行元件之间，调节节流阀的通流面积，利用 FluidSIM 建模与仿真分析两者能否改变执行元件的运动速度？为什么？

习题 8-8 如图 8-39 所示的液压回路，如果液压泵的输出流量 $q_p = 10\text{L/min}$，溢流阀的调定压力 $p_Y = 2\text{MPa}$，两个薄壁孔型节流阀的流量系数 $C_d = 0.67$，开口面积 $A_{T1} = 0.02\text{cm}^2$，$A_{T2} = 0.01\text{cm}^2$，油液密度 $\rho = 900\text{kg/m}^3$。在不考虑溢流阀的调压偏差时，试求：

（1）利用 FluidSIM 进行建模与仿真。

（2）液压缸活塞腔的最高工作压力。

（3）溢流阀可能出现的最大溢流流量。

习题 8-9 试利用 FluidSIM 建模与仿真来说明图 8-40 所示同步回路的工作原理和特点。

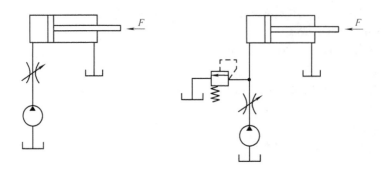

图 8-38　习题 8-7 图

习题 8-10　利用 FluidSIM 对图 8-41 进行建模与仿真，说明：

（1）试列表说明图示压力继电器顺序动作回路是怎样实现①－②－③－④顺序动作的？

（2）在元件数目不增加，排列位置变更的条件下重新建模，如何实现①－②－④－③顺序动作？

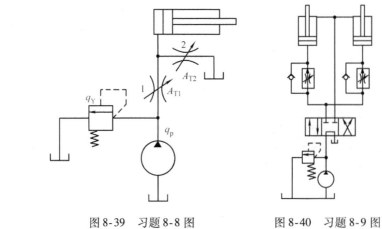

图 8-39　习题 8-8 图　　　　　图 8-40　习题 8-9 图

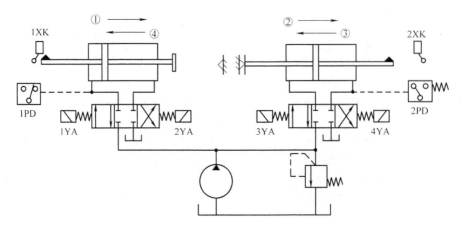

图 8-41　习题 8-10 图

第9章　容积调速回路和容积节流调速回路

本章介绍容积调速和容积节流调速两种调速回路。通过本章的学习，要求掌握这两种调速回路的组成、工作原理、调速性能和应用范围。其中重点是容积调速回路的性能。学习本章时可采用与节流调速回路进行对比的方法，以便深入地掌握它们各自的特点。

9.1　容积调速回路

在如图 9-1a 所示 FluidSIM 建模的回路中，设液压泵的排量为 V_p，转速为 n_p，液压马达的排量为 V_M，转速为 n_M，如果忽略所有泄漏，泵的流量全部进入马达，则有

$$V_p n_p = V_M n_M \tag{9-1}$$

式中，V_p 是液压泵排量（m^3/r）；n_p 是液压泵转速（r/s）；V_M 是马达排量（m^3/r）；n_M 是马达转速（r/s）。

欲改变马达的转速，既可以改变泵的排量 V_p 或转速 n_p，又可以改变马达的排量 q_M 或转速 n_M。这种通过改变液压泵或马达的排量或转速来调节马达（或液压缸）速度的回路称为容积调速回路。假定液压泵和液压马达按缺省配置，改变液压泵的转速时运行 FluidSIM 模型，液压泵流量也发生变化，从而液压马达的转速也随之改变，仿真曲线如图 9-1b 所示。

图 9-1　液压泵和液压马达调速回路建模与仿真
a）回路建模　b）仿真曲线

与节流调速回路相比，容积调速中既没有溢流损失又没有节流损失，系统的效率较高。但变量泵或变量马达的结构较定量泵或定量马达复杂，因此容积调速回路的成本比节流调速回路高。一般认为液压系统的功率较大或对发热限制较严格时，宜采用容积调速回路。近年来，节约能源成为一个很突出的课题，因此容积调速回路的应用得到更多的重视。

容积调速回路有变量泵和定量执行元件（液压缸和液压马达）、定量泵和变量液压马达及变量和变量液压马达三种可能的组合，下面对三种组合情况下调速回路的性能做进一步的分析。

9.1.1　变量泵和定量执行元件组成的调速回路

图 9-2a 是变量泵和液压缸组成 FluidSIM 建模的调速回路，通过改变回路中变量泵的转速来改变变量泵的流量，从而能达到对液压缸调速的目的。安全阀 2 用以防止系统过载，系统正常工作时关闭；背压阀 5 起到稳定输出速度的作用。这一回路中的泵的流量全部进入执行元件，不存在流量损失。另外，回路中没有节流元件及随之而引起的附加压力损失，因此回路效率高。

对图 9-2 中的安全阀配置为 6MPa，背压阀配置为 0.5MPa，液压缸的负载为 0 ~ 600N，在改

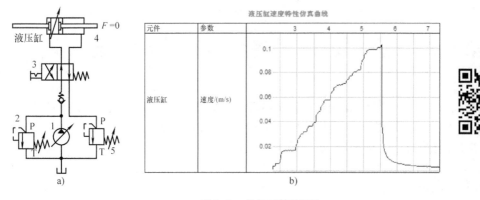

图 9-2　变量泵控液压缸

a）回路建模　b）仿真曲线

1—变量泵　2—安全阀　3—手动换向阀　4—液压缸　5—背压阀

变变量泵的输入转速的情况下进行仿真，得到速度特性仿真曲线如图 9-2b 所示。由仿真曲线可以看出：当变量泵的转速或输出流量逐渐增大时，液压缸的速度也随之增大。

图 9-3a 是变量泵和定量马达组成 FluidSIM 建模的调速回路，通过改变回路中变量泵的转速来改变变量泵的流量，从而达到对马达调速的目的。安全阀 3 用以防止系统过载，系统正常工作时关闭；液压马达输出的热油不断溢流到油箱，背压阀 5 起到稳定马达输出转速的作用；补油泵 1 不断将冷油补入变量泵和定量马达闭式系统。这一回路中的泵的流量全部进入执行元件，不存在流量损失。另外，回路中没有节流元件以及随之引起的附加压力损失，因此回路效率高。

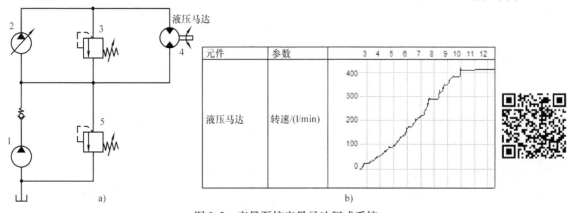

图 9-3　变量泵控定量马达闭式系统

a）回路建模　b）仿真曲线

1—补油泵　2—变量泵　3—安全阀　4—液压马达　5—背压阀

将图 9-3 中的安全阀 3 配置为 6MPa，背压阀 5 配置为 0.5MPa，在改变变量泵的输入转速的情况下进行仿真，得到马达转速特性仿真曲线，如图 9-3b 所示。由仿真曲线可以看出：当变量泵的转速或输出流量逐渐增大时，液压马达的转速也随之增大。

在这两种回路中，也可以用双向变量泵使执行元件换向，在图 9-3a 中，变量泵的吸油口和执行元件的回油腔直接相连，油液不经油箱而直接在系统内循环，这种回路称为闭式回路。它的优点是省去了一个容量很大的油箱，并且由于液体基本上是在系统内部循环，可以减少因空气渗入系统而引起的一系列问题。实际上，由于泵和马达有外泄漏等原因，闭式回路中还需要及时对系统补油。而图 9-2a 为开式回路。

1. 速度负载特性

对如图 9-2a 所示的变量泵控液压缸系统，速度为

$$v = \frac{V_p n_p}{A_1} \eta_{pV} \tag{9-2}$$

式中，A_1 是液压缸活塞面积（m^3）；η_{pV} 是液压泵容积效率。

对如图 9-3a 所示的变量泵控定量马达系统，由式（9-1）得转速为

$$n_M = \frac{V_p n_p}{V_M}$$

考虑泵马达的容积效率，有

$$n_M = \frac{V_p \eta_{pV} \eta_{MV}}{V_M} n_p = k n_p \tag{9-3}$$

式中，n_M 是马达转速；η_{MV} 是马达容积效率；k 是系数。

由于液压缸的泄漏很小，式（9-2）中未考虑液压缸的容积效率。从式（9-2）、式（9-3）可以看出：当变量泵的排量不变时，执行元件的速度与容积效率有关。无论是液压泵还是液压马达，其容积效率均随负载压力的提高而下降。这就使得执行元件的速度也随着负载的增大而下降。

2. 调速范围

调速范围等于最高转速和最低转速之比，从式（9-2）和式（9-3）可以看出，这两种回路的最高速度决定于变量泵的最大排量，而理想的空载最低速度为零。根据容积效率的定义，有

$$\eta_V = \frac{q_t - \Delta q}{q_t} \tag{9-4}$$

式中，q_t 是液压泵的理论流量；Δq 是泵和马达的总泄漏量。

变量泵的理论流量 q_t 是变量，而 Δq 与 q_t 的变化基本上无关。这样，当 q_t 减少时，回路的容积效率将会减少。所以在这种容积调速回路中，相同的负载变化在最低速度时引起的相对速度变化率最大。如果规定了允许的速度变化率（一定负载下），就可以确定调速系统的最低速度。因此这种调速回路的调速范围与液压泵和液压马达（液压缸）的泄漏量有关。一般来说，采用变量泵调速时，调速范围在 20 左右；当采用高质量的柱塞式变量泵时，其调速范围可达 40，而当采用单作用叶片变量泵时，其调速范围仅为 5~10（未考虑执行元件本身的低速稳定性问题）。

3. 输出力/转矩和功率

不考虑效率问题，变量泵控液压缸的输出力和功率为

$$F = (p_s - p_2) A \tag{9-5}$$

$$P_s = (p_s - p_2) V_p n_p \tag{9-6}$$

式中，p_s 是油源压力（Pa）；p_2 是执行元件的出口压力（Pa）。

变量泵控液压马达的输出转矩和功率为

$$T_M = \frac{(p_s - p_2)}{2\pi} V_M \tag{9-7}$$

$$P_M = (p_s - p_2) V_p n_p \tag{9-8}$$

由式（9-5）和式（9-7）可以看出，当安全阀的调定压力不变时，不考虑机械效率的变化，在调速范围内，执行元件输出的最大作用力或最大转矩不变，因此该回路具有等推力和恒转矩调节特性。由式（9-3）和式（9-8）可知，其马达最大输出转速和功率将随液压泵的排量的增加而直线上升。改变泵排量时马达的输出特性转速、转矩和功率如图 9-4 所示。

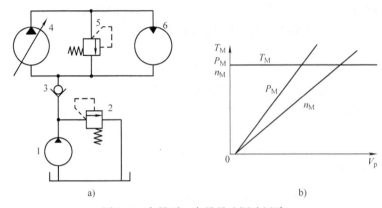

图 9-4　变量泵—定量马达调速回路

a）调速回路　b）特性曲线

1—补油泵　2—溢流阀　3—单向阀　4—变量泵　5—安全阀　6—定量马达

9.1.2　定量泵和变量马达组成的调速回路

定量泵和变量马达组成的调速回路如图 9-5 所示。液压马达的转速仍可用式（9-3）计算，只是液压泵的排量 V_p 不变，而液压马达的排量 V_M 改变，马达的转速将随 V_M 的增加而减少。

1. 速度负载特性

定量泵和变量马达组成的调速回路的负载特性与变量泵和定量马达组成的调速回路的速度负载特性完全相同。

2. 调速范围

马达的最大排量决定了马达的最低转速。调小马达的排量 V_M，其转速按双曲线规律升高。但是随着马达排量的减小，其输出转矩将减少。当马达的排量减小到一定程度，其输出转矩不足以克服负载时，马达便停止转动。因此，用改变马达的排量来调速时，其调节范围不大。即使采用高质量的轴向柱塞马达，其调节范围也只有 4 左右。由于调速范围小，这种调速方法很少单独使用。

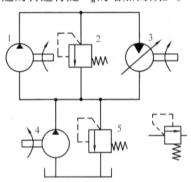

图 9-5　定量泵和变量马达组成的调速回路

1—定量泵　2—安全阀　3—变量马达

4—补油泵　5—低压溢流阀

3. 输出转矩和功率

在图 9-5 所示的回路中，马达的输出转矩和功率可按式（9-7）和式（9-8）计算。当安全阀的调定压力一定时，根据式（9-7），马达的最大输出转矩随马达排量 V_M 的增大而加大。在不考虑泵和马达的效率变化的情况下，由于定量泵的最大输出功率不变，功率恒定。故在调节马达排量时，马达的最大输出功率也不变，因此这种调节称为恒功率调节，其输出特性如图 9-6 所示。

9.1.3　变量泵和变量马达组成的调速回路

图 9-7a 为由变量泵和变量马达组成的调速回路，双向变量泵，它既可以改变液流流量的大小，又可以改变供油方向，用以实现双向液压马达的调速和换向。由于液压泵和液压马达的排量都可改变，回路的调速范围可以扩大。单向阀和间始终是低压，可以实现双向补油。而单向阀和

间始终是高压，使安全阀能在闭式系统两个方向上起安全作用。

这种调速回路实际是9.1.1和9.1.2两种调速回路的组合。

将液压马达的转速从低向高调节时，低速阶段应将液压马达的排量固定在最大值上，调节变量泵的排量使其从小到大逐渐增加，这时液压马达的转速也从低到高逐渐变大，直到变量泵的排量达到最大值。在这个过程中，液压马达恒转矩调速，输出功率逐渐增大，调速范围为 R_1。

高速阶段时，应将变量泵的排量固定在最大排量位置，调节变量马达的排量，使它由大变小，马

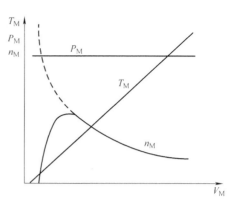

图9-6　改变马达排量时的输出特性

达的转速继续升高，直到液压马达容许的最高转速为止。在这个过程中，液压马达的最大转矩从大变小，而输出功率不变。故这一阶段的调节为恒功率调节，调速范围为 R_2。这样的调节顺序可以满足大多数机械中，低速运转时保持大转矩，高速运转时输出大功率的要求，它的总调速范围 $R = R_1 \times R_2$，图9-7b是这种调速回路的特性曲线。这种调速回路常用在机床的主运动及某些纺织机械、矿山机械和行走机械中。

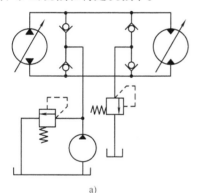

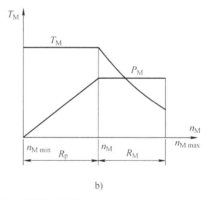

a)　　　　　　　　　　　　　　　　　b)

图9-7　变量泵 - 变量容积调速回路

a) 调速回路　b) 特性曲线

9.2　容积节流调速回路

容积调速回路虽然效率高，发热少，但存在负载特性软的问题。调速阀节流调速回路的速度负载特性好，但回路效率低。容积节流调速回路就试图发挥二者的优势。

容积节流调速回路采用压力补偿变量泵供油，用流量控制阀调节进入液压缸的流量来控制其运动速度，并使变量泵的输出量自动地与液压缸所需流量相适应。这种调速回路没有溢流损失，效率高，速度负载特性也比容积调速回路的好，常用于速度范围大、功率不太大的场合。常见的容积节流调速回路有下面两种。

9.2.1　限压式变量泵和调速阀组成的容积节流调速回路

图9-8a所示为限压式变量泵和调速阀组成的调速回路。该回路由限压式变量泵1、调速阀

2、安全阀 5、背压阀 4 以及液压缸 3 组成。限压式变量泵 1 供油，压力油经调速阀 2 进入液压缸 3 的活塞腔，回油经背压阀 4 返回油箱。液压缸的运动速度由调速阀来调节。

设泵的流量为 q_p，则稳定工作时 $q_p = q_1$，如果关小调速阀，则在关小的瞬间 q_1 减少，而此时液压泵的输出量还没有来得及改变，于是 $q_p > q_1$，因而回路中阀 5 为安全阀，没有溢流，故必定导致泵出口压力 p_p 升高，该压力反馈使得限压式变量泵的输出流量自动减少，直至 $q_p = q_1$（节流阀开口减少后的 q_1）；反之亦然。

由此可见，调速阀不仅能调节进入液压缸的流量，而且可以作为反馈元件，将通过阀的流量转换成压力信号反馈到泵的变量机构，使泵的输出流量自动地和阀的开口大小相适应，没有溢流损失。这种回路中的调速阀也可装在回油路上。

图 9-8b 所示为这种回路的调速特性曲线，由图可见，回路虽无溢流损失，但仍有节流损失，其大小与液压缸的活塞腔压力 p_1 有关。液压缸活塞腔的正常工作范围是

$$p_2 \frac{A_2}{A_1} \leqslant p_1 \leqslant (p_p - \Delta p) \tag{9-9}$$

式中，p_2 是液压缸回油背压；Δp 是保持调速阀正常工作所需的压差，一般应在 0.5MPa 以上。

当 $p_1 = p_{1max}$ 时，回路中的节流损失最小（图中阴影面积 S），此时泵的工作点是 a，液压缸的工作点为 b，若 p_1 减小（即负载减少，b 点向左移动），则节流损失加大，这种调速回路不考虑泵的泄漏时的效率为

$$\eta_c = \frac{(p_1 - p_2 A_2 / A_1) q_1}{p_p q_p} = \frac{p_1 - p_2 A_2 / A_1}{p_p} \tag{9-10}$$

由于泵的输出流量越小，泵的压力 p_p 就越高；负载越小，p_1 便越小，所以该调速回路在低速回路轻载场合效率很低。

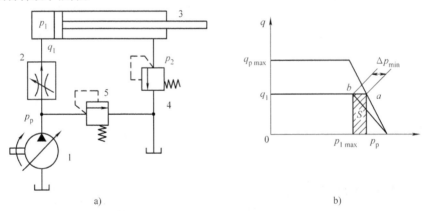

图 9-8 限压式变量泵和调速阀组成的容积节流调速回路
a) 调速回路 b) 特性曲线
1—限压式变量泵 2—调速阀 3—液压缸 4—背压阀 5—安全阀

9.2.2 差压式变量泵和节流阀组成的容积节流调速回路

图 9-9 所示为差压式变量泵和节流阀组成的容积节流调速回路，由差压式变量泵 1、节流阀 2、安全阀 5、背压阀 4 和液压缸 3 组成。通过节流阀 2 控制进入液压缸 3 的流量 q_1，并使变量泵 1 输出流量 q_p 自动和 q_1 相适应。若某时刻 $q_p > q_1$，泵出口压力 p_p 升高，则差压式变量泵的控制缸在左侧的推力大于右侧的推力，定子右移，缩小偏心距，从而使泵的排量减少；反之，$q_p < q_1$，定子左移，使泵的排量增大。由此可见，回路会自动调节使 $q_p = q_1$。

在这种调速回路中，作用在液压泵定子上的力平衡方程式为（变量机构右活塞杆的面积与左柱塞面积相等）

$$p_p A_1 + p_p(A - A_1) = p_1 A + F_s \tag{9-11}$$

化简后，得

$$\Delta p = p_p - p_1 = \frac{F_s}{A} \tag{9-12}$$

式中，F_s是变量泵控制缸中的弹簧力。

由式（9-12）可知，节流阀前后压差 $\Delta p = p_p - p_1$ 基本上由作用在泵变量机构控制活塞上的弹簧力来确定。由于弹簧刚度很小，工作中弹簧的伸缩量的变化也很小，所以弹簧力 F_s 基本恒定，即 Δp 也近似为常数，所以通过节流阀的流量仅与节流阀的开口大小有关，不会随负载而变化，这与调速阀的工作原理是相似的。因此，这种调速回路的性能和前述回路不相上下，它的调速范围仅受节流阀的调节范围的限制。此外，该回路能补偿由负载变化引起的泵的泄漏变化，因此它在低速小流量的场合使用性能更好。在这种调速回路中，不但没有溢流损失，而且泵供油压力随负载而变化，回路中的功率损失也只有节流阀处压降 Δp 所造成的节流损失一项，因而它的效率更高，且发热少。其回路的效率为

$$\eta_c = \frac{p_1 q_1}{p_q q_p} = \frac{p_1 q_1}{p_1 + \Delta p} \tag{9-13}$$

由式（9-13）可知，只要适当控制 Δp（它是节流阀前后的压差，一般为 0.3MPa），就可以获得较高的效率。故这种回路适用于负载变化大、速度较低的中小功率场合。

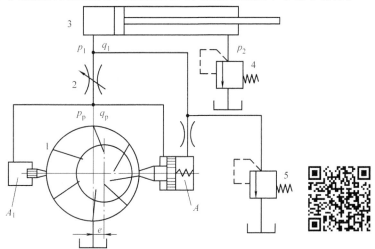

图 9-9　差压式变量泵和节流阀组成的容积节流调速回路
1—差压式变量泵　2—节流阀　3—液压缸　4—背压阀　5—安全阀

例　　题

例题 9-1　某变量泵和定量马达组成的容积调速回路，变量泵的排量可在 $0 \sim 50 \mathrm{cm^3/r}$ 范围内调节，转速为 1000r/min，马达的排量为 $50 \mathrm{cm^3/r}$，在满载压力为 10MPa 时泵和马达的泄漏量都为 1L/min。如果定义转速变化率为

$$\delta = \frac{n_0 - n}{n} \tag{9-14}$$

式中，n_0 是空载时马达的转速，其计算公式为

$$n_0 = \frac{V_p n_p}{V_M}$$ (9-15)

n 是满载时马达的转速，其计算公式为

$$n = \frac{V_p n_p - \Delta q}{V_M}$$ (9-16)

分别取允许的转速变化率为 0.1、0.3、0.5，求：

（1）回路的最低转速和调速范围。

（2）回路在最低转速下的容积效率。

解：（1）转速变化率为

$$\delta = \frac{n_0 - n}{n} = \frac{\Delta q}{V_p n_p}$$ (9-17)

设泄漏量 Δq 与泵的排量无关，在 V_p 排量为最小值时 δ 最大，也即 δ 限制了可使用的 V_{pmin} 之数值，即

$$V_{pmin} = \frac{\Delta q}{n_p \delta}$$ (9-18)

求调速范围：

$$n_{Mmax} = \frac{n_p V_{pmax} - \Delta q}{q_M}$$ (9-19)

$$n_{Mmin} = \frac{V_{pmin} n_p - \Delta q}{q_M}$$ (9-20)

将式（9-18）代入式（9-20），得

$$n_{Mmin} = \frac{\dfrac{\Delta q}{\delta} - \Delta q}{q_M} = \frac{\Delta q}{q_M} \left(\frac{1}{\delta} - 1 \right)$$ (9-21)

其调速范围为

$$R = \frac{n_{Max}}{n_{Mmin}} = \frac{n_p V_{pmax} - \Delta q}{\Delta q \left(\dfrac{1}{\delta} - 1 \right)}$$ (9-22)

根据已知：$n_p = 1000 \text{r/min}$，$V_{pmax} = 50 \text{cm}^3/\text{r}$，$q_M = 50 \text{cm}^3/\text{r}$，$\Delta q = 2000 \text{cm}^3/\text{min}$，分别取 $\delta = 0.1$、0.3、0.5 利用式（9-17）~式（9-22）计算所得结果如下：

δ	$V_{pmin}/(\text{cm}^3/\text{r})$	满 载		
		n_{Mmax}	n_{Mmin}	R
0.1	20	960	360	2.67
0.3	6.67	960	93.3	10.3
0.5	4	960	40	24

（2）最低转速下液压泵的容积效率为

$$\eta_{pV} = \frac{n_p V_{pmin} - \Delta q}{n_p V_{pmin}}$$ (9-23)

由式（9-18）得

$$\Delta q = n_p \delta V_{pmin}$$

代入式（9-23），得

$$\eta_{pV} = 1 - \delta$$

故在 $\delta = 0.1$、0.3、0.5 时，液压泵的容积效率为

$$\eta_{pV} = 90\% 、70\% 、50\%$$

例题 9-2 在由变量泵和变量马达组成的调速回路中，已知变量泵的排量为 $0 \sim 50\,\mathrm{cm^3/r}$，转速 $n_p = 1000\mathrm{r/min}$，马达的排量为 $12.5 \sim 50\,\mathrm{cm^3/r}$，安全阀的开启压力为 $10\mathrm{MPa}$，求：

（1）变量泵和变量马达的容积效率和机械效率均为 100% 时，用 MATLAB 编程计算变量马达的输出转速及能输出的转矩和功率。

（2）设变量泵和马达的泄漏量随负载压力而线性增加，在压力为 $10\mathrm{MPa}$ 时，泄漏量均为 $1\mathrm{L/min}$，泵和马达的机械效率在工作范围内不变，为 0.8。重复完成 1）的要求。

解：（1）容积效率为 100% 时的马达转速表达式为

$$n_M = \frac{V_p n_p}{V_M} \tag{9-24}$$

机械效率为 100% 时的转矩表达式为

$$T_M = \frac{\Delta p V_M}{2\pi} \tag{9-25}$$

总效率 100% 时的马达功率表达式为

$$P_M = \Delta p V_p n_p \tag{9-26}$$

根据式（9-24）~式（9-26），变量泵排量变化，马达排量固定不变时，编制 MATLAB 程序如下：

```
% 变量泵排量(cm³/r)
Vp = 0;10;50;
% 变量泵转速(r/min)
np = 1000;
% 马达排量(cm^3/r)
VM = 50;
nM = np * Vp/VM
p = 10;
TM = p * VM/2/pi
PM = p * Vp * np/60
```

运行上述程序得结果如下：

$V_M/(\mathrm{cm^3/r})$	50					
$V_p/(\mathrm{cm^3/r})$	0	10	20	30	40	50
$n_M/(\mathrm{r/min})$	0	200	400	600	800	1000
$T_M/\mathrm{N\cdot m}$	79.5775					
P_M/kW	0	1.6667	3.3333	5.0000	6.6667	8.3333

根据式（9-24）~式（9-26），变量马达排量变化，变量泵排量固定不变时，编制 MATLAB 程序如下：

```
% 变量泵排量(cm³/r)
VM = [50,35,25,20,12.5];
% 变量泵转速(r/min)
```

np = 1000；

% 马达排量(cm^3/r)

Vp = 50；

nM = np * Vp/VM

p = 10；

TM = p * VM/2/pi

PM = p * Vp * np/60

运行上述程序得结果如下：

$V_p/(\text{cm}^3/\text{r})$	50				
$V_M/(\text{cm}^3/\text{r})$	50	35	25	20	12.5
$n_M/(\text{r/min})$	1000	1428.6	2000	2500	4000
$T_M/\text{N}\cdot\text{m}$	79.5775	55.7042	39.7887	31.8310	19.8944
P_M/kW	8.3333				

（2）当变量泵和变量马达的泄漏量均为 1L/min 时，变量马达的转速为

$$n'_M = \frac{n_p V_p - 2000}{V_M} \tag{9-27}$$

机械效率为 0.8 时，马达的转矩为

$$T'_M = \frac{0.8\Delta p V_M}{2\pi} \tag{9-28}$$

既考虑泄漏又考虑机械效率时，马达的功率为

$$P'_M = T'_M \times 2\pi n'_M = \Delta p \times 0.8(V_p n_p - 2000)/60 \tag{9-29}$$

根据式（9-27）~式（9-29），变量泵排量变化，马达排量固定不变时，编制 MATLAB 程序如下：

clc

clear

% 变量泵排量(cm³/r)

Vp = [0,15,30,45,50]

% 变量泵转速(r/min)

np = 1000；

% 马达排量(cm^3/r)

VM = 50；

nM = (np * Vp - 2000)/VM

p = 10；

TM = p * VM * 0.8/2/pi

PM = p * (Vp * np - 2000) * 0.8/60

运行上述程序得结果如下：

$V_M/(\text{cm}^3/\text{r})$	50				
$V_p/(\text{cm}^3/\text{r})$	0	15	30	45	50
$n_M/(\text{r/min})$	0	260	560	860	960
$T_M/\text{N}\cdot\text{m}$	63.6620				
P_M/kW	0	1.7333	3.7333	5.7333	6.4000

根据式 (9-27) ~ 式(9-29)，变量马达排量变化，变量泵排量固定不变时，编制 MATLAB 程序如下：

```
%  马达排量(cm³/r)
VM = [50,35,25,20,12.5];
%  变量泵转速(r/min)
np = 1000;
%  变量泵排量(cm^3/r)
Vp = 50;
nM = (np * Vp - 2000)/VM
p = 10;
TM = p * VM * 0.8/2/pi
PM = p * (Vp * np - 2000) * 0.8/60
```

运行上述程序得结果如下：

$V_p/(cm^3/r)$	50				
$V_M/(cm^3/r)$	50	35	25	20	12.5
$n_M/(r/min)$	960	1371.4	1920	2400	3940
$T_M/N \cdot m$	63.6620	44.5634	31.8310	25.4648	15.9155
P_M/kW	6.4				

例题 9-3 如图 9-8 所示的限压式变量泵和调速阀的容积节流调速回路，若变量泵的拐点坐标为（2MPa，10L/min），且在 $p_p = 2.8MPa$ 时，$q_p = 0$，液压缸活塞面积为 $A_1 = 50 \times 10^{-4} m^2$，有杆腔环形面积为 $A_2 = 25 \times 10^{-4} m^2$，调速阀的最小工作压差为 0.5MPa，背压阀调压值为 0.4MPa，试求：

（1）在调速阀通过流量为 $q_1 = 5L/min$ 时，回路的效率为多少？

（2）若 q_1 不变，负载减少到原来的 80% 时，回路效率又为多少？

（3）如何才能使负载减少后的回路效率得以提高？能提高多少？

解：（1）在调速阀通过流量为 $q_1 = 5L/min$ 时，在限压变量泵特性曲线的变量段上求出泵的出口压力 p_p，有

$$\frac{2.8 - 2}{10} = \frac{2.8 - p_p}{5}$$

得
$$p_p = 2.4MPa$$

液压缸活塞腔压力

$$p_1 = p_p - \Delta p_{min} = (2.4 - 0.5)MPa = 1.9MPa$$

求流过背压阀的流量值，有

$$v = \frac{q_1}{A_1} = \frac{q_2}{A_2}$$

得
$$q_2 = \frac{A_2}{A_1}q_1$$

此时回路效率为

$$\eta_c = \frac{p_1 q_1 - p_2 q_2}{p_p q_p} = \frac{1.9 \times 5 - 0.4 \times \dfrac{25 \times 10^{-4}}{50 \times 10^{-4}} \times 5}{2.4 \times 5} = 0.708$$

（2）当 $p_1 = 1.9\text{MPa}$ 时，列写力平衡方程式如下

$$p_1 A_1 = p_2 A_2 + F$$

得负载表达式：

$$
\begin{aligned}
F &= p_1 A_1 - p_2 A_2 \\
&= (1.9 \times 10^6 \times 50 \times 10^{-4} - 0.4 \times 10^6 \times 25 \times 10^{-4})\text{N} \\
&= 8500\text{N}
\end{aligned}
$$

负载减少到原来的 80% 时，负载的值为

$$F' = 0.8 \times 8500 = 1700\text{N}$$

这时，活塞腔的压力为

$$p'_1 = \frac{p_2 A_2 + F}{A_1} = \frac{0.4 \times 25 \times 10^{-4} + 1700}{50 \times 10^{-4}}\text{Pa} = 0.54\text{MPa}$$

故负载减少后的回路效率为

$$\eta'_c = \frac{p'_1 q_1 - p_2 q_2}{p_p q_p} = \frac{0.54 \times 5 - 0.4 \times \dfrac{25 \times 10^{-4}}{50 \times 10^{-4}} \times 5}{2.4 \times 5} = 0.142$$

（3）对于这种负载变化大、低速、小流量的场合，可采用差压式变量泵和节流阀组成的容积节流调速回路，如图 9-9 所示，回路效率可有较大的提高，当

$$p_1 = 1.9\text{MPa}, \quad \Delta p_J = 0.3\text{MPa}$$

时，回路效率为

$$\eta_c = \frac{p_1}{p_1 + \Delta p} = \frac{1.9}{1.9 + 0.3} = 0.864$$

习　　题

习题 9-1　由变量泵和定量马达组成的调速回路，变量泵的排量可在 $0 \sim 50\text{cm}^3/\text{r}$ 范围内改变，泵的转速为 1000r/min。马达排量为 $50\text{cm}^3/\text{r}$，安全阀调定压力为 10MPa，在理想情况下，泵和马达的容积效率和机械效率都是 100%，求：

（1）液压马达的最高和最低转速。（1000r/min，0）

（2）液压马达的最大输出转矩。（79.6N·m）

（3）液压马达的最高输出功率。（8.33kW）

习题 9-2　习题 9-1 中，在压力为 10MPa 时，泵和马达的机械效率都是 0.85，二者的泄漏量随工作压力的提高而线性增加，在压力为 10MPa 时泄漏量均为 1L/min。重新完成习题 9-1 中的要求，并计算系统在最高和最低转速下的总效率。（960r/min，0；67.7N·m；6.8kW；0.694，0）

习题 9-3　图 9-3 所示为一变量泵和定量马达组成的液压系统，低压辅助泵的吸油压力保持 0.4MPa，变量泵的最大排量为 $q_p = 100\text{cm}^3/\text{r}$，泵的转速为 $n_p = 1000\text{r/min}$，容积率为 94%，机械效率为 85%，液压马达的排量为 $50\text{cm}^3/\text{r}$，容积效率为 95%，机械效率为 82%，管路损失可略去不计。当马达的输出转矩为 40N·m，输出转速为 60r/min 时，试求变量泵的输出流量、输出压力及泵的输入功率。（3.16L/min，6.53MPa，0.426kW）

习题 9-4　由定量泵和变量马达组成的回路中，泵排量为 $50\text{cm}^3/\text{r}$，转速为 1000r/min，液压马达排量的变化范围为 $12.5 \sim 50\text{cm}^3/\text{r}$，安全阀调定压力为 10MPa，泵和马达的容积效率和机械效率均为 100%，求：

（1）调速回路中马达的最高、最低转速。（4000r/min，1000r/min）

（2）在最高和最低转速下，马达能输出的最大转矩。（19.9N·m，79.6N·m）

（3）在最高和最低转速下，马达能输出的最大功率。（8.33kW）

习题 9-5　液压泵和马达的泄漏量随负载压力的提高而线性增加，在压力为 10MPa 时，泄漏量均为 1L/min，且与马达排量无关，泵的机械效率为 100%，马达的机械效率在最大排量时为 85%，在最小排量时为 30%。在上述条件下，重复完成习题 9-4 中的要求，并计算系统在最高和最低下的总效率。（3840r/min，960r/min；5.97N·m，67.7N·m；2.4kW，6.8kW；0.288，0.816）

习题 9-6　图 9-10 所示为一限压式变量泵和缸等组成的镗床液压回路。利用 FluidSIM 进行建模仿真分析以下问题：

（1）如何实现回路中先夹紧、后进给和先退刀、后松开的顺序？

（2）镗孔进给速度调节由什么元件来保证？是否属于容积调速回路？如是，则分析其与图 9-8 回路有什么区别？

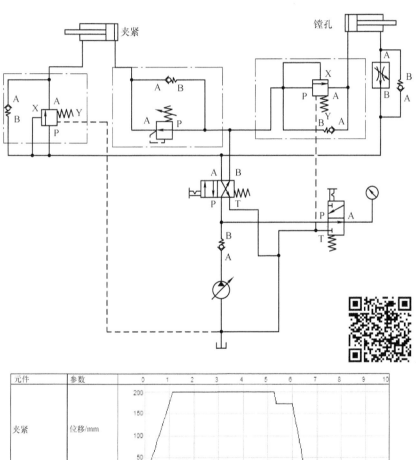

图 9-10　习题 9-6 图

第 10 章　其他基本回路

前面几章学习了方向控制回路、压力控制回路和速度控制回路等基本回路。本章将结合FluidSIM软件讲述快速运动、速度切换、顺序动作、同步运动等基本回路的液压控制系统建模与仿真及其电控系统设计等。通过本章学习，要求掌握熟练利用 FluidSIM 软件绘制液压控制系统和电控图的本领，掌握基本回路的功能及回路中各元件的作用和相互联系，以便在设计液压系统时，能正确选用基本回路及其元件，同时也为阅读液压系统职能图打下基础。

10.1　快速运动回路

某些机械要求执行元件在空行程时做快速运动。根据公式

$$v = \frac{q}{A}$$

或

$$n_{\mathrm{M}} = \frac{q}{V_{\mathrm{M}}}$$

为使执行元件获得快速运动，可以采用减少执行元件的有效工作面积（或排量），或增大执行元件流量的方法，也可以联合使用上述两种方法。以下讨论几种典型的实现快速运动回路。

1. 液压缸差动连接

图 10-1 所示的 FluidSIM 建模的液压缸差动连接快速回路，是利用液压缸的差动连接实现的。当换向阀处于右位时，液压缸的有杆腔的回油和液压泵供油汇合在一起进入液压缸无杆腔，使活塞快速向右运动。差动连接 v_1 与非差动连接的速度 v'_1 之比为

$$v'_1 / v_1 = A_1 / (A_1 - A_2)$$

当活塞两端有效面积为 2∶1 时，快进速度是非差动连接时的两倍。这种回路结构简单，应用较多，但液压缸的速度加快有限，有时仍不能满足快速运动的要求，常常需要与其他方法联合使用。在差动回路中，泵的流量和液压缸有杆腔排出的流量合在一起，流过的阀和管路应按合成流量来选型，否则会导致压力损失过大，泵空载时供油压力过高。

对图 10-1 所示的液压缸活塞作用负载进行配置：$0 \sim 10\mathrm{s}$，$F=0$；$10 \sim 20\mathrm{s}$，$F = 0 \sim 1100\mathrm{N}$；对压力继电器进行配置：压力 $p > 2\mathrm{MPa}$ 时，电磁两位三通阀得电，实现快进和工进的再转换。运行仿真后，得到液压缸的速度特性仿真曲线和系统压力特性仿真曲线。

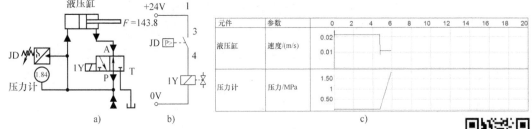

图 10-1　差动连接建模与仿真

a）回路建模　b）电控图　c）仿真曲线

由图 10-1a 可以清晰地看出差动连接的液流方向。由图 10-1c 可以看出：差动具有较高的速度；当活塞腔内压力 $p = 2\text{MPa}$ 时，1Y 得电，实现快进与工进的自动转换。由压力特性仿真曲线可以看出：压力取决于负载。

2. 双泵供油快速回路

如图 10-2 所示为利用 FluidSIM 建模的双泵供油液压系统，低压大流量泵 1 和高压小流量泵 2 组成的双联泵作动力源。外控顺序阀 5 和溢流阀 3 分别设定为双泵供油和小流量泵 2 供油时系统的最高工作压力。电磁换向阀 8 处于弹簧位通位时，双泵供油实现快进；当达到压力继电器 9 的调定压力时，1Y 得电，节流阀 7 接入系统，进入工进阶段，这时压力增加，系统压力达到顺序阀的调定压力时，大流量泵 1 卸荷，只有小流量泵 2 对液压缸供油，活塞慢速向右运动，当活塞向右到达末端后，溢流阀 3 卸荷。

顺序阀 5 的调定压力至少应比溢流阀 3 的调定压力低 10% ~ 20%，大流量泵 1 卸荷减少了动力消耗，回路效率高。常用在执行元件快进和工进速度相差较大的场合。

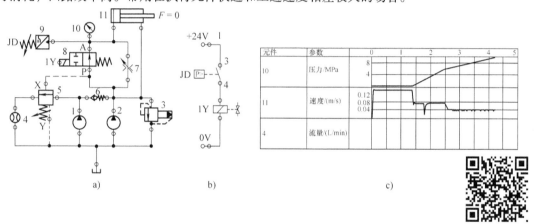

图 10-2　双泵供油快速回路建模与仿真

a) 回路建模　b) 电控图　c) 仿真曲线

1—大流量泵　2—小流量泵　3—溢流阀　4—流量计　5—顺序阀　6—单向阀　7—节流阀
8—电磁换向阀　9—继电器　10—压力计　11—液压缸

对图 10-2a 的顺序阀 5 的调定压力进行配置为 12MPa，溢流阀 3 的调定压力进行配置为 15MPa，压力继电器压力调定为 2MPa，对液压缸的负载配置为：8 ~ 10s，$F = 0$；10 ~ 20s，$F = 0 ~ 1000\text{N}$。仿真后如图 10-2c 所示，可以看出：活塞到达末端后，速度为 0，压力稳定在一个定值，顺序阀卸液稳定在一个定值（1.32）；当压力 $p = 2\text{MPa}$ 时，1Y 得电，由快进进入工进阶段；压力取决于负载；快进速度大于工进速度；顺序阀流量从 0 变为恒值 1.32。

3. 充液增速回路

（1）自重充液快速运动回路　质量较大的垂直运动部件液压系统利用 FluidSIM 建模回路如图 10-3 所示，手动换向阀 3 右位工作，由于运动部件的自重，活塞快速下降，由单向节流阀 4 控制下降速度，若活塞下降速度超过供油速度，液压缸 5 上腔产生负压，充液油箱 7 通过液控单向阀（充液阀）向液压缸补油。当运动部件接触工件时，负载增加，液压缸上腔压力升高，液控单向阀 6 关闭，此时仅靠液压泵供油，活塞运动速度降低。回程时，换向阀左位工作，油液进入液压缸下腔，同时打开液控单向阀 6，液压缸上腔一部分回油进入充液油箱 7，实现快速回程。自重充液快速回路不需要辅助动力源，回路结构简单，但活塞快速下降时液压缸上腔吸油不足，导致加压时升压缓慢，为此充液油箱常被加压油箱或蓄能器代替，实现强制充液。

（2）增速缸快速回路　对于卧式液压缸可以采用增速缸或辅助缸的方法实现快速运动。如

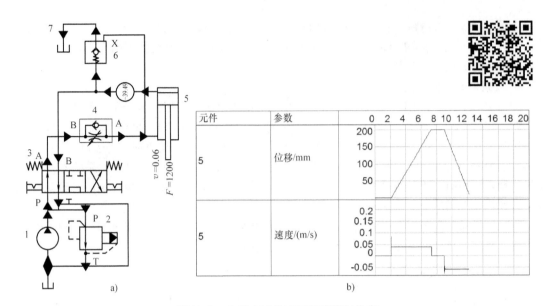

图 10-3　自重充液快速回路建模与仿真

a) 回路建模　b) 仿真曲线

1—液压泵　2—溢流阀　3—手动换向阀　4—单向节流阀　5—液压缸　6—液控单向阀　7—充液油箱

图 10-4 所示，当换向阀左位工作时，压力油经柱塞孔进入增速缸 B 腔，推动活塞 2 快速向右移动，A 腔所需油液由液控单向阀 3 从油箱中吸入，C 腔油液经换向阀回油箱。当液压缸接触工件负载增加时，系统压力升高，使顺序阀 4 开启，高压油液关闭液控单向阀 3，并进入增速缸 A 腔，活塞转换成慢速运动，且输出力增大。当换向阀右位工作时，压力油进入 C 腔，同时打开液控单向阀 3，A 腔的回油流回油箱，活塞快速向左回程。这种回路功率利用比较合理，但增速比受增速缸尺寸的限制，结构比较复杂。

（3）采用蓄能器的快速回路　利用 FluidSIM 建模的蓄能器的快速回路如图 10-5 所示，这种回路的定量泵可以选择较小的流量，仿真运行液压缸停止工作时，换向阀处于中位，泵的流量进入蓄能器，蓄能器压力升高到卸荷阀 2 调定压力后，使卸荷阀 2 开启，液压泵卸荷。当液压缸活塞需要快速运动时，1YA 得电，由泵和蓄能器同时向液压缸供油，液压缸快速运动；当活塞到达末端后，1YA 断电，换向阀处于中位，泵的流量进入

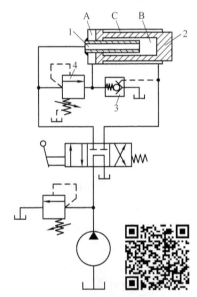

图 10-4　增速缸快速回路

1—增速缸柱塞　2—增速缸活塞
3—液控单向阀　4—顺序阀

蓄能器，蓄能器压力升高到卸荷阀 2 调定压力后，使卸荷阀 2 开启，液压泵卸荷。当液压缸活塞需要快退时，2YA 得电，由泵和蓄能器同时向液压缸供油，液压缸活塞快速退回。这些过程可清楚地通过仿真曲线设计看出。从蓄能器内压力特性仿真曲线可看出充液过程的压力变化。

若根据系统工作循环要求，合理地选取液压泵的流量、蓄能器的工作压力范围和容量，可获得较高的回路效率。

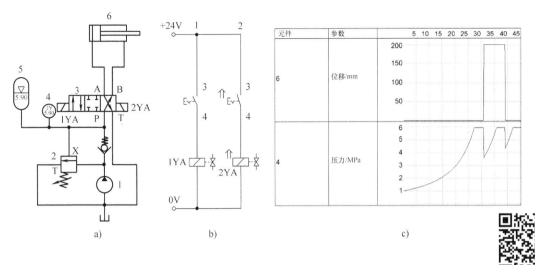

图 10-5　蓄能器的快速回路

a）回路建模　b）电控图　c）仿真曲线

1—液压泵　2—卸荷阀　3—电磁换向阀　4—单向阀　5—蓄能器　6—液压缸

10.2　顺序动作回路

多缸工作的液压系统有时要求各液压缸严格地按照预先给定的顺序运动。如机床中的回转工作台必须先抬起，后回转；夹紧机构必须先定位，后夹紧等。这些都需要采用顺序动作回路来保证。常用的顺序动作回路，按其控制方法可分为行程控制、压力控制和时间控制三类。

10.2.1　行程控制

行程控制就是利用执行元件运动到一定行程时发出的控制信号，使下一执行元件开始动作。这种控制作用可靠，一般不会发生误动作。它有几种典型的基本回路。

1. 用行程控制阀控制

图 10-6a 所示是利用 FluidSIM 建模的行程阀控制的顺序动作回路，要实现（1）⇒（2）和（3）⇒（4）的顺序动作，回路中使用了行程开关 1E 和单向顺序阀 3。按默认设置运行仿真后得两个液压缸的顺序动作仿真曲线如图 10-6b 所示。如果没有单向顺序阀 3，则（3）、（4）动作合并为同时缩回。从仿真曲线可以看出，回路中的顺序动作主要靠行程阀和单向顺序阀来保证。这种回路动作可靠，但要改变动作顺序较困难。

2. 用行程开关和电磁阀控制

用两个行程开关分别控制两缸活塞杆伸出满行程后的缩回动作，利用 FluidSIM 建模如图 10-7a所示。左电磁阀的右位工作，液压缸 I 活塞杆伸出实现动作（1），触发行程开关 2E，2YA 得电，液压缸 II 活塞杆伸出实现动作（2），触发行程开关 2B，1YA 得电，液压缸活塞缩回后压力增加达到顺序阀的调定压力后，液压缸 II 执行动作（4）。仿真曲线如图 10-7c 所示。

3. 使用顺序阀的顺序动作回路

使用单向顺序阀的顺序回路如图 10-8a 所示。当 1YA 得电时，油液先进入液压缸 I 活塞腔，推动活塞伸出，完成动作（1），到达末端后压力增加，当达到顺序阀的调定压力时，压力油液进入液压缸 II，推动活塞向右运动，完成动作（2）；当 2YA 得电时，油液先进入液压缸 II 活塞杆腔，推动活塞缩回，到达末端后压力增加，完成动作（3），油液进入液压缸 I 的活塞杆腔，推动活塞缩回，完成动作（4）。液压缸活塞位移仿真结果如图 10-8 所示。

242

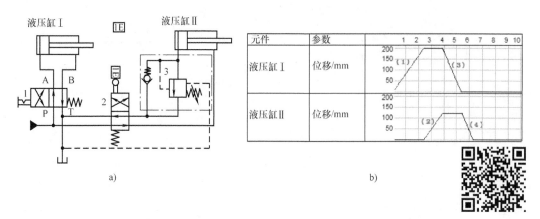

图 10-6　行程控制阀控制回路建模及仿真

a) 回路建模　b) 仿真曲线

1—手动二位四通换向阀　2—机控二位四通换向阀　3—单向顺序阀

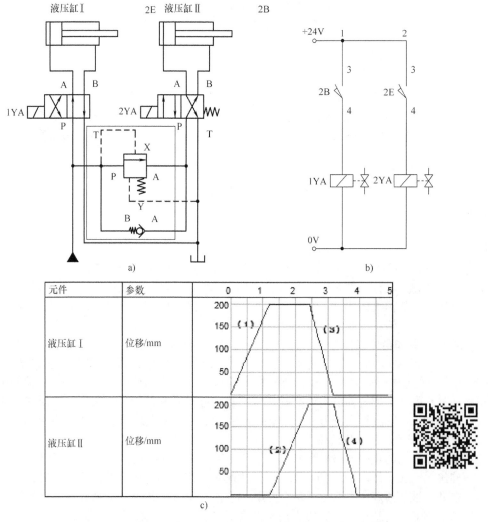

图 10-7　行程开关和电磁阀组合的顺序动作回路建模与仿真

a) 回路建模　b) 电控图　c) 仿真曲线

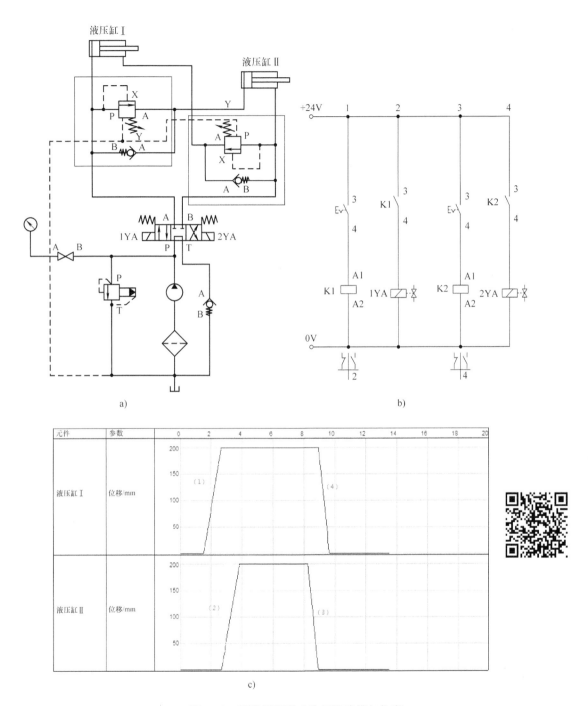

图 10-8　顺序阀顺序动作回路建模与仿真

a）回路建模　b）电控图　c）仿真曲线

10.2.2　压力控制

压力控制就是利用液压系统工作过程中压力的变化来使执行元件按先后顺序动作。这是液压系统独具的控制特性。压力控制的顺序动作回路一般用顺序阀或压力继电器等元件来实现。顺序阀控制的顺序动作在顺序阀的应用时已经介绍过，此处不再重复。

1. 压力继电器控制顺序动作

采用继电器控制的顺序回路如图 10-9a 所示，按如下顺序进行：第 1 步：液压缸 I 活塞向右伸出（1）；第 2 步：液压缸 II 活塞向右伸出（2）；第 3 步：液压缸 II 活塞向左缩回（3）；第 4 步：液压缸 I 活塞向左缩回（4）。按上述顺序设计电控图如图 10-9b 所示。

对图 10-9a 进行如下配置：两个液压缸的负载都为 0～1000N，继电器压力设置为 6MPa，其余采用默认设置。

运行图 10-9a 并操作图 10-9b，得到仿真曲线如图 10-9c 所示。

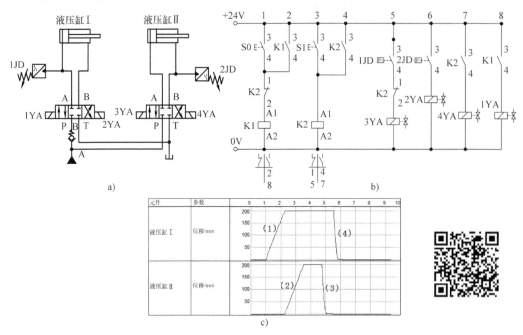

图 10-9　压力继电器控制的顺序回路建模和电控图设计

a）回路建模　b）电控图　c）仿真曲线

由图 10-9c 可以看出：液压回路按设计的顺序进行。

2. 用负载压力控制顺序动作

图 10-10a 所示是利用 FluidSIM 建模的直接使用负载压力控制的液压回路。两个液压缸的负载分别设置为 100N 和 200N，其余采用默认设置。液压回路工作时，负载小的先动，负载大的后动。运行仿真后的仿真曲线如图 10-10b 所示。

10.2.3　时间控制顺序动作

图 10-11a 所示是采用延时阀的时间控制顺序动作回路。当手动换向阀的右位工作时，油液经手动换向阀进入液压缸 I 的活塞腔，推动活塞向右运动（1），到达末端后，压力增加，油液经节流阀推动二位二通阀芯向左运动变为通位，油液进入液压缸 II 的活塞腔，推动活塞向右运动（2）；当手动换向阀的左位工作时，油液经手动换向阀进入液压缸 I 和液压缸 II 的活塞杆腔，推动两个液压缸的活塞向左运动（3）。这种延时阀的延时时间易受温度影响而在一定范围内波动，因此很少单独使用，比较常用的是行程－时间控制。按液压回路中元件默认设置进行仿真，仿真曲线如图 10-11b 所示。

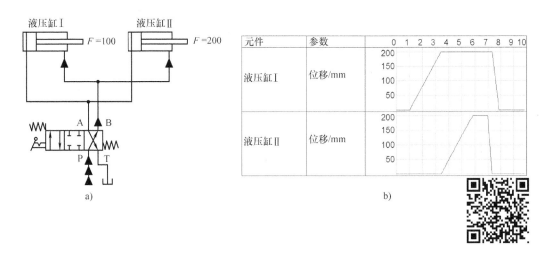

图 10-10　负载控制顺序回路的建模与仿真

a) 回路建模　b) 仿真曲线

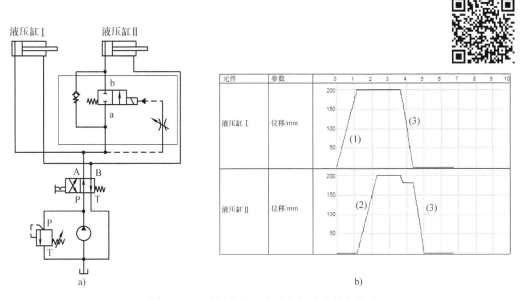

图 10-11　时间控制顺序动作回路建模与仿真

a) 回路建模　b) 仿真曲线

10.3　速度切换回路

液压系统中常要求某一执行元件完成一定的自动工作循环。如对机床刀架，常要求其先带着刀具快速接近工件，随后以第一种工作进给速度对工件进行加工，接着又以第二种工作速度进行加工，最后快速退回。这些动作如用液压系统来完成，就需要使用速度切换回路。

1. 用行程阀或行程开关切换执行元件的速度和方向

图 10-12a 所示是一个用 FluidSIM 建模的，能使执行元件按照快进—工进—快退—停止自动循环运动的回路。在液压缸 5 的行程中间和全行程设置两个行程开关，控制快进、工进和快退的

自动实现；行程中间行程开关1E控制机控阀4的通断；在机控阀的断位节流阀3接入系统，实现出口节流调速；全行程行程开关2E控制电磁铁1Y得电，液流通过单向阀2实现快退。仿真结果如图10-12c所示。

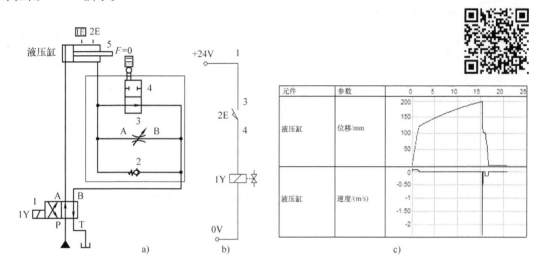

图 10-12　用行程阀或行程开关切换执行元件的速度和方向

a）回路建模　b）电控图　c）仿真曲线

1—电磁二位四通换向阀　2—单向阀　3—节流阀　4—机控二位二通换向阀　5—液压缸

2. 两种工作速度的切换回路

图 10-13a 所示为利用 FluidSIM 建模的两个调速阀并联来实现两种工作速度切换的回路。图示位置压力油经调速阀7、二位三通阀8进入液压缸左腔，得第一种速度。当二位三通阀8的2YA得电，调速阀6接入系统，得到第二种速度。

这种调速回路的特点是两种速度可任意调节，互不影响。但一个调速阀工作时，另一个调速阀出口油路被切断，调速阀中没有油液流过，使调速阀中的减压阀的减压口开度达到最大。当二位三通阀8切换到使它工作时，运动部件会出现前冲现象。为了解决这个前冲问题，在回油路上增加背压阀10。单向阀5用于快退。

对称液压缸的负载配置为0～900N，末端行程开关2B控制液压缸右到位后的自动返回；压力继电器9压力配置为5MPa，控制二位三通阀8的电磁铁得断电；调速阀6小开度、调速阀7大开度；溢流阀2压力配置为16MPa，背压阀10压力设置为0.5MPa；液压泵1的排量设置为1cm³/r。运行仿真曲线如图10-13c所示。从速度特性仿真曲线可以看出一工进和二工进的速度变化。

图 10-14a 所示是两个调速阀串联的速度切换回路，图示位置当电磁铁2Y得电时，油液经调速阀4、换向阀7进入液压缸左腔，活塞向右运动，活塞得到第一种工进速度，其速度由调速阀4调定；当电磁铁2Y、3Y同时得电时，油液经调速阀4、6进入液压缸左腔，活塞向右运动，活塞得到第二种工进速度，其速度由调速阀6调定；当2Y断电，3Y得电，油液经换向阀5、调速阀6进入液压缸左腔，调速阀6的开口调节不受调速阀4的限制。当1Y得电，2Y、2Y同时断电时，活塞快速退回。

这种回路的特点是调速阀4一直处于工作状态，速度切换时不会产生前冲现象，运动比较平稳。

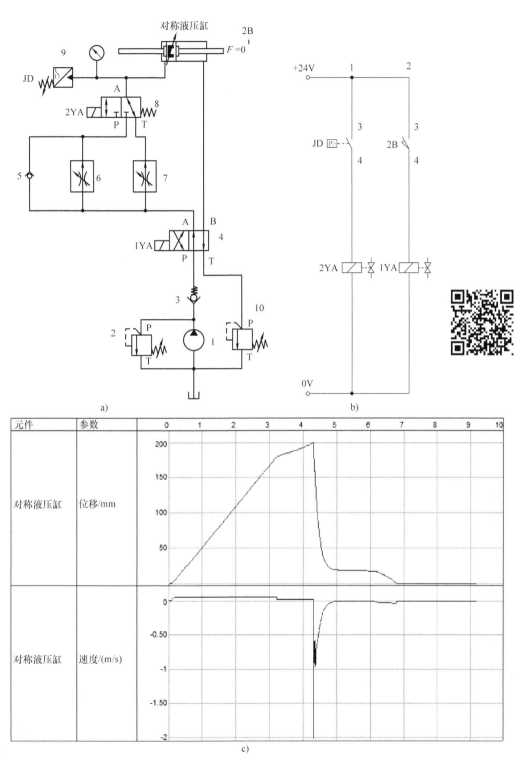

图 10-13　两个调速阀并联的速度切换建模与仿真

a）回路建模　b）电控图　c）仿真曲线

1—液压泵　2、10—溢流阀　3、5—单向阀　4—电磁二位四通换向阀

6、7—调速阀　8—电磁二位三通换向阀　9—压力继电器

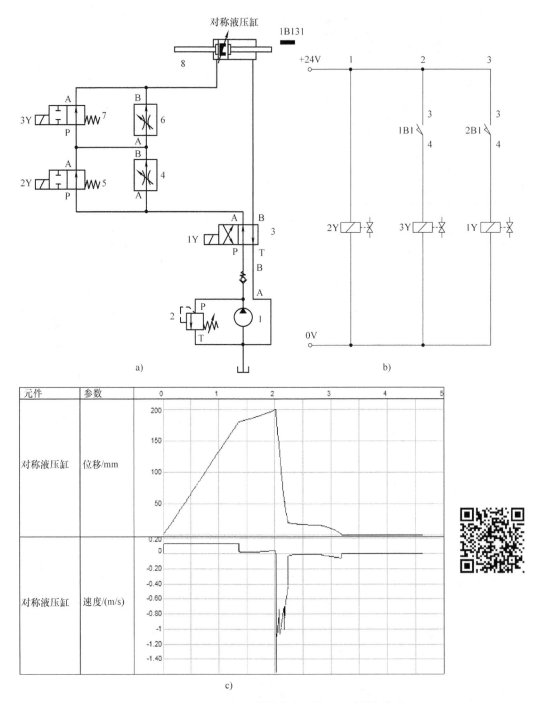

图 10-14　两个调速阀串联的速度切换回路建模与仿真

a）回路建模　b）电控图　c）仿真曲线

1—液压泵　2—溢流阀　3—电磁二位四通换向阀　4、6—调速阀　5、7—电磁二位二通换向阀　8—液压缸

对称液压缸的负载配置为 0～900N，末端行程开关 2B1 控制液压缸右到位后的自动返回，0～100mm 一工进，100～200mm 二工进，由行程开关 1B1 控制；调速阀 4 的开度大于调速阀 6 的开度；液压泵的排量为 $1cm^3/r$，溢流阀压力调定为 16MPa；设计电控图如图 10-14b 所示。运行仿真结果如图 10-14c 所示。从速度特性仿真曲线可以看出一工进和二工进的速度变化。

10.4 同步回路

液压系统有时要求两个或两个以上的液压缸同步运动。这里的同步运动是在运动过程中的每一个瞬时，这几个液压缸的相对位置保持固定不变，即位置上同步。严格地做到每一瞬间速度同步，也能保持位置同步。实际的同步运动回路多数采用速度同步。严格要求每一瞬间速度同步是困难的，而速度的微小差异，在运动一定时间后就会造成显著的位置不同步，所以，这种情况下常在执行元件行程终点处给予适当的补偿运动。在一些要求较高的地方，则应采用位置同步回路。以下介绍几种常用的同步回路。

1. 用调速阀的同步回路

在两个并联液压缸的进油路（或回油路）上分别串入一个调速阀，如图 10-15a 所示，仔细调整两个调速阀的开口大小，可使两个液压缸在一个方向上实现速度同步。显然这种回路不能严格保证位置同步，且调整比较麻烦。其同步精度不高，一般在 5% ~ 10% 范围内。

调整两个调速阀的开度一样，都为 50L/min，其余采用默认设置，运行仿真后仿真曲线如图 10-15b所示。由仿真曲线可以看出，两个液压缸在一个方向上实现了速度同步。

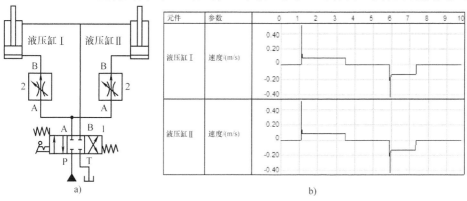

图 10-15　两个并联液压缸的进油路同步建模与仿真

a）回路建模　b）仿真曲线

2. 带补正装置的串联液压缸同步回路

带补正装置的串联液压缸同步回路如图 10-16a 所示。图中两个液压缸的有效工作面积相等，但是两缸油腔连通处的泄漏会使两个活塞产生同步位置误差。若不是回路中设置了专门的补正装置，在每次行程端点处及时消除这些误差，误差就会不断地积累起来，在后续的循环中发生越来越大的影响。

补正装置的作用原理如下：当两个液压缸活塞同时下行时，若液压缸 I 活塞先到达行程端点，则行程开关 1END 被挡块压下，电磁 1YA 得电，电磁换向阀左位接入回路，压力油由液控单向阀进入液压缸 II 上腔，进行补油，使其活塞继续下行到达行程端点。反之，若液压缸 II 先运行到行程端点，则行程开关 2END 被挡块压下，电磁铁 2YA 得电，电磁换向阀右位接入回路，液控单向阀阀芯被顶开，液压缸 I 下腔与油箱接通，使其活塞继续下行到达行程终点。这种液压缸串联式同步回路只适用于负载较小的液压系统。

按补正装置的作用原理设计液压回路的电控图如图 10-16b 所示。按默认配置执行仿真，仿真曲线如图 10-16c 所示。

3. 串联液压缸的同步回路

有效工作面积相等的两个液压缸串联起来，便可使两个液压缸同步，如图 10-17a 所示。这

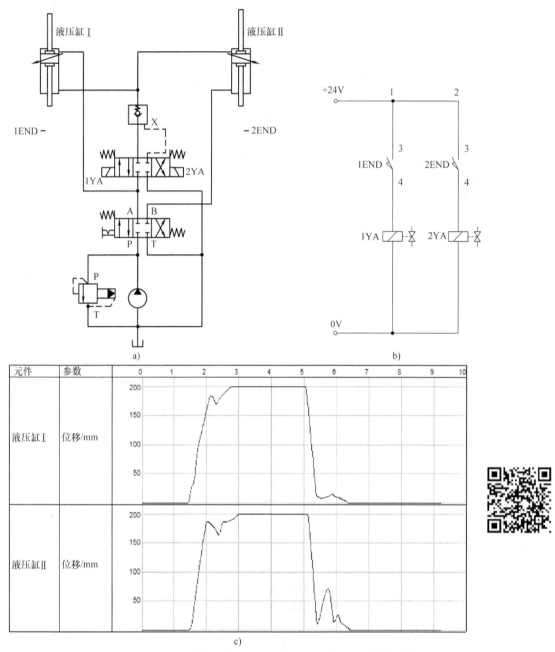

图 10-16　带补正装置的串联液压缸同步回路建模与仿真
a）回路仿真　b）电控图　c）仿真曲线

种同步回路结构简单，不需要同步元件，在严格的制造精度和良好的密封性能的条件下，速度同步精度可达2%～3%，能适应较大的偏载，且回路液压效率高。但这种情况下液压泵的供油压力至少是两个液压缸工作压力之和。另外，在实际使用中两个液压缸有效工作面积和泄漏量的微小差别，在经过多次行程后将积累为位置上的差别。为此，采用这种回路时，一般应具有位置补偿装置。按默认配置进行仿真，仿真曲线如图 10-17b 所示。

4. 用分流阀的同步回路

采用分流阀的同步回路如图 10-18a 所示。两个液压缸承受的载荷不一样，在图示位置，油

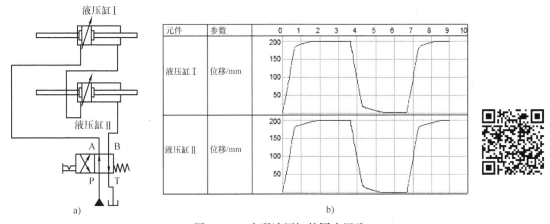

图 10-17　串联液压缸的同步回路

a) 回路建模　b) 仿真曲线

源经换向阀由分流阀分流后进入两个液压缸，二者同步升起。

液压缸Ⅰ的负载配置为 0 ~ 1000N，液压缸Ⅱ的负载配置为 0 ~ 500N，其余采用默认设置。运行仿真，仿真曲线如图 10-18b 所示。

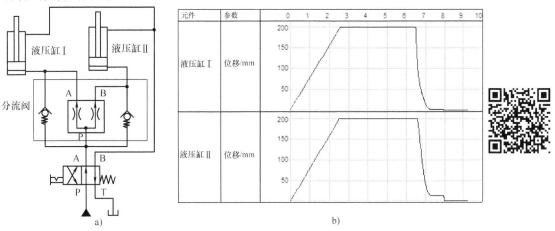

图 10-18　分流阀同步回路建模与仿真

a) 回路建模　b) 仿真曲线

显然，这种回路只能保证速度同步，其同步精度为 2% ~ 5%，由于同步作用靠分流阀自动调整，使用较方便。

10.5　防干扰回路

多缸工作的液压系统有时会相互干扰。如一个液压缸从慢速换接成快速运动时，大量的油液进入该缸，以致整个系统压力降低，其他液压缸的正常工作状态会受到影响。因此，在设计多缸工作回路时，应该考虑到这一点。下面介绍几种防干扰回路。

1. 双泵供油的多缸快慢速互不干扰回路

图 10-19a 是采用快、慢速各有一个液压泵供油的回路。图中快速运动时由液压泵 12 供油，与慢速液压泵源 1 隔离，这样不会影响慢速泵源 1 的压力。两缸可各自完成"快进⇒工进⇒快退"的工作循环。为了使快速泵 12 和慢速泵 1 隔离，回路中采用了二位五通阀，两个泵来的液

压油分别从两个油口进入，互不干扰。

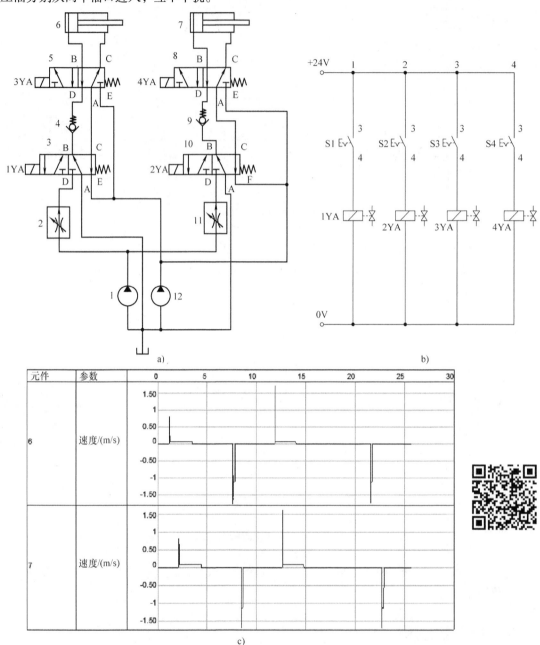

图 10-19 双泵供油互不干扰回路

a）回路建模　b）电控图　c）仿真曲线

1、12—液压泵　2、11—调速阀　3、5、8、10—电磁二位三通换向阀　4、9—单向阀　6、7—液压缸

电磁铁动作顺序见表 10-1。

表 10-1 电磁铁动作顺序

动作	1YA	2YA	3YA	4YA
快 进	−	−	+	+
工 进	+	+	−	−
快 退	+	+	+	+

按照上表的电磁铁动作顺序，设计如图 10-19b 所示的电控图，液压泵 1 的排量设置为 1.6cm³，压力设置为 16MPa；液压泵 12 的排量设置为 100cm³，压力设置为 16MPa；两个液压缸的负载均为 0～1000N。其余按默认设置。按表 10-1 电磁铁动作顺序运行仿真，得到如图 10-19c 所示的仿真曲线。

2. 蓄能器防干扰回路

这种回路利用蓄能器保压来达到防干扰的目的。图 10-20a 中的液压缸 1 用于夹紧工件，当进给液压缸快速运动时，为了使液压缸 1 保持原来的夹紧力不变，油路中设置了蓄能器 5 和单向阀 6。

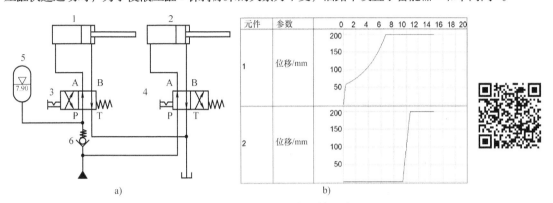

图 10-20 蓄能器防干扰回路
a）回路建模 b）仿真曲线
1、2—液压缸 3、4—手动二位四通阀 5—蓄能器 6—单向阀

油源流量配置为 2L/min，压力设置为 8MPa；液压缸 1 负载设置为 0～700N，液压缸 2 负载设置为 0～1000N，其他按默认设置运行仿真，仿真曲线如图 10-20b 所示。

例 题

例题 10-1 有一液压缸，快速运动时需油 40L/min，工作进给（采用节流阀的进油路节流调速）时，最大需油量为 $q_L = 9L/min$，负载压力为 $p_L = 3MPa$，节流阀压降为 0.3MPa。试问：

（1）采用如图 10-2 所示的双泵供油系统时，工进速度最大情况下的回路效率是多少？

（2）若采用单个定量泵供油，同一情况下的效率又是多少？

解： （1）根据题设条件，取液压泵 1 的流量为 $q_{p1} = 32L/min$，液压泵 2 的流量为 $q_{p2} = 10L/min$（根据液压泵样本选取）；由于采用了节流阀进油路节流调速，取 $p_{p2} = (3 + 0.3)MPa = 3.3MPa$，顺序阀卸荷时的压力损失 $\Delta p = 0.3MPa$，则

$$\eta = \frac{p_L q_L}{p_{p2} q_{p2} + \Delta p q_{p1}} = \frac{3 \times 9}{3.3 \times 10 + 0.3 \times 32} = 0.63$$

（2）当采用一个定量泵供油时，液压泵的流量应能满足快速运动的需要，为此最少取 40L/min，可求得最大工进速度下的效率为

$$\eta = \frac{p_L q_L}{p_p q_p} = \frac{3 \times 9}{3.3 \times 40} = 0.205$$

例题 10-2 图 10-21a 所示是利用 FluidSIM 建模的组合车床液压系统，该系统中具有进给和夹紧两个液压缸，要求它完成夹紧—快进——工进—二工进—快退—松开的动作循环，读懂该系统并完成以下几项工作：

（1）写出从序号 1 到 21 的液压元件名称，并说明其在液压系统中的作用。

（2）根据动作循环做出电磁铁和压力继电器的动作顺序表，并设计电控图，运行仿真验证。

（3）分析该系统包含哪几种液压基本回路。

解：（1）1—过滤器，粗过滤器；2—定量泵，提供动力源；3—过滤器，精过滤器，压力过滤器；4—减压阀，提供低压油源；5—单向阀，为夹紧缸保证足够的压力源，与蓄能器配合组成免干扰回路；6—电磁换向阀，起夹紧和松开夹紧缸的作用；7—夹紧缸，夹紧或松开工件；8—工作缸，加工用；9、10—两位三通阀；11、12—调速阀，与负载无关的出口节流调速，完成一、二工进；13—压力继电器，控制 2YA 得电；14—压力计，显示夹紧压力；15—蓄能器，防止夹紧缸松开，在没有泵源时，提供瞬时压力源；16—截止阀，维修夹紧缸时，放掉单向阀密封的压力液体；17—先导式溢流阀，限定液压泵出口的压力；18—节流阀，使溢流阀平稳卸荷；19、21—电磁二位二通阀，通断阀；20—流量计，显示瞬时流过的流量。

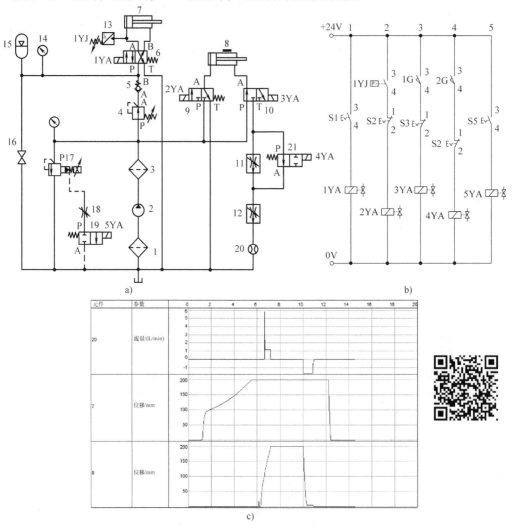

图 10-21　组合车床液压系统建模与仿真

a）回路建模　b）电控图　c）仿真曲线

（2）按"夹紧—快进——工进—二工进—快退—松开—原位停止"的动作循环，设计电磁铁动作顺序见表 10-2。

表 10-2　电磁铁动作顺序表

动作	1YA	2YA	3YA	4YA	5YA
夹紧	+	-	-	-	-
快进（差动）	+	+	-	-	-
一工进	+	+	+	-	-
二工进	+	+	+	+	-
快退	+	-	-	-	-
松开	-	-	-	-	-
原位停止	-	-	-	-	+

对液压缸的活塞外伸按"夹紧—快进——工进—二工进"自动进行设计如图 10-21b 所示的电控图，其中继电器控制 2YA 得电，设置行程开关 1G 控制 3YA 动作，设置行程开关 2G 控制 4YA 动作，手动实现快退和溢流阀卸荷等动作。压力继电器 13 压力设置为 3MPa，两个液压缸的负载设置为 0 ~ 500N。其他按默认设置运行仿真，仿真曲线如图 10-21c 所示。

（3）该系统包含：有两位三通阀 9、10 和进给缸 8 组成的差动连接快速运动回路；由阀 11、12 和二位二通阀 21 组成的二次进给速度切换回路；由压力继电器 13 和两位三通阀 9、10 实现的夹紧与快进的顺序动作回路；单向阀 5 和蓄能器 15 组成的夹紧缸的防干扰机夹紧系统的保压回路；由阀 17、19 组成的卸荷回路；由减压阀构成的减压回路；由电磁换向阀组成的换向回路等。

例题 10-3　如图 10-22a 所示的定位夹紧系统，已知定位压力为 1MPa，夹紧力要求为 30kN，夹紧缸的活塞腔面积 $A_1 = 100 cm^2$，试回答下列问题：

（1）说明 A、B、C、D 各个元件名称、作用及其调整压力。

（2）设计电控图并配置系统完成仿真。

解：（1）夹紧压力为

$$p_j = \frac{F_j}{A_1} = \frac{30000}{100 \times 10^{-4}} Pa = 3MPa$$

A：内控外泄式顺序阀，保证先定位，达到一定定位压力后开启，调定值为 1MPa。

B：压力继电器，控制压力达到 3MPa 后控制 1YA 得电，定位缸和夹紧缸松开，压力调到值为 3MPa。

C：溢流阀夹紧后溢流稳压，溢流阀的调定压力为 3MPa。

D：外控内泄式顺序阀，定位与夹紧动作完成后，使大流量泵卸荷，调定值为 1MPa。

（2）液压缸活塞直径配置为 11.3cm，溢流阀压力设置为 3MPa，两个顺序阀压力设置为 1MPa，压力继电器压力配置为 3MPa。按达到继电器的压力时电磁铁 1YA 得电，两缸返回设计电控图如图 10-22b 所示。其余按默认设置进行仿真，仿真曲线如图 10-22c 所示。

例题 10-4　如图 10-23 左图为实现"快进——工进—二工进—快退—停止"工作循环的液压系统。试利用 FluidSIM 仿真，说明其工作原理，写出电磁铁动作顺序表。

解：如图 10-23a 所示的液压系统是出口节流调速回路，实现循环的原理如下：

1）快进。1YA 和 3YA 得电，回油路直接与油箱相通，回油速度快，因此液压缸活塞快速向前运动。

2）一工进。此时要求较快的慢速进给，因此在回油路上并联两个节流阀。1YA 得电，这时

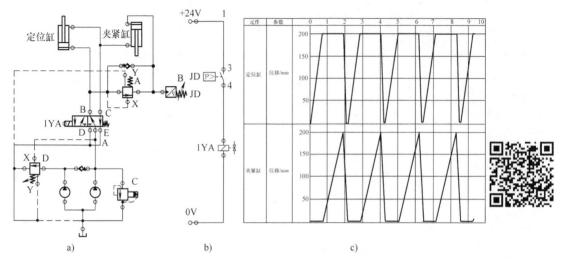

图 10-22 定位夹紧液压系统建模与仿真

a）回路建模　b）电控图　c）仿真曲线

3YA 和 4YA 断电，回油通过节流阀 3、4 回油箱，回油速度较快，因此液压缸活塞以较快的速度向前进给。

3）二工进。这时要求较慢的慢速进给，1YA 与 4YA 得电，回油通过节流阀 3 流回油箱。由于油液通过一个节流阀回油箱，回油速度最慢，因此液压缸活塞慢速向前进给。

4）快退。要求液压缸活塞快速退回，因此 2YA 和 3YA 得电，回油路直接与油箱相通，液压缸活塞快速退回。

5）原位停止。这时全部电磁铁断电。按上述工作循环设计电磁铁动作见表 10-3。

表 10-3　电磁铁动作

动作	1YA	2YA	3YA	4YA
快进	+	−	+	−
一工进	+	−	−	−
二工进	+	−	−	+
快退	−	+	+	−
原位停止	−	−	−	−

对图 10-23a 进行配置；液压泵排量设置为 $1cm^3$，转速为 200r/min；在 200mm 行程上设置 3 个行程开关，1G：50～100mm；2G：100～200mm；3G：200mm。其余按默认设置进行仿真，仿真曲线如图 10-23c 所示。

例题 10-5　如图 10-24 是一个动力滑台的液压系统图，试根据"快进——工进—二工进—快退"工作循环，回答以下问题：

（1）编制电磁铁动作顺序表。

（2）说明各工步的油路走向。

（3）对该系统进行配置和仿真。

解：（1）电磁铁动作顺序见表 10-4。

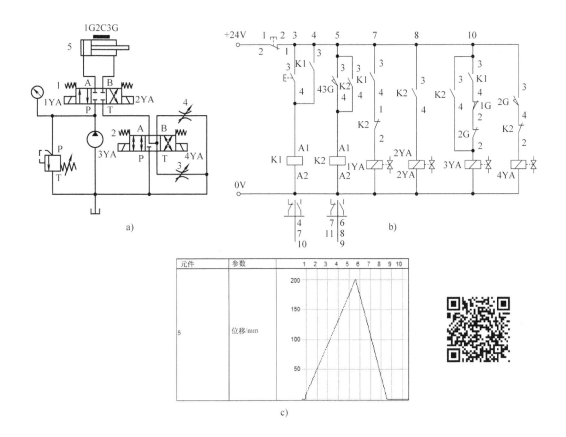

图 10-23　例题 10-4 建模与仿真

a）回路建模　b）电控图　c）仿真曲线

表 10-4　电磁铁动作顺序

动作	1YA	2YA	3YA	4YA
快进	+	−	−	−
一工进	+	−	+	−
二工进	+	−	+	+
快退	−	+	+	+
原位停止	−	−	+	+

（2）各工步的油路走向如下：

快进：换向阀 2 的 1YA 得电，换向阀 3 的 3YA 断电，变量泵出来的油液通过换向阀 2，3 分别进入液压缸活塞腔和顶开液控单向阀的阀芯，液压缸活塞杆腔的液体与液压泵来的液体合并进入液压缸活塞腔，形成差动连接，液压缸活塞实现快速运动。

一工进：换向阀 2 的 1YA、3YA 得电，4YA 断电，活塞杆腔的回油由一个节流阀 9 回油箱，活塞以较快速度前进。

二工进：换向阀 2 的 1YA、3YA，4YA 得电，活塞杆腔的回油由两个串联的节流阀 9、10 回油箱，活塞以较慢速度前进。

快退：1YA 断电，2YA 得电，液压缸活塞杆腔进液，活塞快速退回，原位停止。

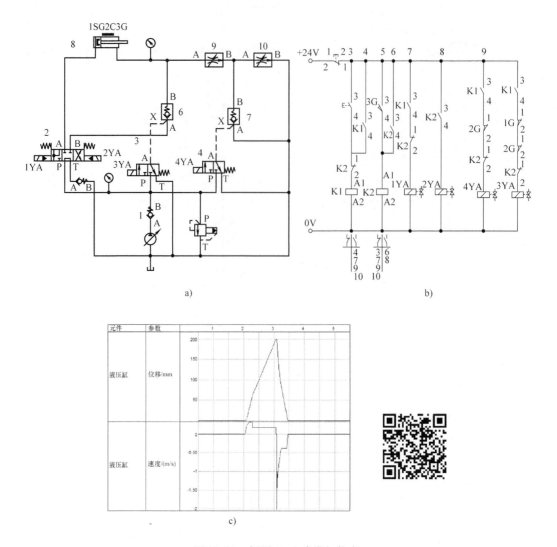

图 10-24　例题 10-5 建模与仿真

a）建模回路　b）电控图　c）仿真曲线

1—单向阀　2—电液三位四通换向阀　3、4—电磁二位三通换向阀　5—压力继电器
6、7—液控单向阀　8—液压缸　9、10—调速阀

（3）配置：液压缸负载设置为 0~1000N，行程开关 1END 控制 4YA 得电，压力继电器 5 控制 3YA 得电，液压泵的排量为 2cm³。设计电控图如图 10-24b 所示。其余按默认设置运行仿真，仿真曲线如 10-24c 所示。

习　　题

习题 10-1　如图 10-25 所示为一组合机床液压系统原理。该系统中具有进给和夹紧两个液压缸，要完成的动作循环见图示。试读懂该系统并完成下列几项工作：

（1）写出序号 1~21 的液压元件名称及其在系统中的作业。

（2）根据图示利用 FluidSIM 建模，并列写电磁铁和压力继电器的动作顺序表。

（3）分析系统中包含哪些液压基本回路。

（4）完成对系统的配置，运行仿真。

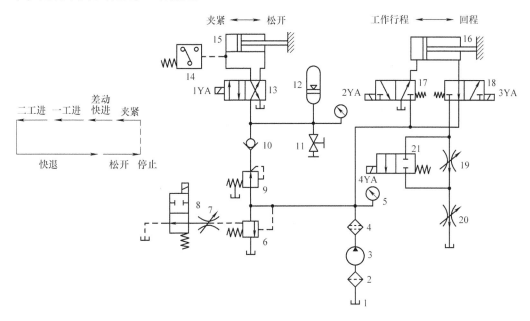

图 10-25　习题 10-1 图

习题 10-2　农用拖拉机液压悬挂装置由提供动力的液压系统和连接农具的悬挂杆件组成，其主要功能是悬挂农机具和进行农具的升降等。如图 10-26 所示的拖拉机液压修改装置液压系统所能完成的主要动作如下：

（1）将悬挂的农机具提升起来，以脱离作业。

（2）将农机具悬挂在空中，高度可以调整，以完成不同农机具的运输。

（3）能将悬挂的农机具降落到适当位置，以便进行作业。

（4）能实现液压输出，为其他液压设备提供动力。

试分析：

（1）液压系统完成上述动作的工作原理。

（2）利用 FluidSIM 进行建模，并根据各项功能进行配置。

（3）分析各个液压元件所起的作用。

（4）运行仿真。

习题 10-3　试将如图 10-27 所示的液压系统图中的动作循环表填写完整，并对系统进行建模和仿真。

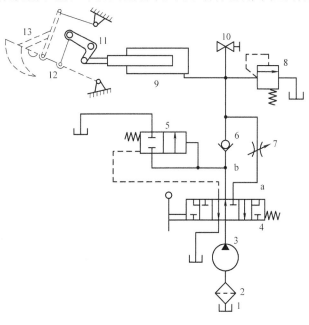

图 10-26　习题 10-2 图

1—油箱　2—过滤器　3—液压泵　4—手动三位五通换向阀
5—液控二位二通换向阀　6—单向阀　7—节流阀　8—溢流阀
9—液压缸　10—截止阀　11、12、13—提升结构

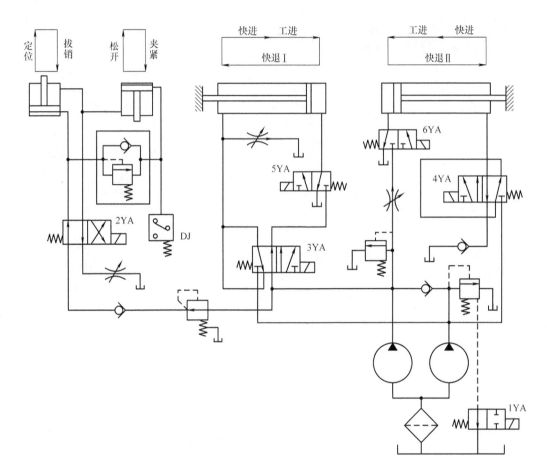

动作名称	电器元件状态					
定位夹紧						
快进						
工进（卸荷）						
快退						
松开拔销						
原位（卸荷）						

说明：1. I、II各自独立，互不约束；

2. 3YA、4YA有一个得电时，1YA便得电。

图 10-27　习题 10-3 图

习题 10-4　如图 10-28 所示为实现"快进—工进—快退"动作的回路（活塞右行为"进"，左行为"退"），利用 FluidSIM 进行建模，如设置压力继电器的目的是为了控制活塞换向，试问：

（1）图中有哪些错误？为什么是错的？如何改正？

（2）对改正后的配置进行仿真分析。

习题 10-5　（1）试列表说明图 10-29 所示压力继电器式顺序动作回路是如何实现①—②—③—④顺序动作的？（2）在元件数目不增加，排列位置允许变更的条件下如何实现①—②—④—③顺序动作？试按要求利用 FluidSIM 建模和仿真分析之。

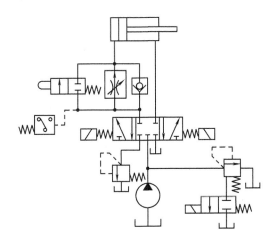

图 10-28　例题 10-4 图

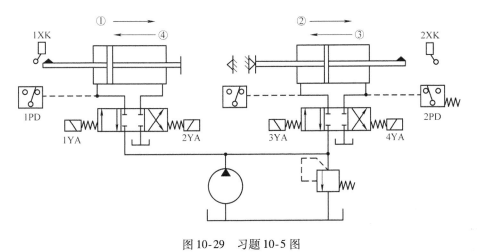

图 10-29　习题 10-5 图

第11章 液压系统设计及实例分析

通过本章的学习，要求掌握液压传动系统设计计算的主要内容、步骤和方法，即能根据要求拟定液压系统原理图，能利用 MATLAB 进行必要的计算并选择液压元件等。

液压传动系统的设计计算步骤大致如下：

1) 明确设计要求，分析工况。

2) 利用 MATLAB 编程计算和选择液压元件。

3) 利用 FluidSIM 拟定液压系统原理图。

4) 利用 MATLAB 编程绘制工作图。

5) 编制技术文件文档。

在实际设计工作中，以上步骤不是固定不变的。对于简单系统，常将一些步骤省略或合并；对于复杂系统，各步骤常互相穿插、交叉，经反复修改后才能完成液压系统的设计工作。

11.1 液压系统的设计步骤

液压系统设计是液压主机设计的一个重要组成部分，设计时必须满足主机工作循环所需的全部技术要求，且静动态性能好、效率高、结构简单、工作安全可靠、寿命长、经济性好、使用维修方便。所以，要明确与液压系统有关的主机参数的确定原则，要与主机的总体设计综合考虑，做到机、电、液相互配合，保证整机的性能良好。

11.1.1 液压系统的设计要求

液压主机对液压系统的使用要求是液压系统设计的主要依据，因此，在设计液压系统时，首先应明确以下问题：

1) 主机和工作机构的结构特点和工作原理。主要包括主机的哪些动作采用液压执行元件，各执行元件的运动方式、行程、动作循环及动作时间是否需要同步或互锁等。

2) 主机对液压传动系统的性能要求。主要包括各执行元件在各工作阶段的负载、速度、调速范围、运动平稳性、换向定位精度及对系统的效率、温升等的要求。

3) 主机对液压传动系统控制技术的要求。

4) 主机的使用条件及工作环境。如温度、湿度、振动冲击及是否有腐蚀性和易燃物质存在等情况。

11.1.2 液压系统的工况分析

对液压系统进行工况分析，即指对各执行元件进行运动分析和负载分析，对于运动复杂的系统，需要绘制出速度循环图和负载循环图，对简单的系统只需找出最大负载和最大速度点。从而为确定液压系统的工作压力、流量，设计或选择液压执行元件提供数据。

以下对工况分析的内容做具体介绍。

1. 运动分析

主机的执行元件按工艺要求的运动情况，可以用位移循环图（$L-t$）、速度循环图（$v-t$）

或速度与位移循环图（$v-L$）表示，由此对运动规律进行分析。

（1）位移循环图（$L-t$）　图 11-1 所示为液压机的液压缸位移循环图，纵坐标 L 表示活塞位移，横坐标 t 表示从活塞起动到返回原位的时间，曲线斜率表示活塞移动速度。该图清楚地表明液压机的工作循环分别由快速下行、减速下行、压制、保压、卸压慢回和快速回程六个阶段组成。

（2）计算和绘制速度循环图　根据整机工作循环图和执行元件的行程或转速以及拟定的加速度变化规律，即可计算并绘制出执行元件的速度循环图（$v-t$）或速度 – 位移循环图（$v-L$）。

工程中液压缸的运动特点可归纳为三种类型。图 11-2 所示为三种类型液压缸的速度循环图。

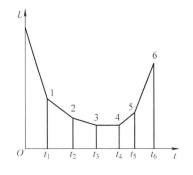
图 11-1　液压缸位移循环图

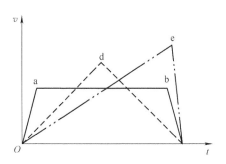
图 11-2　液压缸速度循环图

第一种如图 11-2 中实线所示，液压缸开始做匀加速运动，然后匀速运动，最后做匀减速运动到终点；第二种如图 11-2 中虚线所示，液压缸在总行程的前一半做匀加速运动，在另一半做匀减速运动，且加速度的数值相等；第三种如图 11-2 中双点画线所示，液压缸在总行程的一大半以上以较小的加速度做匀加速运动，然后匀减速至行程终点。速度循环图的三条速度曲线，不仅清楚地表明了三种类型液压缸的运动规律，也间接地表明了三种工况的动力特性。

（3）整机工作循环图　在具有多个液压执行元件的复杂系统中，执行元件通常是按一定的程序循环工作的。因此，必须根据主机的工作方式和生产率，合理安排各执行元件的工作顺序和作业时间，并绘制出整机的工作循环图。

2. 负载分析

动力分析，是研究机器在工作过程中，其执行机构的受力情况，对于液压系统来说，就是研究液压缸或液压马达的负载情况。对负载变化规律复杂的系统必须画出负载循环图，对不同工作目的的系统，负载分析的重点不同。例如，对于工程机械的作业机构来说，分析重点为重力在各个位置上的情况，负载图以位置为变量；机床工作台分析重点为负载与各工序的时间关系。

（1）液压缸的负载力计算　一般来说，液压缸承受的动力负载有工作负载 F_w、惯性负载 F_m 和重力负载 F_g，约束性负载有摩擦阻力 F_f、背压负载 F_b 及液压缸自身的密封阻力 F_{sf}，即作用在液压缸上的外负载为

$$F = \pm F_w \pm F_m + F_g \pm F_f + F_b + F_{sf} \tag{11-1}$$

1）工作负载 F_w。工作负载与主机的工作性质有关，主要为液压缸运动方向的工作阻力。对于机床来说就是沿工作部件运动方向的切削力，此作用力的方向如果与执行元件运动方向相反为正向负载，如果相同为负向负载。该作用力可能是恒定的，也可能是变化的，其值要根据具体情况计算或由实验测定。

2）惯性负载 F_m。惯性负载为运动部件在起动和制动过程中的惯性力，可按牛顿第二定律

求出：

$$F_m = ma = m\frac{\Delta v}{\Delta t} \tag{11-2}$$

式中，m 是运动部件的总质量（kg）；a 是运动部件的加速度（m/s^2）；Δv 是 Δt 时间内速度的变化量（m/s）；Δt 是起动或制动时间（s），起动加速时，取正值；减速时，取负值。

一般机械系统，Δt 取 0.1～0.5s；行走机械系统，Δt 取 0.5～1.5s；机床主运动系统，Δt 取 0.25～0.5s；机床进给运动系统，Δt 取 0.1～0.5s，工作部件较轻或运动速度较低时取小值。

3）重力负载 F_g。当工作部件垂直或倾斜放置时，其自身的重量也成为一种负载，上移时负载为正值，下移时为负值。当工作部件水平放置时，其重力负载为零。

4）摩擦阻力 F_f。摩擦阻力为液压缸驱动工作机构所需克服的机械摩擦力。对机床来说，摩擦阻力与导轨的形状、放置情况和工作部件运动状态有关。对最常见的平导轨和 V 形导轨，其摩擦阻力可按式（11-3）和式（11-4）计算：

平导轨 $\qquad\qquad\qquad F_f = f(mg + F_N) \tag{11-3}$

V 形导轨 $\qquad\qquad\qquad F_f = \dfrac{f(mg + F_N)}{\sin(\alpha/2)} \tag{11-4}$

式中，f 是导轨摩擦因数，它有静摩擦因数 f_s 和动摩擦因数 f_d 之分，其值可参阅相关设计手册；F_N 是作用在导轨上的垂直载荷；α 是 V 形导轨夹角，通常取 $\alpha = 90°$。

5）背压负载 F_b。液压缸运动时还必须克服回油路压力形成的背压阻力，其值为

$$F_b = p_b A$$

式中，p_b 是液压缸背压；A 是液压缸回油腔有效工作面积。在液压缸参数尚未确定之前，一般按经验数据估计一个数值。

6）密封阻力 F_{sf}。密封阻力指装有密封装置的零件在相对移动时的摩擦力，其值与密封装置的类型、液压缸的制造质量和油液的工作压力有关。在初算时，可按液压缸的机械效率（$\eta_m = 0.9～0.95$）考虑；验算时，按密封装置摩擦力的计算公式计算。

（2）液压缸运动循环各阶段的总负载力　液压缸运动分为起动、加速、恒速、减速制动等几个阶段，不同阶段的负载力计算是不同的。

起动阶段 $\qquad\qquad F = (F_f \pm F_g + F_{sf})/\eta_m$

加速阶段 $\qquad\qquad F = (F_m + F_f \pm F_g + F_b + F_{sf})/\eta_m$

恒速运动时 $\qquad\qquad F = (\pm F_w + F_f \pm F_g + F_b + F_{sf})/\eta_m$

减速制动 $\qquad\qquad F = (\pm F_w - F_m + F_f \pm F_g + F_b + F_{sf})/\eta_m$

（3）工作负载图　对复杂的液压系统，如有若干个执行元件同时或分别完成不同的工作循环，则有必要按上述各阶段计算总负载力，并根据上述各阶段计算总负载力和它所经历的工作时间 t（或位移 s），按相同的坐标绘制液压缸的负载时间（$F\text{-}t$）或负载位移（$F\text{-}s$）图。图11-3 所示为某机床主液压缸的工作循环图和负载图。

负载图中的最大负载力是初步确定执行元件工作压力和结构尺寸的依据。

（4）液压马达的负载　液压马达的负载力矩分析与液压缸的负载分析相同，只需将上述负载力的计算变换为负载力矩即可。

11.1.3　液压系统的设计方案

要确定一个机器的液压系统方案，必须和该机器的总体设计方案综合考虑。首先明确主机对液压系统的性能要求，进而抓住该类机器液压系统设计的核心和特点，然后按照可靠性、经济性

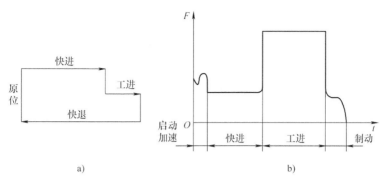

图 11-3　某机床主液压缸的工作循环图和负载图
a）工作循环图　b）负载图

和先进性的原则来确定液压系统方案。如对变速、稳速要求严格的机器（如机床液压系统），其速度调节、换向和稳定是系统设计的核心，因而应先确定其调速方式；而对速度无严格要求但对输出力、力矩有主要要求的机器（如挖掘机、装载机液压系统），其功能的调节和分配是系统设计的核心，该类系统的特点是采用组合油路。

1. 确定液压系统的型式

就是确定系统主油路的结构（开式或闭式，串联或并联）、液压泵的形式（定量或变量）、液压泵的数目（单泵、双泵或多泵）和回路数目等。另外，尚需确定操纵的方式、调速的型式及液压泵的卸荷方式等。例如，目前在工程机械上，液压起重机和轮式装载机多采用定量开式系统，小型挖掘机采用单泵定量系统，中型挖掘机多采用双泵双回路定量并联系统，大型挖掘机多采用双泵双回路变量并联系统。行走机械和航空航天装置为减少体积和重量可选择闭式回路，即执行元件的排油直接进入液压油的进口。

2. 确定系统的主要参数工作

液压系统的主要参数有两个：压力和流量。系统的压力和流量都是由两部分结合决定：一部分由液压元件的工作需要决定，另一部分由油液流过回路时的压力损失和泄漏损失决定。

前者是主要的，占有很大的比重，后者是附加的，并应设法尽可能使之减少。因此，这里的所谓系统主要参数的确定，其实是确定液压执行元件的主要参数，因为这时回路的结构尚未决定，其压力损失和泄漏损失还都无法估计。

（1）液压系统工作压力　液压系统工作压力是指液压系统在正常运行时所能克服外载荷的最高限定压力。

液压系统工作压力的确定包括压力级的确定、液压泵压力和安全阀（或溢流阀）调定压力的选择。

系统的压力级选择与机器种类、主机功率大小、工况和液压元件的型式有密切关系。一般小功率机器用低压，大功率机器用高压。在一定允许的范围提高油压，可使系统的尺寸减小，但容积效率会下降。常用的液压系统压力推荐见表 11-1。

表 11-1　常用的液压系统压力推荐

机械类型	机床				农业机械	工程机械
	磨床	组合机床	龙门刨床	拉床		
系统压力/MPa	≤2	3～5	≤8	8～10	10～16	20～32

在考虑上述各因素的情况下，还应参考国家公称压力系列标准值来确定系统工作压力。

（2）液压系统流量　根据已确定的系统工作压力，再根据各执行元件对运动速度的要求，计算每个执行元件所需流量，然后根据液压系统所采用的型式来确定系统流量。对单泵串联系统，各执行元件所需流量的最大值，就是系统流量。

对双泵或多泵液压系统，将同时工作的执行元件的流量进行叠加，则叠加数中最大值，就是系统流量。但应注意，对于串联的执行元件来说，即使同时工作，也不能进行流量叠加。如果对某一执行元件采用双泵或多泵合流供油，则合流流量就是系统流量。

3. 拟定液压系统原理图

（1）拟定的方法步骤　拟定液压系统原理图是液压系统设计中重要的一步，对系统的性能及设计方案的经济性、合理性都具有决定性的影响。拟定液压系统原理图一般分为两步进行：

1）分别选择和拟定各个基本回路，选择时应从对主机性能影响较大的回路开始，并对各种方案进行分析比较，确定最佳方案。

2）将选择的基本回路进行归并、整理，再增加一些必要的元件或辅助油路，组合成一个完整的液压系统。

（2）应注意的问题

1）控制方法。在液压系统中，执行元件需改变运动速度和方向，对于多个执行元件，则还应有动作顺序及互锁等要求，如果机器要求实行一定的自动循环，则更应慎重地选择各种控制方式。一般来说，行程控制动作比较可靠，是通用的控制方式；选用压力控制可以简化系统，但在一个系统内不宜多次采用；时间控制不宜单独采用，而常与行程或压力控制组合使用。

2）系统安全可靠性。液压系统的安全可靠性非常重要，因此，在设计时针对不同功能的液压回路，应采取不同的措施以确保液压回路及系统的安全可靠性。如为防止系统过载，应设置安全阀；为防止举升机构在其自重及失压情况下自动落下，必须有平衡回路；为确保安全，支腿回路应有液压锁，回转机构应有缓冲、限速及制动装置等。另外，要防止回路间的相互干扰，如单泵驱动多个并联连接的执行元件并有复合动作要求时，应在负载小的执行元件的进油路上串联节流阀，对保压油路可采用蓄能器与单向阀，使其与其他动作回路隔开。

3）有效利用液压功率。提高液压系统的效率不仅能节约能量，还可以防止系统过热。具体措施如在工作循环中，系统所需流量差别较大时，采用双泵和变量泵供油或增设蓄能器；在系统处于保压停止工作时，使泵卸荷等。

4）防止液压冲击。在液压系统中，由于工作机构运动速度的变换、工作负荷的突然消失以及冲击负载等原因，经常会产生液压冲击而影响系统的正常工作。因此在拟定系统原理图时应予以充分重视，并采取相应的预防措施。如对由工作负载突然消失而引起的液压冲击，可在回油路上加背压阀；对冲击负载产生的液压冲击，可在油路入口处设置安全阀或蓄能器等。

11.1.4　液压系统的计算与元件选择

拟定完整机液压系统原理图之后，就可以根据选取的系统压力和执行元件的速度循环图，计算和选择系统中所需的各种元件和管路。

1. 选择执行元件

初步确定了执行元件的最大外负载和系统的压力后，就可以对执行元件的主要尺寸和所需流量进行计算。计算时应从满足外负载和满足低速运动两方面要求来考虑。

（1）计算执行元件的有效工作压力　由于存在进油管路的压力损失和回油路的背压，所以有效工作压力比系统压力要低。

由图 11-4 知，液压缸的有效工作压力 p_1 为

$$p_1 = p - \Delta p - p_0 \frac{A_2}{A_1} \qquad (11\text{-}5)$$

液压马达的有效工作压力 p_1 为

$$p_1 = p_Y - \Delta p - p_0 \qquad (11\text{-}6)$$

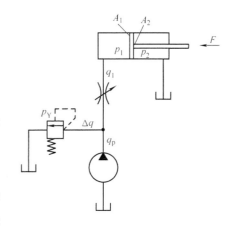

图 11-4　有效工作压力示意图

式中，p_1 是执行元件的有效工作压力（MPa）；Δp 是进油管路的压力损失（MPa），初步估计时，简单系统取 $\Delta p = 0.2 \sim 0.5$ MPa，复杂系统取 $\Delta p = 0.5 \sim 1.5$ MPa；p_0 是系统的背压（包括回油管路的压力损失）（MPa），简单系统取 $p_0 = 0.2 \sim 0.5$ MPa，回油带背压阀时取 $p_0 = 0.5 \sim 1.5$ MPa；A_1、A_2 是液压缸进油腔和回油腔的有效工作面积（m^2）；p_Y 是系统压力，即泵供油压力（MPa）。

（2）计算液压缸的有效面积或液压马达的排量

1）从满足克服外负载的要求出发，对于液压缸来说，有效面积为

$$A = \frac{F_{max}}{p_1 \eta_m \times 10^6} \qquad (11\text{-}7)$$

式中，A 是液压缸有效面积（m^2）；F_{max} 是液压缸的最大负载（N）；p_1 是液压缸的有效工作压力（MPa）；η_m 是液压缸的机械效率，常取 $0.9 \sim 0.98$。

对于液压马达来说，其排量 V_M 应为

$$V_M = \frac{T_{max}}{159 p_1 \eta_{Mm} \times 10^3} \qquad (11\text{-}8)$$

式中，V_M 是液压马达排量（m^3/r）；T_{max} 是液压马达的最大负载转矩（N·m）；p_1 是液压马达的有效工作压力（MPa）；η_{Mm} 是液压马达的机械效率，可取 0.95。

2）从满足最低速度要求出发，对于液压缸来说，有效面积为

$$A \geqslant \frac{q_{min}}{v_{min}} \qquad (11\text{-}9)$$

式中，A 是液压缸有效面积（m^2）；q_{min} 是系统的最小稳定流量，在节流调速系统中，决定于流量阀的最小稳定流量（m^3/s）；v_{min} 是要求液压缸的最小工作速度（m/s）。

对于液压马达来说，其排量 q_M 应为

$$V_M \geqslant \frac{q_{min}}{n_{Mmin}} \qquad (11\text{-}10)$$

式中，V_M 是液压马达排量（m^3/r）；q_{min} 是系统的最小稳定流量（m^3/s）；n_{Mmin} 是要求液压马达的最低转速（r/s）。

从式（11-7）和式（11-9）中选取较大的计算值来计算液压缸内径和活塞杆直径。对计算出的结果，按国家标准选用标准值。

从式（11-8）和式（11-10）中选取较大的计算值，作为液压马达排量 V_M，然后结合液压马达的最大工作压力（$p_1 + p_0$）和工作转速 n_M，选择液压马达的具体型号。

（3）计算执行元件所需流量　对于液压缸来说，所需最大流量为

$$q_{max} = A v_{max} \qquad (11\text{-}11)$$

式中，q_{max} 是液压缸所需最大流量（m^3/s）；A 是液压缸的有效面积（m^2）；v_{max} 是液压缸活塞移

动的最大速度（m/s）。

对于液压马达来说，所需最大流量为

$$q_{Mmax} = V_M n_{Mmax} \tag{11-12}$$

式中，q_{Mmax} 是液压马达所需最大流量（m^3/s）；V_M 是液压马达的排量（m^3/r）；n_{Mmax} 是液压马达的最大转速（r/s）。

2. 选择液压泵

（1）确定液压泵的流量

$$q_p \geqslant k \ (\sum q)_{max} \tag{11-13}$$

式中，q_p 是液压泵流量（m^3/s）；k 是系统泄漏系数（一般取 1.1 ~ 1.3，大流量取小值，小流量取大值）；$(\sum q)_{max}$ 是复合动作的各执行元件最大总流量（m^3/s）。对复杂系统，可从总流量循环图中求得。

当系统采用蓄能器时，泵的流量可根据系统在一个循环周期中的平均流量选取，即

$$q_p \geqslant \frac{k}{T} \sum_{i=1}^{n} V_i \tag{11-14}$$

式中，q_p 是液压泵流量（m^3/s）；k 是系统泄漏系数；T 是工作周期（s）；V_i 是各执行元件在工作周期中所需的油液容积（m^3）；n 是执行元件的数目。

（2）选择液压泵的规格　选取额定压力比系统压力（指稳态压力）高 25% ~ 60%、流量与系统所需流量相当的液压泵。由于液压系统在工作过程中其瞬态压力有时比稳态压力高得多，因此选取的额定压力应比系统压力高一定值，以便泵有一定的压力储备。

（3）确定液压泵所需功率

1）对于恒压系统来说，驱动液压泵的功率为

$$P_p = \frac{p_p q_p}{\eta_p} \tag{11-15}$$

式中，P_p 是驱动液压泵功率（W）；p_p 是液压泵最大工作压力（Pa）；q_p 是液压泵流量（m^3/s）；η_p 是液压泵的总效率。

各种形式液压泵的总效率可参考表 11-2 估取，液压泵规格大取大值，反之取小值，定量泵取大值，变量泵取小值。

表 11-2　液压泵的总效率

液压泵类型	齿轮泵	螺杆泵	叶片泵	柱塞泵
总效率	0.6 ~ 0.7	0.65 ~ 0.80	0.60 ~ 0.75	0.80 ~ 0.85

2）对于非恒压系统来说，当液压泵的压力和流量在工作循环中变化时，可按各工作阶段进行计算，然后用式（11-16）计算等效功率：

$$P = \sqrt{\frac{P_1^2 t_1 + P_2^2 t_2 + \cdots + P_n^2 t_n}{t_1 + t_2 + \cdots + t_n}} \tag{11-16}$$

式中，P 是液压泵所需等效功率（kW）；P_1、P_2、$\cdots$、P_n 是一个工作循环中各阶段所需的功率（kW）；t_1、t_2、$\cdots$、t_n 是一个工作循环中各阶段所需的时间（s）。

注意，按等效功率选择电动机时，必须对电动机的超载量进行检验。当阶段最大功率大于等效功率并超过电动机允许的过载范围时，电动机容量应按最大功率选取。

3. 选择控制阀

对换向阀，应根据执行元件的动作要求、卸荷要求、换向平稳性和排除执行元件间的相互干

扰等因素确定滑阀机能，然后再根据通过阀的最大流量、工作压力和操纵定位方式等选择其型号。

对溢流阀，主要根据最大工作压力和通过的最大流量等因素来选择，同时要求反应灵敏、超调量和卸荷压力小。

对流量控制阀，首先应根据调速要求确定阀的类型，然后再按通过阀的最大和最小流量以及工作压力选择其型号。

另外，在选择各类阀时，还应注意各类阀连接的公称通径，在同一回路上应尽量采用相同的通径。

4. 选择液压辅件、确定油箱容量

滤油器、蓄能器等可按第 5 章中有关原则选用，管道和管接头的规格尺寸可参照与它所连接的液压元件的接口处尺寸决定。

油箱容积 V 必须满足液压系统的散热要求，可按公式（5-5）计算，但应注意，如果系统中不只有一个泵，则公式中的液压泵的流量应为系统中各液压泵流量总和。

11.1.5　液压系统的校核

1. 压力损失的计算

根据初步确定的管道尺寸和液压系统装配草图，就可以进行压力损失的计算。压力损失包括沿程阻力损失和局部阻力损失。即

$$\sum \Delta p = \sum \Delta p_1 + \sum \Delta p_\xi \tag{11-17}$$

式中，$\sum \Delta p$ 是系统压力损失（Pa）；$\sum \Delta p_1$ 是沿程阻力损失（Pa）；$\sum \Delta p_\xi$ 是局部阻力损失（Pa）。

沿程阻力损失是油液沿直管流动时的黏性阻力损失，一般比较小。局部阻力损失是油液流经各种阀、管路截面突然变化处及弯管处的压力损失。在液压系统中局部压力损失是主要的，必须加以重视。

关于沿程阻力损失和局部阻力损失的计算方法，可参考液压流体力学或有关的液压传动设计手册。

在液压系统设计时，应尽量避免不必要的管路弯曲和节流，避免直径突变，减少管接头，采用集成化元件，以便减少压力损失。

2. 热平衡验算

液压系统工作时，由于工作油液流经各种液压元件和管路时将产生能量损失，这种能量损失最终转化成热能，从而使油液发热、油温升高，使泄漏增加、容积效率降低。因此，为了保证液压系统良好的工作性能，应使最高油温保持在允许范围内，且不超过 65℃。

液压系统产生的热量，主要包括液压泵和液压马达的功率损失，溢流阀溢流损失，油液通过阀体及管道等的压力损失产生的热量。

1）液压泵功率损失产生的热量为

$$H_1 = P_{pin}(1 - \eta_p) \tag{11-18}$$

式中，H_1 是液压泵功率损失产生的热量（kW）；P_{pin} 是液压泵输入功率（kW）；η_p 是液压泵总效率。

2）油液通过阀体的发热量为

$$H_2 = \sum_{i=1}^{n} \Delta p_i q_i \tag{11-19}$$

式中，H_2 是油液通过阀体的发热量（kW）；Δp_i 是通过每个阀体的压力降（MPa）；q_i 是通过阀体的流量（m³/s）。

3）管路损失及其他损失（包括液压执行元件）产生的热量为

$$H_3 = (0.03 \sim 0.05) P_{pin} \tag{11-20}$$

式中，H_3 是管路损失及其他损失产生的热量（kW）；P_{pin} 是液压泵输入功率（kW）。

液压系统总发热为

$$H = H_1 + H_2 + H_3 \tag{11-21}$$

液压系统产生的热量，一部分保留在系统中，使系统温度升高，另一部分经过冷却表面散发到空气中去。一般情况下，工作机械经过一个多小时的连续运转后，就可以达到热平衡状态，此时系统的油温不再上升，产生的热量全部由散热表面散发到空气中。因此，其热平衡方程式为

$$H = C_T A \Delta T \tag{11-22}$$

式中，H 是液压系统总发热量（kW）；C_T 是散热系数 [kW/（m²·℃）]，当自然冷却通风很差时，$C_T = (8 \sim 9) \times 10^{-3}$；自然冷却通风良好时，$C_T = (15 \sim 17.5) \times 10^{-3}$；当油箱用风扇冷却时，$C_T = 23 \times 10^{-3}$；用循环水冷却时，$C_T = (110 \sim 170) \times 10^{-3}$；$A$ 是油箱散热面积（m²）；如果油箱三个边长的比例在 1:1:1 ~ 1:2:3 范围内，且油面高度为油箱高度的 80%，则 $A = 0.065 \cdot \sqrt[3]{V^2}$，其中 V 为油箱有效容积（L）；ΔT 是系统的温升（℃），即系统到达热平衡时的油温与环境温度之差。

所以，系统的最高温升为

$$\Delta T = \frac{H}{C_T A} \tag{11-23}$$

计算所得的系统最高温升 ΔT 加上周围环境温度不得超过最高油温允许范围。如果所算出的油温超过了最高油温允许范围，就必须增大油箱的散热面积或使用冷却装置来降低油温。典型液压设备的工作温度范围见表 11-3。

表 11-3 典型液压设备的工作温度范围

液压设备名称	正常工作温度/℃	最高允许温度/℃	油及油箱温升/℃
机床	30 ~ 50	55 ~ 70	30 ~ 35
数控机床	30 ~ 50	55 ~ 70	25
金属加工机械	40 ~ 70	60 ~ 90	
机车车辆	40 ~ 60	70 ~ 80	35 ~ 40
工程机械	30 ~ 60	80 ~ 90	30 ~ 35
船舶	45 ~ 50	~ 90	45
液压试验台			

3. 液压冲击的验算

在液压传动中产生液压冲击的原因很多，例如液压缸在高速运动时突然停止，换向阀迅速打开或关闭油路，液压执行元件受到大的冲击负载等都会产生液压冲击。因此，在设计液压系统时很难准确计算，只能进行大致的验算，其具体的计算公式可参考液压流体力学或有关的液压传动手册。所以，在设计液压系统时必须采取一些缓冲措施以缓冲液压冲击，如采取在液压缸或液压马达的进出口设置过载阀，换向阀的滑阀机能采用 H 型阀等措施。

11.1.6 绘制液压系统工作图和编写技术文件

液压系统设计的最后阶段是绘制工作图和编写技术文件。

1. 绘制工作图

（1）液压系统原理图　应附有液压元件明细表，注明各种元件的规格、型号以及压力阀、流量阀的调整值，画出执行元件工作循环图，列出相应电磁铁和压力继电器的工作状态表。

（2）元件集成块装配图和零件图　液压件厂提供各种功能的集成块，一般情况下设计者只需选用并绘制集成块组合装配图。如没有合适的集成块可供选用，则需专门设计。

（3）泵站装配图和零件图　小型泵站有标准化产品供选用，但大、中型泵站往往需要个别设计，需绘制出其装配图和零件图。

（4）非标准件的装配图和零件图　按国家标准绘制出油箱等一些非标准件的零件图及装配图。

（5）管路装配图　应标明管道走向，注明管道尺寸、接头规格和装配技术要求等。

2. 编写技术文件

技术文件一般包括设计计算说明书，液压系统原理图，零部件目录表，标准件、通用件和外购件总表，技术说明书，操作使用及维护说明书等内容。

11.2　卧式单面多轴钻孔组合机床液压系统设计

某厂汽缸加工自动线上要求设计一台卧式单面多轴钻孔组合机床，机床有主轴16根，钻14个 $\phi13.9\text{mm}$ 的孔，2个 $\phi11.5\text{mm}$ 的孔，要求的工作循环是：快速接近工件，然后以工作速度钻孔，加工完毕后快速退回原始位置，最后自动停止；工件材料为铸铁，硬度为240HBW。假设运动部件重 $G = 9800\text{N}$；快进、快退速度 $v_1 = v_3 = 0.1\text{m/min}$；动力滑台采用平导轨，静、动摩擦因数分别为 $f_s = 0.2$，$f_d = 0.1$；往复运动的加速、减速时间为 0.2s；快进行程 $L_1 = 100\text{mm}$，工进行程 $L_2 = 50\text{mm}$。该卧式单面多轴钻孔组合机床的液压系统设计计算步骤如下。

11.2.1　负载分析

工作负载：高速钢钻头钻铸铁孔时的轴向力 F_e（N）与钻头直径 D（mm）、每转进给量 s（mm/r）和铸铁硬度之间的经验算式为

$$F_e = 25.5 Ds^{0.8}(\text{HBW})^{0.6} \tag{11-24}$$

钻孔时的主轴转速 n 和每转进给量 s 按《组合机车设计手册》选取：钻14个 $\phi13.9\text{mm}$ 孔时，主轴转速为360r/min，每转进给量 $s_1 = 0.147\text{mm/r}$；钻2个 $\phi11.5\text{mm}$ 孔时，主轴转速为550r/min，每转进给量 $s_2 = 0.096\text{mm/r}$。

惯性负载：

$$F_m = m\frac{\Delta v}{\Delta t} \tag{11-25}$$

阻力负载分为静摩擦力和动摩擦力。

静摩擦力：

$$F_{fs} = \mu_1 G \tag{11-26}$$

动摩擦力：

$$F_{fd} = \mu_2 G \tag{11-27}$$

根据上述内容编制负载计算程序如下：

```matlab
clc
clear
% 1 负载分析
% 计算切削阻力
n1 = 360/60;n2 = 550/60;
N1 = 14;D1 = 13.9;S1 = 0.147;HBW = 240;
N2 = 2;D2 = 25.5;S2 = 0.096;
% 按式(11-24)求得：
Fe = 22.5 * ( N1 * D1 * S1^0.8 * HBW^0.6 + N2 * D2 * S2^0.8 * HBW^0.6 );
% 2 计算摩擦阻力
fs = 0.2;fd = 0.1;G = 9800;
% 静摩擦阻力：
Fs = fs * G;
% 动摩擦阻力
Fd = fd * G;
% 3 计算惯性阻力
m = G/9.8;dv = 0.1;dt = 0.2;
Fm = m * dv/dt;
% 4 计算各工况负载
% 起动
F1 = Fs;
% 加速
F2 = Fd + Fm;
% 快进
F3 = Fd;
% 工进
F4 = Fe + Fd;
% 反向起动
F5 = Fs;
% 加速
F6 = Fd + Fm;
% 快退
F7 = Fd;
% 制动
F8 = Fd - Fm;
% 5 绘制 F - t 曲线图
t = [ 0 0.1 0.6 1 1 57.6 57.6 57.6 57.7 57.6 + 1.5 ];
F = [ F1 F2 F3 F3 F4 F4 F5 F6 F7 F8 ];
plot( t,F,' - r','linewidth',2);grid
xlabel('t/s');ylabel('F/N');
title('负载特性仿真曲线')
```

运行上述程序，得到结果见表11-4，负载特性仿真曲线如图11-5所示。

表 11-4 液压缸负载的计算

工 况	计算公式	液压缸驱动力 F_0/kN
起动	$F_s = f_s G/\eta_m = F_0$	2.1778
加速	$F_d = (f_d G + F_m)/\eta_m = F_0$	1.5889
快进	$F_d = f_d G/\eta_m = F_0$	1.0889
工进	$F = (F_e + F_d)/\eta_m = F_0$	34.4530
反向起动	$F_s = f_s G/\eta_m = F_0$	2.1778
加速	$F_d = (f_d G + F_m)/\eta_m = F_0$	1.5889
快退	$F_d = f_d G/\eta_m = F_0$	1.0889
制动	$F_d = (f_d G - F_m)/\eta_m = F_0$	0.5888889

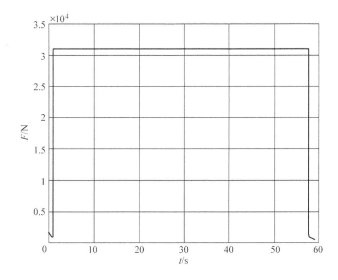

图 11-5 负载特性仿真曲线

11.2.2 速度计算和 $v-t$ 图绘制

已知 $l_1 = 100\text{mm}$，$l_2 = 50\text{mm}$，工进速度 $v_2 = n_1 s_1 = n_2 s_2$，$v_1 = v_3 = 0.1 \text{ m/min}$，快退行程为 $l_3 = l_1 + l_2$，$v-t$ 曲线绘制程序如下：

```
clear
% 工进速度按选定的钻头转速与进给求得
n1 = 360/60;
n2 = 550/60;
s1 = 0.147;
s2 = 0.096;
% 计算工进速度:工进速度可分别按加工 φ13.95mm 孔和 φ11.mm 孔的切削用量计算,即
v1 = 0.1;
v2 = n1 * s1;
v3 = n2 * s2;
```

```
% 计算快进、工进时间和快退时间
% 快进:
L1 = 100e - 3;
t1 = L1/v1;
% 工进:
L2 = 50e - 3;
t2 = L2/v2/1e - 3;
% 快退:
t3 = (L1 + L2)/v1;
% 绘制 v - t 曲线图
v1 = v1 * 1000;
t = [0  0.1  t1  t1  t1 + t2  t1 + t2  t1 + t2 + t3  t1 + t2 + t3];
v = [0  v1  v1  v3  v3  - v1  - v1  0];
plot(t,v,' - r','linewidth',2);grid
xlabel('t/s');ylabel('v/mm. min⁻¹');
title('速度特性仿真曲线')
```

运行上述程序,得到速度特性仿真曲线如图 11-6 所示。

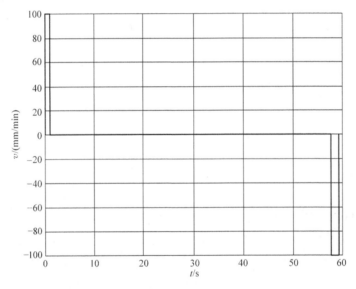

图 11-6　速度特性仿真曲线

11.2.3　初步确定液压缸参数

由表 11-1 可知:组合车床液压系统在最大负载约为 35kN 时压力宜取 $p_1 = 4\mathrm{MPa}$。鉴于动力滑台要求快进与快退的速度相等,故 $d = 0.707D$。

在钻孔时,液压缸回油路上必须具有背压 p_2,以防孔被钻通时滑台突然前冲。根据《现代机械设备设计手册》中推荐数值,可取 $p_2 = 0.8\mathrm{MPa}$。快进时液压缸虽做差动连接,但由于油管中压降存在,有杆腔的压力必须大于无杆腔的压力,估算时可取 $\Delta p \approx 0.5\mathrm{MPa}$。而快退时回油腔中是有背压的,这时可按 $p_2 = 0.6\mathrm{MPa}$ 估算。

对液压缸进行静力分析，得

$$F = A_1 p_1 - 0.5 A_1 p_2 = A_1 (p_1 - 0.5 p_2)$$

$$A_1 = F/(p_1 - 0.5 p_2)$$

$$D = \sqrt{\frac{4F}{\pi(p_1 - 0.5 p_2)}} \tag{11-28}$$

$$d = 0.707D \tag{11-29}$$

计算值可按 GB/T 2348 的规定进行圆整。

按上述要求编制程序如下：

```
% 确定液压系统参数
n1 = 360/60;n2 = 550/60;
N1 = 14;D1 = 13.9;s1 = 0.147;HBW = 240;
N2 = 2;D2 = 25.5;s2 = 0.096;
Fe = 22.5 * (N1 * D1 * s1^0.8 * HBW^0.6 + N2 * D2 * s2^0.8 * HBW^0.6)/0.9
fs = 0.2;fd = 0.1;G = 9800;
Fs = fs * G/0.9
Fd = fd * G/0.9
m = G/9.8;dv = 0.1;dt = 0.2;
Fm = m * dv/dt/0.9;
% 起动
F1 = Fs
% 加速
F2 = Fd + Fm
% 快进
F3 = Fd
% 工进
F4 = Fe + Fd
% 反向起动
F5 = Fs
% 加速
F6 = Fd + Fm
% 快退
F7 = Fd
% 制动
F8 = Fd - Fm
v1 = 0.1;
v2 = n1 * s1;
v3 = n2 * s2;
% 计算快进、工进时间和快退时间
% 快进:
L1 = 100e - 3;
t1 = L1/v1;
```

```
% 工进:
L2 = 50e - 3;
t2 = L2/v2/1e - 3;
% 快退:
t3 = (L1 + L2)/v1;
% 1 初选液压缸工作压力
% 由工况分析中可知,工进阶段的负载力最大,所以,液压缸的工作压力按此负载力计算,根
据液压缸与负载的关系及表 11-1,选
p1 = 4; % MPa;
% 本机床为钻孔组合机床,为防止钻通时发生前冲现象,液压缸回油腔应有背压,设背压为
p2 = 0.6;% MPa,为使快进快退速度相等,选用 A1 = 2A2 差动液压缸,假定快进、快退的回油压
力损失为
dp = 0.7; % MPa。
% 2 计算液压缸尺寸,由工进工况出发,计算液压缸大腔面积
A1 = F4/(p1 - p2/2)/1e6;
A1 = A1 * 1e6
v1 = 100 % mm/s
A2 = A1/2;
% 求活塞直径 D
D = sqrt(4 * A1/pi)
D = input('根据 GB/T 2348 将活塞直径圆整为 D = ');
% 求活塞杆直径 d
d = D/sqrt(2)
d = input('根据 GB/T 2348 将活塞杆直径圆整为 d = ');
A1 = pi * D * D/4;
A2 = A1/2
% 3 计算液压缸在工作循环中各阶段的压力、流量和功率使用值
% 快进阶段
p2 = (F2 + A2 * dp)/A2;
p3 = (F3 + A2 * dp)/A2;
q3 = A2 * 1e - 6 * v1/100;
% 工进阶段
p4 = (F4 + A2 * p2)/A1;
q4 = A1 * 1e - 6 * v2 * 1e - 3;
P4 = p4 * 1e6 * q4;
% 快退
p5 = (F5 + A1 * p2)/A2
p6 = (F6 + A1 * p2)/A2
p7 = (F7 + A1 * p2)/A2
p8 = (F8 + A1 * p2)/A2
subplot(121)
```

t = [0 0. 1 0. 6 1 1 57. 6 57. 6 57. 6 57. 7 57. 6 + 1. 5 57. 6 + 1. 5];

F = [0 p2 p3 p3 p4 p4 p5 p6 p7 p8 0];

plot(t, F, ' – r', 'linewidth', 2); grid

xlabel('t/s'); ylabel('p/MPa');

title('压力特性仿真曲线')

subplot(122)

t = [0 0. 1 t1 t1 t1 + t2 t1 + t2 t1 + t2 + t3 t1 + t2 + t3];

v = [0 q3 q3 q4 q4 – q3 – q3 0];

plot(t, v, ' – – k', 'linewidth', 2); grid

xlabel('l/mm'); ylabel('q/mm^3. s^{-1}');

title('流量特性仿真曲线')

运行上述程序, 得到计算结果见表 11-5, 仿真曲线如图 11-7 所示。

表 11-5　液压缸工作循环各阶段压力、流量和功率的计算

工况		计算公式	F/kN	$\Delta p/\mathrm{MPa}$	p_1/MPa	$q/(\mathrm{m^3/s})$	P/kW
快进	起动	$p_1 = \dfrac{F + A_2\Delta p}{A_1 - A_2}$	2.1778	—	1.1583	—	—
	加速	$q = (A_1 - A_2)v_1$	1.6444	0.7	1.0461	—	—
	快进	$P = p_1 q \times 10^{-3}$	1.0889	0.7	0.92916	0.83×10^{-3}	0.50
工进		$p_1 = \dfrac{F + A_2 p_2}{A_1}$ $q = A_1 v_2$ $P = p_1 q \times 10^{-3}$	34.453	0.6	3.9254	0.83×10^{-5}	0.03
快退	反向起动	$p_1 = \dfrac{F + A_1 p_2}{A_2}$	2.1778	—	1.6583	—	—
	加速		1.6444	—	1.5461	—	—
	快退	$q = A_2 v_3$	1.0889	7×10^5	1.4292	0.45×10^{-2}	0.80
	制动	$P = p_1 q \times 10^{-3}$	0.53333	—	1.3122	—	—

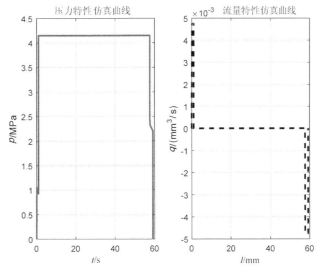

图 11-7　压力和流量特性仿真曲线

11.2.4 拟定液压系统图

（1）调速方式 由工况图知，该液压系统功率小，工作负载变化小，可选用进油路节流调速，为防止钻通孔时的前冲现象，在回油路上加背压阀。

（2）液压泵形式的选择 从工况图中的 $q-t$ 可清楚地看出，系统工作循环主要由低压大流量和高压小流量两个阶段组成，最大流量与最小流量之比 $q_{max}/q_{min} = 0.5/（0.83 \times 10^{-2}） \approx 60$，其相应的时间之比 $t_2/t_1 = 56.8$。从提高效率考虑，选用限压式变量叶片泵或双联叶片泵较合适。在本方案中，选用双联叶片泵。

（3）速度换接方式 因钻孔工序对位置精度及工作平稳性要求不高，可选用行程调速阀或电磁换向阀。

（4）快速回路与工进转快退控制方式的选择 为使快进快退速度相等，选用差动回路作快速回路。

11.2.5 液压系统图

在所选定基本回路的基础上，再考虑其他一些有关因素，便可组成如图 11-8 所示的液压系统原理图。

11.2.6 选择液压元件

1. 选择液压泵

（1）确定液压泵的工作压力 前面已确定液压缸的最大工作压力为 4MPa，选取进油管路压力损失 $\Delta p = 0.5MPa$，其调整压力一般比系统最大工作压力大 0.5MPa，所以泵的工作压力 $p_1 = 4 + 0.5 + 0.5 = 5MPa$，这是高压小流量泵的工作压力。

由图 11-5 可知液压缸快退时的工作压力比快进时大，取其压力损失 $\Delta p' = 0.4MPa$，则快退时泵的工作压力为

$$p_2 = (1.73 + 0.4)MPa = 2.13MPa$$

这是低压大流量泵的工作压力。

（2）液压泵的流量 由图 11-6 工况图可知，快进时的流量最大，其值为 30L/min，最小流量在工进时，其值为 0.51L/min，取系统泄漏折算系数 $K = 1.2$，则液压泵的最大流量应为

$$q_{pmax} = 1.2 \times 30 \times 10^{-3}L/min = 36L/min$$

由于溢流阀稳定工作时的最小溢流量为 3L/min，故小泵流量取 3.6L/min。

（3）确定液压泵的规格型号 根据以上计算数据，查阅产品目录，选用 YYB – AA36/6B 型双联叶片泵。

2. 选择电动机

由工况图可知，液压缸最大输出功率出现在快退工况，其值为 0.78W，此时泵站的输出压力应为 $p_2 = 21.3MPa$，流量 $q_p = (36 + 6)L/min = 42 L/min（0.7 \times 10^{-3} m^3/s）$。取泵的总效率 $\eta_p = 0.7$，则电动机所需功率为

$$P = \frac{p_2 q_p}{\eta_p} = \frac{21.3 \times 10^5 \times 0.7 \times 10^{-3}}{0.7}W = 2130W$$

根据以上计算结果，查电动机产品目录，选择与上述功率和泵的转速相适应的电动机。

3. 选其他元件

根据系统的工作压力和通过阀的实际流量选择元件、辅件，其型号和规格见表 11-6。

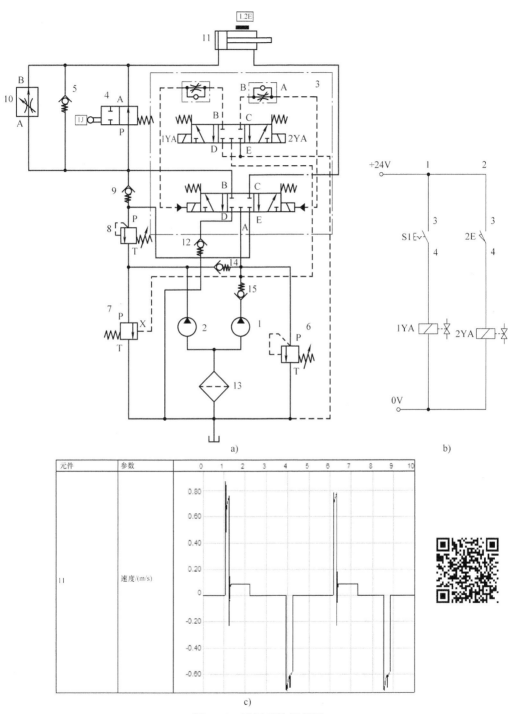

图 11-8　液压系统原理图

a）回路建模　b）电控图　c）仿真曲线

1、2—双联叶片泵　3—三位五通电液换向阀　4—行程阀　5、9、12、14、15—单向阀
6—溢流阀　7—顺序阀　8—背压阀　10—调速阀　11—液压缸　13—过滤器

4. 确定管道尺寸

根据工作压力和流量，按照第 5 章中的相关公式可确定管道内径和壁厚，其计算过程从略。

表 11-6　元件、辅件型号和规格

序号	元件名称	通过阀的最大流量 /（L/min）	型号	规　　格	
				公称流量/（L/min）	公称压力/MPa
1、2	双联叶片泵	—	YYB－AA36/6B	36/6	6.3
3	电液换向阀	84	35DY－100B	100	6.3
4	行程阀	84	22C－100BH	100	6.3
5	单向阀	84	I－100B	100	6.3
6	溢流阀	6	Y－10B	10	6.3
7	顺序阀	36	XY－65B	65	6.3
8	背压阀	≤0.5	B－10B	10	6.3
9	单向阀	84	I－100B	100	6.3
10	调速阀	≤1	Q－6B	6	6.3
11	液压缸	—	SG－E110×180L	—	—
12	单向阀	84	I－100B	100	6.3
13	过滤器	42	XU－40×100	—	—
14	单向阀	42	I－63B	63	6.3
15	单向阀	6	I－10B	10	6.3

5. 确定油箱容量

油箱容量可按经验公式估算，本例中取 $V = (5 \sim 7) q_p$（L），即 $V = 6q_p = 6 \times (6 + 36)\,L = 252\,L$。

11.2.7　液压系统性能验算

工进在整个工作循环中所占的时间比例达95%，所以系统发热和油液的温升用工进时的情况来计算，编制如下进行温升验算的程序：

% 液压系统性能验算

V = 252

m = G/9.8；dv = 0.1；dt = 0.2；

Fm = m * dv/dt；

% 工进

F = Fe + Fd；

% 计算工进速度：工进速度可分别按加工 ϕ13.9mm 孔和 ϕ11.5mm 孔的切削用量计算，即

v2 = n1 * S1 * 1e - 3；

% 1 回路压力损失：由于本系统集体管路尚未确定,故整个系统的压力损失无法验算。但是控制阀处压力损失的影响可以根据通过阀的实际流量及样本上查得的额定压力损失值计算。

% 2 液压系统的发热与温升的验算：由前述的计算可知，在整个工作循环中，工进时间为56.8s,快进时间为1s,快退为1.5s。工进所占比重达96%,所以系统的发热和油液的温升可用工进时的情况来分析。

% 工进时有效输出功率为

P = F * v2；

p1 = 5e6；p2 = 0.098e6；q1 = 6e - 4/6；q2 = 36e - 4/6；

Pp = (p1 * q1 + p2 * q2)/0.75；

CT = 13e - 3；

A = 0.065 * V^0.67;
% 则油箱的温升为
dt = (Pp - P) * 1e - 3/CT/A
if dt < 30   disp('油液温升值没有超过允许值,系统无须添设冷却器。')
end
运行上述程序得
dt = 20.9006
油液温升值没有超过允许值，系统无须添设冷却器。

11.3　板料折弯液压机系统设计计算

11.3.1　技术要求及已知条件

欲设计制造一台立式板料折弯机，其滑块及折弯机构的上下运动拟采用液压传动，要求通过电液控制实现的工作循环为：快速下降⇒慢速加压（折弯）⇒快速回程（上升）。

最大折弯力：$F_{max} = 1000\text{kN}$；

滑块重力：$G = 15\text{kN}$；

快速下降速度：$v_1 = 23\text{mm/s}$；

慢速加压（折弯）速度：$v_2 = 12\text{mm/s}$；

快速上升速度：$v_3 = 53\text{mm/s}$；

快速行程 $L_1 = 180\text{mm}$，慢速加压（折弯）的行程 $L_2 = 20\text{mm}$，快速上升的行程 $L_3 = 200\text{mm}$；起动和制动时间 $\Delta t = 0.2\text{s}$。

11.3.2　液压缸设计

要求用液压方式平衡滑块及折弯机构重量，以防自重下滑；滑块导轨摩擦力忽略不计。

由于折弯机为立式布置，行程较小（仅 200mm），且往返速度不同，故选用缸筒固定的立置单杆活塞缸（取缸的机械效率为 91%）作为执行元件，驱动滑块及折弯机构对板料进行折弯作业。

预选液压缸的设计压力为 $p_1 = 23\text{MPa}$，将液压缸的无杆腔作为主工作腔，考虑液压缸下行时，滑块自重采用液压式平衡，则可计算出液压缸无杆腔的有效面积为

$$A_1 = \frac{F_{max}}{\eta_{cm}p_1} \tag{11-30}$$

液压缸活塞直径为

$$D = \sqrt{\frac{4A_1}{\pi}} \tag{11-31}$$

按 GB/T 2348 的规定，将液压缸内径 D 圆整后，再根据速度比

$$\frac{v_3}{v_1} = \frac{D}{D - d}$$

得

$$d = \frac{(v_3 - v_1)}{v_3}D \tag{11-32}$$

对 d 进行圆整后，分别计算液压缸活塞腔和有杆腔的面积，按上述布置编制液压缸面积计算 MATLAB 程序如下：

```
clc;
clear
% 1 液压缸设计
Fmax = 1000e3 ;%  N
v1 = 23; %  mm/s
v2 = 12; %  mm/s
v3 = 53 ;%  mm/s
G = 15e3; %  N
g = 9.8; %  重力加速度
dt = 0.2 ;%  s
L1 = 180; %  mm
L2 = 20; % mm
L21 = 15; %  mm
L22 = 5 ;%  mm
L3 = 200; % mm
%  由于折弯机为立式布置,行程小(仅为200mm),且往复速度不同,故选用缸筒固定的立置单
杆液压缸,取液压缸的机械效率为
jxl = 0.91;
%  液压缸作为执行元件,驱动滑块及折弯机构对板料进行折弯作业。
%  预选液压缸的设计压力为
p1 = 23; %  MPa
%  将液压缸的活塞腔作为主工作腔,考虑到液压缸下行时,滑块自重采用液压方式平衡,则
%  计算出液压缸的活塞腔的面积为
A1 = Fmax/p1/jxl/1e6;
%  液压缸活塞直径 D 为
D = 1000 * sqrt(4 * A1/pi) %  mm^2
D = input('按GB/T 2348 的规定将液压缸活塞直径圆整为 D = ');
%  由 v3/v1 = D^2/(D^2 - d^2),得
d = D * sqrt((v3 - v1)/v3) %  mm^2
d = input('按GB/T 2348 的规定将液压缸活塞杆直径圆整为 d = ');
A1 = pi * D^2/4
A2 = pi * (D^2 - d^2)/4
```

运行上述程序，在命令区得到如下结果：

```
D  = 246.6439
按 GB/T 2348 的规定将液压缸活塞直径圆整为 D = 250
d  = 188.0887
按 GB/T 2348 的规定将液压缸活塞杆直径圆整为 d = 180
A1 = 4.9087e + 04(mm^2)
A2 = 2.3640e + 04(mm^2)
```

11.3.3 负载和运动分析

各工况负载分析如下：

（1）快速下降　起动加速：

$$F_{i1} = \frac{G}{g}\frac{\Delta v_1}{\Delta t} \tag{11-33}$$

（2）慢速折弯　折弯时压头上的工作负载可分为两个阶段：初压阶段，负载力缓慢的线性增加，达到最大折弯力的5%，其行程为15mm；终压阶段，负载力急剧增加到最大折弯力，上升规律近似于线性，行程为5mm。

初压：

$$F_{e1} = F_{max} \times 5\% \tag{11-34}$$

终压：

$$F_{e1} = F_{max} \tag{11-35}$$

（3）快速回程　起动：

$$F_{i2} + G = \frac{\Delta v_3}{\Delta t} + G \tag{11-36}$$

等速：

$$F = G \tag{11-37}$$

制动：

$$G - F_{i2} = G - \frac{G}{g}\frac{\Delta v_2}{\Delta t} \tag{11-38}$$

通过式（11-33）~式(11-38)计算得到负载循环图和速度循环图的 MATLAB 程序如下：

```
% (1)快速下降,起动加速
Fi1 = G * v1 * 1e - 3/dt/g;
```

% （2）慢速折弯:折弯时压头上的工作负载可分为两个阶段:初压阶段,负载力缓慢的线性增加,

% 达到最大折弯力的5%,其行程为15mm;终压阶段,负载力急剧增加到最大折弯力,上升规律近似于线性,行程为

```
L22 = 5; % mm.
% 初压
Fe10 = Fmax * 0.05;
% 终压
Fe11 = Fmax;
% (3)快速回程
% 起动
Fe20 = G * v3 * 1e - 3/dt/g + G;
% 等速
Fe21 = G;
% 制动
Fe23 = - G * v3 * 1e - 3/dt/g + G;
% 各工况运动分析
```

% （1）快速下行

t1 = L1/v1;

% （2）慢速折弯

% 初压

t2 = L21/v2;

% 终压

t3 = L22/v2;

% （3）快速回程

t4 = L3/v3;

% 绘制 F‑t,v‑t 曲线

figure(1)

subplot(121)

t = [t1 t1 + t2 t1 + t2 + t3 t1 + t2 + t3 t1 + t2 + t3 t1 + t2 + t3 + 0.2 t1 + t2 + t3 + 0.2 t1 + t2 + t3 + 0.2 t1 + t2 + t3 + t4 − 0.2 t1 + t2 + t3 + t4 − 0.2 t1 + t2 + t3 + t4 − 0.2 t1 + t2 + t3 + t4 t1 + t2 + t3 + t4];

F = [0 Fe10 Fe11 − Fe20 − Fe20 − Fe20 − Fe21 − Fe21 − Fe21 − Fe23 − Fe23 − Fe23 0];

plot(t,F,'‑k','linewidth',1);grid

xlabel('t/s');ylabel('F/N')

title('负载特性仿真曲线 F‑t')

subplot(122)

t = [0 0.2 0.2 t1 t1 t1 t1 + t2 − t3 t1 + t2 + t3 t1 + t2 + t3 t1 + t2 + t3 t1 + t2 + t3 + t4 − 0.2 t1 + t2 + t3 + t4];

v = [0 v1 v1 v1 v2 v2 v2 0 − v3 − v3 − v3 0];

plot(t,v,'‑‑r','linewidth',1);grid

xlabel('t/s');ylabel('v/(mm/s)')

title('速度特性仿真曲线 v‑t')

运行上述程序得到特性曲线如图 11‑9 所示。

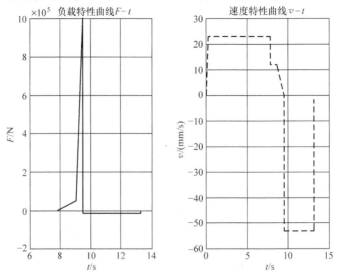

图 11‑9　$F-t$ 和 $v-t$ 特性曲线

11.3.4 确定系统主要参数

液压缸工作循环中各阶段的功率计算：

（1）快速下降

起动：

$$P_1 = p_1 q_1 \tag{11-39}$$

恒速：

$$P'_1 = 0 \tag{11-40}$$

（2）慢速加压

初压：

$$P_2 = p_2 q_2 \tag{11-41}$$

终压：

行程只有 5mm，持续时间只有 $t_3 = 0.417s$，压力和流量变化情况较复杂，压力由 1.27MPa 增至 25.5MPa，其变化规律可近似用一线性函数 $p(t)$ 表示：

$$\begin{aligned} p &= 1.12 + \frac{22.4 - 1.12}{0.417}t \\ &= 1.12 + 51.03t \end{aligned} \tag{11-42}$$

而流量由 35.34L/min 降为 0，其变化规律可近似用一线性函数 $q(t)$ 表示：

$$q = 588.75 \times \left(1 - \frac{t}{0.417}\right) \tag{11-43}$$

上述两式中，t 为终压持续时间，取值范围为 0 ~ 0.417s。

从而得阶段功率方程

$$P = pq = 588.75 \times (1.12 + 51.03t)(1 - t/0.417) \tag{11-44}$$

这是一个开口向下的抛物线方程，令 $\frac{\partial P}{\partial t} = 0$，可得极值点 $t = 0.1976s$，以及此处的最大功率为

$$P_3 = P_{max} = 588.75 \times (1.12 + 51.03 \times 0.197) \times (1 - 0.197/0.417)\,\text{W} = 3.47\text{kW}$$

而 $t = 0.97s$ 时的压力和流量分别为：

$$p = (1.12 + 51.03 \times 0.197)\,\text{MPa} = 11.17\text{MPa}$$
$$q = 588.75 \times (1 - 0.197/0.417)\,\text{cm}^3/\text{s} = 310.62\text{cm}^3/\text{s}$$

（3）快速回程

起动：

$$P_4 = p_4 q_4 \tag{11-45}$$

恒速：

$$P_5 = p_5 q_5 \tag{11-46}$$

制动：

$$P_6 = p_6 q_6 \tag{11-47}$$

编制液压缸在工作循环中各阶段的压力、流量和功率 m 文件如下：

```
clc;
clear
% 1 液压缸设计
Fmax = 1000e3 ;% N
v1 = 23 ; % mm/s
v2 = 12 ; % mm/s
```

v3 = 53 ;% mm/s

G = 15e3; % N

g = 9.8; % 重力加速度

dt = 0.2 ;% s

L1 = 180; % mm

L2 = 20; % mm

L21 = 15; % mm

L22 = 5 ;% mm

L3 = 200; %

% 由于折弯机为立式布置,行程小(仅为200mm),且往复速度不同,故选用缸筒固定的立置单杆液压缸,取液压缸的机械效率为

jxl = 0.91;

% 液压缸作为执行元件驱动滑块及折弯机构对板料进行折弯作业。

% 预选液压缸的设计压力为

p1 = 23; % MPa

% 将液压缸的活塞腔作为主工作腔,考虑到液压缸下行时,滑块自重采用液压方式平衡,则

% 计算出液压缸的活塞腔的面积为

A1 = Fmax/p1/jxl/1e6;

% 液压缸活塞直径 D:

D = 1000 * sqrt(4 * A1/pi) % mm^2

D = input('按 GB/T 2348 的规定将液压缸活塞直径圆整为 D =');

% 由 v3/v1 = D^2/(D^2 – d^2)得

d = D * sqrt((v3 – v1)/v3) % mm^2

d = input('按 GB/T 2348 的规定将液压缸活塞杆直径圆整为 d =');

A1 = pi * D^2/4;

A2 = pi * (D^2 – d^2)/4;

% 2 各工况负载分析

% (1)快速下降,起动加速

Fi1 = G * v1 * 1e – 3/dt/g;

% (2)慢速折弯:折弯时压头上的工作负载可分为两个阶段:初压阶段,负载力缓慢地线性增加,达到最大折弯力的5%,其行程为15mm;终压阶段,负载力急剧增加到最大折弯力,上升规律近似于线性,行程为

L22 = 5; % mm

% 初压

Fe10 = Fmax * 0.05;

% 终压

Fe11 = Fmax;

% (3)快速回程

% 起动

Fe20 = G * v3 * 1e – 3/dt/g + G;

% 等速

Fe21 = G;

```
%  制动
Fe22 = - G * v3 * 1e - 3/dt/g + G;
%  3  各工况运动分析
%  (1)快速下行
t1 = L1/v1;
%  (2)慢速折弯
%  初压
t2 = L21/v2;
%  终压
t3 = L22/v2;
%  (3)快速回程
t4 = L3/v3;
D = D/1000;  %  m
d = d/1000  %  m
%  3  流量、压力和功率计算
A1 = pi * D * D/4;  %  m^2
A2 = pi * ( D * D - d * d )/4
v1 = v1/1e3;  %  m/s
v2 = v2/1e3;
%  1)压力和流量计算
%  快速下行
q1 = A1 * v1;  %  m^3/s
p1 = Fi1/A1/0.8/1e6;
%慢速加压
%  初压
p2 = Fe10/A1/0.8/1e6;
q2 = A1 * v2;
%  终压
p3 = Fe11/A1/0.8/1e6;
%  快速回程
%  起动
p4 = Fe20/A2/0.8/1e6;
q4 = A2 * v2;
%  恒压
p5 = Fe21/A2/0.8/1e6;
q5 = A2 * v2;
%  制动
p6 = Fe22/A2/0.8/1e6;
q6 = A2 * v2;
q1 = q1 * 6e4 ;  %  L/min
q2 = q2 * 6e4 ;  %  L/min
q4 = q4 * 6e4 ;  %  L/min
```

```
q5 = q5 * 6e4    ;%  L/min
%  2)工作循环中各阶段功率计算
%  快速下行
P1 = p1 * 1e6 * q1 * 1e - 4/6/1e3 ;%  W
%  恒速
P2 = 0;
%  慢速加压
%  初压
P3 = p2 * 1e6 * q2 * 1e - 4/6/1e3; %  W
%  终压行程只有 5mm,持续时间只有 t3 = 0.417s,压力和流量变化情况较复杂,压力由
1.27MPa 增至 25.5MPa,其变化规律可近似用一线性函数 p(t)表示:
%  p = 1.12 + (25.5 - 1.27) * t/0.417 = 1.12 + 58.1055 * t
%  而流量由 35.34L/min 降为 0,其变化规律可近似用一线性函数 q(t)表示:
%  q = 35.34 * (1 - t/0.417)
%  上述两式中,t 为终压持续时间,取值范围为 0 ~ 0.417s。
%  从而得阶段功率方程
%  P = pq = 35.34 * (1 - t/0.417) * (1.27 + 58.1055 * t)
%  这是一个开口向下的抛物线方程,令:dP/dt = 0,可得极值点 t = 0.1976s,以及此处的最大
功率为
p = 1.12 + (25.5 - 1.27) * 0.1976 * 1e6/0.417;
q = 35.34 * (1 - 0.1976/0.417) * 1e - 4/6;
P4 = p * q/1e3;   %  kW
%  快速回程
%  起动
P5 = p4 * 1e6 * q4 * 1e - 4/6/1e3; %  kW
%  恒速
P5 = p5 * 1e6 * q5 * 1e - 4/6/1e3; %  kW
%  制动
P6 = p6 * 1e6 * q6 * 1e - 4/6/1e3; %  kW
subplot(131)
t = [0 0.2 t1 t1 t1 + t2 t1 + t2 + t3 t1 + t2 + t3 + t4 - 0.2 t1 + t2 + t3 + t4];
q = [0 q1 q1 q2 0 - q4 - q4 0];
plot(t,q,' - k','linewidth',1);grid
xlabel('t/s');ylabel('q/(L/min)')
title('流量特性仿真曲线 q - t')
subplot(132)
t = [0 0.2 t1 t1 t1 + t2 t1 + t2 + t3 t1 + t2 + t3 + t4 - 0.2 t1 + t2 + t3 + t4];
p = [0 p1 p2 p2 p3 - p4 - p5 - p6];
plot(t,p,' - k','linewidth',1);grid
xlabel('t/s');ylabel('p/MPa')
title('压力特性仿真曲线 q - t')
subplot(133)
```

t = [0 0. 2 0. 2 t1 t1 + t2 t1 + t2 + t3 t1 + t2 + t3 + 0. 2 t1 + t2 + t3 + t4 t1 + t2 + t3 + t4] ;

P = [0 P1 P2 P2 P3 P4 − P5 − P6 0] ;

plot(t, P,' − ∗ r','linewidth',2) ; grid

xlabel('t∕s') ; ylabel('P∕kW')

title('功率特性仿真曲线 q − t')

运行上述程序, 得液压缸工作循环中各阶段的压力和流量见表 11-7, 压力、流量和功率特性曲线如图 11-10 所示。

表 11-7 液压缸工作循环中各阶段的压力和流量

工 况		计 算 公 式	工作压力 p/MPa	输入流量/(L/min)
快速下行	起动	$p = \dfrac{F}{A_1 \times 0.8}$; $q = A_1 \times v_1$	4. 4823e − 03	67. 7406
	恒速		0	—
慢速加压	初压	$p = \dfrac{F}{A_1 \times 0.8}$; $q = A_1 \times v_2$	1. 2732	35. 3429
	终压		25. 465	35. 3429→0
快速回程	起动	$p = \dfrac{F}{A_2 \times 0.8}$; $q = A_2 \times v_2$	0. 81458	—
	恒压		0. 79313	17. 0211
	制动		0. 77168	17. 0211

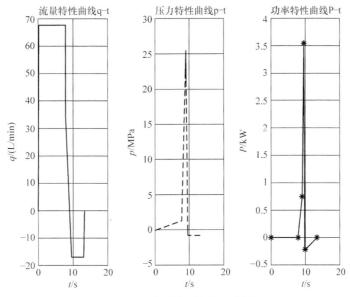

图 11-10 折弯机液压缸工况图

11.3.5 制定基本方案, 拟定液压系统图

考虑折弯机工作时所需功率较大, 故采用容积调速方式, 为满足速度的有级变化, 采用压力补偿变量液压泵供油。即在快速下降时, 液压泵以全流量供油, 当转换为慢速加压折弯时, 泵的流量减少在最后 5mm 内, 使泵的流量为零。当液压缸反向回程时, 泵的流量恢复到全流量。

液压缸的运动方向采用三位四通 M 中位机能电液换向阀控制, 换向阀处于中位液压泵卸荷。为防止压头在下滑过程中由于自重作用而出现速度失控现象, 在液压缸无杆腔回油路上设置一个内控式单向顺序阀。

采用行程控制，利用动挡块触动运动路径上设置电气行程开关来切换电液换向阀，以实现自动循环。此外，在泵的出口并联一个安全阀，用于系统安全保护；泵出口并联一个压力表及其开关，以实现测压。

综上所述，在 FluidSIM 中完成折弯机液压系统的建模如图 11-11a 所示。

液压缸活塞设置两个限位开关 SQ0 和 SQ1，为此设计电控图如图 11-11b 所示。按默认配置运行此模型，通过配合操作电控图完成仿真，液压缸位移特性仿真曲线如图 11-11c 所示。

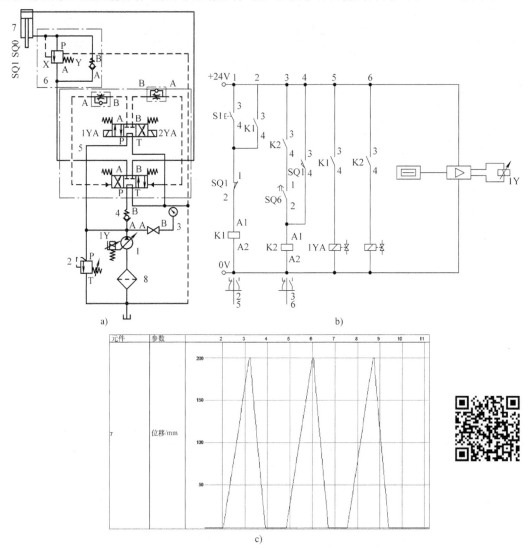

图 11-11 折弯机液压系统建模与仿真

a) 回路建模　b) 电控图　c) 仿真曲线

1—变量泵　2—溢流阀　3—压力表及开关　4—单向阀　5—电液换向阀　6—单向顺序阀　7—液压缸　8—过滤器

11.3.6 液压元件选型计算

1. 液压泵的选择

由图 11-10 中图可知：液压缸的最高工作压力出现在加压折弯阶段结束时，$p_1 = 22.4\text{MPa}$，此时液压缸的输入流量最小，且进油路元件较少，故液压泵至液压缸间的进油路压力损失估取为 $\Delta p = 0.5\text{MPa}$，计算得液压泵的最高工作压力 p_p 为

$$p_p = p_1 + \Delta p \tag{11-48}$$

所需的液压泵最大供油流量 q_p 按液压缸的最大输入流量 q_{max} 进行估算，取泄漏系数 $K = 1.1$，则

$$q_p = Kq_{max} \tag{11-49}$$

2. 驱动电动机的选择

最大功率出现在终压阶段 $t = 0.197\text{s}$，液压泵的最大理论功率为

$$P_i = (p + \Delta p)Kq \tag{11-50}$$

液压元件选型的程序如下：

```
clc
% 1）液压泵的选择
% 由图 11-10 中图可知:液压缸的最高压力出现在加压折弯阶段结束时,
p1 = 25.465 ; % MPa
% 此时液压缸的输入流量最小,且进油路元件较少,故液压泵至液压缸间的压力损失故取为
dp = 0.5; % MPa 算得液压泵的最高压力为
pp = p1 + dp; % MPa
% 所需的液压泵最大供油流量 qp 按液压缸的最大输入流量
qmax = 67.7406; % L/min
% 取泄漏系数
K = 1.1;
qp = K * qmax; % L/min
% 根据系统所需流量,拟初选限压式变量液压泵的转速为
n = 1500; % r/min
% 暂取液压泵的容积效率
rj = 0.9;
% 则泵的排量参考值为
V = qp * 1000/n ; % mL/r 或( cm^3)
disp('1') 根据以上计算结果查阅液压泵产品样本,选用规格相近的 63YCY14 – 1B 压力补偿型
斜盘式轴向柱塞泵')
% 其参数如下:
pe = 32; %   MPa
Ve = 63/1000; % L/r
ne = 1500 ;% r/min
rj = 0.92 ;
% 其额定流量为
qpx = Ve * ne * rj % L/min
if qpx > qp disp('符合系统对流量的要求')
end
% 2）驱动电动机的选择
% 由图 11-10 中图可知:最大功率出现在终压阶段 t = 0.417s 时,液压泵的最大理论功率为
```

Pmax = 3. 5581；% kW

% 取泵的总效率为

zxl = 0. 85；

% 则算得液压泵的驱动功率为：

Pp = Pmax/zxl；

disp('2）选用规格相近的 Y132S – 4 型封闭式三相异步电动机,其额定参数为')

P = 5. 5 % kW

n = 1440 % r/min

% 按所选电动机转速和液压泵的排量,液压泵的最大实际流量为

qt = n * Ve * 0. 92

if qt > qp disp('大于计算所需流量,满足使用要求！')

end

运行上述程序，得到以下结果：

1）根据以上计算结果查阅液压泵产品样本，选用规格相近的 63YCY14 – 1B 压力补偿型斜盘式轴向柱塞泵

$q_{px} = 86. 9400$

符合系统对流量的要求

2）选用规格相近的 Y132S – 4 型封闭式三相异步电动机，其额定参数为

$P = 5. 5000$

$n = 1440$

$q_t = 83. 4624$

大于计算所需流量，满足使用要求！

3. 其他液压元件的选择

根据所选择的液压泵规格及系统工作情况，选择系统的其他液压元件见表11-8。

表 11-8　折弯机液压系统液压元件的型号规格

元 件 名 称	额定压力/MPa	额定流量/（L/min）	型　　　号
斜盘式轴向柱塞泵	32	63mL/min	63YCY14 – 1B
溢流阀	35	250	DB10
压力表开关	40	—	AF6EP30/Y400
单向阀	31.5	120	S15P
三位四通电液动换向阀	28	160	4WEH10G
单向顺序阀	31.5	150	DZ10
过滤器	<0.02（压力损失）	100	XU – 100 × 80J

习　　题

习题 11-1　设计液压系统的依据和步骤是什么？

习题 11-2　对液压系统的验算应包括哪些方面？

习题 11-3　如何正确安装、调试和使用液压系统？

习题 11-4　液压系统的主要参数有哪两个？如何确定？试结合一实例分析说明。

习题11-5　一台专用铣床，铣头驱动电动机的功率为 7.5kW，铣刀直径为 120mm，转速为 350r/min，如工作台重量为 4000N，工件和夹具最大重量为 1500N，工作台行程为 400mm，快进速度为 4.5m/min，工件速度为 60～1000mm/min，其往复运动的加速（减速）时间为 0.05s，工作台用平导轨，其静摩擦因数和动摩擦因数分别为 0.2 和 0.1，试设计该铣床的液压系统。

习题11-6　设计一台专用铣床的液压系统，铣头驱动电动机功率为 7.5kW，铣刀直径为 120mm，转速为 350r/min。若工作台、工件和夹具的总重力为 6000N，工作台行程为 350mm，快进、快退速度为 4.5m/min，工进速度为 60～1000mm/min，加速、减速时间均为 0.05s，工作台采用平导轨，静摩擦因数为 0.2，动摩擦因数为 0.1。

习题11-7　设计一台卧式钻孔组合机床的液压系统，要求完成以下工作循环：快进—工进—快退—停止。机床的切削力为 2×10^4 N，工作部件的重量为 7.8×10^3 N，快进与快退速度均为 6m/min，工进速度为 0.05m/min，快进行程为 100mm，工进行程为 50mm，加速、减速时间要求不大于 0.2s，采用平导轨，静摩擦因数为 0.2，动摩擦因数为 0.1。

习题11-8　设计一台小型液压压力机的液压系统，要求实现快速空程下行—慢速加压—保压—快速回程—停止的工作循环，快速往返速度为 3m/min，加压速度为 40～250mm/min，压制力为 300000N，运动部件总重力为 25000N，工作行程为 400mm，液压缸垂直安装。

习题11-9　根据图 11-12 所示的汽车起重机工作机构的功能，回答以下问题：

1）利用 FluidSIM 对汽车起重机的液压控制系统建模。

2）如何实现四个支腿同步伸出？

3）如何解决支腿回路"软腿"问题？

4）介绍回转回路的工作原理。

5）变幅回路中为什么用平衡阀？

6）伸缩回路为什么用平衡阀？

7）起升回路中为什么用平衡阀？

8）如何实现起升回路中的液压马达刹车？

9）起升回路中为什么使用单向节流阀控制制动缸的动作？

图 11-12　汽车起重机工作机构

10）对汽车起重机液压控制系统按支腿回路→回转回路→伸缩回路→变幅回路→起降回路分别进行仿真，并输出俯仰缸的位移特性仿真曲线。

第 12 章　液压系统的使用

现代液压设备广泛应用于各行各业，要确保设备正常工作，除了液压系统设计合理以外，还需要正确安装、使用与维护液压设备。如果安装精度高、使用合理、维修及时，液压设备就能长期保持良好的工作状态，延长设备的使用寿命；反之，液压设备的工作性能将受到严重影响，甚至缩短使用寿命。

液压设备是密闭系统，出现故障时进行原因分析、查找与排除比较难，需要技术人员全面掌握液压系统的理论知识，积累丰富的实践经验，才能在故障现象发生的第一时间进行全面分析，查找出故障产生的可能原因，并排除故障。

通过本章学习，可以掌握液压系统的安装、使用、维修和故障诊断等知识，利用 FluidSIM 建模与仿真分析与液压系统空载调试、使用和维修相结合，提高液压系统使用能力。

12.1　液压系统的安装与调试

液压设备是由许多元件与回路按照装配工艺安装组成的复杂液压系统，使用前需要清洗、调试，经检验合格后才能使用。

12.1.1　液压系统的安装和清洗

1. 液压阀的连接形式与系统的安装

（1）液压阀的连接　液压阀的安装连接形式与液压系统的结构型式和元件的配置形式有关。液压阀的配置形式分为管式、板式和集成式三种。配置形式不同，系统的压力损失和元件的连接安装结构也有所不同。目前，阀类元件的配置形式广泛采用集成式配置的形式，具体有下列三种形式。

1）油路板式。油路板又称阀板，它是一块较厚的液压元件安装板，板式阀类元件用螺钉安装在板的正面，管接头安装在板的后面或侧面，各元件之间的油路由板内的加工孔道形成。这种配置形式的优点是结构紧凑，管路短，调节方便，不易出故障；缺点是加工较困难。

2）集成块式。集成块式是一块通用的六面体，四周除一面安装通向执行元件的管接头外，其余三面均可安装阀类元件。集成块内有钻孔形成的油路，一般是常用的典型回路。一个液压系统通常由几个集成块组成，块的上下面是块与块之间的结合面，各集成块与顶盖、底板一起用长螺栓叠装起来，组成整个液压系统。这种配置形式的优点是结构紧凑，管路少，已标准化，便于设计与制造，通用性好，压力损失小。

3）叠加阀式。叠加阀式配置不需要另外的连接块，只需用长螺栓直接将各叠加阀装在底板上，即可组成所需的液压系统。这种配置形式的优点是结构紧凑，管路少，体积小，重量轻。

（2）液压系统的安装安装前的准备工作与要求

1）对需要安装的液压元件，安装前应用煤油清洗干净，并进行认真的校验，必要时需进行密封和压力试验，试验压力可取工作压力的 2 倍或系统最高压力的 1.5 倍。

2）液压元件如在运输或贮存时内部受污染，或贮存时间过长，密封件自然老化，安装前应根据情况进行拆洗。不符合使用要求的零件和密封件必须更换。对拆洗过的元件，应尽可能进行试验。

3）仔细检查所用油管，应确保每根油管完好无损。在正式装配前要进行配管安装，试装合适后拆下油管，用氢氧化钠、碳酸钠等进行脱脂，脱脂后用温水清洗。然后放在温度为 40 ~ 60℃ 的 20% ~30% 的稀盐酸或 10% ~20% 的稀硫酸溶液中浸渍 30 ~40min 后清洗。取出后放在 10% 的碳酸钠（苏打）溶液中浸渍 15min 进行中和，溶液温度为 30 ~40℃。最后用温水洗净，在清洁的空气中干燥后涂上防锈油。

4）准备好所需的元件、部件、辅件、专用和通用工具等。

5）应保证安装场地的清洁，并有足够的维护空间。

安装时一般是按先内后外、先难后易和先精密后一般的原则进行，安装时必须注意以下几点：

1）一般情况下，液压泵与其传动装置之间必须保证两轴同轴度公差在 ϕ0.1mm 以内，倾斜角不得大于 1°；液压泵的旋转方向及液压油的入口、出口不得接反。

2）液压缸的安装应牢固可靠，为了防止热膨胀的影响，在行程长、温差大和要求高时，缸的一端必须保持浮动。

3）安装吸油管时，注意不得漏气；安装回油管时，要将油管伸到油箱液面以下。

4）管路布置应整齐，油管长度应尽量短，安装要牢靠，各平行与交叉油管之间应有 10mm 以上的空隙。

5）液压阀的回油口应尽量远离泵的吸油口。

6）系统中的主要管路和过滤器、蓄能器、压力计等辅助元件，应能自由拆装而不影响其他元件。各指示表的安装应便于观察和维修。

2. 液压系统的清洗

新制成或修理后的液压设备，当液压系统安装好后，在试车以前必须对管路系统进行清洗，对于较复杂的系统可分区域对各部分进行清洗，要求高的系统可分两次清洗。

（1）系统的第一次清洗

1）清洗前应先清洗油箱并用绸布或乙烯树脂海绵等擦净，然后给油箱注入其容量的 60% ~70% 的工作油或试车油（不能用煤油、汽油、酒精等）。

2）先将系统中执行元件的进、出油管断开，再将两个油管对接起来。

3）将溢流阀及其他阀的排油回路在阀体前的进油口处临时切断，在主回油管处装上 80 目的过滤网。

4）开始清洗后，一边使泵运转，一边将油加热到 50 ~80℃，当到达预定清洗时间的 60% 以后，换用 150 ~180 目的过滤网。

5）为使清洗效果好，应使泵做间歇运转，停歇的时间一般为 10 ~60min。为便于将附着物清洗掉，在清洗过程中可用锤子轻轻敲击油管。

清洗时间随液压系统的大小、污染程度和要求的过滤精度的不同而有所不同。通常为十几个小时。第一次清洗结束后，应将系统中的油液全部排出，并将油箱清洗干净。

（2）系统的第二次清洗　第二次清洗是对整个系统进行清洗。先将系统恢复到正常状态，并注入实际运转时所使用的液压油，系统进行空载运转，使油液在系统中循环。第二次清洗时间约为 1 ~6h。

12.1.2　液压系统的压力试验与调试

1. 压力试验

系统的压力试验在管道冲洗合格，安装完毕组成系统，并经过空运转后进行。

1）空运转应使用系统规定的工作介质。工作介质加入油箱前，应经过过滤，过滤精度应不低于系统规定的过滤精度。

2）空运转前，将液压泵油口及泄油口（如有）的油管拆下，按照旋转方向向泵的进油口灌油，用手转动联轴节，直至泵的出油口出油不带气泡为止。接上泵油口的油管，如有可能，可向进油管灌油。此外，还要向液压马达和有泄油口的泵通过漏油口向壳体内灌满油。

3）空运转时，系统中的伺服阀、比例阀、液压缸和液压马达，应用短路过渡板从循环回路中隔离出去。蓄能器、压力传感器和压力继电器均应拆开接头而代以堵头，使这些元件脱离循环回路；必须拧松溢流阀的调节螺杆，使其控制压力处于能维持油液循环的克服管阻力的最低值，系统中如有节流阀、减压阀，则应将其调整到最大开度。

4）接通电源，点动液压泵电动机，检查电源是否接错，然后连续点动电动机，延长起动过程，如在起动过程中压力急剧上升，需查溢流阀失灵原因，排除后继续点动电动机直至正常运转。

5）空运转时密切注视过滤器前后压差变化，若压差增大则应随时更换或冲洗滤芯。

6）空运转的油温应在正常工作油温范围之内。

7）空运转的油液污染度检验标准与管道冲洗检验标准相同。

2. 压力试验

系统在空运转合格后进行压力试验。

1）系统的试验压力：对于工作压力低于16MPa的系统，试验压力为工作压力的1.5倍；对于工作压力高于16MPa的系统，实验压力为工作压力的1.25倍。

2）实验压力应逐级升高，每升高一级宜稳压2~3min，达到试验压力后，维持压力10min，然后降至工作压力进行全面检查，以系统所有焊缝和连接口无漏油、管道无永久变形为合格；

3）压力试验时，如有故障需要处理，必须先卸压；如有焊缝需要重焊，必须将该管卸下，并在除净油液后方可焊接。

4）压力试验期间，不得锤击管道，且在试验区5m范围内不得同时进行明火作业。

5）压力试验应有实验规程，实验完毕后应填写《系统压力试验记录》。

3. 系统调试

对新研制的或经过大修、三级保养或者刚从外单位调来对其工作状况还不了解的液压设备，均应对液压系统进行调试，以确保其工作安全可靠。

液压系统的调试和试车一般不能截然分开，往往是穿插交替进行。调试的内容有单向调整、空负载试车和负载试车等。

（1）单向调试

1）压力调试。系统的压力调试应从压力调定值最高的主溢流阀开始，逐次调整每个分支回路的各种压力阀。压力调定后，需将调整螺钉锁紧。

压力调定值及以压力连锁的动作和信号应与设计相符。

2）流量调试（执行机构调速）。流量调试包括液压马达的转速调试和液压缸的速度调试。

液压马达的转速调试如下：

① 液压马达在投入运转前，应和工作机构脱开。

② 在空载状态先点动，再从低速到高速逐步调试并注意空载排气，然后反向运转。同时应检查壳体温升和噪声是否正常。

③ 待空载运转正常后，再停机将液压马达与工作机构连接，再次起动液压马达并从低速至高速负载运转。如出现低速爬行现象，检查各工作机构的润滑是否充分，系统排气是否彻底，或

有无其他机械干扰。

液压缸的速度调试如下：

① 对带缓冲调节装置的液压缸，在调速过程中应同时调整缓冲装置，直至满足该缸所带机构的平稳性要求。如液压缸系内缓冲且为不可调型，则需将该液压缸拆下，在实验台上调试处理合格后再装机调试。

② 双缸同步回路在调速时，应先将两缸调整到相同的起步位置，再进行速度调整。

③ 伺服和比例控制系统在泵站调试和系统压力调整完毕后，宜先用模拟信号操纵伺服阀或比例阀试动执行机构，并应先点动后联动。

系统的速度调试应逐个回路（系指带动和控制一个机械机构的液压系统）进行，在调试一个回路时，其余回路应处于关闭（不通油）状态；单个回路开始调试时，电磁换向阀宜用手动操纵。

在系统调试过程中，所有元件和管道应不漏油且没有异常振动；所有连锁装置应准确、灵敏、可靠。

速度调试完毕，再检查液压缸和液压马达的工作情况。要求在起动、换向及停止时平稳，在规定低速下运行时不得爬行，运行速度应符合设计要求。

速度调试应在正常工作压力和工作油温下进行。

（2）空载调试 空载调试是在不带负载运转的条件下，全面检查液压系统的各液压元件、各辅助装置和系统内各回路工作是否正常，工作循环或各种动作是否符合要求。其调试方法步骤如下：

1）间歇起动液压泵，使整个系统运动部分得到充分的润滑，使液压泵在卸荷状态下运转（各换向阀处于中立位置），检查泵的卸荷压力是否在允许范围内，有无刺耳的噪声，油箱内是否有过多泡沫，油面高度是否处在规定范围内。

2）调整溢流阀。先将执行元件所驱动的工作机构固定，操作换向阀使阀杆处于某作业位置，将溢流阀徐徐调节到规定的压力值，检查溢流阀在调节过程中有无异常现象。

3）排除系统内的气体。有排气阀的系统应先打开排气阀，使执行元件以最大行程多次往复运动，将空气排除；无排气阀的系统往复运动时间延长，从油箱内将系统中积存的气体排除。

4）检查各元件与管路连接情况，以及油箱油面是否在规定范围内，油温是否正常（一般空载试车0.5h后，油温为35~60℃）。

（3）负载调试 负载调试是使液压系统按要求在预定的负载下工作。通过负载试车检查系统能否实现预定的工作要求，如工作机构的力、力矩或运动特性等；检查噪声和振动是否在正常范围内；检查活塞杆有无爬行和系统的压力冲击现象；检查系统的外漏及连续工作一段时间后的温升情况等。

负载调试时，一般应先在低于最大负载和速度的情况下试车，如果轻载试车情况正常，再逐渐将压力阀和流量阀调节到规定的设计值，以进行最大负载试验。

系统调试应有调试规程和详尽的调试记录。

12.1.3 液压系统的使用与维护

液压系统工作性能的保持，在很大程度上取决于正确使用与及时维护。因此必须建立有关使用和维护方面的制度，以保证系统正常工作。

1. 液压系统使用注意事项

1）操作者应掌握液压系统的工作原理，熟悉各种操作要点、调节手柄的位置及旋向等。

2）工作前应检查系统上各手轮、手柄、电器开关和行程开关的位置是否正常，工具的安装是否正确、牢固等。

3）工作前应检查油温，若油温低于10℃，则可将泵开开停停数次进行升温，一般应空载运转20min以上才能加载运转。若油温在0℃以下，则应采取加热措施后再起动。如有条件，可根据季节更换不同黏度的液压油。

4）工作中应随时注意油位高度和温升，一般油液的工作温度在35~60℃较合适。

5）液压油要定期检查和更换，保持油液清洁。对于新投入使用的设备，使用三个月左右应清洗油箱，更换新油，以后按设备说明书的要求每隔半年或一年进行一次清洗和换油。

6）使用中应注意过滤器的工作情况，滤芯应定期清洗或更换。平时要防止杂质进入油箱。

7）若设备长期不用，则应将各调节旋钮全部放松，以防止弹簧产生永久变形而影响元件的性能，甚至导致液压故障的发生。

2. 液压设备的维护保养

维护保养应分为日常维护、定期检查和综合检查三个阶段。

（1）日常维护　日常维护通常是用目视、耳听及手触感觉等比较简单的方法，在泵起动前后和停止运转前检查油量、油温、压力、漏油、噪声及振动等情况，并随之进行维护和保养。对重要的设备应填写"日常维护卡"。

（2）定期检查　定期检查的内容包括：调查日常维护中发现异常现象的原因并进行排除；对需要维修的部位，必要时进行分解检修。定期检查的时间间隔，一般与过滤器的检修期相同，通常为2~3个月。

（3）综合检查　综合检查大约一年一次。其主要内容是检查液压装置的各元件和部件，判断其性能和寿命。并对产生故障的部位进行检修，对经常发生故障的部位提出改进意见。综合检查的方法主要是分解检查，要重点排除一年内可能产生的故障因素。

定期检查和综合检查均应做好记录，以作为设备出现故障时查找原因或设备大修的依据。

12.2　液压系统的故障诊断方法

液压设备使用一定时间后，就会产生这样或那样的问题需要维修，但是液压系统是密闭系统，检修时不允许将系统所有元件全部拆卸下来进行检查与维修，应根据故障出现的现象诊断其产生的原因，采取针对性措施排除局部故障。液压系统故障诊断必须既快又准，才能及时高效地排除故障。

12.2.1　液压系统故障诊断方法

1. 浇注油液法

浇注油液法指对可能出现故障的进气部位浇注油液，寻找进气口的方法。

2. 直观检查诊断法

直接检查诊断法是指检修人员凭借人的触、视、嗅、阅和问来判断液压系统故障的方法。适于经验丰富的工程技术人员。这种方法既可以在液压设备工作状态下进行，也可在其非工作状态下进行，显得简便、灵活和高效。

1）触：检修人员运用人的触觉来判断液压系统油温高、系统振动大等故障的方法，包括四摸：摸温度、摸振动、摸爬行、摸松紧度等。

2）视：检修人员运用人的视觉来判断液压系统无力、不平稳、油液泄漏、油液变色等故障的方法。包括六看：看速度、看压力、看油液、看泄漏、看振动、看产品。

3）听：检修人员运用人的听觉来判断液压系统振动噪声过大等故障的方法。包括三听：听噪声、听冲击、听异常的声音（气穴、困油等现象发出的异常声音）。

4）嗅：检修人员运用人的嗅觉来判断液压系统油液变质、系统发热等故障的方法。

5）阅：查阅有关故障的分析、修理记录、日检卡、维修保养卡等。

6）问：查问设备操作人员，了解设备运行情况。包括六问：问液压泵是否异常、问液压油更换时间和过滤器清洗更换时间、问故障发生前压力阀和流量阀是否出现异常或调节过、问故障发生前液压元件是否更换过、问故障发生后系统出现什么不正常现象、问过去发生哪些故障和排除方法。

3. 对比替换法

对比替换法是指用一台与故障设备相同的合格设备或实验台进行对比实验，将可疑元件替换为合格元件，若故障设备能正常工作，则查找出故障位置；若故障设备继续出现原有故障，则未查找出故障位置，使用同样方法，逐项循环，继续查找故障，直到查找出故障位置。这种方法适用于缺乏测试仪器的场合。

4. 逻辑分析法

逻辑分析法是指根据液压系统的基本原理进行逻辑分析，减少怀疑原因，逐步逼近，找出故障发生部位的方法。

5. 仪器专项检测法

仪器专项检测法是指利用检测仪器对压力、流量、温升、噪声等项目进行定量专项检测，为故障判断提供可靠依据的方法。

6. 模糊逻辑诊断法

模糊逻辑诊断法是指利用模糊逻辑描述故障原因与现象之间的模糊关系，通过相应函数和模糊关系方程，解决故障原因与状态识别问题的方法。该方法适用于数学模糊未知的非线性系统的诊断。

7. 专家诊断法

专家诊断法是指在知识库中存放各种故障现象、原因和原因与现象之间的关系，若系统发生故障，将故障现象输入计算机，由计算机判断出故障原因，提出维修或预防措施的方法。

8. 智能诊断法

智能诊断法是指利用知识获取与表达，采用双向联想记忆模型，处理不精确、矛盾、甚至错误的数据，提高专家系统诊断智能水平的一种方法。

9. 基于灰色理论故障诊断法

基于灰色理论故障诊断法是指采用灰色理论的灰色关联分析方法，分析设备故障模式与对应参考模式之间的接近程度，进行设备状态分析与诊断的方法。

12.2.2 液压系统故障诊断步骤

1. 阅读资料熟悉机器性能

研究故障机器的技术资料，了解液压系统的工作原理，熟悉各液压元件的功用和正常工作时的调定参数。

2. 现场观察

访问现场操作者，询问设备的特性及其功能特征、设备出现故障时的现象和故障的大概部位，同时了解设备的维修历史。

3. 现场观察

依据操作者提供的线索，起动设备，进行操作，其间观察仪表读数、工作速度、噪声、油液，执行元件是否有误动作等，进一步对故障进行核实，并记录观察结果。

4. 列出与故障相关的零件清单表

综合历史记录、现场观察的情况，列出重点检查元件及其重点检查部位，同时安排测量仪器等。

5. 检查

依据所列故障原因表，对其重点怀疑对象及其部位进行检查。

6. 排除故障

通过以上步骤，一旦检查出故障原因，就予以排除。液压设备是一封闭系统，液压元件精度高，不要盲目地拆卸液压系统零部件，或者不用妥善的方法处理故障，以免由此引起新的损坏，除非万不得已，否则不得轻易拆卸液压元件。

7. 重新起动系统

液压系统的故障排除后，不要盲目起动系统，要遵照一定的要求和程序，以防旧的故障排除了，而新的故障又相继出现。按图 12-1 所示的程序起动液压系统。

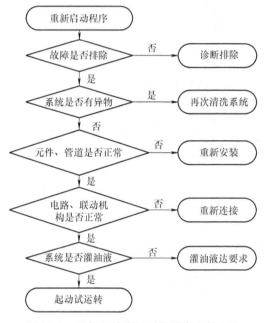

图 12-1 重新起动液压系统故障诊断步骤

12.3 液压系统的故障排除方法

12.3.1 液压系统各阶段常见故障

1. 调速阶段的故障

调试阶段故障率较高，主要表现在：外泄漏严重；执行元件运动速度不平稳；阀类元件阀芯卡死、运动不灵活或漏装弹簧，导致执行元件动作失灵或控制失灵；压力控制阀阻尼孔漏装，引起控制压力不稳定，甚至压力失控；系统设计不完善、液压元件选择不当导致负荷过大、系统发热、噪声、振动等。

2. 运行初期故障

运行初期磨合阶段，其故障主要表现在：管接头松动；密封质量差造成的泄漏；污染物堵塞阀口，造成压力、速度不稳定；油温过高，泄漏严重，导致压力和速度变化。

3. 运行中期的故障

运行中期属于正常磨损阶段，其故障出现率较低，主要表现在油液的污染。

4. 运行后期的故障

运行后期是易损元件严重磨损阶段，故障出现率较高，主要表现在：元件失效，泄漏严重，效率较低。

5. 运行突发故障

这类故障多发生在液压设备运行初期和后期，主要表现在：弹簧突然折断，管路破裂，密封件撕裂，错误操作工作程序等。

12.3.2 液压系统故障的特点

1）一因多故障。例如系统的压力不稳定时，产生液压冲击、振动和噪声等故障；泵吸入空气时，造成液压泵吸油不足、吸空、系统流量和压力波动等故障。

2）多因一故障。例如液压泵吸油不足与泄漏、溢流阀压力损失过大、液压油的黏度较低、管路泄漏等原因都会引起系统压力降低，达不到规定数值。

3）环境引起故障。例如环境温度过低，油液黏度增加，流动性变差，引起液压泵吸引困难，严重时吸空；执行元件速度较低等故障。

4）故障难查找。与机械传动、电气传动比，液压系统是一个密闭系统，不能从外表直接观察出其故障产生的原因，难以查找其故障。

12.3.3 液压系统常见故障及其排除措施

液压系统常见的故障有：执行元件运动速度（转速）、执行元件工作压力（转矩）、油温、泄漏、振动、噪声等指标参数出现异常状况。表 12-1 ~ 表 12-4 列出了常见故障及其排除措施。

表 12-1　液压系统流量失常故障及其排除措施

故障现象	原因分析	排除措施
无流量	1）电动机不工作 2）转向错误 3）联轴器打滑 4）油箱液位过低 5）方向阀设定位置错误 6）流量全部溢流 7）液压泵安装错误或磨损 8）过滤器堵塞	1）维修或更换电动机 2）检查电动机接线，改变液压泵的转向 3）重新安装和更换联轴器 4）注油达到规定的液位 5）检查操纵方式及电路，更换方向阀 6）调整溢流阀调定压力值 7）维修或更换液压泵 8）清洗或更换过滤器
流量不足	1）液压泵转速过低 2）流量设定值过低 3）溢流阀、卸荷阀调定压力过低 4）油液直接流回油箱 5）油液黏度不适合 6）液压泵吸油能力差 7）液压泵变量机构失灵 8）系统泄漏过大 9）系统局部堵塞	1）调高转速到规定值 2）调高设定流量 3）调高溢流阀、卸荷阀的调定压力 4）检查操作方式及电路，更换方向阀 5）更换适中的黏度油液、检查工作温度 6）加粗吸油管径、增强过滤器通油能力、加大油箱液面上的压力、排除液压泵进口的空气 7）维修或更换液压泵 8）适当紧固连接件，更换密封圈，维修或更换泄漏元件 9）反向充高压气体，疏通堵塞部位

（续）

故障现象	原因分析	排除措施
流量过大	1）流量设定值过大 2）变量机构失灵 3）电动机转速过高 4）泵的规格选择过大 5）调压溢流阀失灵或关闭	1）重新调整设定流量 2）维修更换液压泵 3）调节、更换适中转速的电动机 4）更换适中规格液压泵 5）调节、维修、更换溢流阀
流量脉动过大	1）液压泵脉动过大 2）原动机转速波动大 3）环境或低级振动大 4）系统安装稳定性差	1）更换液压泵或在泵口增设蓄能器 2）检查、调节校正原动机运行状态 3）远离振源、消除或减弱振源振动 4）加固系统

表 12-2　液压系统执行元件运动速度失常故障及其排除措施

故障现象	原因分析	排除措施
没有速度	1）液压泵没有输出流量 2）系统堵塞 3）执行元件卡死 4）系统无工作介质 5）控制元件动作错误	1）维修或更换电动机，检查电动机接线；改变液压泵转向，重新安装，更换联轴器，注油到规定液位，检查操纵方式及电路；更换方向阀，调整溢流阀开口，维修或更滑液压泵，清洗过滤器 2）疏通堵塞部位 3）调整配合间隙、更换密封圈、过滤油液介质 4）系统充满介质 5）更换或检修控制元件、连接线路与油路
低速较高	1）液压泵最小流量偏高 2）溢流阀阀口开度太小 3）流量控制阀最小稳定流量大 4）工作温度高 5）油液黏度小	1）更换最小流量较低的液压泵 2）维护溢流阀，避免阀芯卡死 3）采用最小稳定流量较小的流量控制阀 4）减少能耗，加大散热，安装冷却器 5）更换黏度大的油液
快速运动不快	1）快速运动回路堵塞 2）液压泵的吸油量不足 3）溢流阀溢流流量大 4）系统泄漏严重 5）油液黏度太高	1）疏通快速运动回落 2）更换大流量泵，调节泵流量达到最大，更换通油能力强的过滤器 3）调节、更换溢流阀 4）紧固连接件，更换密封圈，维护或更换泄漏元件 5）更换油液或提高油温

（续）

故障现象	原因分析	排除措施
快速与工进转换冲击大	1）采用电磁换向阀 2）系统存在"无油液区"	1）采用行程阀 2）减少内泄漏、重新设计系统
低速性能差	1）流量阀节流口堵塞，最小流量偏高 2）流量控制阀口压差过大 3）溢流阀调定压力高	1）过滤或更换油液，采用高精度过滤，降低油液工作温度 2）更换低速性能好的流量阀，选择薄壁小孔节流口流量控制阀 3）调整溢流阀的工作压力
速度稳定性差	1）采用了节流阀调速 2）回油路无背压阀 3）调速阀反装，补偿装置失灵 4）动力元件和执行元件周期泄漏 5）节流口周期性堵塞	1）更换节流阀为调速阀 2）回油路增设背压阀 3）重新安装调速阀，维修或更换补偿装置 4）调整动力元件和执行元件的配合间隙，使其适中 5）过滤或更换液压油，提高过滤精度，更换稳定性能好的流量阀
低速产生爬行	1）油液含气量较大 2）相对运动处润滑不良 3）执行元件精度低 4）间隙调整过紧 5）节流口堵塞	1）紧固连接件，减少气体进入，设置排气装置 2）在润滑油中加入添加剂 3）提高系统制造精度 4）合理调整间隙 5）疏通节流口
工进速度快	1）快进换向阀没有完全关闭 2）流量阀阀口较大 3）溢流阀调定压力高，阀芯卡死，阀口没有完全打开	1）调整挡块位置，使快进换向阀完全关闭 2）调节、更换流量阀 3）降低溢流阀调定压力，维护溢流阀、避免阀芯卡死和阀口不能完全打开
执行元件工进时突然停止	1）单液压泵多缸系统快慢转换受干扰 2）换向阀突然失灵	1）消除干扰，设计新的回路，避免干扰现象出现 2）更换换向阀
调速范围较小	1）液压泵的最小流量偏高 2）液压泵的最大流量偏低 3）泄漏严重 4）调定压力太高	1）更换低速性能好的流量阀和液压泵 2）更换大流量泵 3）调整泄漏间隙 4）采用高性能密封圈，正确调整溢流阀压力
双活塞杆液压缸往复运动速度不等	1）液压缸两端泄漏不等 2）双向运动时摩擦力不等	1）更换密封圈 2）调节两端密封圈的松紧程度，使其适中

表 12-3 液压系统工作压力失常的故障及其排除措施

故障现象	原因分析	排除措施
系统无压力或压力调不高	1）溢流阀弹簧漏装、弯曲、折断 2）溢流阀阀口密封差 3）溢流阀主阀阀芯在开口位置卡死 4）阻尼孔堵塞 5）远程控制口接油箱或漏油	1）更换弹簧 2）配研更换溢流阀阀芯与阀体 3）过滤或更换油液 4）清洗阀芯 5）关闭远程控制口
系统最小压力偏高	1）溢流阀进出口反接 2）溢流阀主阀芯在关闭位置卡死 3）溢流阀先导阀阀芯卡死	1）重装溢流阀 2）更换弹簧，调整间隙 3）过滤或更换油液，疏通弹簧腔油液
执行元件推力（转矩）小	1）液压缸内泄漏大 2）溢流阀调定压力低 3）运动阻力大 4）相对运动处有杂质 5）液压泵的最高压力低	1）更换密封件 2）调高溢流阀的调定压力 3）调节执行元件密封处的间隙至适中，调高背压阀压力 4）过滤或更换油液 5）更换高压液压泵，增设增压器
压力表指针撞坏	1）压力表量程选得较小 2）溢流阀进出口接反 3）溢流阀阀芯在关闭时卡死 4）系统压力波动大	1）正确选择压力表量程 2）正确安装溢流阀 3）起动前松动溢流阀弹簧 4）减少速度突变、减少振动
系统压力只能从高降到低，反之不行	1）系统内密封圈损坏 2）连接板内部发生串油 3）换向阀动作错位 4）高压管道堵塞	1）更换密封件 2）更换连接板 3）调整换向阀切换机构 4）疏通高压管道
系统压力不正常	1）磨损严重，泄漏大 2）工作温度高 3）油液污染严重 4）油中含气量大	1）选用耐磨元件，调高系统润滑 2）调整冷却系统 3）过滤或更换油液 4）调整基地泵的安装高度，选择溶气量小的油液，加强系统的密封
双活塞杆液压缸往复运动推力不等	1）液压缸两端泄漏不等 2）双向运动时摩擦力不等 3）液压缸两腔有制造误差	1）更换密封件 2）调节密封圈的松紧度至适中 3）更换高精度液压缸

表 12-4 液压系统油温过高、泄漏、振动、噪声、冲击过大的故障及其排除措施

故障现象	原因分析	排除措施
油温过高	1）能耗大、压力高 2）系统散热差 3）系统无卸荷回路 4）油液黏性过大 5）管道选择规格较小，管道弯曲多	1）降低压力、选变量液压泵等节能元件 2）增设冷却设施，加大油箱表面积 3）增设卸荷回路 4）选黏性适中油液 5）选直、粗、短的管道

（续）

故障现象	原因分析	排除措施
泄漏	1）静动连接处间隙大 2）密封件反装或损坏，未设挡圈、支撑环 3）油温过高则油液黏性低、压力高 4）元件性能差	1）旋紧连接件，安装调节密封圈，提高装配精度 2）增设挡圈、支撑环，选高性能密封圈、合理安装密封件 3）降低油温和压力、提高油液黏性、选高性能密封元件 4）更换新型元件
振动、噪声	1）泵源振动与噪声 2）执行元件振动与噪声 3）控制元件振动与噪声 4）系统振动与噪声 5）油箱中进出油管离得太近	1）提高装配精度，采用防振隔振措施，增大油管管径，更换损坏元件，清洗过滤器 2）提高执行元件运动精度，增加缓冲装置，更换损坏元件，清洗过滤器，减少泄漏 3）更换大规格阀、紧固件与电磁铁，选择适度推杆与弹簧，修正配合面，回油管口到油箱底面的距离调至大于50mm 4）振源安装消声器和减振器，采用多回油管回油，加大管间距离，增设固定装置 5）加大油箱中进出油管的距离
冲击过大	1）换向阀迅速关闭 2）执行元件换向、停止 3）系统内含气量大	1）更换大规格性能阀、紧固件与电磁铁，选择适度推杆与弹簧，减少制动圆锥角，缩短油路 2）回油路增设背压阀、执行元件增速缓冲装置，更换大规格高性能执行元件 3）排除空气

例 题

例题 12-1 如图 12-2a 所示，液压缸 8 的工作循环是：快进→工进→快退，快进是通过与双泵供油实现的，叙述液压系统空载调试的步骤与方法。

解：1）在 FluidSIM 中进行建模如图 12-2a 所示。为了实现液压缸 8 的工作循环，设置了三个行程开关 1I、1J、1E 分别代表活塞左起点、快进与工进转换和活塞右端点。为此设计如图 12-2b 所示的电控图。通过 FluidSIM 建模与仿真很容易理解液压系统液压缸的工作循环的实现和电磁铁通电顺序。

2）将顺序阀 3、溢流阀 5 的调压弹簧松开，阀口开度最大；向液压泵灌满油液（防止液压泵损坏，提高泵的吸油能力）；流量控制阀 9 阀口开到最小（避免执行元件产生前冲现象）。

3）起动电动机，使泵运转（初次起动时，先短时间内开停几次，无故障时，再连续运转），观察溢流阀出口是否有油液排出，若有油液排出，则泵运行正常，可以进行下一步调试，否则检查泵，分析不排油的原因。

4）调节系统压力。调节顺序阀 3，使压力表数值达到说明书中的规定数值（空载压力）；再

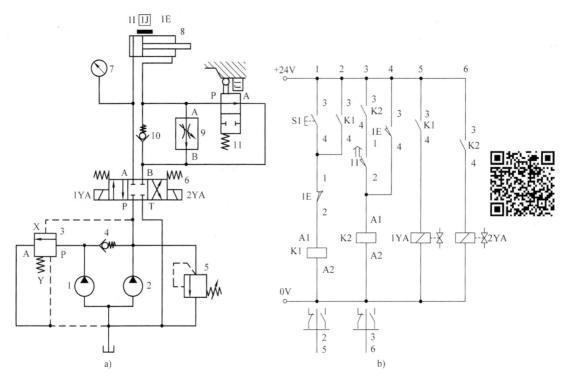

图 12-2　例题 12-1 建模

a）回路建模　b）电控图

1、2—液压泵　3—外控式顺序阀　4、10—单向阀　5—溢流阀　6—电磁换向阀　7—压力计

8—液压缸　9—流量控制阀　11—行程阀

调节溢流阀 5，逐渐旋紧调节螺钉使压力表的数值逐步升到所需调定数值（液压缸工作压力与管路中的压力损失之和）。

5）排除系统中的空气。将行程阀 11 的行程挡铁移开，打开液压缸的排气口，按下电磁铁通电按钮，使液压缸以最大行程进行多次往复直线运动，排出系统中的空气。

6）根据液压缸行程的数据，调节行程挡铁并紧固。

7）检查液位高度。如果下降过快，及时注入纯净油液。

8）调节工作速度。将行程阀 11 压下，调节流量控制阀 9 阀口，开度达到最大，电磁换向阀 6 左位电磁铁 1YA 得电，电磁换向阀 6 处于左位工作，测试液压缸的运动速度，达到最大值；再逐渐关小流量控制阀 9 阀口，开度达到最小，测试液压缸活塞速度，达到最小值；最后观察液压缸运行平稳性，按工作速度调节节流阀的调节螺钉，并锁紧。

9）测试系统的振动与噪声。若系统起动、停止和返回时冲击、振动与噪声过大，可减少流量控制阀 9 的阀口开度，使冲击减小。

例题 12-2　试分析图 12-3a 不保压的原因，利用 FluidSIM 进行建模与仿真分析确定系统保压的措施。

解：采用 FluidSIM 进行建模如图 12-3a 所示，理解液压系统原理，仿真查看液流方向和找到不保压的原因；针对不保压的原因增加液控单向阀和蓄能器后，再建模如图 12-3b 所示。不保压原因与排除措施见表 12-5。

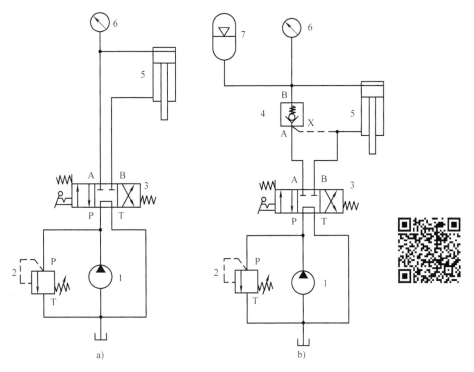

图 12-3 例题 12-3 系统不保压与保压液压系统建模

a）不保压系统 b）保压系统

1—液压泵 2—溢流阀 3—手动三位四通换向阀 4—液控单向阀 5—液压缸 6—压力计

表 12-5 不保压原因与排除措施

现象	原因	排除措施
液压缸不保压	液压缸泄漏	1）提高液压缸孔、活塞、活塞杆的制造精度和安装精度 2）采用补油方法补充油液，如图 12-3b 所示，长时间采用液压泵 1 补油，短时间采用蓄能器 7 补油 3）选择密封性能好的新型元件
	方向阀泄漏	1）采用锥阀保压，如图 12-3b 中的液控单向阀 4 2）采用锥阀阀芯的换向阀换向 3）提高换向阀的制造精度和安装精度
	管道泄漏	1）提高安装精度 2）减少元件数量 3）选择密封性能好的新型管接头与液压管

例题 12-3 试分析如图 12-4 所示的液压系统，利用 FluidSIM 建模仿真，分析系统压力不足的原因及其解决的措施；分析液压系统最高速度不高的原因及其解决措施。

解：首先根据 FluidSIM 建模和仿真，分析系统工作原理。分析快进——工进—二工进—快退工作循环实现方法：

1YA 得电 2YA 断电：电磁换向阀 6 接入系统，油液经阀 8 通位进入液压缸 14，回油经阀 6，此时顺序阀关闭，油液经阀 5 与进油汇合组成差动连接，实现快速运动，行程为 0～100mm，由行程开关 1K 控制；压下行程阀挡块，实现快进到一工进，阀 8 关闭位，液流经流量阀 8、阀 10

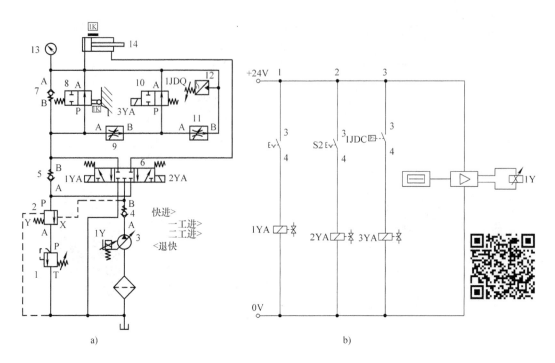

图 12-4　例题 12-3 图

a）回路建模　b）电控图

1—低压溢流阀　2—外控式顺序阀　3—限压式液压泵　4、5、7—单向阀

6—三位五通电磁换向阀　8、10—二位二通阀　9、11—调速阀　12—压力继电器　13—压力计　14—液压缸

通位，进入液压缸 14 的活塞腔；回油经阀 6，此时顺序阀 2 开启，液流经顺序阀 2 和溢流阀 1 回油箱；当达到继电器的调定压力后，阀 10 处于闭位，实现二工进到行程结束。

2YA 得电 1YA 断电：阀 6 右位接入系统，油液进入液压缸的活塞杆腔，实现快退。

当系统压力和活塞速度提不高时，原因及排除措施见表 12-6。

表 12-6　系统压力和活塞速度提不高的原因及排除措施

现象	原因	排除措施
1）系统最高压力偏低	过滤器堵塞，通油能力下降，使泵吸油不足	清洗、更换和疏通过滤器
	三位五通阀左位工作时，阀芯运动不灵活，阀口不能完全打开，液阻增大，压力损失加大	清洗换向阀阀芯或更换阀芯
	单向阀 5 卡死或反接，液压缸活塞杆腔液体流回油箱	疏通弹簧腔油液、正确安装单向阀 5
	顺序阀 2 调定压力低或弹簧失灵，在较低压力下打开，液压缸左腔油液直接流回油箱	重新调定顺序阀的压力或更换弹簧
	进油路堵塞	反向充入高压气体疏通、清洗管道、元件
	液压缸泄漏严重	更换密封圈、提高配合表面质量
	调速阀 11 液阻增大，压力损失增加	更换调速阀 11 为液阻较小的调速阀

（续）

现象	原因	排除措施
2）液压缸最高速度较低	过滤器堵塞，通油能力下降，使泵吸油不足，速度降低	清洗、更换、疏通过滤器
	三位五通换向阀6处于左位，但由于阀芯运动不灵活，换向阀阀口没有完全打开，输入液压缸的最大流量偏低，速度降低	清洗换向阀6或调整阀芯
	单向阀5卡死或接反，液压缸右腔流回的油液没有顶开单向阀5，再流进液压缸左腔	疏通弹簧腔油液、正确连接单向阀5
	顺序阀2弹簧失灵，在较低压力下打开，液压缸右腔流回的油液直接流回油箱，没有顶开单向阀5，流经液压缸左腔	调整顺序阀2的调定压力、更换弹簧
	行程阀8错误连接或阀口没有完全打开，油液输不进液压缸，即使有油液输入，但是流量不足	1）调整阀芯或正确连接行程阀8 2）调整行程阀与行程挡铁移动之间的相互关系
	液压缸泄漏严重	1）更换密封圈 2）提高配合表面质量
	顺序阀2、溢流阀1没有及时关闭，三位五通换向阀6没有及时打开或开度不足，回油路堵塞	1）及时关闭顺序阀2和溢流阀1 2）三位五通电磁换向阀6打开到最大、疏通回油路

习　题

习题 12-1　在液压系统中，油管安装的要求有哪些？

习题 12-2　使用与维护液压设备时，应注意哪些事项？空载试车的具体步骤是什么？

习题 12-3　液压系统故障诊断方法有哪些？液压系统运行初期的故障有哪些？

习题 12-4　试画出液压系统压力不足逻辑分析诊断流程图。

习题 12-5　试分析如图12-5所示液压系统速度较低的原因及解决措施。

习题 12-6　试分析如图12-6所示的液压系统压力不足的原因及解决措施。

习题 12-7　如图12-7所示，左缸进行纵向加工，液压缸进行横向加工，观察现场发现，液压缸开始左行时，左缸右行工进立即停止，直到液压缸退回到终点，左缸才继续工进。试分析液压系统故障的原因及解决措施。

习题 12-8　试分析如图12-8所示液压系统正确动作顺序（右缸活塞右行→左缸活塞右行→左缸活塞左行→右缸活塞左行），以及错误动作顺序（右缸活塞右行→左缸活塞左行→右缸活塞左行）发生的原因及其解决措施。

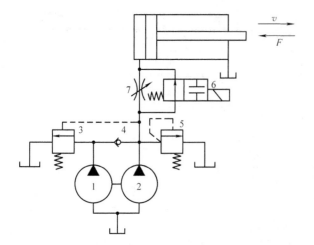

图 12-5 习题 12-5 图

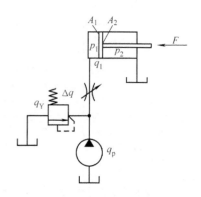

图 12-6 习题 12-6 图

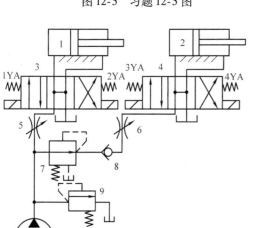

图 12-7 习题 12-7 图

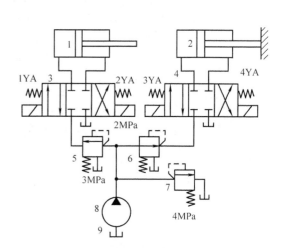

图 12-8 习题 12-8 图

参 考 文 献

［1］王积伟. 液压传动 ［M］. 3 版. 北京：机械工业出版社，2018.

［2］沈兴全. 液压传动与控制 ［M］. 4 版. 北京：国防工业出版社，2016.

［3］许贤良，等. 液压缸及其设计 ［M］. 北京：国防工业出版社，2011.

［4］张磊，等. 实用液压技术 300 题 ［M］. 3 版. 北京：机械工业出版社，2002.

［5］吴博. 液压系统使用与维修手册 ［M］. 北京：机械工业出版社，2012.

［6］阎祥安，等. 液压传动与控制习题集 ［M］. 天津：天津大学出版社，2004.

［7］刘忠，等. 液压传动与控制实用技术 ［M］. 北京：北京大学出版社，2009.

［8］张利平. 液压传动系统设计与使用 ［M］. 北京：化学工业出版社，2011.

［9］郭玲，等. 液压系统设计 ［M］. 北京：化学工业出版社，2015.

［10］李壮云. 液压元件与系统 ［M］. 北京：机械工业出版社，2011.

［11］张海平. 液压速度控制技术 ［M］. 北京：机械工业出版社，2014.

［12］成大先. 机械设计手册—液压控制 ［M］. 北京：化学工业出版社，2004.

［13］周仕昌. 液压系统设计图集 ［M］. 北京：机械工业出版社，2005.

［14］张利平，等. 液压站设计与使用维修 ［M］. 北京：化学工业出版社，2013.

［15］王积伟. 液压与气动传动习题集 ［M］. 北京：机械工业出版社，2006.

［16］刘建明. 液压与气压传动 ［M］. 3 版. 北京：机械工业出版社，2019.

［17］宋志安，庞常治. MATLAB 编程实现限压式变量泵特性参数获取的图解法 ［J］. 煤矿机械，2012，33 （09）：51 – 53.

［18］谷凤民，李湘伟，等. 基于 FluidSIM 的仿真方法在液压动力头控制系统中的应用 ［J］. 煤矿机械，2012，33 （10）：221 – 223.

［19］宋志安，等. MATLAB/Simulink 与机电控制系统仿真 ［M］. 北京：国防工业出版社，2011.

［20］高钦和. 液压系统动态特性建模仿真技术及应用 ［M］. 北京：电子工业出版社，2013.

［21］宋志安，等. MATLAB/Simulink 与液压控制仿真 ［M］. 2 版. 北京：国防工业出版社，2012.

［22］宋志安，等. MATLAB/Simulink 机电系统建模与仿真 ［M］. 北京：国防工业出版社，2015.

［23］宋志安. 液压传动与控制 ［Z/OL］. 青岛：山东科技大学在线课程，2018，12. https：//mooc1 – 1. chaoxing. com/course/202900690. html.